《平阳记忆》系列丛书

戴有学 主编

气象出版社

图书在版编目（CIP）数据

平阳气象记忆 / 戴有学主编. -- 北京 : 气象出版社，2022.8
ISBN 978-7-5029-7759-7

Ⅰ. ①平… Ⅱ. ①戴… Ⅲ. ①气象学—历史—临汾 Ⅳ. ①P4-092

中国版本图书馆CIP数据核字(2022)第125050号

平阳气象记忆

Pingyang Qixiang Jiyi

出版发行：气象出版社
地　　址：北京市海淀区中关村南大街 46 号　　邮政编码：100081
电　　话：010-68407112（总编室）　010-68408042（发行部）
网　　址：http://www.qxcbs.com　　E-mail：qxcbs@cma.gov.cn
责任编辑：殷　淼　　终　　审：吴晓鹏
责任校对：张硕杰　　责任技编：赵相宁
封面设计：符　赋
印　　刷：山西德美文化产业发展有限公司
开　　本：710mm×1000mm　1/16　　印　　张：30.25
字　　数：406 千字
版　　次：2022 年 8 月第 1 版　　印　　次：2022 年 8 月第 1 次印刷
定　　价：150.00 元

《平阳气象记忆》编委会

《平阳气象记忆》编写组

序 言

临汾市气象局编纂的《平阳气象记忆》，五易寒暑，终于定稿，即将作为“平阳记忆”文化工程的一项重要成果付梓。我通读全书，结合多年在政府分管农业、国土、文旅、文化、环保等的工作经历，深感气象事业在社会经济发展、生态文明建设等方面发挥着极其重要的促进作用，应该引起人们更多的关注和关心。

《平阳气象记忆》讲述的是临汾气象的变迁史。气象即气候、天气，具体说就是大气的状态和现象。自然界的风、云、雨、雪、雾、露、霜、冰不断地触动着我们的情绪和感受，也深刻影响着我们的生产与生活，但要想准确回溯几千年来的气象记忆，则远非易事。竺可桢先生曾将中国近五千年来气候变迁的证据和记录分为考古、物候、方志、仪器观测四个时期，临汾市丰富的考古遗址、出土文物，以及大量的文献记载、方志资料、民俗谚语，为我们探寻古代平阳气象史提供了丰富的资料，为揭开平阳气象“迷雾”提供了有利的文化视角。新中国成立以来，随着气象事业的发展，我们有了较完备的现代气象记录，为进一步掌握气象变化打下了坚实的科学基础，这些优势是本书得以成型的一个重要条件。

临汾古称平阳，是帝尧之都，也是历法之源。在尧舜时期，临汾区域的气候比现在要温暖潮湿，农业生产水平也较高，通过长期的观察和经验的积累，这里的先民逐渐掌握了一些自然规律，发明了中国最早的历法和节气，中国最早的典籍《尚书·尧典》对此有明确记载："朞三百有六旬有六日，以闰月定四时成岁""日中以殷仲春，日永以正仲夏，宵中以殷仲秋，日短以正仲冬"，这一内容又被考古发掘的陶寺古观象台遗址（目前已知的世界最早的古观象台）给予了最有力的证实，它充分说明当时中国古代早期的天文气象观测系统已经形成。陶寺历法是当时世界上已知最缜密的历法，是后世中国历法及二十四节气的直接源头，本书结合文献和考古资料对此进行了详尽可信的阐述，深挖这一历史文化资源有利于我们进一步传承好、弘扬好中华优秀传统文化，有利于平阳儿女进一步坚定文化自信。

气候是自然环境的重要组成部分，对人类社会生存发展影响重大，临汾属半干旱、半湿润季风温带大陆性气候，春季干旱多风，夏季酷热多雨，秋季凉爽湿润，冬季寒冷干燥，四季分明，雨热同期，各县域受地形影响，虽然气候差异较大，但总体而言，则如古诗所写的"春有百花秋有月，夏有凉风冬有雪"，环境宜人，生态多样。大自然既给我们提供丰富的具有可再生和清洁环保特性的气候资源，如光能、热量、水分、风能等，为农业生产和工业转型发展提供必需的能源保证；同时带来了难以避免的气象灾害，如干旱、暴雨、冰雹、风害和冷害等，威胁人类生命和财产安全。人们通过对气象的研究，不断地兴利去害，推动社会经济发展，但近年来，随着工业化的快速发展，生态环境遭到一定程度的破坏，环境污染一度成为制约临汾发展的瓶颈，如何有效利用临汾市充沛的气候资源，实现经济发展与环境保护的有益促进，是本书探讨的一个重要课题，对我们进一步探索以生态优先、绿色发展为导向的发展新路，厚植高质量发展的生态底色将大有裨益。

临汾市的气象观测记录始于1920年，但真正起步是在新中国成立之后。1953年12月临汾县（今尧都区）气象站的建立，标志着临汾市气象事业重建的开始，六十多年来，临汾气象的台站网建设、气象预报和气象服务获得了快速发展，特别是党的十八大以来，在习近平生态文明思想的引领下，在临汾市委、市政府和山西省气象局的大力支持下，临汾气象业务现代化建设迈上了新征程，实现了新突破，气象灾害综合监测预报预警能力不断提升，天气预报准确率和精细化水平不断提高，气象信息、预警信息实现了多元快速发布与传播，为服务地方社会经济发展、改善民生、防灾抗灾、优化环境、促进生态文明建设等做出了重要贡献。本书对临汾气象事业的发展历程进行了细致梳理，用一个个小切面生动展现我国国家治理体系和治理能力的现代化发展历程。

总体而言，本书以严谨的科学态度、丰富的历史资料、翔实的观测数据、周密的原理分析、生动的科普语言，描绘了几千年来临汾这片时空日月轮转却倏忽百变的气象变迁图景，诠释了临汾这片大地晴雨冷暖风飘雪飒的内在机理，为我们展示了临汾气象事业发展的非凡历程和远大前景，可谓是以小见大，观树见林，读后不禁让人生发出文明肇始于斯的文化自信和洞悉风云变幻的理性自觉，以及踔厉奋发、昂扬奋进的干事热情。借此佳作，我祝愿临汾气象科技工作者继续秉持“准确、及时、创新、奉献”的理念，努力做到“监测精密、预报精准、服务精细”，在新的征途上取得更辉煌的成绩，更全面地感知自然，更好地服务人民，更多地造福社会。

记忆昭示未来，通过对平阳万千气象的历史回顾，希望我们能够以史为鉴，以思促行，大力推进生态文明建设，共同为全方位推动临汾高质量发展营造更加良好的生态环境，让临汾的天空更蓝、山川更美，人民生活更加美好。

临汾市委常委、宣传部长 闫建国

2022年3月5日 于临汾，时值惊蛰

目录

第1章

历法之源

天气及气候演变对人类生产活动和衣食住行都有一定的影响。为了判断天气及气候演变，自古以来人们经过不断地探索，了解自然现象，掌握自然变化规律，从萌芽到系统化，经历了十分漫长的发展阶段。

中国是一个农业大国，古代的各朝各代都对农业非常重视，人类从狩猎、采集过渡到种植业以后，对了解气候变化的需求更加强烈，因为农业需要尽力了解太阳运行情况，农事需要严格根据太阳运行进行。最初，人们只能通过观测天体运行规律判断季节，制定“历法”。所谓历法，简单说就是根据天象变化的自然规律，计算较长的时间间隔，判断气候的变化，预计季节来临的法则。中国是世界上最早发明历法的国家之一，历法的出现对国家经济、文化的发展有着深远的影响。纵观中国古代历法，所包含的内容十分丰富，大致说来包括推算朔望、二十四节气、安置闰月以及日食月食和行星位置的计算等。当然，这些内容是随着天文学的发展逐步充实到历法中去的，且经历了一个相当长的历史阶段。传统历法以朔望的周期来定月，用置闰的办法使年平均长度接近太阳回归年，因其包含“二十四节气”的概念，并能有效地指导农业生产活动，又被称作“农历”。

记载和考古研究均表明，我国最早的历法起源于帝尧时期，当时主要通过观测日月星宿变化和鸟兽羽毛的更换，确定节气，制定历法，是迄今为止世界上发现的最早历法，也是现代历法的雏形。

历法之源在尧都。2003年，中国科学院在临汾市襄汾县陶寺村考古挖掘中发现了最早的观象台遗址，并通过遗址复建、试验观测，进一步证明了帝尧时期已经建造了大型的观象设施，且是世界上最早、最精密的天文观测遗迹。陶寺观象台的发现进一步证实了《尚书·尧典》中帝尧时期有关天文活动的真实背景，并且使我国天文历法的制定追溯到距今4100年前。

1.1 二十四节气的起源

《尚书·尧典》记载："乃命羲和，钦若昊天，历象日月星辰，敬授民时。分命羲仲，宅嵎夷，曰旸谷。寅宾出日，平秩东作。日中，星鸟，以殷仲春。厥民析，鸟兽孳尾。申命羲叔，宅南交，曰明都。平秩南讹，敬致。日永，星火，以正仲夏，厥民因，鸟兽希革。分命和仲宅西，曰昧谷。寅饯纳日，平秩西成。宵中，星虚，以殷仲秋，厥民夷，鸟兽毛毨。申命和叔，宅朔方，曰幽都。平在朔易。日短，星卯，以正仲冬。厥民隩，鸟兽氄毛。帝曰，咨！汝羲暨和。期三百有六旬六日，以闰月定四时，成岁。"根据《尚书·尧典》记载，羲、和、羲仲、羲叔、和仲、和叔都是上古尧帝时期掌管天文历法的官吏。帝尧命令羲、和，谨慎地遵循天数，密切关注时日的循环，测定日月星辰的运行规律，告诉人们天时节令的变化。同时还命令羲仲，羲叔、和仲、和叔分别住在东、西、南、北四个地方，严格观测太阳的运行规律，昼夜长短，星宿的位置变化，鸟兽羽毛更换等现象，以此确定仲春、仲夏、仲秋、仲冬等节令。

日复一日，年复一年，在古人的集体智慧作用下，一套古老的历法诞生了：即一年被确定为366日，需要用置闰月的办法确定春夏秋冬四个季节。羲、和观天制历，最早确定了我国农历二十四节气中的春分、夏至、秋分、冬至，是我国古人的最大发现和贡献之一。

古人根据这些发现有效地指导当时的农业生产和人民的日常生活，对中国经济、文化的发展有一定的影响。古代历法一直被天子所垄断，是皇权的象征之一。汉武帝刘彻的《祭尧文》中载有“帝尧钦定历法，理顺时许节令”，也进一步印证了帝尧制定历法的事实。

1.2 古观象台

1.2.1 陶寺观象台遗址

2003—2005年，在临汾市襄汾陶寺遗址考古发掘中，专家发现了一处由排成一段圆弧的13根夯土柱组成的遗迹（图1.1）。经在原址复制模型、模拟实测、精密计算并得出论证，确定该遗迹为帝尧时期的古观象台，占地面积1740平方米，距今约4700年，比英国巨石阵观测台还早约500年。结合《尚书·尧典》记载，确认最早的“节气”概念，就出自这里。

图1.1 陶寺观象台考古遗址空中全景

陶寺观象台遗址，台基基址由夯土台基和生土台芯组成，主要包括大半圆形的三层夯土台基、第三层台基上的半环行夯土列柱和柱缝、作为观测点的夯土基础。台基直径约40米，面积约1001平方米；三层台基生土台芯直径约28米，面积约323平方米；整个建筑遗迹包括外环道直径约60米，面积约1740平方米。

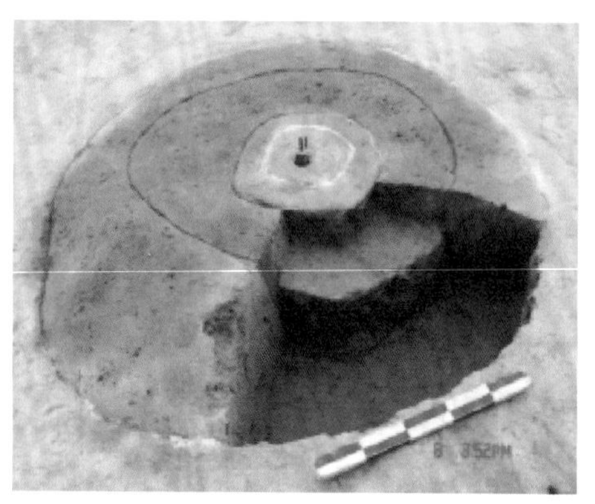

图1.2 陶寺观测点解剖全貌

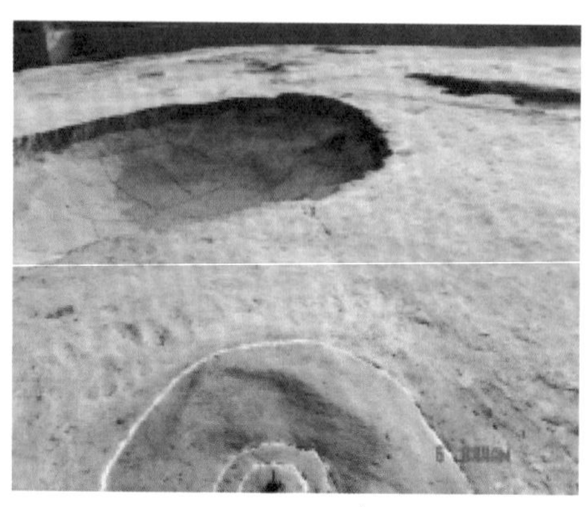

图1.3 从观测点看观测缝

图1.4 陶寺遗址天文建筑遗址地图

经研究和实地模拟实验，发掘者认为第三层台基上的半圆形夯土列柱是用于构建观测缝的，而观测缝的主要功能是观日出、定节气。

2003年12月22日—2005年12月22日，中国社会科学院考古研究所山西队进行了两年的实地模拟观测，初步了解了陶寺文化中关于一个太阳回归年（从冬至到夏至再到冬至，下同）的历法规律。

陶寺观象台由13根柱子、12道观测缝和1个观测点组成。观测者身子直立立足于观测点核心圆上，透过某个高耸的石柱间缝，观测早上日切于崇峰山巅时是否在缝正

图1.5 某缝日切崇峰山

图1.6 2009年3月18日，天文学家观测日出

中（图1.5）。如果日切在某缝正中，则是陶寺历法中某一特定日子。这12道缝中，7号缝居中，为春分、秋分观测缝，2号缝为冬至观测缝，12号缝为夏至观测缝。除2号缝、12号缝各用一次之外，其余9道缝皆于上半年和下半年各用一次。也就是说，从观测点可观测到一个太阳回归年的20个时节。位于观象台最南端的1号缝没有观测日出的功能，计算表明它恰好可以用来观测月亮升起的最南点，即“月至南”，月亮在这个点升起不容易观测到，在“陶寺时代”，大约每个18.6年的周期中只有一年有多次看到的机会。能够确定这个点，表明当时对月亮进行了长期细致的观察，因此，陶寺人把朔望月作为历法中的一个时间单位是符合当时天文学发展的状况。

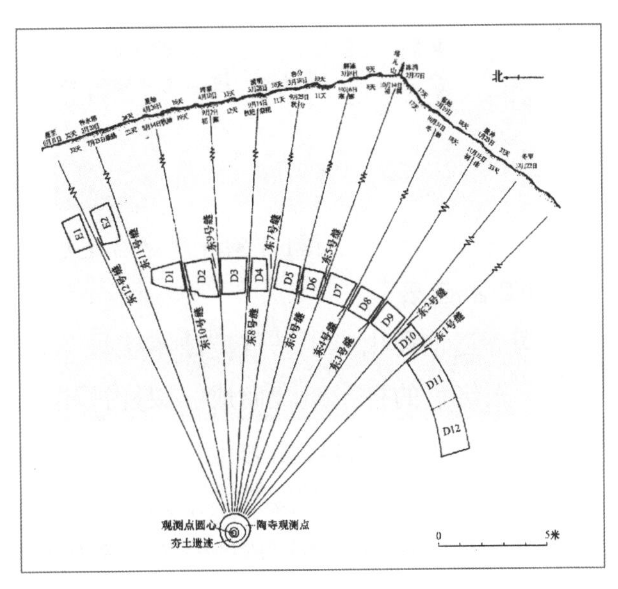

图1.7 陶寺遗址观象台复原观测系统平面示意图

至此，专家认为，陶寺中期小城内

大型建筑IIFJT1的观测功能是依赖于太阳回归年重要节令的日切天文准线，通过观测制定和校订历法。陶寺历法主要立足于判定农时，兼顾宗教节日和重大气候变化临界点，堪称同时期世界最精密的天文观测遗迹，是体现中国古代天文学处于世界领先水平的标志性建筑。陶寺观象台的发现，证明帝尧时期不仅进行了天文观测，而且还建造了大型的观象设施。该遗址显示出4100年前陶寺人根据地平历太阳观测，制定出一个太阳年20个节令的历法，是当时全世界已知的最缜密的太阳历法，代表着当时天文学发展的最高水平，也是今天中国二十四节气的直接源头。

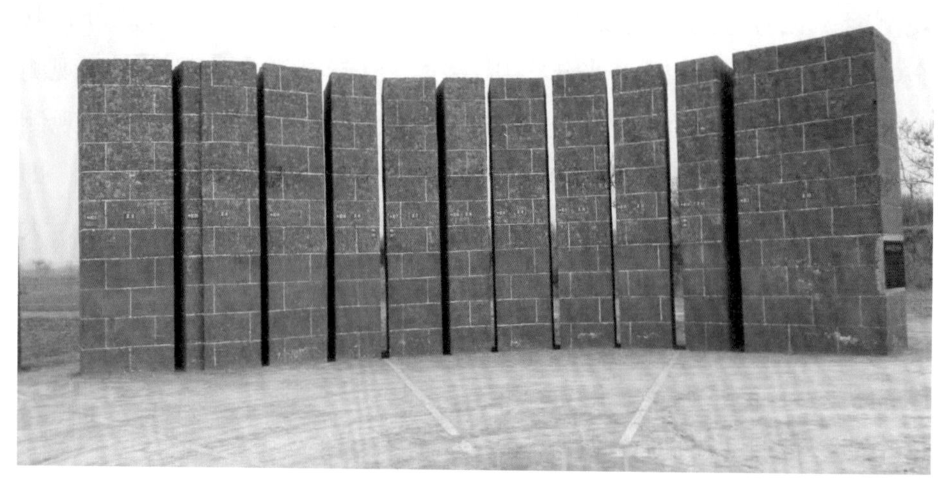

图1.8 陶寺观象台遗址复建图

1.2.2 圭表

陶寺遗址还出土了一件“漆木圭尺”，即圭表。圭表由一根漆杆和另一根红色的杆子组合而成。漆杆被漆成红、绿、黑三种颜色的多段色带，在测影时可以作为圭尺使用；漆杆上与夏至影长相应的地方有一个特殊的标记，应该是用来测量夏至影长的；同时出土的还有一块带有一个小孔的玉戚，推测是在测影时使用的。红色的杆子作为立表使用，其长度与陶寺时期的尺寸和古文献中记载的八尺表长正相吻合。通过这样多年反复观测，可以得到一个太阳回归年的平均长度。圭表测影也是中国后世确定回归年长度的传统方法。

2009年，专家组用陶寺遗址出土的天文观测工具——圭表的复制品进行了验证观测，发现它与一起出土的玉琮、玉戚等，组成了一套圭尺实物工具套，其主要功能是测量日影长度以确定春分、秋分日。这一重大发现表明，进一步证明了《尚书·尧典》关于尧进行的天文活动记载的真实性，另一方面陶寺圭表的发现进一步证明帝尧时期同时存在圭表测影和柱缝测日出两套天文观测系统。

《周髀算经》曾记载："天道之数，周髀长八尺，夏至之日晷一尺六寸。"用陶寺出土的圭尺观测，夏至这天影长刚好为1.6尺（这里的1尺约等于25厘米），符合《周髀算经》的记载，类同于《周礼》"1.5尺夏至影长"的地中标准。经过进一步测量可发现，《尧典》中"光被四表（地与星辰升降运行的终极之处）"这一天文学特征，也恰好能在陶寺得到验证。

中国古代利用土圭实测日晷，将每年日影最长定为"日长至"（又称冬至），日影最短为"日短至"（又称夏至）。在春秋两季各有一天的昼夜时间长短相等，便定为"春分"和"秋分"。用土圭测日影的办法定季节，有了春分、秋分、夏至、冬至四个节气。

1.3 历法起源

云丘山位于临汾市西南部的乡宁县境内，地处吕梁山与汾渭地堑交汇处，从南而望，若天顶高架，接北斗而傲苍穹，故曰"昆仑"，俗称"北顶"。这里历史文化积淀博大精深，上古时为唐尧、虞舜和夏禹之望岳，观天测时在此起步初始，中和文化在此生根延伸。

云丘山位于河汾之夹角地带的稷山之北。稷山，顾名思义，为盛产谷黍之山。稷山是中国农耕文化鼻祖稷王后稷教民稼穑的地方。后稷教给百姓种植粮食的方法，把人类带入了农耕文明，于是人们把当时的粮食作物黍就叫作稷，他也被奉为谷神。云丘山的特殊地理位置，正是古籍《山海经》上记载的古之昆仑山，是我国农耕文化的始发地，是夏历二十四节气的发源地。

据今《稷山县志·文化卷》记载，东庄村原名东社，东庄村正东有中社、西社两村，三点一线距离三里。社，古代指土地神和祭祀土地神的地方、日子以及祭礼。西社村西北现高渠村原名高架，架是一种观测日月星辰的量具（类似望远镜），高架村北有一片地，名叫大天，地中有一高台，相传在高台上立一架观测天时，确定春分、夏至、秋分、冬至。

今天的稷山县就是后稷生长和教民稼穑之地。稷王教民稼穑是离不开四时节令的，乡宁县原文化局闫玉宁老师研究认为，尧王命羲仲、羲叔、和仲、和叔观天象于云丘山南面山脚下，观测天象，指导民时，羲仲、羲叔、和仲、和叔分别在西社、中社、东社、高架四个方向，以云丘山为北顶高架，观测北斗天象，制定夏历二十四节气。斗柄正东，为春分；斗柄正南，为夏至；斗柄正西，为秋分；斗柄正北，为冬至。

在上古羲、和观天象的云丘山，至今仍保留着与历法有关的地名，如鼎石（丁石）为立竿见影确定的石标杆，斗勾洼是测北斗星斗柄的地方，夏历则为整编历法的地方。

稷山县西张乡东庄村北原有一座规模恢弘的羲和庙，1958年被拆毁盖了学校，现尚有羲和庙遗址，现存有康熙年间石碑。据旧县志记载，此庙始建于隋代，历代皇帝都派员前来祭祀并有御赐庙规。关于这座神庙及陵园的规模和布局，今稷山师范年逾八旬的老教师裴永康在《钩沉救忘话羲和》一文中有详细记述："东庄村北二里许的羲和神庙，坐北向南，占地约15亩①，进去大门两侧是两个大戏台；往后

①1亩约等于666.67平方米，下同。

又是并排三个大戏台；再后是九大间过庭，庭前有铁旗杆、铁狮子各一对；再后是九大间朝王殿，内有金瓜、钺斧、朝天镫等全副銮驾，还有24条红油棍，御封这些棍在维持秩序、惩治邪恶时打死人不偿命；最后是大殿三间，前后插廊，左右缠腰，内塑羲和神像四尊，个个手持笏板；周围古柏参天，小者合抱，大者数围，气氛庄严肃穆，神庙常年住人看守……庙园最后边有一大冢，是长兄羲仲之墓，其余三冢均在庙园东墙外的地内，一个距一个约一二百米远，墓冢高大，非寻常可比。”

以上事实可以证明尧时期已经确立了完整的历法，并用于指导当时人们的生产和生活，历法的发源地正是尧生活的地方。

4100年前，从陶寺和云丘山起源的历法，形成了农历的雏形，也使上古的农业生产告别了“不确定性”。虽然每个节气与当今相差三天左右，但其精度和先进程度，依旧领先于其他古文明。

1.4 二十四节气的命名及季节划分

二十四节气的命名反映了季节、物候现象和气候变化。反映季节的是立春、春分、立夏、夏至、立秋、秋分、立冬、冬至；反映物候现象的是惊蛰、清明、小满、芒种；反映气候变化的有雨水、谷雨、小暑、大暑、处暑、白露、寒露、霜降、小雪、大雪。

一年四季由“四立”开始，所谓“立”即开始的意思，立春、立夏、立秋、立冬，分别代表春季、夏季、秋季、冬季的到来。为了更准确地表述时序特点，古人又根据天气和物候，将节气分为“分”“至”“启”“闭”四组。“分”即春分和秋分，古称“二分”；“至”即夏至和冬至，古称“二至”；“启”是立春和立夏，“闭”则是立秋和立冬，立春、立夏、立秋、立冬，合称“四立”，这些加起来共为“八节”。

四季的划分有多种，从天文现象看，四季变化就是昼夜长短和太阳高度的季节变化。为此，天文划分四季法，就是以春分、夏至、秋分、冬至作为四季的开始。即：春分到夏至为春季，夏至到秋分为夏季，秋分到冬至为秋季，冬至到春分为冬季。

古代划分法是以立春作为春季开始，立夏作为夏季开始，立秋作为秋季开始，立冬作为冬季开始。

我国民间则习惯用农历月来划分四季。以每年农历的1—3月为春季，4—6月为夏季，7—9月为秋季，10—12月为冬季。正月初一是全年的头一天，也是春天的头一天，所以又叫春节。

气象部门则通常以阳历3—5月为春季，6—8月为夏季，9—11月为秋季，12月至来年2月为冬季，并且常常分别把1月、4月、7月、10月作为冬、春、夏、秋季的代表月。

上述几种方法虽然简单方便，但有一个共同的缺点，就是将全国各地都归为同一天进入同一个季节，这与我国各地区的实际情况是有很大差别的。例如，按照上述划分方法，3月已属春季，这时的长江以南地区的确是桃红柳绿，春意正浓；而黑龙江的北部却是寒风凛冽，冰天雪地，毫无春意；海南岛的人们则已穿单衣过夏天了。为使四季划分能与各地的自然景象和人们生活节奏相吻合，气象部门采取了候温划分四季法。

候温划分法是以候（五天为一候）平均气温作为划分四季的温度指标。当候平均气温稳定在22℃以上时为夏季开始，候平均气温稳定在10℃以下时为冬季开始，候平均气温在10～22℃为春秋季。从10℃升到22℃是春季，从22℃降到10℃是秋季。

1.5 七十二候历划分及来历

七十二候是中国最早的结合天文、气象、物候知识指导农事活动的历法，源于黄河流域，完整记载见于公元前2世纪的《逸周书·时训解》。以五日为候，三候为气，六气为时，四时为岁，一年二十四节气共七十二候。各候均以一个物候现象相应，称“候应”。其中植物候应有植物的幼芽萌动、开花、结实等；动物候应有动物的始振、始鸣、交配、迁徙等；非生物候应有始冻、解冻、雷始发声等。七十二候候应的依次变化，反映了一年中气候变化的一般情况。过了约一千年，《夏小正》中才有了“正月启蛰，雁北乡，雉震响”的记载。至汉代，七十二候渐渐系统完整。北魏时期，七十二候被载入了国家历法。

相传翼城历山舜王坪曾是舜帝重华带领人们躬耕、观察自然现象、记录物候特征的地方，并且舜帝在此绘制了最早用来指导农事活动的物候历——《七十二候历》，历山也因此得名。“物”指生物，“候”指气和候。帝尧时期的农业已经很发达，农耕的需求使人们开始细微地观察自然现象。尧的继承者舜，带领人们观察总结自然现象，“水始涸”“候雁北”“蛰虫始振”“虹始见”“萍始生”等诸多物候特征被记录下来，并用于指导当地的农事活动。其简单易记、方便实用的特点，在实践中逐渐发展成为黄河流域用来指导农事活动的物候历。

历山位于山西省南部中条山脉的东段，地处翼城、垣曲、绛县和沁水四县毗邻地界，主峰舜王坪是华北地区最大、保存最完好的亚高山草甸。此地是中国北方粟作农业的发祥地，流传有众多关于“舜耕历山”的传说和物候谚语，形成了“历山是中国最早的七十二候历起源地”的观点。为科学寻求这一问题的答案，翼城县先后组织相关专家，在翼城及历山区域内，对当地的历史文化、文物遗存、独特的自然风光和气候特点、丰富的动植物和非生物资源等进行了全方位科学调查，多次召开论证研讨会，形成了翼城历山是“历法之源”的论证评估报告，并向中国气象服务协会提交了申报报告。2018年8月6日，中国气象服务协会在中国气象局影视大楼组织了翼城历山“历法之源”申报项目论证评审会，经专家组评审，该申报项目通过了中国气象局专家组评审。评审论证会上，由中国工程院院士丁一汇担任组长的评审组专家，围绕翼城历山“历法之源”的论证材料，与省、市、县参会人员进行了探讨交流，通过对典籍的深入分析、历史文化遗存的相互印证以及气候资料的对照分析，评审组一致认为，“七十二候历”起源于翼城历山，翼城历山为“历法之源”有了权威结论。

第2章 临汾气候

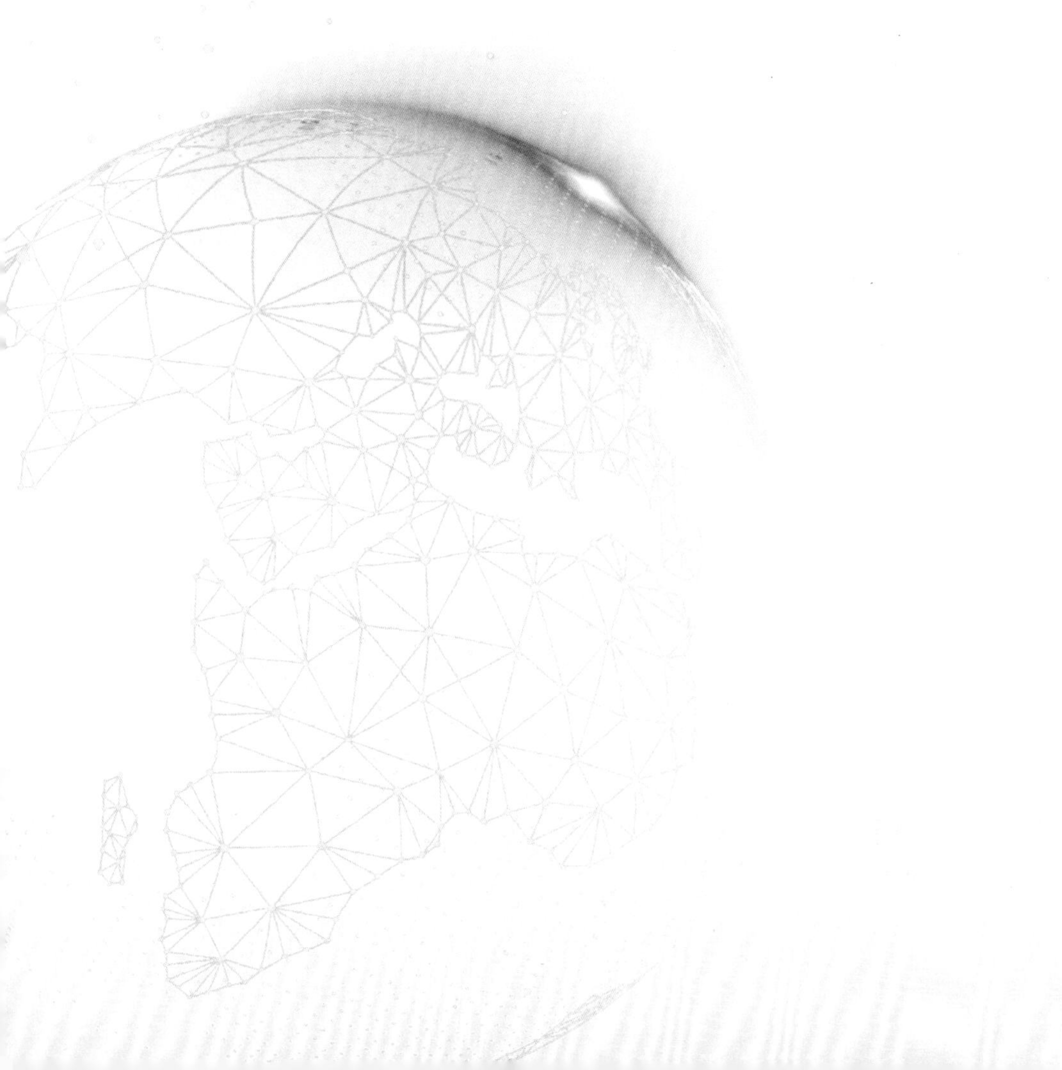

中国古代以五日为候，三候为气，一年分二十四气，七十二候，各候各气都有其自然特征，合成“气候”。气候，也是某地平均天气状况及其特征的总称，它受地理位置、地形环境及大气环流因子的制约而具有变异性。世界气象组织规定，某地30年不间断气象观测记录得出的气候特征，是表征该地气候特点的最短年限。临汾市最早建成的是临汾县（今尧都区）气象站，于1953年建成，当年12月正式开始工作，距今（2021年）已有67年不间断气象观测记录。全市建设最晚的曲沃和古县气象站，1976年建成，1977年1月1日起正式工作，距今（2021年）也已44年，其他各县（市、区）气象站的连续观测气象记录均超过30年。

2.1 临汾气候因子分析

太阳辐射是地球主要的能量来源，大气中所产生的大多数物理过程都是在太阳辐射影响下产生的，太阳辐射随时间、空间变化的规律，是形成气候地带性和周期性变化特征的最直接和最基本的原因，而任何局地性气候，都是在地带性气候基础上形成的。太阳辐射是形成临汾气候的最基本因子；大气环流可使热量与水汽进行水平和垂直方向上的交流，是产生阴晴冷暖、风雪雷电等天气现象必不可少的基础条件；地理环境不仅影响辐射能量的收支，而且还影响着大气环流的方向和强度，从而使气候变化更加错综复杂。因此，形成临汾气候主要因子是太阳辐射、大气环流和临汾本市的地理环境。

2.1.1 太阳辐射

气候形成最重要的动力就是热能，这些热能几乎完全来自太阳辐射。因此，太阳辐射就成为控制气候形成的基本能量。不同地区的气候差异和季节交替，主要是由于太阳辐射在地球表面分布不均及随时间变化的结果。各地的太阳辐射强度，是由太阳在天球上的位置确定的，辐射量的多少取决于当地正午太阳高度角的大小和日照时数的多少。某地正午太阳高度角h，是当地纬度φ和太阳赤纬σ的函数，它们之间满足：$\sin h=\cos(\varphi-\sigma)$。春分、秋分时，$\sigma=0°$，夏至时，$\sigma=23°27'$；冬至时，$\sigma=-23°27'$。所以，夏至前后，太阳高度角$h$最大，太阳直射在地面上的垂直程度也最大，照射时间最长，地表面接收太阳辐射热能最多，地面放出的热量也最多，空气温度就趋向最高；夏至过后，太阳高度角日渐变小，随之空气温度也渐渐降低，到了冬至，太阳高度角最小，接受太阳照射的时间也最短，地面接收太阳辐射的能量最少，空气温度开始降到最低；冬至过后太阳高度角又开始慢慢升高，地面接收太阳辐射量又日渐增多，气温又渐渐回升……这样周而复始、循环往返，便形成了地球上的四季，也形成了四季分明的临汾气候。

地球公转时，地轴与公转轨道面始终保持66° 33′的交角，使地面接收太阳辐射量随所在纬度增加而减少。所以，地面上气温分布一般随纬度增加而降低，形成纬向地带性气候。临汾市最北端和最南端之间纬度差1° 25′，直线距离135千米，气温北低南高的分布特征，在海拔高度相差不太大的临汾盆地反应明显。但是在地势差异比较大的东西山区气温的纬向型分布特征遭到严重破坏，使临汾市的地理环境成了县境内气候显著差异的最重要因素。

2.1.2 大气环流

大气环流是指大气中具有大规模的流场，它既包括平均现象，也包括瞬时现象，在特定的地区，具有特定的环流特征，它制约着当地的天气演变，同时，它承担着热量和水汽的输送，影响着当地气候特性的形成。临汾市地处黄土高原，季风气候显著，大气环流的季节性特点非常突出。

冬季 整个亚洲大陆常被蒙古南侵的强大冷高压控制，高压中心位于蒙古中、西部，强度一般在1040百帕以上，临汾市常处在此强大冷高压向东南伸展的高压脊内，受脊前西北气流控制，天气寒冷干燥；在高空500百帕层面上，从蒙古中部以西至俄罗斯乌拉尔山以东，常维持一个暖性高压脊，脊前华北往南至华东沿海一线常常维持一个北南向的东亚大槽，槽后常有冷空气分股南侵，途经临汾市时常带来一次次寒潮、大风、降温天气。若冷空气移动路径偏北、偏东，临汾市处于地面上南伸高压脊底部或后部，受近地层偏南、偏东气流影响，气温将暂时性地小幅回暖，同时增湿。此刻要是河套附近高空有低压槽东移活动，临汾市将出现降雪天气，只是这种机遇在整个冬季并不多出现。临汾市冬季环流的基本特征，就是从地面到5～6千米上空，均受西北气流控制，地面以刮偏北风为主，是临汾市刮冬季风的鼎盛时期，风向来自内陆高原，温度低、湿度小，形成了临汾市冬季干冷的气候特点，降温、大风是冬季的主要天气现象。

春季 是从冬至夏的过渡季节，随着地面气温的渐渐回升，盘踞在蒙古的冷高压开始减弱衰退，只影响黄河及以北地区。3—5月太平洋副热带高压在我国华南一带开始向西北方向扩张，印度低压也形成并逐渐向北发展。我国黑龙江下游至辽河平原的东北低压开始形成。因此，在春季，影响临汾市天气的主要气压场是东北的冷低压和西南印度的暖低压，及强度减弱的蒙古冷高压与在黄海附近的变性小高压，临汾市常处在以上“两高”“两低”鞍形气压场内，多气旋和反气旋活动，造成春季乍暖乍寒，天气多变。同时，由于临汾市地理位置偏北，受冬季环流影响时间长，3—4月临汾市上空仍经常维持西北气流控制，受东北低压后部一股股冷空气顺势南下影响，造成春季多风、少雨的天气，风向来自内陆蒙古高原，又冷又干，铸成了临汾市“十年九春旱”的天气气候特征。

到了5月，随着气温的进一步回升，中纬度中低空西风带位置明显北移，势力锐减。因此，在天气系统东移的时候往往会在河套以西地区分割成多个小型气旋，在与西南气流相交汇时，临汾市容易产生降水，只是这种机遇不多。所以，临汾市的5月降水虽比4月有所增加，但仍属稀少，难以满足春季农业正常生产的需求。

夏季 到了6月，大陆冷高压和阿留申低压相继退出我国北方，印度北部的低压势力逐渐向我国中、北部扩展。7—8月，随着大陆气温进一步增高，我国大陆基本上都处在低气压系统控制下，由西南云、贵、川向我国东北辽沈平原伸展的低压倒槽，槽线从西南经河套一直延伸至黑龙江中游一带，临汾市处在此倒槽前部，受偏南气流控制；与此同时，由于海陆的热力差异，海上西太平洋副热带高压势力增强并西进北抬，高压脊线常在长江中、下游南北摆动，脊后的偏南气流已扩展到黄河中下游，中国东部雨带已挺进华北、东北，临汾市进入主汛期，来自东南沿海的偏南风，温度高、湿度大，受它控制和影响临汾市出现高温、高湿、闷热多雨的天气，降水日数多，降水量集中，同时多雷暴、冰雹、暴雨及短时大风等灾害性天气。

秋季 是由夏季转入冬季的过渡季节，随着气温的渐渐下降，进入9月以后，蒙古大陆高压开始建立，大陆低压倒槽逐渐衰弱消亡，西太平洋副热带高压也不断南移东撤，势力减弱。到9月底至10月初，北方冷高压完全建立，并不断分裂小高压伴随小股冷空气南下，临汾市常在此类小高压控制下，大气层结稳定，天气晴朗，风和日丽，出现“秋高气爽”的天气。若入秋后，冷空气活动势力较弱，从蒙古高压中分裂出来东移的小高压路径偏北，临汾市处在它的底部或偏后部，近地层受西南气流控制，同时西太平洋副热带高压减弱撤退迟缓，江淮上空仍有明显的偏南气流，将潮湿空气源源不断输向黄河中、下游，此时，若河套及其以西地区上空有低压槽、配合地面有小股冷空气接踵东移，临汾市将出现阴雨连绵天气。这种秋季连绵阴雨出现的几率，大致三至五年一遇。

2.1.3 地理环境

临汾市地处黄河中游，汾河下游，山西的西南部，地理位置位于北纬35° 32′ ~36° 57′ ，东经110° 22′ ~112° 55′ 。北起韩信岭，与晋中市、吕梁市毗邻；东有太岳山、中条山，与长治市、晋城市相连；南与运城市接壤；西临黄河，与陕西省延安市隔河相望。南北长约135千米，东西宽195千米，总土地面积20275平方千米，折合约为202.8万公顷，约占山西省总面积的13%。

地貌 临汾市地界大致呈不规则梯形，像一面迎风招展的红旗，插在晋南大地。县境内地貌复杂多样，山地、丘陵、盆地兼有，地势起伏，高低悬殊。西部山区属吕梁山脉南段，海拔多在1100米以上，东侧山坡陡直，西侧山坡平缓，与晋西黄土高原相接；东部山区，自北向南有太岳山、中条山，海拔都在1000米以上，具有中山山地自然地貌；中部是冲积盆地，东西宽20~25千米、南北长200千米，汾河自北向南流经盆地中央。纵观临汾市地貌，地势北高南低，东、西高，中间低，呈“凹”字形分布。海拔1000米以上的山区、丘陵区面积约16321平方千米，占全市总面积的80.5%；平原面积约3954平方千米，占总面积的19.5%；最低处乡宁县的师家滩，海拔385.1米，最高处为霍山主峰老爷顶，海拔2346.8米，相对高差一千九百多米。

水系 临汾市的水系均属外流河黄河水系。汾河是临汾市第一大河，从霍州市王家庄入境，经霍州、洪洞、尧都、襄汾、曲沃、侯马，在侯马市的张村出境，县境内全长173.58千米，流域面积10286平方千米，是全市总面积的一半。黄河干流是晋陕两省的天然分界线，自永和县北侧入境，至乡宁与河津市交界处出境，长170千米，流域面积7738.6平方千米，占全市面积38%。沁河位于临汾市东侧，从安泽县罗云乡义亭村入境，至安泽县马壁村南出境，流长102千米。昕水河发源于蒲县摩天岭，流经蒲县、隰县、吉县、大宁，在大宁县徐家垛以西入黄河，流长168千米。除黄河、汾河、昕水河、沁河外，皆为山地型河流，具有河流长度短，流域面积小，河床冲刷严重，含沙量多等特征，同时，多属季节性河流，流量变率大，洪水季节集中，枯水期长，冬春季节多半断流。

植被 临汾市的植被，从东、西两山到中部平川，随地形、气候和土壤等因素的差异而变化，呈现出明显的地域性和垂直分布层特征。海拔2000米及其以上地带为高山矮桦林和高山草甸，分布在霍山顶部周围和山脊地带，面积不大，此处地势高，空气潮湿，一年四季风多风大，不太适宜乔灌木生长；地被植物有蒿草、苔藓、山马兰、棘豆等，土壤为山地草甸土。海拔1600~2000米的中山寒润地带，如霍山上部、昕水河源头山区一带，主要分布的是桦林、白桦、山杨林等，夹生有小片油松林，林下有胡枝子、绣线菊、虎榛子等，土壤为褐土或棕色森林土。海拔1000~1600米的中低山区、丘陵区，大多是自然或人工油松林，多为纯林，主要分布在安泽县、古县山区；吉县、永和县人工林主要树种是刺槐，林下有胡枝子、沙棘、荆条等，土壤为褐色或棕色森林土。天然油松林中混有山杨、栎类、杜梨等落叶、阔叶树，低海拔处混生的有白皮松、侧柏等，林下有胡枝子、虎榛子、栒子等，土壤为褐色土，主要分布在吉县、安泽山区及西山昕水河上游及乡宁县石景山区一带。霍山西麓，洪洞、尧都的西山及吕梁山区的低山丘陵区，分布的是白皮松、油松林等，林下有荆条、黄刺梅、鼠李等灌木，土壤为褐土或粗骨土。海拔800~1200米的低山丘陵区，主要是侧柏林，分布在霍山西麓、吕梁低山丘陵区，常与白皮松混生，还有少量人工纯林，林下有荆条、黄梅刺；草本植物有白草、蒿类等，土壤为褐土。海拔600~800米，主要是旱川地，有梯田、塬及小面积的台地等，无灌溉设施，靠天上降水生长作物，以种植玉米、小麦、谷子、杂粮为主，少量种植红枣、核桃、苹果、梨等干鲜果树、桑树或其他树木。海拔400~600米的临汾盆地，热量条件好，水利设施好，农田林网、粮林间作，盛产小麦、棉花、玉米、蔬菜等；平川中、小城市“四旁”植树和园林化小环境改造也小有规模。河漫滩草甸，主要分布在沿汾河两岸漫滩上。目前，大部分漫滩已筑坝开垦成农田，少部分河滩地有沙草属植物小糠草、野木栖等，土壤为冲击沙土上发育的草甸土。全市成片森林覆盖率14%，加上灌木、绿化树等，林木总覆盖率达20%，比全国平均偏低3%~4%。

2.1.4 环境对气候影响

环境对临汾的气候影响主要反映在对气温、降水和局地天气三个方面。

对气温影响 由于地理位置、海拔高度和地面植被的差异，形成了临汾市气温分布呈现纬向差异比经向差异大的特征。北端的霍州市和南端的翼城县，气象观测场所处经度基本一致，分别是东经111°43′和111°42′，海拔高度也很接近，翼城县比霍州市只高出17.6米，它们南北间的直线距离120千米，年平均气温差，翼城比霍州只高0.3℃。而吉县与尧都区、尧都区与安泽县之间，它们的气象观测地几乎处在相同纬度，直线距离分别为91和85千米，但它们间的年平均气温却相差2.4℃和3.4℃。

因地势差异大而导致气温差异大的情况，在一个县的范围内同样存在，如蒲县东部，属剥蚀侵蚀型中、低山地貌，海拔多在1000~1300米，在海拔1300米处，年平均气温6~7℃，无霜期150天左右；而蒲县城西部，属黄土丘陵及台地地貌，海拔多在800~1000米（山间谷地不足800米），海拔1000米处，年平均气温9℃，无霜期180天。可见，由于地理南北位置不同，接收太阳辐射量南多北少对临汾气温的影响，远小于县境内因地势高低差异对气温的影响。

对降水影响 临汾市地处黄土高原，县境内没有湖泊，河流面积也小，且大多是季节河，冬半年干枯断流，夏半年时断时流，能向空中提供的水汽十分有限。所以，临汾市自然降水所需水汽主要来自辖区外的水汽输送。临汾市的东侧是太行山系，海拔多在1500米以上，东南侧是中条山脉，海拔多在1200米以上，这对东和东南方向输向临汾市的潮湿气流都起着自然屏障作用，只有势力比较强、垂直高度在1500米以上的偏东气流，才能进入临汾盆地上空。临汾市的南侧是一马平川，成了输向临汾市水汽的主要通道。由于地理和地形的原因，地势高处的降水要比低处大；位于水汽输送上游的降水要比下游处大；位于水汽输送迎风面上的降水要比背风面上大。所以临汾市的年降水量呈现出山区比平川多，东山区比西山区多，平川南部比平川北部多的分布特征。汾西县测站位于霍州市测站的西北方向，它们之间的直线距离只有二十几千米，但汾西县的年降水量比霍州市多出91.9毫米，是霍州市年平均降水量的21%，原因就是汾西县位于山区，虽地理位置比霍州市偏北，但地势高，且处在南来水汽通道的迎风向上，造成降水比霍州市偏多。乡宁县的位置比侯马、襄汾都偏北，但年降水量比侯马市、襄汾县都偏多，也同样是因为乡宁县地处山区，海拔高，且处在南和东南水汽输送的迎风面上，所以乡宁县降水量比侯马市、襄汾县都多。

对局地天气影响 临汾市县境内有4/5的面积是山区和丘陵，地形起伏，沟壑纵横，森林覆盖率低，植被差异大，盛夏季节，各地受热不均，风力受阻，风向凌乱，遇有上升气流，往往因局地复杂地形而加强，产生局地强对流天气，如雷暴、雷雨、大风、冰雹等。这种局地灾害性天气，经常出现在夏季的午后至傍晚，来得快，去得也快，持续时间不长，一般不很严重。但偶尔也因风大雨猛，雷电交加甚至掺杂短时冰雹，或者雷电接地，严重威胁人畜安全，造成人畜伤亡和其他经济损失。另外，蒲县、隰县和汾西县处在海拔1000米以上的吕梁山区，地势高、风力大，年平均风力比其他县（市、区）高出1倍多，出现8级或以上（风速≥17.2米/秒，下同）大风的日数，蒲县年均28天，隰县22天，汾西县14天，平均21天，比其他县（市、区）高出4倍。风多风大，风沙、沙尘暴灾害明显偏多。并且这里气候较凉，年平均气温9℃左右，比全市平均偏低2℃，秋季最早的初霜冻可在9月初出现；春季最晚的终霜冻到5月下旬仍可出现，最短的无霜期只有一百多天，霜冻和大风成了这里最常见最严重的气象灾害。

2.2 气候变化

地球气候经历了地质时期、历史时期和近代时期的气候变迁，直至当代，气候依然在变化。对各类时间、空间尺度气候变迁的分析研究，一般都以冷暖阶段的交替和干湿（旱、涝）阶段的交替为其特点进行。由于资料的原因，本书介绍的只是临汾历史时期（几千年）气候变迁的粗略概况，和临汾市有不间断地面气象观测记录资料以来的几十年、年代际的变化情况。

2.2.1 历史时期临汾气候变迁

历史时期的时间跨度是指距今几千年前至中华人民共和国成立之前（1948年），这个时期气候变迁的时间尺度为千百年。当然，几千年前临汾不可能有气象观测资料供分析使用。但是，可以结合物候、树木年轮、历史气候记载、史书、方志等资料，以“定性”的方式进行分析推理，来获取这一时期气候变迁的大概情况。

2.2.1.1 冷暖概况

据山西省气象局编写的《山西省气象志》记载，距今约7500年前，气候比现在寒冷干燥，气温比现在低2~4℃。距今7500~3000年，是温暖湿润时期，年平均气温比现在约高2℃，年降水量比现在多200毫米以上，在这段时期中，距今约4000年前，曾有一段较寒冷干燥时期。距今3000~2500年的周代，是气候比较寒冷干燥时期。距今2500~2000年，又是一个气候比较温暖湿润的时期。公元初至6世纪（相当于东汉、三国到隋代），又是气候寒冷期，那时的年平均气温比现在要偏低2~3℃。600—1000年（相当于隋唐时代到宋代初期），是气候比较温暖时期，当时关中地区能生长梅和橘。1000—1200年（相当于北宋中后期到南宋中期），又是气候寒冷时期，比现在年平均气温偏低1℃左右。1200—1300年（相当于南宋中期到元代），气候比较温暖。14世纪，气候又趋寒冷，15世纪以后的500年中，有3个寒冷期（即1470—1520年、1620—1720年；1840—1890年），这说明15世纪以后，中国气候有200年左右的周期性变化。

总之，在历史时期中国气温变化呈波状起伏，冷暖交替出现，总的趋势是温暖期越来越短，温暖程度愈来愈低，而寒冷期则越来越长，寒冷程度愈来愈强。

2.2.1.2 旱涝概况

商成汤二十四年到汉景帝元年（即前1594—前156年）共1439年，有6个干旱年，平均255年出现一次干旱年。自汉景帝二年至唐武德元年（即前155—618年）共773年，有8个旱年，平均97年出现1次干旱年。自唐武德元年至元世宗元年（618—1264年）共647年，有19个旱年，平均34年出现1次旱年。自元世宗元年至明洪武元年（1264—1368年）共105年，有14个干旱年，平均7.4年出现1次干旱年。自明洪武元年至清顺治元年（1368—1644年）共277年，有61个干旱年，平均4.5年出现1次干旱年。自清顺治元年至民国元年（1644—1912年）共269年，有108个干旱年，平均2.5年出现1次干旱年。1912—1948年，共37年，有干旱年17次，平均2.2年出现1次干旱年。

以上资料说明，临汾（晋南）大地在汉代以前基本上不存在干旱。这在近代许多考古中也得以证实：西安半坡遗址中发现有只能在湿热气候中生活的水獐和竹鼠的化石。河南安阳、河北阳原和陕西等地都发掘出象的残骸，象只能生长在气候湿热、植物繁茂、河塘广布的热带地区。现在，象在我国已迁移至西双版纳的热带雨林中生活；水獐和竹鼠也已经南迁至长江流域的沼泽地带，可见黄河流域在约公元前3600—1000年时，曾是和现在长江流域相似的亚热带气候。在《汉书》和《中国农业志》中也有记载。公元前113年，汉武帝刘彻在《秋风辞》中云："泛楼船兮济汾河，横中流兮扬素波。"（楼船是当时带楼的大船，素波是清水）可见，当时的汾河能行大船，而且是一片碧波荡漾。《中国农业志》中也记载了这样一段文字："新绛县境内河流之能通航者，唯汾河，水涨时深达一丈五尺，落时仅三尺，普通在五尺之谱……水流平坦，并无礁石，夏季及秋初通行帆船。"可见，古代时候，晋南不干旱，汾河流水比现在大得多，可以通船，甚至可以通楼船。缺水干旱开始于明代，加重于清代，特别是清康熙五十六年（1717年）再再次开荒以后，大量移民到这里开垦，采取广种薄收，几年后土地肥力减弱，产量减少，就弃旧地另辟新地，结果森林覆盖急剧减少，大量土地裸露，不能含蓄水分，气候向干旱化、沙漠化方向发展，使干旱年景越来越频繁。

2.2.2 近七十年临汾气候变化

当代临汾气候是指中华人民共和国成立之后，临汾市有了不间断的地面气象观测记录资料以来，截至2021年的几十年（或称年代际）气候变化的情况，时间跨度70余年。下面利用尧都区1954—2021年，隰县、安泽县1957—2021年的地面气象观测资料分别代表临汾市中部、西部和东部地区，分析20世纪50年代至21世纪10年代气候变化情况。

2.2.2.1 气温变化

气温是表征气候冷暖最重要的气象要素，气温变化直接代表着气候冷暖变化，它常常用与累年气温平均值的偏差（距平）来表达。

年平均气温的变化 临汾市1954—2021年，年平均气温11.4℃，20世纪80年代及其以前，年及年代际演变趋向平稳，年代际变率在0.1℃

上下摆动。从20世纪90年代开始，气温趋向升高，进入21世纪初，加大了增高幅度，临汾气候明显偏暖。气温随年代演变中，临汾市西、中、东部，存在地域差异。1954—1961年，西、中部气温虽呈上升趋势，但增幅减小，且绝对值多在平均值以下，少数年在平均值附近。所以，就总体说，中、西部此时段属偏冷期；而东部地区此时段气温都是正距平，属小幅偏暖期。过后，从1962年开始，临汾全市同步进入偏冷期，但偏冷期持续时间的长短，西、中、东三地又各不相同。西部和中部1962—1986年气温持续偏低，属偏冷期，1987—2005年气温明显升高，增幅都比较大，属偏暖期。东部地区冷、暖期持续时间比西、中部短，相互交替也比西、中部频繁，1962—1972年属偏冷期；1973—1979年小幅升温，属偏暖期；1980—1996年又转入偏冷期；1997年以后至2021年，与西、中部一起全市同步进入偏暖期。详见图2.1。

1996—1997年气温增幅很大，全市平均气温年增加1.3℃，成了临汾市气温由偏冷转向偏暖的“突变年”，而且自1997年往后的6年，气温持续偏暖，年平均气温正距平0.57℃，达到年气温偏暖所需距平≥0.5℃的技术要求，临汾市明显进入了偏暖期。

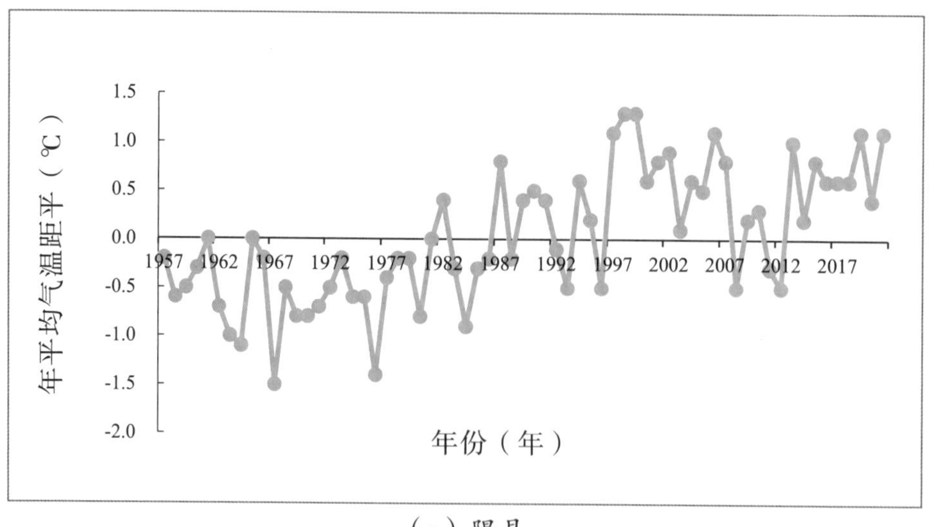

（a）隰县

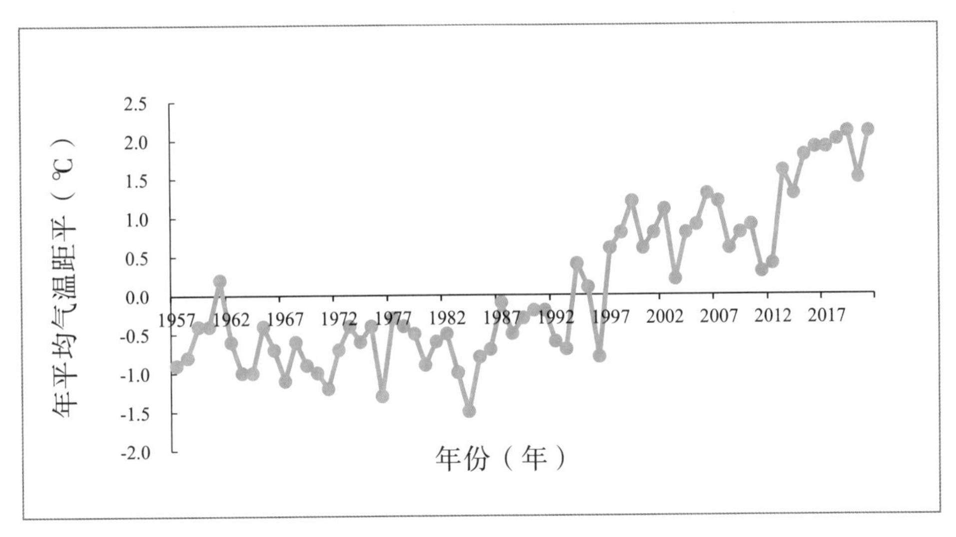

（b）尧都区

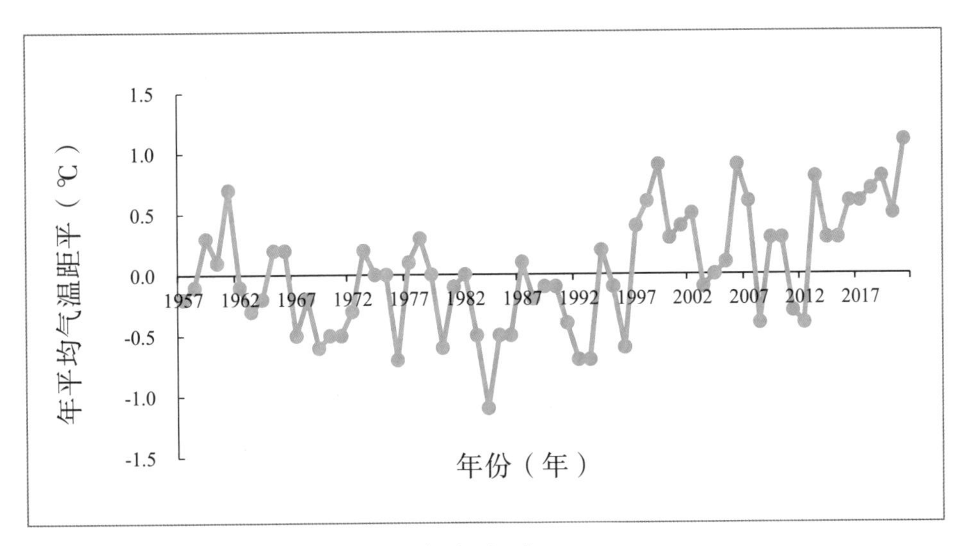

（c）安泽县

图2.1 1957—2021年临汾市西、中、东部年平均气温演变曲线

资料：西部，以隰县数据为代表；中部，以尧都区数据为代表；东部，以安泽县数据为代表。

至于年平均气温变化的强度，临汾市西、中部与东部之间存有明显差异，可用气温年距平“+、-”累计的平均值来表达。经统计，此平均值西部、中部和东部的负距平平均值分别为-0.5℃、-0.7℃和-0.4℃，正距平平均值分别为0.7℃、1.1℃和0.4℃，说明中部地区年气温变化强度最大，不论是上升或者是下降都比西部和东部大得多，而东部地区年气温升、降幅度都比中、西部小。

冬季气温的变化 临汾市冬季（以1月代表）平均气温-4.2℃。1954—2021年冬季气温，大致经历了两个偏冷期和两个偏暖期：1963年以前，冬季平均气温-5.7℃，比累年平均值偏低1.5℃，属冷冬期；1964—1966年，冬季气温比累年平均高出1.1℃，属暖冬期；1967—1971年（东部地区延续至1972年）冬季气温比累年平均偏低1.5℃，临汾市又转入冷冬期；1972年（东部1973年）至今，处在暖冬期，冬季气温比累年平均偏高0.4℃，特别是1985年以后，冬季气温连年偏高，其中2001—2002年度冬季，气温异常偏高，全市2002年1月平均气温比历年同期偏高3.7℃（其中西部偏高3.6℃，中部4.2℃，东部3.5℃），尧都区1月平均气温罕见地在0℃以上（1.6℃），无论是气温绝对值还是正距平，都是累年中仅有的，成了临汾市有地面气象观测记录资料以来最暖的一个冬季。

夏季气温的变化 临汾市夏季（以7月代表）气温平均24.7℃，夏季气温演变过程中的凉热情况，西、中、东部地域差异较大，其同步性远没有冬季好。西部地区的夏季，1980年及其以前共24年属偏冷期，7月气温距平平均值-0.67℃，其间虽有个别年份曾出现正距平值，但因增幅小、维持在平均值附近，且没有持续增温，不构成偏热期。1981—2016年共36年处在偏热期，特别是进入1997年以后，7月气温持续出现正距平，未有负距平，其他有个别年出现负距平，都因距平小且不连续，不构成偏冷期。中、东部的演变情况略有差异，中部的夏季，1954—1963年属偏热期，持续10年；1964年转入偏冷期，持续25年；到1989年转入偏热期，一直持续了33年，至2021年。相比之下，东部夏季的偏凉期来得更迟缓一些，1957—1972年是偏热期，持续16年；1973年转为偏冷期，持续21年；1994年转为偏热期，一直持续至2019年，持续26年。

夏季进入偏凉（或偏热）期的时间，临汾市各地掺杂不齐，西部最先，中部次之，东部最迟；而且进入偏凉（或偏热）期后持续时间长短也不一，在实测的65年气温资料中，只有1972—1980年、2020年这10年夏季的偏凉期和1994—2010年、2017年这18年夏季的偏热期，全市偏凉、偏热是同步的，占总年数的43%，还有57%的夏季，临汾市西、中、东部并不同时处在偏凉（或者偏热）期内。另外，1997—2002年，临汾市夏季气温持续偏高，尧都区7月平均气温26.5~28.5℃，高出累年平均值0~2℃，35℃以上高温日数平均30.8天，比历年平均（19.9天）高出55%，夏季天气异常炎热，热夏期的气候特征非常明显。

2.2.2.2 降水变化

降水是雨、雪、冰粒、冰雹、雾、露等天气现象形成的水量的总称，是表征气候状况重要的气象要素之一。临汾市地处黄土高原，属大陆性季风气候，降水量年际变差大，年内各季分配也很不均匀，在对年、年代际降水量进行分析的同时，重要季节降水量的变化也一并加以分析讨论。

年代际降水量的变化 临汾市降水量（为隰县、尧都区、安泽县三个气象站的平均值，下同）按年代统计的结果表明，从20世纪50年代至20世纪末，临汾市降水量呈现出明显的“阶梯”式递降趋势，直至21世纪00年代，才转向递升。在递降过程中，以20世纪80年代降幅最大，平均下降49毫米/年代，详见图2.2。

年代际降水量的演变按地域分析，情况略有差异：20世纪90年代，西、中部地区降水连续减少，但此年代东部降水却趋增多，与

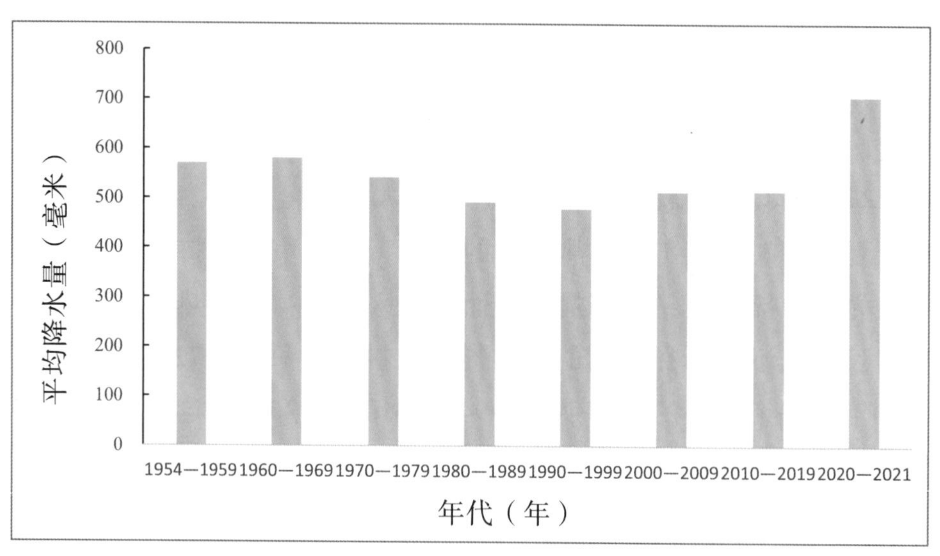

图2.2 1954—2021年临汾市年代际平均降水量图

注：图中数据为隰县、尧都区、安泽县三个气象站的平均值。

西、中部呈现反位相演变，虽然量值不大，但演变趋向完全相反；至于其他年代，虽然是同相位演变，但各地升、降幅度差异还是比较大的，其中降幅以西部20世纪70年代最大，达72.8毫米/年代，升幅以东部最大，21世纪00年代达82.2毫米/年代。

年降水量的变化 临汾市年降水量530.9毫米，按季节分配：春季占16.5%、夏季54.8%、秋季25.4%、冬季3.2%；按地域分布：东部578.6毫米，最大；西部526.8毫米，次大；中部487.6毫米，最少。中、东部和中、西部间，年降水量差异分别占市平均降水量的17.1%和7.4%，以中、东部之间的差异最大。

临汾市地处季风气候带西部边缘，随着季风迟早、强弱的年际变异，临汾市年降水量的年际差异较大。年降水量的最大值为848.7毫米（1958年），最小值为301.2毫米（1997年），相差547.5毫米，相当于年降水量的103%，这是年降水量的最大差值。就平均情况分析，年降水量的平均差异也不小，经统计，年降水量的正距平平均94.8毫米，负距平平均-84.3毫米，即年降水量年际变量的标准差114.8毫米，占年降水量的21.6%。另外，按照气候学对降水量等级划分的一般标准：当年降水量≥累年降水量平均值的140%时，为降水特多年；当年降水量为累年降水量平均值的120%~140%时，为降水偏多年；当年降水量为累年降水量平均值的80%~120%时，为正常年；当年降水量为累年降水量平均值的60%~80%时，为降水偏少年；当年降水量≤累年降水量平均值的60%时，为降水特少年。经统计，1954—2021年，临汾市降水偏多和特多的为11年，占总年数的16.1%；降水偏少和特少的为12年，占17.6%；降水在正常范围的45年，占66.2%。图2.3是1954—2021年临汾市年降水量距平值演变图。

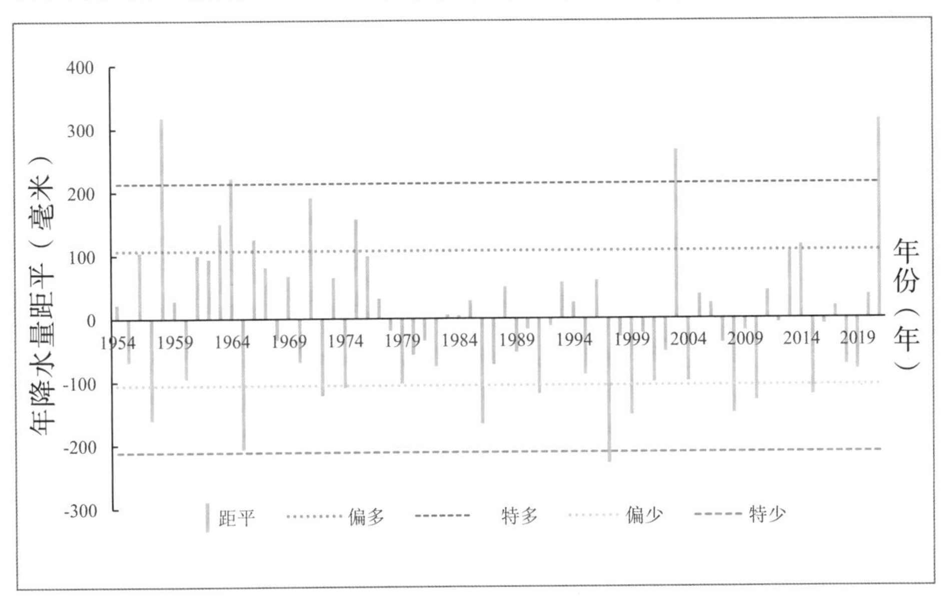

图2.3 1954—2021年临汾市年降水量距平演变

注：图中数据以1954—1956年尧都区数据，以及1957—2021年隰县、尧都区、安泽县数据平均值为代表。

图2.3显示，降水特多年发生在1958年、1964年、2003年和2021年，降水偏多年发生在1956年、1963年、1966年、1971年、1975年、2013年、2014年，除2003年、2013年、2014年和2021年外，其他降水特多和偏多年都发生在1975年及其以前，而降水特少年和偏

少年2/3的次数出现在1986年及其以后，集中出现在1997—2015年，其中1997年降水量301.2毫米，只有累年平均值的56.7%，为历史最少，是最干旱的一年。年降水量基本正常的大多出现在20世纪70年代后期至20世纪90年代中期，这一时期的年降水量多数在平均值附近上下波动，成了临汾市从年降水“多雨期”转向年降水严重短缺期的过渡时期。

夏季降水量的变化 临汾市夏季（6—8月）降水量291.2毫米，占全年总降水量的54.8%。按地域分布：东部降水量316.8毫米，中部265.2毫米，西部291.5毫米，东、西部相差25.3毫米，西、中部相差26.3毫米，东、中部相差51.6毫米，比年降水量的地域差异小。1954—2021年，临汾市夏季降水量随年代变化趋势，总的来说是由偏多转向偏少和特少。按降水距平百分率在-10%~10%为正常；降水距平百分率在10%~20%为偏多，降水距平百分率在-20%~-10%为偏少；降水距平百分率≥20%为特多，降水距平百分率≤-20%特少的标准来划分，则临汾市夏季降水变化经历了6个时期：1957—1966年，夏季平均降水量335.0毫米，正距平43.9毫米，占夏季累年平均降水量的15.1%，属夏季降水偏多时期；1967—1974年，夏季平均降水量277.0毫米，负距平14.1毫米，占夏季累年平均降水量的-4.8%，属夏季降水正常期；1975—1981年，夏季平均降水量340.1毫米，正距平49.0毫米，占夏季累年平均降水量的16.8%，属夏季降水偏多期；1982—1991年，夏季平均降水量247.0毫米，负距平44.1毫米，占夏季累年平均降水量的-15.1%，属夏季降水偏少期；1992—1996年，夏季平均降水量343.6毫米，正距平52.5毫米，占夏季累年平均降水量的18%，属夏季降水偏多期；1997—2011年，夏季平均降水量256.3毫米，负距平34.8毫米，是夏季累年平均降水量的-12%，属夏季降水偏少期。特别是1997年，夏季降水一向比中西部偏多的东部地区，这一年一反常态，夏季降水量78.6毫米，比西、中部都少，只有本地同期平均值（316.8毫米）的24.6%，为全市最少。这一年，临汾市春夏连旱、旱灾非常严重，旱地小麦禾苗干旱枯死甚多，小麦减产严重；小秋无法复播，少量播种上的也是缺苗断垄严重；旱地的大秋作物大量干枯死亡，秋粮减产四成左右；小河干涸，大河断流，地下水位显著下降，井水枯竭成了农村普遍现象，造成人畜饮水困难；2012—2021年，夏季平均降水量288.7毫米，负距平2.5毫米，占夏季累年平均降水量的-0.9%，属夏季降水正常期。表2.1是临汾市夏季降水量及年代际变化统计。

表2.1 临汾市夏季（6—8月）降水量分段统计

年份/年	年数年	6—8月降水量/毫米	距平平均		年距平				夏季降水倾向
			数值	占夏季累年平均降水量的比例/%	+		-		
					年数/年	均值/毫米	年数/年	均值/毫米	
1957—1966	10	335.0	43.9	15.1	6	107.3	4	51.1	偏多
1967—1974	8	277.0	-14.1	-4.8	2	137.7	6	64.7	正常
1975—1981	7	340.1	49	16.8	5	70.1	2	3.7	偏多
1982—1991	10	247.0	-44.1	-15.1	1	151.1	9	65.8	偏少
1992—1996	5	343.6	52.5	18	5	52.5	0	0	偏多
1997—2011	15	256.3	-34.8	-12	4	57.7	11	68.4	偏少
2012—2021	10	288.7	-2.5	-0.9	5	62.5	5	67.5	正常

资料：以隰县、尧都区、安泽县数据为代表，为3县（区）数据平均值。

分析表2.1可知：1957—2021年，临汾市夏季降水偏多期一共出现过3段，各段的持续年数，由10年到7年再到5年，随年代渐渐缩短；而出现夏季降水负距平期的负距平平均值，却由-14.1到-44.1再到-34.8毫米，随着年代有加大趋势。可见临汾市夏季降水量总的趋向是随年代在减少，夏季干旱越来越频繁，夏旱强度越来越大。夏季是临汾市各项农业生产最活跃、最关键时期之一，夏季降水多少对临汾农业收成好坏起着至关重要的作用。1958年，夏季年平均降水量超过400毫米，雨水充沛，又无明显涝灾，对农业生产非常有利。可是20世纪80年代和21世纪00年代，夏季降水明显偏少，夏旱连连，农业生产受损严重，特别是1997—2002年，连续6年夏季降水偏少，是历年中夏季降水最少的时期，其中1997年夏季降水量只有109毫米，是累年夏季平均降水量的37%，为历年夏旱中最严重的一年。

秋季降水量的变化 临汾市秋季（9—11月）降水量137.2毫米，占年降水量的25.8%。由于受季风强度和转换时间差异的影响，临汾市秋季降水量的年际变差很大，在40.6~504.5毫米。秋季降水量按地域分布：东部148.6毫米，为最大；西部137.3毫米，次大；中部125.6毫米为最小，秋季降水的地域差异比夏季降水地域差异大。按距平法划分秋季雨量级别的一般标准来区分，1957—2016年临汾市秋季降水特多的有14年，偏多的5年，特少的12年，偏少的18年，正常的17年，其特多、偏多、特少、偏少和正常年，所占比例分别为22%、1%、18%、28%和26%。秋雨特多的年份多出现在2021年，其次是20世纪60年代、70年代前中期和21世纪初期；秋雨特少和偏少的年份出现在20世纪50年代后期和70年代中后期至20世纪末。秋雨年际和年代际的变化可分为8个时段，1960年以前，虽然年总降水量不少，但秋季降水偏少，1957—1960年秋季降水79.8毫米，比累年平均值偏少57.3毫米，占秋季降水年平均值的-41.8%，属秋雨特少期；1961—1975年，秋季平均降水174.7毫米，比累年平均偏多37.5毫米，占秋季降水27.3%，属秋雨特多期；1976—1982年，秋季降水92.2毫米，比累年平均值偏少45毫米，占秋季降水年平均值的-32.8%，属秋季降水特少期；1983—1985年，秋季降水170.3毫米，比累年偏多33.2毫米，占秋季降水年平均值的24.2%，属秋季降水特多期；1986—1999年，秋季降水104.0毫米，比累年偏少33.2毫米，占秋季降水年平均值的-24.2%，属秋季降水特少期；2000—2007年，秋季降水156.2毫米，比累年偏多19.1毫米，占秋季降水年平均值的13.9%，属秋季降水偏多期；2008—2020年，秋季降水124.8毫米，比累年偏少12.3毫米，占秋季降水年平均值的-9.0%，属秋季降水正常期。2021年秋季降水量504.5毫米，比累年偏多367.3毫米，是秋季降水年平均值的3.7倍，属秋季降水特多期。详见表2.2。

表2.2 临汾市秋季（9—11月）降水量分段统计

年份/年	年数年	9—11月降水量/毫米	距平平均		年距平				秋季降水量
					+		−		
			数值	占秋雨/%	年数/年	均值/毫米	年数/年	均值/毫米	
1957—1960	4	79.8	–57.3	–41.8	0	0	4	57.3	特少
1961—1975	15	174.7	37.5	27.3	10	78.8	5	45.0	特多
1976—1982	7	92.2	–45	–32.8	0	0	7	45	特少
1983—1985	3	170.3	33.2	24.2	3	33.2	0	0	特多
1986—1999	14	104.0	–33.2	–24.2	0	0	14	33.2	特少
2000—2007	8	156.2	19.1	13.9	6	46.6	2	63.5	偏多
2008—2020	13	124.8	–12.3	–9.0	4	57.1	9	43.2	正常
2021	1	504.5	367.3	267.7	1	367.3	0	0	特多

资料：以隰县、尧都区、安泽县数据为代表，为3县（区）数据平均值。

临汾市秋季降水稳定性很差，年际变差大，平均正距平值73.5毫米，占累年秋季平均降水量的53.6%；平均负距平值42.7毫米，占累年秋季平均降水量的31.1%。秋季降水变幅如此之大，正反映了临汾市秋季干旱和阴雨连绵天气并存的气候特点。相比之下，秋季连阴雨多出现在2021年、20世纪60年代和21世纪00年代前期；秋季干旱多出现在20世纪50年代末期和20世纪70年代后期至20世纪末。

另外，经统计表明，临汾市秋季降水量的多少，与当年夏季降水量的多少，不存在相关关系：夏雨多的年份，秋雨可以继续多，也可以少；夏雨少的年份，秋雨可以多，也可能少。

2.2.2.3 风的变化

风是空气做水平运动的结果，它既有大小也有方向。因此，各气象台站对风的观测记录包括风向和风速两个项目。风起到交流热量和水汽的作用，对形成降水等各种天气现象起着至关重要的作用。所以风的变化，也是表征气候变化的重要气象因子之一。

临汾市地处中纬度内陆地带，季风气候特征明显，冬半年刮偏北风，夏半年刮偏南风，春、秋为风向交替、转换季节。临汾市风力的季节分布，春夏季大、秋冬季小，尤以春季最大、秋季最小。风力的地域分布：西部山区风大，平川和东山地区风小。半个世纪以来，临汾市风向演变和分布特征，稳定少变。但是，年平均风力随年代呈现出明显减小趋势，出现8级或以上大风的日数随年代呈现出小幅增大趋势，详见表2.3。

表2.3 临汾市各县（市、区）1980年及以前和以后风速变化统计/（米/秒）

项目	县（市、区）	永和县	隰　县	大宁县	吉　县	汾西县	蒲　县	乡宁县
年平均风速	1980年及以前	2.6	2.1	2.2	2.0	2.8	2.4	2.4
	1980年以后	1.2	1.9	1.7	1.8	2.0	3.1	1.9
	后、前年代差		–0.2	–0.5	–0.2	–0.8		–0.5
	地域平均	–0.44（西部山区）						

续表

项目	县（市、区）	永和县	隰　县	大宁县	吉　县	汾西县	蒲　县	乡宁县
风力大于等于8级大风日数	1980年及以前	2.3	25.9	9.1	6.4	13.7	3.9	5.1
	1980年以后	0.7	18.5	9.7	5.1	8.3	26.2	3.3
	后、前年代差		–7.4	0.6	–1.3	–5.4		–1.8
	地域平均	–3.1						

项目	县（市、区）	霍州	洪洞	尧都	襄汾	侯马	曲沃	翼城	浮山	古县	安泽	全市
年平均风速	1980年及以前	1.9	2.4	2.1	2.3	2.1	2.2	2.0	2.3	2.4	2.0	2.2
	1980年以后	1.6	1.4	1.6	1.8	1.9	1.7	1.6	1.7	1.6	1.4	1.8
	后、前年代差	–0.3	–1.0	–0.5	–0.5	–0.2	–0.5	–0.4	–0.6	–0.8	–0.6	–0.4
	地域平均	–0.5（中部平川）							–0.7（东部山区）			
风力大于等于8级大风日数	1980年及以前	4.6	6.8	7.0	0.3	5.0	0.5	6.2	5.4	0.8	2.1	6.2
	1980年以后	6.2	4.4	5.6	3.3	3.2	2.7	2.4	3.8	2.2	1.9	6.3
	后、前年代差	1.6	–2.4	–1.4	3.0	–1.8	2.2	–3.8	–1.6	1.4	–0.2	0.1
	地域平均	–0.4							–0.1			

资料：各县气象站建站至2021年数据；永和县、蒲县气象站因气象观测场地搬迁不宜对比，未纳入统计。

表2.3显示，临汾市1980年以后年平均风速比1980年以前每县（市、区）减小0.4米/秒，相当于减小22%；其减小值以东部减小最大，西部最少，平川地区位于中间。出现8级或以上大风的日数，增幅较小，1980年以后比1980年以前每县增多0.1天/年。

2.2.2.4 日照变化

日照是气象要素之一，它表征一个地方接收太阳照射与否及照射时间的长短，它是光能资源，影响植物光合作用与光周期反应，和植物的生长发育关系密切。日照时间的长短和强度的大小，除受地理纬度、季节影响外，还受空气混浊程度及云雾的影响。所以，日照时间长短随年代的演变，也是云雾日数、强度和大气清晰程度随年代演变的反映。1954—2021年，临汾市日照时数演变总的趋势呈现出年代际阶梯式下降，平均降幅30.9小时/年代，其中，以20世纪80年代降幅最大，达173.5小时/年代，占年日照时数的7.3%；其次是21世纪00年代，比20世纪90年代减少106.8小时，占年日照时数的4.8%。如果对西、中、东三个地域分别分析，它们的演变趋向有相同之处，但不尽然。相同的是20世纪80年代和21世纪00年代，全市（西、中、东部）日照时数呈现同步减少趋势，21世纪20年代，全市（西、中、东部）日照时数呈现同步增长趋势；不同的，是20世纪50年代至70年代，临汾市中、西部日照时数均趋向减少，而东部地区这一时期的日照时数趋向增加，而且升幅达4%~6%。进入20世纪90年代后，东部和中部的日照时数都在减少，唯独西部的日照时数较上一年代增加。临汾市从20世纪50年代以来，日照时数以西部地区减少最为严重，7个年代减少了396.9小时，平均减幅-56.7小时/年代；中部和东部的减少值及减少幅度均比西部小。详见表2.4。

表2.4 临汾市西、中、东部日照时数年代际变化/小时

地域及代表县（市、区）	项目	20世纪					21世纪			合计	年代平均	年均日照
		50年代	60年代	70年代	80年代	90年代	00年代	10年代	20年代			
西部（隰县）	年平均日照	2770.0	2731.4	2728.5	2533.1	2604.7	2468.9	2279.5	2452.9			2571.1
	后、前年代差		−38.6	−2.9	−195.4	71.6	−135.8	−189.4	93.6	−396.9	−56.7	
	占比/%		−1.4	−0.1	−7.7	2.7	−5.5	−8.3	3.8			
中部（尧都）	年平均日照	2587.2	2450.1	2283.9	2189.9	2097.6	2003.7	2121.8	2555.6			2286.2
	后、前年代差		−137.1	−166.2	−94	−92.3	−93.9	118.1	433.8	−31.6	−4.5	
	占比/%		−5.6	−7.3	−4.3	−4.4	−4.7	5.6	17.0			
东部（安泽）	年平均日照	2356.4	2457.3	2594.3	2363.3	2252.7	2162	2125.3	2298.9			2326.3
	后、前年代差		100.9	137	−231.0	−110.6	−90.7	−36.7	173.6	−57.5	−8.2	
	占比/%		4.1	5.3	−9.8	−4.9	−4.2	−1.7	7.6			
全市	年平均日照	2571.2	2546.3	2535.6	2362.1	2318.3	2211.5	2167.8	2354.6			2383.4
	后、前年代差		−24.9	−10.7	−173.5	−43.8	−106.8	−43.7	186.8	−216.6	−30.9	
	占比/%		−1.0	−0.4	−7.3	−1.9	−4.8	−2.0	7.9			

临汾市日照时数随年代呈减少趋势。对尧都区年日照时数进行分析表明，尧都区1954—1973年这20年中，有19年日照时数在2000~2800小时之间，比多年平均值偏多100~550小时，其间，1964年因降水过多（超过历年平均值的56%）使日照时数骤降至2100小时，但这20年日照

时数的平均距平为224.6小时/年，属日照时数丰富时期；1974—1980年这7年，日照时数先是连续3年负距平，后又连续4年正距平，平均距平17.4小时/年，降幅较小，此段属日照丰歉正常时期；1981—1991年这11年，日照时数负距平8年，正距平3年，平均距平-35.4小时/年，属日照由偏多转向偏少的转折时期；1992—2021年这30年，日照时数25年都是负距平，平均距平-140.7小时/年，降幅较大，属日照时数明显持续偏少期。详见表2.5。

表2.5 1954—2021年尧都区日照时数逐年距平/小时

年份/年	1954	1955	1956	1957	1958	1959	1960	1961	1962	1963
距平	300.5	478.2	406	549.6	303.8	254.4	247.7	179.6	385.4	345.9
年份/年	1964	1965	1966	1967	1968	1969	1970	1971	1972	1973
距平	-117.9	488.5	134.3	213.2	206.9	-549.1	109.5	204.6	204.9	145.2
年份/年	1974	1975	1976	1977	1978	1979	1980	1981	1982	1983
距平	-40.2	-237.3	-65.2	56.8	144.8	139.8	123.4	-34.3	-2.4	-104.2
年份/年	1984	1985	1986	1987	1988	1989	1990	1991	1992	1993
距平	-241.5	-23.4	190.2	70.6	-102.9	-152.3	-62.8	73.6	15.3	-201.7
年份/年	1994	1995	1996	1997	1998	1999	2000	2001	2002	2003
距平	-154.8	-27.9	-433.5	-163.8	-267.3	22.4	-24.2	-160.4	-158.7	-343
年份/年	2004	2005	2006	2007	2008	2009	2010	2011	2012	2013
距平	-36.9	-244.8	-277.1	-528.4	-131.1	-234.5	25.1	-100.4	-242.6	-95.1
年份/年	2014	2015	2016	2017	2018	2019	2020	2021		
距平	-462	-183.9	-151.9	-16	66.9	-217.6	637.2	-130.6		

2.2.3 当代气候变化原因

以上4项主要气候要素值65年来演变结果分析表明，临汾市近半个世纪气温升高1.5℃，平均日最高气温和平均日最低气温，分别以每10年0.29℃和0.26℃的速率升高，极端最高气温连攀新高，炎热酷暑天气明显增多，说明临汾气候变暖趋势非常明显。气候变暖以夜间增温提升日最低气温为主；日最高气温也有所提升，但幅度远小于日最低气温，日最低气温提升的幅度是日最高气温提升的3.5倍。年内四季气温均呈现上升趋势，其中以冬季增温最显著；夏季虽然也在增温，但夏季温度增幅比冬季小得多。另外，年降水量和年降水日数在山区、平川都呈现减少趋势，蒸发量以每10年16.9毫米的速率在减少，日照时数、平均风速和相对湿度均随年代在减少（小）。总之，60余年来临汾市气候向暖、干化发展趋势明显，干旱、冰雹、大雾、空气污染等气象灾害明显增多，对生态环境产生不利影响，已经成为政府和人们关切的热点问题之一。

2.2.3.1 自然生态恢复迟缓

自然生态植被状况与气候关系密切，森林、草原对气候的影响非常重要。由大片森林和草原组成的植被土壤具有奇妙的生态功能：天上降水时，树冠能截留不同量级的降水，减缓降水强度，湿润林中空气；林下多年堆积的腐烂的枯枝烂叶能积攒储水，节制和转变地面径流，阻止水土流失；森林土壤的渗水性能好，犹如没有大坝的地下水库，能自动接纳、蓄存、利用和转化自然降水，使脉冲性的自然降水转变为渐进连续性的蒸发水源；天上无降水时，森林内的株株大树犹如一个个十几米、几十米高的生物水泵，湿润着林区内外空气，据测定，森林区上空的湿度要比一般农田区上空湿度高出5%～10%，甚至20%；森林还能调节空气温度，经对比测定，夏季温度林内要比林外低8~10℃，冬季林区又比林外高出1～2℃，白天的气温林内低于林外，夜间至黎明林内的气温又高出林外，森林调节气温的作用非常显著。正是由于森林具有这种调节温度、湿度的作用，对人们生活、作物生长都十分重要。另外，森林还可以减小风力，减少大风灾害，遮挡风沙。而毁林垦荒，会增加地面的反射率，进而影响气压场和大气环流的变化；会改变地表层的物理性质，影响到大气和下垫面之间热量、水分、辐射和其他物质的平衡关系。所以，毁林垦荒会导致气候恶化；恢复森林植被，能优化生态环境改善气候。至于森林对于自然降水的影响，目前看法并不一致，但有一点是肯定的，经对比实验证明，陆上森林区比同纬度、同面积的海洋区所蒸发的水分要多50%。因此，因为蒸发耗热，林区上空要比周围温度低，湿度大，容易成云致雨，造成局地短时少量降水，只是降水次数不会多，雨量不会大，影响十分有限。临汾市目前生态环境依然脆弱，天然林由于历史的原因连遭破坏，至今林相破残，森林密度较小；人工林小部分已成林，大部分仍为幼林，且规模面积都还不够大，全市成片林覆盖率只有14%左右，加上灌木、四旁植树，森林覆盖率也只有20%，比全国平均低3%～4%。所以，就总体来说，临汾市自然环境生态恢复难度大，恢复速度不快，森林总量恢复不足，规模不够大，质量也有待提高，植被依然稀疏，水土流失仍然严重，生态环境恶化的状况没有得到根本的治理，气候趋向变暖，降水趋向减少，干旱、局地暴雨、冰雹等气象灾害频繁，特别是高温、干旱灾害增多加重趋向非常明显。

2.2.3.2 大气污染治理相对滞后

改革开放给临汾经济快速发展带来难得的机遇，进入20世纪80年代后，以煤炭、焦炭、钢铁业为主线的临汾城市工业得以快速发展，并带动了加工、制造、运输等行业的发展，使临汾经济取得历史上少有的成就。高发展带来高能耗，有资料显示，1979—2002年，尧都区煤炭消耗量增加9.56倍，机动车量增加27.46倍，也就是说，尧都区在相同时段内向空中排放的烟尘废气基本上也按此倍数在增加。由于治理污染的相对滞后，造成了空气、自然降水、河道、土壤被严重污染，个别地方的含水层也受到破坏，同时影响着临汾气候，使风力减小，日照时数和日照强度减少，地面接收光能资源和太阳直接辐射减少，高空辐射增加，气温日较差变小，平均气温增高，饱和差加大，降水减少，干旱、高温、小麦干热风、冰雹、大雾等气象灾害增多，酸雨增多、加重，气候趋向恶化。

大气污染对气候最直接、最广泛的影响是气温的增高。60年来，临汾市年平均气温以每10年0.224℃的速率升高，尤其是20世纪90年代以来，由于临汾空气中二氧化碳和其他微粒的含量迅速增多，均超出了世界卫生组织标准的好几倍，大气污染的“温室效应”使气温明显增高。经统计，1997—2021年，临汾市年平均气温距平为0.6℃，达到了气候学中关于“偏暖、偏冷”需要年平均气温距平≥0.5℃或≤-0.5℃的技术要求。因此，临汾市气候从1997年起便步入偏暖期。要减少或限制温室气体对气候的影响（即治理大气污染），首先要减少或限制温室气体的排放量，这就牵涉到临汾市产业结构的调整和经济发展各领域的重大问题，甚至牵涉到临汾市的脱贫致富。因为煤矿业、钢铁业、焦油制造业和运输业，虽然是临汾环境污染的罪魁祸首，但同时也是临汾市的主要经济命脉，所以，对于临汾市来说，产业结构调整和环境、气候的改善需要时间，只是希望能尽快加大治理力度，使临汾经济和环境、气候得到协调发展。

2.2.3.3 临汾气候本身存在各种时间尺度的演变规律

根据1954—2021年临汾市降水、温度、日照三项气象要素，以降水为主进行时间序列综合分析，结果表明临汾市气候存在准10年及年代际有以下变化规律。

1954—1964这11年，年平均降水量605.6毫米，比累年平均多74.8毫米，占年平均降水量的12.4%，其中有3年降水量超过累年平均值的120%（即≥637毫米），雨量充沛是这11年的主要气候特征之一。日照充盈是这一时期的另一气候特征，年平均日照时数2511.6小时，年平均日照距平159.3小时，年日照距平“+、-”符号比为10：1。气温演变平稳略偏低，距平-0.1℃。所以这11年的临汾气候属偏凉多雨期。

1965—1975年这11年，年平均降水量543.6毫米，比前一时期减少62毫米，年降水距平的平均值为12.8毫米，这一时期降水的主要特点是年降水量大起大落，其中有3年降水量超过累年平均值的120%（即≥637毫米）；又有3年降水量超过累年平均值的80%（即<425毫米），年降水距平“+、-”符号比为6：5。这一时期的平均气温比前一时期下降0.5℃。这一时期的年日照时数比前一时期增多了23.2小时，这11年的临汾气候属多雨、少雨交错期。

1976—1986年这11年，年平均降水量504.0毫米，比前一时期又减少39.6毫米，平均降水距平值为-26.8毫米。年降水距平“+、-”符号比为5：6。这一时期气温平均10.1℃，与前一个时期持平，年平均气温距平均为负距平，气温依然偏低。日照时数2457.2小时，比前一时期减少77.6小时，日照平均距平“+、-”符号比为8：3，日照依旧充足。基于这一时期10/11的年降水量在425~637毫米（年平均降水量的80%~120%或-120%~-80%），年日照时数距平86.6小时，仅占年平均日照时数的3.5%；年气温变化小，气温距平平均只有-0.6℃。所以，这一时期临汾气候属正常期。

1987—1996年这10年，年平均降水量513.1毫米，和前一时期比较，只相差9.1毫米。这10年的年平均降水量的90%在425~637毫米（年平均降水量的±80%~120%），降水距平-17.7毫米，属正常范围，年降水距平“+、-”符号比为4：6。这一时期年平均气温10.5℃，比前一时期增高0.4℃，年平均气温距平-0.2℃。这一时期日照时数进一步减少，年均2305.8小时，年均距平-64.8小时，日照时数年距平“+、-”符号比为3：7。上述统计表明，这一时期年降水、气温、日照都在正常范围内波动，临汾气候属于正常期。但是，重要的是降水、气温、日照这三项主要气象要素值的年均距平符号，从这一时期开始，与以前的多雨期，多雨、少雨交错期全部反位相演变，表示临汾气候自20世纪50年代中叶以来以低温、多雨、日照充足为主要特征的气候期的结束；以增温、少雨、日照减少为特征的气候期的开始。所以，这10年可称之谓临汾气候转折期。

1997—2007年这11年，降水量进一步减少，年均493.9毫米，比前一时期又减少19.2毫米，年降水距平“+、-”符号比为3：8，降水距平-36.9毫米；气温进一步升高，比前一时期增加0.8℃，达11.3℃/年，气温距平“+、-”符号比为11：0，平均气温距平值0.6℃；日照继续减少，其中9年是负距平，平均距平值-130.7小时，占累年平均值的5.5%。这11年降水明显减少，气温大幅升高，干旱频繁，空气污染严重，高温、酸雨、大雾、冰雹等气象灾害增加，临汾气候属偏暖少雨期。

2008—2018年这11年，年平均降水量508.3毫米，虽然比前一时期有所增加，但仍然是负距平，年平均降水距平为-22.5毫米，年降水距平“+、-”符号比为4：7；气温与上一时期持平，但仍为正距平，平均气温距平值0.6℃，气温距平“+、-”符号比为8：3，平均气温11.3℃；日照时数继续减少，11年全是负距平，平均距平值-178.6小时，占累年平均值的7.5%。本时期临汾气候属偏暖少雨期。

2019—2021年这3年，年平均降水量620.1毫米，比前一期有所增加，年平均降水距平为89.3毫米，年平均降水距平“+、-”符号比为2：1；气温比上一时期偏高，均为正距平，平均气温距平1.1℃，平均气温11.8℃；日照时数较上一时期增加134.4小时/年，平均距平-44.2小时，占累年平均值的1.9%。本时期临汾气候属偏暖多雨期。

以上是临汾市当代（1954—2021年）气候变化过程中经历的7个小气候期，每个小气候期的时间尺度10年左右，其主要特征和各主要气象要素指标值详见表2.6。

表2.6 1954—2021年临汾市小气候期划分

年份/年	间隔时间/年	降水量/毫米						气温/℃		
		年均	降水等级			"+、-"距平年比	年均距平	年均	"+、-"距平年比	年均距平
			＜425	425~637	≥637					
1954—1964	11	605.6	1	7	3	8∶3	64.7	10.4	4∶7	-0.1
1965—1975	11	543.6	3	5	3	6∶5	12.8	10.1	0∶11	-0.6
1976—1986	11	504.0	1	10	0	5∶6	-26.8	10.1	0∶11	-0.6
1987—1996	10	513.1	1	9	0	4∶6	-17.7	10.5	4∶6	-0.2
1997—2007	11	493.9	2	8	1	3∶8	-36.9	11.3	11∶0	0.6
2008—2018	11	508.3	3	8	0	4∶7	-22.5	11.3	8∶3	0.6
2019—2021	3	620.1	0	2	1	2∶1	89.3	11.8	3∶0	1.1

年份/年	间隔时间/年	日照时数/小时				气候期
		年均	"+、-"距平年比	年均距平	占年日照/%	
1954—1964	11	2511.6	10∶1	159.3	6.7	偏凉多雨期
1965—1975	11	2534.8	9∶2	164.2	6.9	多雨、少雨交错期
1976—1986	11	2457.2	8∶3	86.6	3.7	正常期
1987—1996	10	2305.8	3∶7	-64.8	-2.7	转折期
1997—1907	11	2239.9	2∶9	-130.7	-5.5	偏暖少雨期
2008—2018	11	2192.0	0∶11	-178.6	-7.5	偏暖少雨期
2019—2021	3	2326.4	1∶2	-44.2	-1.9	偏暖多雨期

资料：1954—1956年以尧都区数据代替；1957—2021年取隰县、尧都区、安泽县平均值。

按照常理推断，降水偏多就意味着云雨日数偏多，日照时数就将偏少。但是，实测的气象资料表明，临汾市实际情况恰恰相反。1954—2018年，临汾市降水总趋势是随年代减少，日照时数也随年代减少，它们的演变趋向几乎是同步同相。究其原因，主要在于临汾市大气污染随年代加重对减少日照时数的影响，要远超因降水减少对日照时数增加的正面影响。

2.2.3.4 气候的变化与大气环流的演变息息相关

东亚（北纬30°~50°，东经120°~150°）大槽和西太平洋（北纬20°~35°，东经120°~160°）副热带高压的强度、位置，都直接影响着临汾市的气温、降水，是对临汾天气气候最具直接影响的两个天气系统，它们年及年代际的变化势必影响临汾气候的年及年代际变化。李崇银等将1950—1995年500百帕东亚大槽和西太平洋副热带高压强度的时间变化及其子波进行统计分析，结果表明，它们不仅都有极清楚的10年及年代际的变化规律，而且在年代际时间尺度上有一致的变化趋势，强（弱）东亚大槽与强（弱）西太平洋副热带高压相对应，强（弱）的西太平洋副热带高压又与中国气温持续偏高（低）相一致。这说明，临汾气候确实存在准10年及年代际的变化规律。此外，临汾气候还存在不同时间尺度的周期变化。据曹才瑞等对山西中南部1470—1990年共521年旱涝情况的统计分析，得出了山西中南部旱涝交替存在6个时间尺度的周期变化，经F检验按周期显著程度大小为序，分别是113年、22年、37年、13年、10年和32年。所以，山西中南部500多年来旱涝演变规律，大致就是以上6组周期组合叠加的结果。显然，这里包含着年代际和10年周期的演变。

2.2.4 气候变化评价

近70年临汾气候趋向气温升高降水减少，特别是降水日数明显减少，这对发展临汾的交通运输、建筑、旅游业及部分零售业非常有利，增产增效，受益匪浅。但对于临汾的自然生态、农业、畜牧业及人体健康，则弊大于利。

2.2.4.1 对自然生态环境的影响

从20世纪50年代至今，临汾市降水量在减少，径流量在减少，风力在减小，气温在增高，干旱灾害在增多加重。但是，统计后的降水资料显示，年降水量的减少，主要是年内日降水量≥10.0毫米至<25.0毫米的中雨日（次）减少所致，而日降水量≥25.0毫米和≥50.0毫米的大雨、暴雨日（次）并没有明显减少（年均只减少0.6天）。详见表2.7。

表2.7 临汾市大雨、暴雨日（次）和年降水量分段统计

地域	最长资料时段	日降水量/毫米						年均平降水量/毫米		
		≥25.0毫米（天/年）			≥50.0毫米（天/年）					
		1979年及以前	1980年及以后	年代差	1979年及以前	1980年及以后	年代差	1979年及以前	1980年及以后	年代差
西部	1957—2021年	1.8	2.6	0.8	0.3	0.4	–0.5	568.5	504.0	–64.5
中部	1954—2021年	1.7	2.5	0.8	0.4	0.5	–0.2	519.3	468.0	–51.3
东部	1957—2021年	2.0	3.0	1	0.4	0.6	–0.3	613.2	559.7	–53.5
全市平均		1.8	2.7	0.9	0.3	0.8	–0.3	567.0	510.6	–56.4

相比之下，年内大雨、暴雨日（次）和年降水量之比，在随年代而增加，1979年以前比值为0.0037；1980年以后比值为0.0068，也就是说，临汾市在年降水量明显减少、干旱增多加重的同时，大雨、暴雨灾害的次数并没有减少，因此，水土流失并没有因干旱增多而趋缓。年降水量400毫米是反映荒漠化最为敏感的指标，小于400毫米，应以牧业为主、涵养水分、保水固土；大于400毫米，可以经营农业为主，兼营他业，也可以发展林业。所以，年降水量400毫米不仅是经营农、牧业的分界线，也是经营林业的分界线。当代临汾市降水连年趋少，特别是20世纪90年代末期，1997和1999年两年度全市年降水

量在400毫米以下，1997年降水量只有301.2毫米，临汾农业严重歉收。若年降水量继续减少，气温仍居高不下，那么，临汾市平川和丘陵区目前耕作的许多旱作农田，将因难耐干旱高温而缺苗死禾，产量低下，失去经营农业的意义，即使用来植树造林，这种降水少气温高的气候也很难适宜，成活率低，生长缓慢，大片的旱作农田将有沦为荒漠的趋向和可能。

2.2.4.2 **对农业生产的影响**

气温增高气候变暖，对临汾市农作物生产和产量的影响，“正、负”两面都有。气温升高，热量资源增加，寒潮减弱、冻害减少，不仅可以增加越冬作物的播种面积，作物越冬也更加安全可靠，而且还能延长作物生长期，使一些本来耕作一年一熟制作物的农田，若水分条件允许，可改成二年三熟制，或者把二年三熟制的改成一年二熟制，以提高农业产量。据统计，年平均气温增高1℃，大于10℃的积温持续日数平均可以延长15天左右。所以，气温的持续升高，对扩大夏秋（含小秋）作物的播种面积和山区丘陵小麦安全越冬都非常有利。但是，气温变暖后，也出现许多负面影响：如气温升高，没有新的技术措施相配合，主要作物的生长期会普遍缩短，这对干物质积累和籽粒产量均有负面作用。同时，热量资源增加对作物生长发育的影响很大程度上受降水变化制约，如果降水不能相应增加，反而会对农作物的生长产生不利影响；还有，由于气候变暖，土壤有机质的微生物分解将加快，使一些本来就贫瘠的土壤地力进一步下降；气候变暖还为昆虫安全越冬和在春、夏、秋三季增加繁衍代数都提供了优越条件，给农业生产增加了病虫害的风险，至少要使用农药或加大农药用量，增添了农业的自然成本，减少了农民的收入。当然，这一切都只是随着气候变暖对农业的一般负面影响。其实，对于临汾市来说，因气候变暖对临汾农业的负面影响最严重的是气象灾害的增多加重。气候变暖，降水趋少，干旱、冰雹、干热风等气象灾害增多加重，它给临汾农业带来的负面影响要比正面影响大得多。

2.2.4.3 对人体健康影响

人体对环境气候有一定要求。夏季，当气温在25~27℃，相对湿度在40%~50%时，冬季，当气温在16~20℃，相对湿度在30%~35%时，人体感觉是舒适的。气温的过高和过低都需要采取保护措施，否则会影响健康。临汾当代气温趋向升高，1954—2021年最高和最低温度的线性变化趋势，都表现出一致升高的年代际变化特点，但反映出非常明显的不对称性趋势，其中以冬季日最低气温升高为主。到了20世纪90年代，冬季人们就明显感到不像20世纪50—60年代那样寒冷了。日最高气温的年代平均值，到了20世纪90年代及其以后明显提升，山区≥35℃、平川≥40℃的高温日数迅速增长，截至2021年，山区的极端最高气温已突破41℃，达到41.3℃；平川已超过42℃，达到42.3℃，详见表2.8。

表2.8 临汾市日最高气温≥35℃、≥40℃日次统计

<table>
<tr><td rowspan="3">项目
地域</td><td rowspan="3">资料年代（最长）</td><td colspan="4">日最高气温</td><td colspan="3">极端最高温度（℃）</td></tr>
<tr><td colspan="2">≥35℃（天/年）</td><td colspan="2">≥40℃（天/年）</td><td rowspan="2">数值</td><td rowspan="2">地点</td><td rowspan="2">出现日期/年.月.日</td></tr>
<tr><td>1979年以前</td><td>1980年以后</td><td>1979年以前</td><td>1980年以后</td></tr>
<tr><td>西部</td><td>1957—2021年</td><td>0.18</td><td>2.62</td><td>0.00</td><td>0.03</td><td>41.3</td><td>大宁县</td><td>2005.6.22</td></tr>
<tr><td>中部</td><td>1954—2021年</td><td>18.58</td><td>20.76</td><td>0.31</td><td>0.33</td><td>42.3</td><td>尧都区</td><td>2005.6.23</td></tr>
<tr><td>东部</td><td>1957—2021年</td><td>1.27</td><td>2.52</td><td>0.00</td><td>0.00</td><td>39.3</td><td>古　县</td><td>2005.6.23</td></tr>
<tr><td>全市</td><td>1954—2021年</td><td>20.5</td><td>24.12</td><td>0.42</td><td>0.64</td><td></td><td></td><td></td></tr>
</table>

表2.8显示的高温资料是我们在各县（市、区）气象站观测场百叶箱内观测到的数据。由于城市“热岛效应”，在市区的气温要比气

象站观测到的气温高出1~2℃。当前临汾市的夏季，特别是平川各县（市、区）常常是酷热难当，中暑、“空调病”、肠道病、心血管病等患病人数骤然增多，一些年老体衰者因难熬酷热而死亡的情况也时有发生。另外，气候变暖会加快大气中化学污染物之间的光化学反应速度，引起一些城市和地区光化学氧化剂增加，从而诱发眼睛发炎、急性上呼吸道疾病、肺气肿和支气管哮喘等疾病的发生。气候变暖还可导致平流层臭氧减少，紫外线辐射强度增加，从而使白内障、雪盲、皮肤癌等疾病的发病率上升。

总之，气候与人类活动关系密切。气候养育了人类，改善和提高着人类生存质量。人类活动又影响着气候，农业时期过量垦荒砍伐，造成水土流失严重，气候恶化；发展工业又大量释放烟尘废气，同样导致气候趋向恶化，都让人类付出沉痛代价。所以，气候在有益于人类的同时，也无情地教训着人类，促使人们去认识气候、适应气候和改善气候，去建设和保护好优良的生态环境，让人类与生态环境和谐共生。

2.3 气候资源

气候既是自然环境的组成部分，也是一种自然资源，它向人们提供的是一种有利的环境条件，人们利用这些条件趋利避害，便能增添效益，减少损失，节约能源，创造更多的财富。要是不利用这些条件，气候资源则不会具备任何价值，日复一日、年复一年白白消逝；但气候是一种可再生资源，如光、热、水、风等；它还是一种清洁环保资源，不含有毒成分或者放射性元素，也不排放废气废渣。

2.3.1 太阳能资源

气候资源主要由太阳（光）能、热能、水能和风能四部分组成，而光、热、水等气候要素又是动、植物生存的必要条件。所以，通过对太阳辐射（光能）、热能、水能、风能的利用，可以直接影响生物产量和质量，为社会增加财产同时节约其他能耗。

2.3.1.1 太阳总辐射时空分布

太阳能资源就是太阳辐射资源，它包括太阳直接辐射和天空散射辐射两部分，加在一起称之太阳总辐射。临汾的侯马市气象局1959年建成太阳辐射观测记录站（简称“日射观测站”）。因此，侯马市具有从1959年6月1日至今的太阳能总辐射观测记录资料。但是，这类日射观测站，全省只有3个，除了侯马市外，还有太原、大同各一个。所以，临汾市其他16个县（市、区），均没有实测的太阳能总辐射资料，本书所提供的各县（市、区）太阳总辐射量，除侯马市是实测资料外，其他16县（市、区）都是通过王炳忠等1980年提出的半理论、半经验公式计算求得的：

$$Q=Q_m\left[0.18+\left(0.55+1.11\frac{1}{E}\right)S\right] \tag{2.1}$$

式中，Q：欲计算的太阳总辐射月总量（或者月平均日总量）；

Q_m：理想大气中的月总辐射量，可按照该站所在纬度和年平均气压在预先制作好的表格内插求得；

S：月日照百分率；

E：地面平均绝对湿度（单位：百帕）。

按式（2.1）通过计算，求得全市17县（市、区）的太阳总辐射，用侯马市的实测值与计算值进行比较，误差≤±5%。因此认为，通过计算求得的其他16个县（市、区）的太阳总辐射量是可信的。

太阳总辐射通量的大小，主要取决于地理条件、日照状况和大气混浊度。它随太阳高度增高而加大，随日照时间增长而增加，随海拔高度、地理纬度、大气透明度增加而增大，随云量增多、大气混浊度的增加而减少，一般海拔高处比海拔低处大、纬度高处比纬度低处大。表2.9为临汾市各县（市、区）月、年太阳总辐射。

表2.9 临汾市各县（市、区）月、年太阳总辐射/（兆焦耳/米^2）

地域	县（市、区）	1月	2月	3月	4月	5月	6月	7月
西部山区各县（市、区）	永和	312	344	416	514	588	595	570
	隰县	340	367	441	528	595	589	574
	大宁	318	349	416	498	558	559	543
	吉县	315	347	416	509	567	578	563
	汾西	326	357	432	525	594	599	573
	蒲县	318	352	425	512	572	573	541
	乡宁	331	362	432	520	574	580	557
	平均	323	354	440	515	578	582	586
中部平川各县（市、区）	霍州	294	331	401	497	566	571	538
	洪洞	284	319	394	484	564	563	546
	尧都	279	308	382	474	544	545	523
	襄汾	278	315	384	475	541	552	537
	侯马	276	326	381	452	526	534	516
	曲沃	265	307	374	469	528	542	533
	翼城	302	328	404	481	543	561	552
	平均	283	319	389	476	545	553	535
东部山区各县（市、区）	浮山	314	352	415	505	567	569	536
	古县	279	320	389	489	554	542	520
	安泽	333	359	427	507	578	574	544
	平均	309	344	410	500	566	562	533
全市平均		304	338	413	496	562	566	556

续表

地域	县（市、区）	8月	9月	10月	11月	12月	全年
西部山区各县（市、区）	永和	531	447	397	344	275	5333
	隰县	538	463	420	377	313	5545
	大宁	515	439	397	361	280	5233
	吉县	531	444	398	369	292	5328
	汾西	538	458	412	373	297	5484
	蒲县	512	451	403	359	290	5308
	乡宁	535	456	412	388	311	5458
	平均	529	451	406	367	294	5384
中部平川各县（市、区）	霍州	501	454	378	332	241	5104
	洪洞	511	427	374	333	259	5058
	尧都	489	407	357	328	253	4889
	襄汾	504	406	357	330	251	4930
	侯马	490	381	355	327	245	4809
	曲沃	502	405	354	328	230	4837
	翼城	515	420	380	350	267	5103
	平均	502	414	365	333	249	4961
东部山区各县（市、区）	浮山	511	445	401	373	291	5279
	古县	489	408	369	327	267	4953
	安泽	510	460	423	384	308	5405
	平均	503	438	398	361	289	5212
全市平均		513	434	387	352	275	5180

资料：侯马市为实测资料，其他县(市、区）为计算资料；误差±5%。

由表2.9可以看出，临汾市年太阳总辐射量在4809~5545兆焦耳/米^2，地域分布特点是：平川少，山区多；南部少，北部多，总体呈现北—

南向条带状北多南少分布。最少的中心在临汾盆地南部的侯马市，年平均太阳总辐射4809兆焦耳/米^2；次少地域在沿黄河东岸的永和、大宁、吉县，其中以大宁县为最少，年平均总辐射5233兆焦耳/米^2。年平均总辐射最大地域在隰县—蒲县—乡宁一线的吕梁山区，其中以隰县为最大，年平均总辐射5545兆焦耳/米^2；次大中心在东部太岳山区的安泽县，年平均总辐射5405兆焦耳/米^2。

临汾市太阳总辐射的月际变化，以6、5两个月最大和次大，分别为566和562兆焦耳/米^2；以12月和1月为最少和次少，只有275和304兆焦耳/米^2，其他月介于它们之间。因为每年5—6月太阳高度最大、日照时间最长，风力稍大，空气污染较轻。所以这一时期太阳总辐射通量最大。进入7—8月，虽然太阳高度依然不小，但属临汾的雨季，云雨日数多，太阳直接辐射明显减少。到了秋季9—11月，云雨日数虽不多了，但太阳高度也进一步减小、太阳辐射继续减少；到12月，太阳高度是一年中最小，大气污染一年中最重。所以，12月在一年中太阳辐射通量最少，次少是1月；到了冬末春初的2—4月，太阳高度渐渐增加，太阳辐射通量随之加大，但此时太阳高度不是一年中的最大时期，太阳辐射通量大于1月、但少于5月。

临汾市的植物和农作物生育关键时期太阳总辐射大小的分布，与太阳总辐射年总量的分布基本上呈现反相位关系。日平均气温≥0.0℃，为一般植物进行光合作用并开始生长的临界温度；日平均气温≥10.0℃为喜温作物（棉花、玉米、高粱等）和一般植物生长进入旺盛时期的临界温度。所以，日平均气温≥0.0℃和日平均气温≥10.0℃的气候条件，都是临汾市植物和农作物具有鲜明生育特性的关键时期，这一时期太阳总辐射的多少对于农业产量具有重要意义。经统计分析，日平均气温≥0.0℃的太阳总辐射最大和次大中心分别在大宁县和浮山县，太阳总辐射年总量分别为4321和4310兆焦耳/米^2；日平均气温≥0.0℃的最小中心在永和县，年总量为4083兆焦耳/米²。日平均气温≥10.0℃的最大中心在霍州市，年总量为3546兆焦耳/米²；日平均气温≥10.0℃的最小中心在蒲县，次小中心在安泽县，年总量分别为3099和3288兆焦耳/米²。

2.3.1.2 光合有效辐射能

植（作）物在接收太阳辐射时，对于太阳辐射光谱仅部分光谱段的光量子能使绿色植物同化吸收进行光合作用，这部分光谱段（380~710纳米）的太阳辐射，称之为光合有效辐射。它是表示在裸地条件下植物所能利用的能量，它直接参加光合作用，制造有机物质，是植物生命活动的主要能源。对于这部分能源可以实际观测，也可以通过计算取得。实际观测需要同时用两类仪器作同步观测；计算是以观测点气象资料先求取当地太阳总辐射，然后求取光合有效辐射量。本书的临汾市各县（市、区）光合有效辐射量资料，是根据刘洪顺1980年提出的仅有太阳总辐射资料进行光合有效辐射量估算的半理论半经验公式计算的：

$$Q_p=KG \qquad (2.2)$$

式中，Q_p：欲求的光合有效辐射能量；

G：太阳总辐射量；

K：比例系数，其值在0.5±0.003。

根据北京的资料给出K为0.445~0.520，平均为0.47。临汾市参照此值，取0.47。

按式（2.2）计算结果，临汾市各县（市、区）年光合有效辐射量分布情况是：西部吕梁山区和东部太岳山区是光合有效辐射量大的地域，光合有效辐射量年总量>2400兆焦耳/米²，最大中心在隰县，年总量>2600兆焦耳/米²；临汾平川沿汾河两岸各县（市、区）光合有效辐射量最少，年总量<2400兆焦耳/米²，最小的中心在侯马市和尧都区，年总量<2300兆焦耳/米²。

表2.10显示，临汾市光合有效辐射的年总量在2260~2606兆焦耳/米^2，平均2434兆焦耳/米^2；日平均气温≥0.0℃和≥10.0℃期间，及小麦生育期内的平均光合有效辐射量，分别为1981、1584、1305兆焦耳/米^2。相比之下，在临汾市年植物生育期内的光合有效辐射量比运城市略偏少，比省内其他各地市均偏多。

表2.10 临汾市各县（市、区）日平均气温≥0.0℃、日平均气温≥10.0℃期间，及小麦生育期的光合有效辐射/（兆焦耳/米^2）

县（市、区）	日平均气温≥0.0℃期间	日平均气温≥10.0℃期间	小麦生育期（10—11月，3—6月）	年总量
永和	1919	1578	1341	2507
隰县	1981	1553	1387	2606
大宁	2031	1637	1311	2460
吉县	2009	1518	1333	2504
汾西	1972	1566	1314	2577
蒲县	1959	1457	1419	2495
乡宁	1968	1569	1366	2565
霍州	2022	1667	1311	2399
洪洞	2021	1650	1275	2377
尧都	1939	1593	1236	2298
襄汾	1990	1621	1240	2317
侯马	1935	1580	1210	2260
曲沃	1958	1608	1220	2273
翼城	2021	1637	1278	2398
浮山	2026	1596	1330	2481
古县	1943	1551	1255	2328
安泽	1984	1545	1359	2540
全市平均	1981	1584	1305	2434

2.3.1.3 日照时数

即接受太阳光照射的实有时间，以小时为单位。它的多少表征着接受太阳光能时间的长短，它受地理位置、地形、季节、天空晴雨、云多云少及大气混浊程度的影响。如果日照只受地理位置和季节变化的影响，那么同纬度地区的日照时数是相等的，而且没有年际变化。但是，实际观测到的日照时数记录表明，临汾市同一纬度甚至海拔高度也很相近的两地，日照时数并不相同，而且日照时数的年际变率也比较大，这主要受天气气候及大气污染影响所致。经统计，全市年平均日照时数2323.6小时，以西部山区7县较长，为2443.3小时，比全市平均多10%，其中隰县年均2594.2小时，为全市日照时数最长的县；中、东部地区日照时数比较少，平均每个县2237.3小时，其中古县年日照2017.9小时，为全市最少。

表2.11 临汾市各县（市、区）月、年日照时数/小时

地域	县（市、区）	1月	2月	3月	4月	5月	6月	7月
西部山区	永和	189.6	168.3	197.5	223.1	247.2	237.8	220.8
	隰县	199.8	179.0	212.1	231.9	262.4	257.3	238.7
	大宁	185.4	166.7	194.2	220.3	245.5	237.0	223.3
	吉县	186.2	165.0	190.7	213.2	243.4	235.7	217.9
	汾西	187.7	170.1	197.8	216.9	247.2	241.9	222.5
	蒲县	187.2	170.3	200.1	229.5	254.6	237.3	213.6
	乡宁	187.7	169.2	194.1	222.5	246.1	233.8	216.3
	平均	189.1	169.8（最少）	198.1	222.5	249.5（最多）	240.1	221.9
	霍州	147.3	149.5	187.4	220.7	245.3	234.3	211.8
	洪洞	156.9	155.8	188.0	210.0	239.9	233.1	217.2
	尧都	149.7	149.7	181.6	209.0	239.5	233.0	216.4

续表

地域	县（市、区）	1月	2月	3月	4月	5月	6月	7月
中部平川	襄汾	151.6	148.2	180.5	212.9	235.0	224.8	210.3
	侯马	154.2	150.9	184.4	209.2	237.9	234.1	219.1
	曲沃	160.7	161.3	188.5	222.9	243.9	230.5	220.4
	翼城	174.4	162.8	191.3	215.7	245.8	241.2	228.4
	平均	156.4	154.0	185.9	214.3	241.0（最多）	233.0	217.6
东部山区	浮山	162.0	150.6	177.0	210.8	232.6	219.4	196.0
	古县	140.4	137.4	162.3	199.2	218.7	201.5	181.1
	安泽	177.5	165.1	191.4	215.5	242.2	237.0	210.0
	平均	160.0	151.0（最少）	176.9	208.5	231.2（最多）	219.3	195.7
全市平均		170.5	160.0（最少）	189.3	216.7	242.8（最多）	233.5	215.5

地域	县（市、区）	8月	9月	10月	11月	12月	全年
西部山区	永和	211.7	180.0	189.2	179.1	178.7	2423.0
	隰县	228.0	195.4	204.7	189.4	195.6	2594.2
	大宁	209.8	176.5	186.8	180.7	180.8	2407.1
	吉县	209.3	178.9	186.1	174.1	180.6	2381.1
	蒲县	212.0	180.9	193.7	179.3	185.6	2435.6
	汾西	207.6	184.2	196.8	184.5	183.3	2449.1
	乡宁	206.6	182.4	189.6	182.6	182.0	2413.0
	平均	212.2	182.6	192.4	181.4	183.8	2443.3
中部平川	霍州	202.3	175.4	176.8	155.5	135.8	2242.0
	洪洞	210.5	175.1	174.6	154.0	149.0	2264.2
	尧都	207.3	172.9	174.1	147.9	141.2	2222.3

续表

地域	县（市、区）	8月	9月	10月	11月	12月	全年
	襄汾	199.7	162.4	167.0	150.8	145.5	2188.7
	侯马	212.7	169.5	171.7	149.6	148.6	2241.9
	曲沃	210.0	172.4	176.0	159.7	155.3	2301.6
	翼城	218.1	178.2	184.0	168.5	172.1	2380.3
	平均	208.7	172.3	174.9	155.1	149.6（最少）	2263.0
东部山区	浮山	187.5	166.2	174.9	166.3	158.8	2202.2
	古县	178.9	154.6	159.3	147.2	137.2	2017.9
	安泽	199.3	172.5	185.7	168.6	173.2	2337.8
	平均	188.6	164.5	173.3	160.7	156.4	2186.0
全市平均		206.6	175.2	181.8	166.9	164.9	2323.6

表2.11显示，临汾市年平均日照时数呈现西部多，中、东部少的分布特征，其原因大致有二：第一，西部海拔比较高，空气较清新，而且离东及东南方向水汽来源比中、东部稍远，所以西部比中、东部水汽少、空气干燥。第二，西部山脉呈北—南走向且位于临汾市主导气流（偏西）的上风方，污染轻，汾西、蒲县、乡宁三县是临汾市的“煤都”，盛产煤炭、焦炭、生铁，它们在生产过程中排放出大量废气、烟尘，既污染本地，也污染下游，而且污染下游的时间往往比污染本地时间更长，它严重影响着下游县、市的日照时数，加上下游市、县本身的污染，日照时数就更少了。以蒲县为例，它在1980年以前，年平均日照时数2569小时，1981年及以后日照时数明显减少，至21世纪前6年，已降至年均2287小时，平均每年减少282小时，占多年平均值的12%，其污染严重程度可见一斑。

临汾市年内日照时数以5月最多，平均242.8.0小时；以2月最小，平均160.0小时，其他各月介于它们之间。按天文日照时数计算，日照时数最少月应出现在12月。但由于12月、1月临汾市气候寒冷干燥，风多雪少、云少，相对而言日照时数略多点；进入2月后，天文日照时数虽稍有增加，但增加数量甚少，且2月临汾气候已明显回暖，大地复苏，河流解冻，水汽开始增加，云雨开始增多，明显影响了日照时数，故2月全市同步出现年日照时数的最少值。

年日照时数最多的月，全市同步，均出现在5月；年日照时数最少的月，全市不同步，山区出现在2月，平川出现在12月。

2.3.1.4 日照百分率

就是实际日照时数和天文日照时数之比，它的大小可以衡量一个地域在一段时间内太阳照射的条件，如果日照百分率小，说明该地区空气湿度大，多阴雨天气，或者这里空气污染严重。临汾市年平均日照百分率为52.7%，西部山区大、平川和东部山区小；日照百分率最大中心在隰县（59%）,最小中心在古县（45.8%）。年内日照百分率以9月最小，全市平均47.9%；以5月最大，全市平均55.6%。按地域区分，日照百分率最大、最小值出现的月西部山区与平川、东部山区之间不同步。西部山区日照百分率最大值出现在12月，为61.6%，最小值出现在9月，为49.9%；平川和东部山区，最大值出现在5月，分别为55.3%和53.2%，平川最小值出现在9月，为47.1%，东部山区最小出现在7月，为44.7。详见表2.12。

表2.12 临汾市各县（市、区）月、年日照百分率/%

地域	县（市、区）	1月	2月	3月	4月	5月	6月	7月
西部山区	永和	61.1	54.5	52.9	56.3	56.3	54.3	49.9
	隰县	64.6	58.0	56.8	58.5	59.9	58.8	54.0
	大宁	59.8	54.1	52.0	55.7	56.0	54.3	50.8
	吉县	59.7	53.3	51.1	53.9	55.9	54.1	49.4

续表

地域	县（市、区）	1月	2月	3月	4月	5月	6月	7月
西部山区	汾西	60.4	55.2	53.6	58.0	58.1	54.3	48.4
	蒲县	60.4	54.9	53.0	54.8	56.5	55.4	50.4
	乡宁	60.3	54.8	52.0	56.4	56.3	53.8	49.3
	平均	60.9	55.0	53.0	56.2	57.0	55.0	50.3
中部平川	霍州	47.5	48.5	50.2	55.9	56.3	53.5	47.9
	洪洞	50.4	50.4	50.3	53.2	54.8	53.5	49.3
	尧都	48.1	48.4	48.6	52.8	55.1	53.6	49.3
	襄汾	48.7	47.6	48.4	53.8	54.1	51.6	48.0
	侯马	49.3	48.7	49.4	52.9	54.6	54.0	50.0
	曲沃	51.4	51.9	50.5	56.7	55.8	53.0	50.2
	翼城	55.9	52.4	51.2	54.7	56.4	55.5	52.0
	平均	50.2	49.7	49.8	54.3	55.3（最大）	53.5	49.5
东部山区	浮山	52.0	48.7	47.4	53.7	53.4	50.3	44.8
	古县	45.2	44.3	43.5	50.6	50.5	46.2	41.4
	安泽	57.1	53.3	51.3	54.4	55.6	54.4	47.8
	平均	51.4	48.8	47.4	52.9	53.2（最大）	50.3	44.7（最小）
全市平均		54.8	51.7	50.7	54.9	55.6	53.6	49.0

地域	县（市、区）	8月	9月	10月	11月	12月	全年
西部山区	永和	51.1	49.1	55.5	59.3	60.0	55.0
	隰县	55.2	53.4	60.0	62.9	65.7	59.0
	大宁	50.9	48.5	54.8	60.0	60.7	54.8
	吉县	50.8	49.0	54.5	57.6	60.2	54.1
	汾西	50.3	50.1	57.8	61.2	61.8	55.8

续表

地域	县（市、区）	8月	9月	10月	11月	12月	全年
西部山区	蒲县	51.2	49.3	56.8	59.2	62.1	55.3
	乡宁	50.2	50.0	55.7	60.5	60.8	55.0
	平均	51.4	49.9（最小）	56.4	60.1	61.6（最大）	55.6
中部平川	霍州	49.0	47.7	52.1	51.6	45.9	50.5
	洪洞	50.8	47.8	51.2	51.0	49.8	51.0
	尧都	50.2	47.3	50.9	48.9	47.3	50.1
	襄汾	48.5	44.5	49.0	50.0	48.7	49.4
	侯马	51.5	46.5	50.2	49.4	49.6	50.5
	曲沃	50.8	47.3	51.6	52.8	51.8	52.0
	翼城	52.8	48.5	53.7	55.5	57.3	53.8
	平均	50.5	47.1（最小）	51.2	51.3	50.1	51.0
东部山区	浮山	45.5	45.3	51.2	54.9	52.9	50.0
	古县	43.5	42.3	46.8	48.9	46.0	45.8
	安泽	48.3	47.2	54.3	55.6	57.9	53.1
	平均	45.8	44.9	50.8	53.2	52.3	49.6
全市平均		50.0	47.9	53.3	55.3	55.2	52.7

表2.12显示：西部山区冬季12月，空气干燥、寒冷、云少雪少，空气透明度大，是一年中日照百分率出现最大的时期。中部平川和东部山区冬季的12月、次年1月虽然也是这一气候特征，但空气的水汽含量要比西部山区大，更重要的是，这里空气污染的严重程度要比西部山区重。所以，这里的日照百分率不是这个时期（12月和1月）最大，而是进入5月后，地面与空气温度迅速回升，空气的对流和交换加强，风增多、风力增大，大气污染减轻，才出现日照百分率的年最

大值。日照百分率的年最小值，东部山区出现在7月，这是因为每年7月东部山区进入主汛期，阴雨日数多，雨量大、水汽大，日照少，日照百分率全年最小；中部平川和西部山区虽然也于7月进入主汛期，7月云雨多，日照百分率小，但不是全年最小，而是次小，年最小出现在9月。

2.3.1.5 晴天日数

按地面气象观测规范规定：把总云量不足2成的日子称为晴天。晴天日照充足，气温日较差大，太阳的直接辐射强，有利于植物的光合作用和太阳能的高效利用。经统计，临汾市晴天日数年均93天，以永和县最多，年均104.4天；以浮山县最少，年均73.6天；次少是安泽县，年均77.3天。年内晴天日数≥10天的月集中出现在10月至次年1月，其中以12月最多，年均13.4天；年内晴天日数≤5天的月出现在6—8月这3个月，尤其7月是临汾市一年中雨水最充沛、云雨日数最多的月份。所以，这个月的晴天日数年均只有3.6天，为全年最少。

临汾市年内晴天日数的月际变化，7月是一年中晴天日数的最少月份，随后逐月增多，12月是全年中晴天日数最多的月份；随后晴天日数逐月减少，详见表2.13。

表2.13 临汾市各县（市、区）月、年晴天（日平均总运量<20%）日数/天

地域	县（市、区）	1月	2月	3月	4月	5月	6月	7月
西部山区	永和	14.1	9.1	7.3	7.3	6.3	4.7	4.4
	隰县	12.8	8.0	6.5	5.2	4.9	4.1	3.7
	大宁	11.7	7.6	6.4	5.2	5.1	3.4	2.9
	吉县	12.6	8.5	7.1	6.1	5.9	4.7	4.3
	汾西	12.7	8.5	7.2	6.7	5.9	4.0	3.1
	蒲县	13.8	9.2	7.8	6.7	6.5	4.9	3.7

续表

地域	县（市、区）	1月	2月	3月	4月	5月	6月	7月
	乡宁	11.9	7.8	6.7	6.1	5.5	3.8	2.8
	平均	12.8	8.4	7.0	6.2	5.7	4.2	3.5（最小）
中部平川	霍州	12.3	8.9	7.4	6.9	6.2	5.0	4.1
	洪洞	12.7	8.6	7.3	6.5	6.5	4.7	4.4
	尧都	11.2	7.0	6.0	5.1	5.3	4.1	3.4
	襄汾	11.0	7.3	6.6	5.9	5.8	4.3	4.1
	侯马	10.4	7.2	5.8	4.9	5.0	3.8	3.7
	曲沃	11.6	8.4	7.3	7.0	6.5	5.6	5.2
	翼城	12.2	8.0	7.1	6.2	6.0	4.6	4.3
	平均	11.6	7.9	6.8	6.1	5.9	4.6	4.2（最小）
东部山区	浮山	9.5	6.6	5.4	4.6	4.3	3.3	2.1
	古县	12.3	8.6	7.6	7.3	6.8	4.2	3.4
	安泽	10.6	7.2	6.0	5.1	5.0	3.7	2.1
	平均	10.8	7.5	6.3	5.7	5.4	3.7	2.5
全市平均		12.0	8.0	6.8	6.0	5.7	4.3	3.6（最小）

地域	县（市、区）	8月	9月	10月	11月	12月	全年
西部山区	永和	5.8	6.6	10.3	13.6	15.0	104.4
	隰县	4.8	6.4	10.1	12.1	13.9	92.5
	大宁	4.0	5.6	9.3	12.3	12.9	86.4
	吉县	5.6	6.4	10.2	12.0	14.6	97.9
	汾西	5.1	7.0	10.5	13.8	14.5	98.9
	蒲县	5.3	7.1	10.6	13.3	15.0	103.7
	乡宁	4.4	6.2	9.8	12.8	13.9	91.8

续表

地域	县（市、区）	8月	9月	10月	11月	12月	全年
	平均	5.0	6.4	10.1	12.8	14.3（最大）	96.5
中部平川	霍州	5.4	7.4	10.2	13.1	14.1	101.0
	洪洞	6.1	7.0	9.9	12.2	14.0	100.0
	尧都	5.0	5.9	8.3	10.1	12.2	83.7
	襄汾	5.9	6.0	8.4	10.5	12.1	87.7
	侯马	5.6	5.8	8.2	10.2	12.2	82.8
	曲沃	7.0	7.4	9.8	12.2	13.7	101.7
	翼城	5.8	6.9	10.1	11.8	13.7	96.6
	平均	5.8	6.6	9.3	11.4	13.1（最大）	93.4
东部山区	浮山	3.0	4.9	8.2	10.6	11.0	73.6
	古县	5.1	7.0	10.5	13.6	14.0	100.4
	安泽	2.9	4.6	8.3	10.2	11.7	77.3
	平均	3.7	5.5	9.0	11.4	12.2（最大）	83.7
全市平均		5.1	6.4	9.6	12.0	13.4（最大）	93.0

2.3.1.6 太阳能利用

临汾市太阳光能资源丰富，为农业、工业、交通运输业、家庭住宅、日常生活诸方面对其加以利用提供了条件。临汾市利用太阳能增加农业生产，同时开发高新技术节约其他能耗，前景广阔，意义重大。

农业 接受光合有效辐射是农作物生产有机物质的唯一能源，植物中的叶绿素通过光合作用吸收空气中二氧化碳和土壤中水分、矿物质，才能合成有机物质。所以，农作物所积累的干物质（包括籽粒、茎、叶、根等）的多少，在土壤、水分条件都较好的基础上就取决于对光合辐射利用率的大小。利用率大，产量就高；利用率小，产量就低。

$$利用率=\frac{总干物质\times干物质热当量}{亩面积\times作物全生育期光合有效辐射总量} \quad (2.3)$$

按（2.3）式计算结果：临汾市小麦亩产250千克，光合辐射利用率为1.5%，亩产500千克，利用率为2.9%；玉米亩产250千克，光合辐射利用率为1.7%，亩产500千克，利用率达3.4%。可见目前生产水平远不够高，光能利用率还比较低。据农业专家估算，如水肥条件较好，小麦、玉米生产光能利用率达7%~10%是可能的，可见临汾市农业光利用率前景还很广阔。

建造蔬菜、花卉塑料大棚，利用太阳光热资源进行反季节蔬菜花卉生产，或者培种育苗，已在临汾市广泛应用，此项操作技术也已比较成熟，经济效益和社会效益都比较好。

工业 将光合辐射能再转换成化学能，也是一种可行的设想。例如大量种植玉米，让玉米吸收光合辐射能，通过光合作用形成有机物，贮存于玉米粒内，再从玉米粒内提取酒精，用作燃料，可以弥补燃油的不足。据媒体报道，此项技术已在许多盛产玉米的地方实施和推广。

另外，利用太阳辐射光子通过半导体转换成电能而制作的太阳能电池，已被广泛应用于人造卫星、铁路信号灯、草原电围栏、无人气象站、航标灯、无线中继站等，作为电源使用。

日常生活 利用太阳能收集器，把收集到的热能，可以直接加以利用，或者转换成机械能或电能，如太阳能灶、太阳能热水器、太阳能温室、太阳能烘干器等，都是直接利用太阳能为人们生活服务的。目前，人们开始提倡太阳能建筑，就是将太阳能热水系统、发电系统、节能照明系统集为一体，利用自然能源来满足建筑物的能源需求，这对节约能耗缓解城市高峰用电负荷将起到很好的效果。

总之，太阳能是一种无污染的再生资源。临汾市太阳能资源比较丰富，具有开发利用的广阔空间。但是，这是一种低密度能源，而且不稳定，除季节昼夜变化外，还受天气气候影响，要想把它作为一种恒定可靠的资源加以利用，在技术上还有许多困难，需逐步加以解决。

2.3.2 热量资源

地球上的热量主要来自太阳，各地接收热量值的大小通常以太阳辐射或者温度来考量。考虑到温度的高低不仅和太阳辐射量多少有关，还受地面状况和地理环境影响，也就是说温度是一个受综合影响的热量指标，更能反映地方气候状况；同时，测量温度的仪器简易，方法简便，临汾市17个县（市、区）均有累年的各类温度资料。本书将采用各项温度指标来评价临汾市热量资源状况，其中包括评价各项平均温度、最热月、最冷月、界限温度及其稳定通过的初、终日期，积温，地面温度，无霜期及最大冻土深度等。

2.3.2.1 年、季平均温度

年、季平均温度的多少及其变化规律，是评价一地热量资源多少的重要依据之一。临汾市地处黄土高原，东、西两侧是山区，中间是平川，山区和平川之间的相对高度差一般都在500米以上，地势相差悬殊。所以，临汾市年、季气温的分布都严重地破坏了纬向地带分布的一般规律，呈现出明显的垂直分布特征。

年平均温度 临汾市各县（市、区）年平均气温9.1~13.1℃，平均11.4℃。最低值出现在西部山区的蒲县，年均9.1℃；最高值出现在曲沃县，年均13.1℃。全市气温的分布很像一个“凸”字形，中间高，两侧低，和海拔高度呈反位相。西部山区海拔多在800~1000米，年平均气温10.1℃，是全市海拔高、气温低的地域，尤以隰县、蒲县的东部和汾西县西部的吕梁山区，海拔1000~1200米，年平均气温<9.0℃，是临汾市气温最低的地域；西部山区沿黄河东岸的永和、大宁、吉县、乡宁等县西部的黄河沿畔，海拔低、气温均比东部高，特别是大宁县昕水河谷地，海拔低于760米，年平均气温≥10.9℃，是西部山区气温最高的地域。临汾盆地海拔400~600米，地势广阔平坦，年平均气

温12.5~13.1℃，是全市年平均气温最高的地域，这里北南间的温度差异≤0.6℃。但是，平川与西部山区之间、平川与东部山区之间，年平均气温差异却比较大，分别为2.8℃和1.7℃。临汾市东部丘陵区，海拔多在600~900米，年平均气温在9.5~11.9℃，其中以安泽县（海拔860米）气温较低，年平均气温9.5℃；古县（海拔662米）气温较高，年平均气温11.9℃。

年平均气温只能代表一个地方气温的平均情况，它不足以说明一年中最寒冷和最炎热时期的气温分布情况，也不能说明从冬至夏，和从夏至冬过渡期（春、秋季）的温度情况。

冬季 12月至次年2月，全市平均气温–4.5～–0.6℃，平均–2.2℃。其中西部的吕梁山区和东部的太岳山区的年平均气温<–6.0℃，是全市最寒冷的两个地域；其次是东、西部的半山区和丘陵区，冬季平均气温–4.5～–2.3℃，是临汾市次寒冷地域；中部的临汾盆地海拔比较低，冬季平均气温–1.4～–0.6℃。临汾市各县（市、区）之间冬季气温的差异，东、西之间明显大于南、北之间。沿黄河东岸的永和与乡宁县（山区，北—南）之间相差1.9℃；临汾盆地霍州市与侯马市（平川，北—南）之间相差0.7℃；蒲县与洪洞县（平川，东—西）之间相差3.4℃，洪洞县与安泽县（平川，西—东）之间相差3.0℃。可见，平川与山区间的温度差异要比平川内部南北间温度差异大4~5倍。另外，冬季极端最低气温的高低，对越冬作物及多年生果木的安全越冬关系甚密。临汾市各县（市、区）极端最低气温，西部山区–24.9～–21.3℃；东部山区–26.6～–19.8℃，其中安泽县–26.6℃，为东部及全市累年之最低，浮山和古县极端最低气温只有–19.8～–20.1℃；平川地区，尧都区曾在1955年1月11日出现过–25.6℃，其他6县（市、区）的极端最低温度在–22.0～–18.9℃。所以，临汾市在海拔1100米以下的平川、丘陵、半山区累年中出现极端最低气温的强度差异不大，种植冬小麦和一般果树均能安全越冬。

夏季 6—8月，全市气温在21.3～25.6℃，平均23.7℃。西部海拔1000~1100米的吕梁山区和东部海拔800~900米的太岳山区夏季平均气温为22.0~23.0℃；其他东、西部丘陵区的月平均气温为21.2～24.0℃，平川地区夏季平均气温为24.9～25.6℃。

夏季山区南北之间的温度差异非常小；平川南北之间的温度差异也只有0.5℃，比冬季（1月）南北差异（0.7℃）缩小了40%。但是，山区和平川之间的气温差异，依然较大，最大达3.8℃。

临汾盆地夏季天气异常炎热，日最高气温≥35.0℃的高温酷热天气，年均19.9天。相比之下，东、西部山区就凉爽多了，夏季日最高气温≥35.0℃的炎热天气，西部山区，除大宁县年均达14.8天外，其他各县年均只有2.2天，平均每年出现2天；东部山区比西部山区偏多，年均5.4天。

春季 春季是从冬至夏的过渡季节。临汾市春季（3—5月）气温为10.4～14.4℃，平均12.7℃。其中，以蒲县气温最低，为10.4℃；次低值10.7℃，出现在安泽县。按地域区分，西部山区春季平均气温11.5℃，是临汾市春季气温最低的地域；临汾盆地春季气温平均14.1℃，是全市春季气温最高的地域；东部山区春季气温平均12.3℃，介于平川和西部山区之间；山区和平川之间气温的最大差为3.4℃，比夏季节有明显缩小。

秋季 秋季（9—11月）全市气温9.0～13.0℃，平均11.3℃。其中，以蒲县气温9.0℃为最低，曲沃气温13.0℃为最高。按地域划分，西部山区的蒲县、隰县、永和和东部山区的安泽县，平均气温在9.0～9.5℃，为全市秋季气温最低和次低的两个地域；临汾盆地秋季气温在12.1～13.0℃，为全市最高，其他丘陵区气温在10.3～12.9℃。秋季气温的南北差异，不论是山区之间或者平川之间，都比春季大，达到0.7℃左右；平川与西部山区间的气温最大差为3.4℃，平川与东部山区间的气温最大差为2.9℃。

临汾市及各县（市、区）的年及春、夏、秋、冬四季平均气温，分别统计于表2.14中。

表2.14 临汾市及各县（市、区）季、年平均气温/℃

地域	县（市、区）	冬季	春季	夏季	秋季	全年
		12—2月	3—5月	6—8月	9—11月	
西部山区	永和	-4.5	11.4	22.5	9.5	9.8
	隰县	-4.3	10.8	21.6	9.3	9.4
	大宁	-3.4	12.8	23.6	10.7	11
	吉县	-3.1	11.7	22.5	10.3	10.4
	汾西	-2.2	11.8	22.4	10.7	10.7
	蒲县	-4.5	10.4	21.3	9.0	9.1
	乡宁	-2.6	11.6	22.2	10.4	10.5
	西部平均	-3.5	11.5	22.3	10.0	10.1
中部地区	霍州	-1.4	13.9	24.9	12.1	12.5
	洪洞	-1.1	13.8	25.1	12.4	12.6
	尧都	-0.9	14.3	25.6	12.7	13
	襄汾	-0.6	14.4	25.3	12.7	13.0
	侯马	-0.7	14.2	25.4	12.9	13.0
	曲沃	-0.6	14.4	25.4	13.0	13.1
	翼城	-0.8	13.9	25.2	12.8	12.9
	中部平均	-0.9	14.1	25.3	12.7	12.8
东部山区	浮山	-1.3	13.1	23.7	11.8	11.9
	古县	-1.5	13.2	24.1	11.8	11.9
	安泽	-4.1	10.7	21.8	9.5	9.5
	东部平均	-2.3	12.3	23.2	11.0	11.1
全市平均		-2.2	12.7	23.7	11.3	11.3

2.3.2.2 气温年较差和日较差

气温的年较差和日较差，都是表征一地热量资源状况的气象要素，下面分别加以说明。

气温年较差 即最热月气温和最冷月气温之差，用来表达一个地方冬冷夏热的差异程度。该地冬季寒冷气温低，夏季炎热气温高，气温年较差就大；反之，气温年较差就小。气温年较差的大小和所在的地理位置、地形环境有关，纬度偏高处要比偏低处大，盆地要比台地大，干燥气候要比潮湿气候大。经统计，临汾市气温年较差在27.4～30.3℃，平均29.0℃，最小值27.4℃，出现在汾西县；最大值30.3℃，出现在大宁县，详见表2.15。

从表2.15可以看出，临汾市气温年较差，除西北侧永和、大宁县较大，汾西、乡宁、浮山县较小外，其他各县（市、区）间差异都不太大，说明全市气温的年变差比较一致，冬季寒冷的地方，夏季较凉爽；冬季不太冷的地方，夏季较炎热。相比之下，只有大宁县冬天寒冷，夏季却也炎热的特征稍微明显。

表2.15 临汾市各县（市、区）气温年较差/℃

县（市、区）	永和	隰县	大宁	吉县	汾西	蒲县	乡宁	霍州	洪洞
气温年较差	30.3	29.2	30.3	28.8	27.4	29.1	27.8	29.2	29.2
县（市、区）	尧都	襄汾	侯马	曲沃	翼城	浮山	古县	安泽	平均
气温年较差	29.5	28.8	29.2	29.0	29.0	27.9	28.7	29.1	29.0

气温日较差 就是日最高气温和日最低气温之差，它反映气温的日变化。气温日较差除受地理位置、地形、天空状况和季节变化的影响外，还和当地空气被污染程度关系密切。废气烟尘多，空气混浊，

既减少太阳直接辐射，影响最高气温升高，也削弱夜间地面辐射，影响最低气温下降。经统计，临汾市气温平均日较差在9.5～13.9℃，汾西县为9.5℃，属全市最小，安泽县为13.9℃，为全市最大。

临汾市气温平均日较差的地域分布，呈现三个“大”的和两个“小”的条带状区域：古县、大宁县沿昕水河两畔及临汾盆地沿汾河流域两岸平川，为临汾市气温日较差大的三个条带区，均属盆地、谷地，地势相对低洼，热空气不易外流，白天气温高，夜间冷空气容易堆积，温度低。气温高有利作物的同化作用加快，有利于干物质和糖分制造；气温低，则作物呼吸作用进行缓慢，减少损耗。所以，气温日较差大的地方，有利于作物内部营养物质的积累，使粮棉优质高产、瓜果香甜。因此，临汾盆地成了全市乃至全省棉麦生产基地，大宁西瓜、古县核桃享誉全市内外。

西部吕梁山区和东部太岳山区是临汾市北—南向的两大气温日较差小的条带状区域。因为这里海拔比较高，受自由大气影响，近地层空气热交流相对频繁，白天气温增高缓慢、幅度小；夜间地面辐射减弱，降温少。所以，这里成了全市气温日较差小的区域。

临汾市气温日较差的时间分布，以5月最大，为13.9℃，8月最小，为10.6℃，并且在一年之内存在两个峰值和两个谷值。随着雨季的来临，云雨日数增多，太阳辐射和地面辐射都减弱，白天气温难以升得很高，夜间气温下降也缓慢。所以，8月是年内气温日较差的最低值，进入9月后，随着雨季的结束，晴好天气渐渐增多，太阳辐射和地面辐射相继增加，气温日较差也随之加大，至10月，气温日较差增大为年内第二个峰值。过后，云雨日数虽然少了，空气也干燥了。但是，由于天文的原因，太阳辐射逐月削弱，同时大气污染加重，气温日较差随之变小，直至12月，12月是年内接收太阳辐射最少的月份，也是临汾市气温日较差第二低谷。过后，随着太阳辐射的逐步增强，又逢临汾冬春干旱季节，白天增温快，气温升幅加大；夜间降温也迅速。所以气温日较差随着气温的升高逐月增大，至5月（西部山区5、6月两个月）达到一年之内的最大值。详见表2.16。

表2.16 临汾市各县（市、区）月、年气温平均日较差 / ℃

地域	县（市、区）	1月	2月	3月	4月	5月	6月	7月
	永和	13.0	12.9	13.5	14.9	14.8	14.0	12.0
	隰县	11.1	11.2	12.0	13.2	13.4	12.9	11.0
	大宁	13.0	13.3	14.1	15.3	15.4	14.8	12.7
西部山区	吉县	11.7	11.9	12.6	13.6	13.9	13.6	11.2
	汾西	8.4	8.9	9.9	11.2	11.4	11.1	9.5
	蒲县	10.8	11.1	12.1	13.4	13.7	13.2	10.9
	乡宁	11.7	11.5	12.1	13.4	13.3	12.8	10.7
	西部平均	11.4	11.5	12.3	13.6	13.7	13.2	11.1
中部地区	霍州	12.1	12.2	13.0	14.2	14.4	13.7	11.3
	洪洞	11.9	12.0	12.7	13.5	13.8	13.7	10.8
	尧都	12.2	12.4	13.1	13.7	14.1	13.6	10.8
	襄汾	12.1	12.5	13.3	14.5	14.5	14.0	11.2
	侯马	12.1	12.3	13.1	13.8	14.1	13.7	10.9
	曲沃	11.9	12.3	13.2	14.2	14.2	13.4	11.0
	翼城	10.5	10.8	11.7	12.5	12.9	12.6	10.3
	中部平均	11.8	12.1	12.9	13.8	14.0	13.5	10.9
东部山区	浮山	10.1	10.3	11.2	12.4	12.6	12.2	10.2
	古县	11.7	12.0	12.7	13.6	13.5	13.1	10.7
	安泽	14.9	14.3	14.7	15.8	15.9	15.3	11.6
	东部平均	12.2	12.2	12.8	13.9	14.0	13.5	10.9
全市平均		11.7	11.9	12.6	13.7	13.9	13.4	11.0

续表

地域	县（市、区）	8月	9月	10月	11月	12月	全年
西部山区	永和	11.3	11.8	13.0	12.6	12.2	13.0
	隰县	10.6	10.7	11.5	10.9	10.6	11.6
	大宁	12.1	12.1	13.1	12.7	12.1	13.4
	吉县	10.8	11.0	11.9	11.5	11.1	12.1
	汾西	9.1	9.0	9.2	8.5	8.0	9.5
	蒲县	10.5	10.7	11.3	10.6	10.2	11.5
	乡宁	10.3	10.6	11.6	11.5	11.2	11.7
	西部平均	10.7	10.9	11.6	11.2	10.8	11.8
中部平川	霍州	11.0	11.4	12.3	11.7	11.3	12.4
	洪洞	10.5	11.3	12.1	11.4	10.9	12.1
	尧都	10.3	11.1	12.2	11.7	11.3	12.2
	襄汾	10.9	11.5	12.5	12.0	11.2	12.5
	侯马	10.7	11.2	12.2	11.8	11.4	12.3
	曲沃	10.7	11.2	12.2	12.0	11.3	12.3
	翼城	10.0	10.2	10.7	10.3	10.1	11.1
	中部平均	10.6	11.1	12.0	11.5	11.1	12.1
东部山区	浮山	9.8	10.0	10.4	10.0	9.6	10.7
	古县	10.4	10.9	11.8	11.3	10.9	11.9
	安泽	11.3	12.5	14.1	13.4	13.7	14.0
	东部平均	10.5	11.1	12.1	11.6	11.4	12.2
全市平均		10.6	11.0	11.9	11.4	11.0	12.0

2.3.2.3 积温

积温就是作物在稳定通过某个界限温度后，逐日平均气温累加的总和，也称活动积温。它的大小可以表征作物在该时段内最大可能得到的热量多少。热量是作物生长发育过程中最主要的依赖条件之一，在水肥条件得到基本满足的基础上，热量条件也必须得到基本满足，作物才能正常生长，才能有收成。因此，确切掌握当地热量资源及其变化规律，对于合理部署农业产业结构，因地制宜发展当地农业生产非常必要。对于热量资源大小的衡量，通常选用农业意义明确的界限温度来表达，例如日平均气温稳定≥0.0℃和稳定≥10.0℃的始终日期、持续天数及其活动积温数值等。

日平均气温稳定≥0.0℃的活动积温 每年冬末春初，大地回春、万象更新，日平均气温渐渐稳定≥0.0℃，土壤开始解冻，草木萌芽，冬小麦开始返青分蘖，春耕生产、植树造林等相继开展；每年由秋入冬后，渐渐进入日平均气温稳定≥0.0℃的结束期，它和小麦停止生长、土壤表层冻结、草木进入休眠、秋耕结束等农事活动期相接近。所以，日平均气温≥0.0℃的持续期可以看作是农耕期或者广义上的农作物生长期，它的长短对于农业生产熟制具有十分重要的意义。

临汾市日平均气温稳定≥0.0℃的起始期，为2月15日—3月11日，平均在2月26日。按地域分布，西部山区平均在3月7日，其中大宁县气候比较温和，日平均气温稳定≥0.0℃的日期来得早，平均在2月26日，为西部最早；蒲县、隰县、永和县3县地势较高、地理位置偏北，平均在3月11日，其他3县在2月26日—3月11日。中部平川地区，地形比较单一，各县（市、区）日平均气温稳定≥0.0℃的起始日期比较接近，为2月16—20日，平均在2月18日。东部地区日平均气温稳定≥0.0℃的起始日期，浮山和古县比较接近，为2月22—24日，安泽县地势比较高，气候偏凉，平均在3月6日。

日平均气温稳定≥0.0℃的结束期，同起始期相比较各县（市、区）相对比较接近：西部7县平均在11月22日，其中蒲县、隰县结束期最早，都是11月18日；其他5县在11月21—25日。中部平川的结束期在11月25—12月2日，其中侯马市结束期在12月2日，为全市最晚。

东部地区结束期在11月21—27日，平均在11月24日，其中以安泽县11月21日，为东部最早，古县11月27日为东部最晚。

日平均气温稳定≥0.0℃的持续天数，和农作物生长期具有同步的含义，它的长短（天数多少）可作为衡量作物可能生长期和农事活动季节长短的指标，也是确定各地耕作制度的重要参考。临汾市日平均气温稳定≥0.0℃的天数为254～290天，平均273天。按地域区分，以西部山区持续日数少，平均261.2天，其中蒲县、隰县只有252和254天，可以种植玉米或小麦，一年一熟，县城西、南边水肥条件比较好的河川地，也可在小麦收获后播种80天左右成熟的小玉米、小杂粮等，实行二年三熟。但作物生长期紧张，小秋产量一般低而不稳。西部山区日平均气温稳定≥0.0℃持续期最长的是大宁县，年均273天，可以种植棉花、小麦和成熟期90～100天的小玉米，实行二年三熟制。西部山区的永和、吉县、汾西、乡宁4县≥0.0℃的持续天数，为256～66天，一般实行玉米或者小麦一年一熟制，部分水肥土条件比较好的地方，可实行二年三熟制。中部平川地区是临汾市日平均气温稳定≥0.0℃持续天数最多的地域，平均持续285.2天，侯马市为最多，持续290天，霍州市最少，持续280天。这里实行稳定的一年二熟制或者棉花—小麦—小玉米二年三熟制。小麦在这里完成全生育期只需170～180天，收完小麦还有110～120天的剩余生育期，若复播中等产量的100天左右成熟的玉米，刚好是一年二熟制，但前提条件是水、土、肥都得比较好，而且必须是选择在100天左右成熟的品种，否则，必须实行套种才会有收成。临汾市东部，古县与浮山县日平均气温稳定≥0.0℃的持续天数比较接近，分别为280天和274天，水、土、肥条件比较好的地方，可以实行稳定的二年三熟制，一般都实行一年一熟制；安泽县稳定≥0.0℃的持续天数比较少，年均261天。所以，东部地区大部分实行一年一熟制，这除了因为热量条件稍差之外，水分、肥力也都不足，均限制了当地农业生产，也限制了当地热量资源的充分利用。

临汾市日平均气温稳定≥0.0℃的活动积温，为3642～4828℃·天，平均4308℃·天。按地域分布：西部山区活动积温少，其中蒲县、隰县分别为3642℃·天和3689℃·天，分别为西部和全市最少；大宁县4289℃·天，为西部山区最多，其他4县为3892～3998℃·天。中部平川是全市≥0.0℃活动积温较多的地域，尤以曲沃县为中部乃至全市最多，为4828℃·天；洪洞县为中部最少，为4609℃·天；霍州、尧都、襄汾、侯马、翼城5县（市、区）为4664～4793℃·天，年均4729℃·天。东部地区日平均气温稳定≥0.0℃的活动积温介于西部与平川地区之间，平均4254℃·天，其中古县最多，为4525℃·天，安泽县最少，为3860℃·天，详见表2.17。

表2.17 临汾市各县（市、区）日平均气温稳定≥0.0℃起止日期、持续天数及活动积温统计

地域	县（市、区）	起始日期/（日/月）	终止日期/（日/月）	持续天数/天	活动积温/℃·天
西部山区	永和	11/3	21/11	255.9	3892.0
	隰县	11/3	18/11	253.9	3689.3
	大宁	26/2	25/11	273.4	4288.8
	吉县	3/3	24/11	266.3	3997.8
	汾西	6/3	23/11	263.7	3993.7
	蒲县	11/3	18/11	252.4	3642.3
	乡宁	6/3	23/11	263.0	3915.9
	西部平均	7/3	22/11	261.2	3917.1
中部平川	霍州	19/2	25/11	280.2	4664.4
	洪洞	18/2	28/11	284.4	4608.9
	尧都	20/2	28/11	282.7	4692.8
	襄汾	15/2	29/11	288.7	4786.6

续表

地域	县（市、区）	起始日期/（日/月）	终止日期/（日/月）	持续天数/天	活动积温/℃·天
中部平川	侯马	17/2	2/12	289.5	4793.1
	曲沃	15/2	28/11	287.5	4828.0
	翼城	21/2	30/11	283.7	4705.8
	中部平均	18/2	29/11	285.2	4723.1
东部山区	浮山	24/2	24/11	274.3	4375.7
	古县	22/2	27/11	280.0	4525.3
	安泽	6/3	21/11	261.1	3860.3
	东部平均	27/2	24/11	238.5	4253.8
全市平均		26/2	25/11	272.7	4308.4

以上提供的是各县（市、区）日平均气温稳定≥0.0℃的资料，代表海拔400~1100米的热量分布情况；至于海拔＞1200米的吕梁山区和太岳山区，那里没有实测的气象资料，但有海拔高度资料，可以按海拔每升高100米，日平均气温下降0.6~0.7℃，总积温减少130~150℃·天，生长期减少5~7天进行推算。隰县、蒲县的东部和汾西县西部的吕梁山区及霍州市东部、洪洞县东北端、古县和安泽县北部的太岳山区，海拔在1300米以上，气温低、无霜期短，热量资源短缺，多数不宜种植农作物。但是，具有良好的发展林牧业生产条件，尤其是牧草，对温度的适应性很强，春季只要气温稳定高于0℃，就能恢复生长。少种植农业，多发展林草，同样是对热量资源的开发利用。

日平均气温稳定≥10.0℃的活动积温 据观测：当日平均气温稳定≥10.0℃时，农作物会表现出活跃快速生长的景象。所以，日平均气温稳定≥10.0℃的初日，通常可作为喜温作物开始播种和生长的临界温度；同时也是冬小麦开始拔节，油菜开始抽苔开花，树木牧草积极生长的临界温度。日平均气温≥10.0℃的持续日数，可以作为衡量喜温作物生长期或者作物生育活跃期长短的标准，并且还可通过≥10.0℃活动积温的多少来掌握当地热量资源对喜温作物的满足程度。

临汾市日平均气温稳定≥10.0℃的起始日期在3月25—4月16日，一般出现在春霜冻终止日期之前，平均在4月2日。按地域区分：以中部平川地区于3月25—26日首先稳定通过；其次是东部地区，平均在4月4日，其中古县在4月1日，为东部最先，安泽县在4月10日，为东部最迟；西部是全市稳定通过≥10.0℃最迟的地域，平均日期在4月7日。其中，大宁县气候温和，于4月2日稳定通过，为西部最早；蒲县海拔高气候凉，于4月16日才稳定通过，为西部也是全市最迟；西部其他永和、吉县、隰县、汾西、乡宁5县于4月5—10日通过。由于东、西部山区和中部平川之间存在明显的地势差异，导致各县之间稳定通过日平均气温≥10.0℃的起始日期差异比较大，相比较而言，中部平川各县（市、区）之间差异小，同步性好，日平均气温稳定通过≥10.0℃的起始日期前后间只差1天；西部山区的同步性最差，最早和最迟日期相差14天，相当于相差一个节令；东部山区介于西部山区和平川地区之间，最早和最迟日期相差9天。

临汾市日平均气温稳定≥10.0℃的终止期，一般和初霜冻比较接近，最早在10月9日（蒲县），最迟在11月2日（侯马县），平均在10月23日。按地域划分，西部最早，7县平均在10月19日；中部平川最迟，平均在10月29日；东部平均在10月21日，比中部提前8天，比西部推后2天。从全市情况看，日平均气温≥10.0℃终止期的同步性比春季起始期好，说明临汾市春季乍冷乍暖气候反反复复，稳定性比较差；而到了秋季，一场秋雨一阵寒，场场秋雨加衣裳，秋季来得迅速。

临汾市日平均气温稳定≥10.0℃的持续天数为176~222天，平均205天，其中蒲县持续176天，为全市最短；侯马市持续222天，为全市最长。按地域分布，西部山区的蒲县、隰县平均182天，既是西部的最少也是全市的最少；西部其他5县平均200天，比全市平均少5天。中部平川，除侯马最多（222天）外，其他6县（市、区）在216~218天，为全市持续日数最长的地域。东部山区以安泽县189天为东部最少，古县、浮山205天，与全市平均天数持平。

临汾市日平均气温稳定≥10.0℃期间的活动积温，在3003~4395℃·天，平均3773℃·天。按地域分布：西部山区平均3341℃·天，属积温少的地域。其中蒲县、隰县平均3017℃·天，既是西部最少也是全市最少；大宁积温3835℃·天，比全市平均多2%，为西部积温最大值；西部丘陵区的吉县、乡宁、永和、汾西4县日平均气温≥10.0℃的积温为3360~3467℃·天。中部平川7县（市、区）因地势平坦、地形单一，各县（市、区）日平均气温≥10.0℃的积温比较接近，在4073~4395℃·天，平均4218℃·天，比全市平均偏多12%，为全市热资源最丰富的地域。东部山区，浮山和古县比较接近，平均3963℃·天，比全市平均偏多5%；安泽县属东部山区日平均气温≥10.0℃的积温最少的县，年均3307℃·天，比全市平均偏少12%，和西部丘陵区基本接近，详见表2.18。

表2.18 临汾市各县（市、区）日平均气温稳定≥10.0℃起止日期、持续天数及活动积温统计

地域	县（市、区）	起始日期/（日/月）	终止日期/（日/月）	持续天数/天	活动积温/℃·天
西部山区	永和	7/4	17/10	193	3360.2
	隰县	10/4	14/10	187	3031.5
	大宁	2/4	28/10	209	3835.3
	吉县	5/4	23/10	201	3361.5
	汾西	7/4	21/10	197	3467.0
	蒲县	16/4	9/10	176	3002.7
	乡宁	5/4	21/10	200	3326.7
	西部平均	7/4	19/10	194	3340.7
	霍州	26/3	28/10	216	4176.6

续表

地域	县（市、区）	起始日期/（日/月）	终止日期/（日/月）	持续天数/天	活动积温/℃·天
中部平川	洪洞	26/3	28/10	216	4073.2
	尧都	25/3	28/10	217	4151.0
	襄汾	25/3	28/10	217	4317.9
	侯马	25/3	2/11	222	4264.7
	曲沃	25/3	29/10	218	4395.0
	翼城	26/3	27/10	216	4150.0
	中部平均	25/3	29/10	217	4218.3
东部山区	浮山	2/4	21/10	202	3902.1
	古县	1/4	25/10	207	4024.8
	安泽	10/4	16/10	189	3306.6
	东部平均	4/4	21/10	199.3	3744.5
全市平均		2/4	23/10	205	3773.3

2.3.2.4 地温

即地表面温度和地表面以下不同深度温度的总称。地温与作（植）物生长有着密切的关系，它能制约有机物质的分解而影响土壤的肥沃程度，同时还能制约各种盐类的溶解强度。作（植）物根系吸收水分养料及作（植）物的整个生育过程，都和土壤温度有着直接关系，地温高作（植）物生长积极，发育快；地温低作物生长迟缓；地温≤0℃时作物会停止生长，甚至会被冻伤冻死。另外，城市地下管道、电缆和地下建筑的修建等，都需参考地温资料。

地面温度 临汾市年地面平均温度在11.0~15.4℃，其中，蒲县11.0℃，为全市最低，曲沃县15.4℃，为全市最高，全市平均13.4℃，比年平均气温偏高2.9℃。年平均地面温度的地域分布特征，和年平均气温分布特征基本一致，山区低，平川高，东部山区又比西部山区高。分布的总趋势是山区向盆地递增，增幅比较大；由北向南递增只在平川地区表现明显，且增幅比较小，详见表2.19。

表2.19 临汾市各县（市、区）地面温度/℃

地域	县（市、区）	地面温度	地面极端最高		地面极端最低	
		年平均	数值	出现日期/年.月.日	数值	出现日期/年.月.日
西部山区	永和	12.1	72.0	2015.7.28	–31.9	1991.12.29
	隰县	11.2	69.6	2006.6.17	–32.1	2002.12.26
	大宁	13.1	69.7	1979.6.15	–28.8	2003.1.5
	吉县	12.7	69.6	2012.7.29	–33.6	2002.12.26
	汾西	11.7	67.0	2004.6.26	–32.1	2002.12.25
	蒲县	11.0	71.7	2010.6.21	–36.1	1971.1.22
	乡宁	12.5	68.0	2014.6.11	–28.6	1984.12.18
	霍州	13.8	71.0	2010.6.22	–26.1	1978.2.12
	洪洞	14.8	70.5	1969.6.25	–25.6	1971.1.22
中部平川	尧都	14.7	69.5	2010.6.17	–28.1	1955.1.11
	襄汾	15.0	70.3	2010.6.20	–26.3	1990.2.1
	侯马	15.2	72.4	2010.6.22	–25.5	1991.12.28
	曲沃	15.4	70.7	1977.7.1	–25.4	1990.2.1
	翼城	14.8	70.3	2012.6.22	–25.4	1971.1.29
东部山区	浮山	13.4	68.9	2009.7.5	–26.4	1978.2.16
	古县	13.8	69.0	1986.7.27	–26.1	1978.2.12
	安泽	12.4	69.4	2010.6.29	–31.6	2000.1.30
平均		13.4				

大气直接吸收太阳辐射热量是很少的，地面吸收了太阳热量之后又以潜热方式辐射给大气底层所吸收，底层大气的温度才得以提高；

同样，这些吸收了地面长波辐射的底层空气，也放射出热量，才使邻近的空气增温。所以，大地是大气热量的主要来源地；同时，大地也是大气致冷的源地，大气夜间和冬季的冷却，也是由于地表面首先冷却向上传导的结果。所以，空气温度的升高和下降在时间上都落后于地面，其强度，无论是白天（夏季）的最高，或者是夜间（冬季）的最低，地面都要大于大气。

地温 就是地表面以下不同深度的温度。临汾市各县（市、区）气象台站，按照气象部门统一规定的深度和技术要求，在气象观测场地内都安装有从地表面至地下3.2米处不同深度的温度表，逐日定时进行观测记录，因此，各县（市、区）都保存有历年不同深度的地中温度资料。由于地中温度的变化比气温和地面温度稳定，而且它的时间变化规律各县（市、区）比较接近，这里选择尧都区地温资料为代表，做些介绍。

表2.20 尧都区不同深度各月地温 / ℃

深度	1月	2月	3月	4月	5月	6月	7月
地面	−3.2	1.6	9.3	17.4	24.2	29.0	30.1
5厘米	−2.1	1.3	8.4	16.0	22.3	26.9	28.5
10厘米	−1.5	1.2	8.3	15.7	21.9	26.4	28.1
15厘米	−1.2	1.1	8.0	15.3	21.4	26.0	27.8
20厘米	−0.8	1.2	7.8	14.9	21.0	25.5	27.5
40厘米	0.8	1.7	7.1	13.4	19.3	24.2	26.4
80厘米	3.4	3.2	6.6	11.8	16.9	21.5	24.2
160厘米	7.9	6.3	7.2	10.0	13.6	17.3	20.3
3.2米	13.4	11.7	10.7	10.7	11.7	13.3	15.1

续表

深度	8月	9月	10月	11月	12月	年最高		年最低	
						数值	出现月份	数值	出现月份
地面	28.4	21.8	14.0	5.2	–1.7	30.1	7月	–3.2	1月
5厘米	27.3	21.4	14.1	5.9	–0.6	28.5	7月	–2.1	1月
10厘米	27.2	21.7	14.7	6.6	0.2	28.1	7月	–1.5	1月
15厘米	27.1	21.8	15.0	7.2	0.8	27.8	7月	–1.2	1月
20厘米	26.9	21.9	15.4	7.7	1.3	27.5	7月	–0.8	1月
40厘米	26.3	22.3	16.5	9.5	3.4	26.4	7月	0.8	1月
80厘米	25.0	22.4	18.0	12.3	6.6	25.0	8月	3.2	2月
160厘米	22.0	21.5	19.2	15.6	11.3	22.0	8月	6.3	2月
3.2米	16.8	17.8	17.9	17.1	15.4	17.9	10月	10.7	3月和4月

表2.20显示：尧都区每年5—8月，从地表面至地下3.2米处，温度是随深度增加而降低的，温度梯度方向自上指向下，说明这一时期（夏季）地表热量在向下传送；而每年11月至次年1月，从地表面至地下3.2米深处，温度是随深度在增高，温度梯度的方向是自下指向上方，说明这一时期（冬季）地下的热量在向上传输；每年的2—4月和9—10月，是从冬至夏和从夏至冬的过渡期，地中各层次间温度差异较小，且上、下层次间温度梯度方向不完全一致，有的向上，有的向下，总的趋势是，较深层次的变换落后于近浅层次。

随着地下深度的增加，各层次温度的年最高、最低温度出现也不一致。年温度最高值：自地面至40厘米深处，出现在7月；0.8~1.6米处出现在8月；3.2米处出现在10月。年温度最低值：地面至0.4米深处出现在1月；0.8~1.6米深处，出现在2月，3.2米深处出现在3月和4月。另外，随着地中深度的增加，其最高、最低温度差也随之减小：

地表面（0厘米）温度的年较差为33.3℃，5厘米为30.6℃，80厘米为21.8℃，3.2米深处，降至7.2℃。据理论推算，至13.5米深处，将处于恒温状况，温度的年变幅为0。

2.3.2.5 无霜期

无霜期是指春天最后一次霜冻日的第二天至秋天第一次出现霜冻前一天的累计天数。天数越多，无霜期越长，说明该地热量资源越丰富，作物生育期越长，农作物产量就高、品质就好；无霜期越短，说明热量资源贫乏，农作物生育期紧张，产量低、品质差。所以无霜期的长短反映了热资源的多寡，它直接关乎着农作物的种植熟制、作物布局和对作物品种的选择，是安排农业生产和实行农业产业结构调整的一项很重要指标。临汾市无霜期平均198天，在省内属无霜期长、热量资源比较丰富的地域，其中以临汾盆地、大宁昕水河谷地和古县涧和谷地无霜期较长，为200~224天；东部山区的安泽县和西部山区的永和、隰县及蒲县无霜期较短，平均不足180天，安泽县和隰县均是173天，为全市最短；其他各县（市、区）无霜期为189~198天。另外，根据推算，永和、隰县北部、蒲县东部和汾西县西部之间的吕梁山区，及古县、安泽县北部的太岳山区，海拔1300米处，无霜期在150天左右，可以种植小玉米、谷子、荞麦、莜麦、胡麻等。

2.3.2.6 冻土深度

俗话说，“地冻三尺，非一日之寒”，形容气温越低、低温持续时间越长，冻土深度越厚。所以，冻土的最大深度能衡量一地冬季寒冷的程度和寒冷天气持续时间的长短，也是一地热量资源多寡的指标。临汾市地处中纬度温暖带，每年入冬后，随着地表温度逐渐降至0℃以下，地表土壤中水分开始冻结，待日平均气温<0℃以后，夜冻大于昼消；再往后随着日平均气温的进一步下降，土壤只冻不消，冻土层不断加厚，直至冬尽春来，气温回升，土壤先从表层开始解冻，再逐层解冻（冻土底层同时也向上解冻）。因此，临汾市属季节性冻

土区域，冻土只在冬季发生。冻土深度的气象资料，对于城市管道、油管道、房屋地基及公路、铁路路基等建设都非常重要，在建设中必须躲过或者采取措施防御因土壤冻、消带来的影响，才能确保此类建设的安全。经统计：临汾市最大冻土深度在50~107厘米，平均72.6厘米，古县50厘米，为全市最浅，蒲县107厘米，为全市最深。按地域区分，西部山区最大冻土深度平均87.7厘米，是全市冻土较深的区域，尤以蒲县、隰县最深，均超过1米（平均105厘米），为全市冻土最深地域；中部平川洪洞县以南至曲沃、翼城、东部山区的古县、浮山及西部山区的乡宁县，都是临汾市冻土深度较浅的地域，最大冻土深度在50~67厘米；其他如西部山区的永和、大宁、吉县、汾西县，中部的霍州市及东部的安泽县，最大冻土深度在74~96厘米，属中等深度，详见表2.21。

表2.21 临汾市各县（市、区）最大冻土深度/厘米

地域	西部山区							东部山区		
县（市、区）	永和	隰县	大宁	吉县	蒲县	汾西	乡宁	浮山	古县	安泽
最大冻土深度	96	103	84	82	107	79	63	67	61	83
平均	87.7							70.3		

地域	中部平川							平均
县（市、区）	霍州	洪洞	尧都	襄汾	侯马	曲沃	翼城	
最大冻土深度	74	61	62	58	56	52	60	
平均	60.4							73.4

2.3.3 大气降水资源

水分资源，包括大气降水、土壤水、地表径流和地下水，其中大气降水直接影响土壤水和地表径流，也间接影响地下水。因此，大气降水是地面水分资源的主体，是河流、水库和地下水的主要来源，也

是一地重要的气候特征标志。

2.3.3.1 **年降水量**

临汾市年降水量456~579毫米，平均520毫米。年降水量的大小和各县（市、区）所处地理位置、地形地貌、海拔高度关系密切，同时很大程度上还取决于年内夏季风的早迟、强弱和持续时间的长短。一般来说，夏季风来得早、强度大、持续时间长，临汾市雨季（汛期）就来得早、降水日数多、雨季持续时间长、年降水量大，因为临汾市年降水量的60%~65%出现在雨季。另外，临汾市年降水量的又一特点是稳定性差，年降水量的最大差值达548.4毫米，是年平均降水量的107%；就平均而言，年降水量的标准差也达110.9毫米，为年降水量的21%。

年降水量地域分布 临汾市年降水量分布大致是山区多于平川、东山区又多于西山区；地理位置偏南的多于偏北的，其中霍州市年降水量456.3毫米为全市最少；安泽县年降水量578.6毫米为全市最大。

临汾市年降水地域分布，垂直差异和南北间的水平差异都存在，但垂直差异明显大于南北间的差异。沿汾河两岸谷地年降水456~524毫米，是全市降水最少的地域，在这里也呈现出北少南多的微弱趋向，霍州市、洪洞县年降水量456.3~474.9毫米，为全市的最少和次少，襄汾县以南至翼城县511.7~523.7毫米比平川北部明显偏多。西部山区的年降水量，除大宁不足500毫米外，永和、隰县、蒲县、汾西、吉县、乡宁年降水量均在511毫米以上，属临汾市年降水偏多的地域，在这里也呈现出自北向南微弱递增的趋向。东部山区年降水量随海拔增高而增多的特性非常明显：安泽县海拔860米，比浮山、古县偏高，安泽年降水578.6毫米，是东部山区（也是全市）年降水量最大的县，古县、浮山县年降水量530.3~540.8毫米，比安泽县偏少37.8~48.3毫米，显示出微弱的北少南多趋向。

东、西部山区降水虽然都比平川地区多。但是，东、西部山区气温低，地形复杂，山、川、梁、峁、塬、沟、壑交错，坡度大、植被覆盖率低，土壤保墒性差，水土流失严重，降水的利用率比平川地区低。

年降水量不足 临汾市是一个大气降水资源贫乏的地区。按照临汾市主导农业产品小麦、棉花、玉米、谷子、高粱等作物的生产需要，加上田间耗水量，需年降水量670毫米。但是临汾市地处黄土高原，地理位置又偏西，年降水量只有520毫米，离农业生产正常需水量差150毫米，相当于年降水量的29%，也就是说，临汾农业生产常年有近三成的缺水量。经统计，年降水量≥670毫米的几率只有约7%。所以，临汾市年降水量即使属气候正常（即降水量在累年平均值的80%~120%以内、410~616毫米）年份，降水量也不能满足农作物正常生长的需要，干旱灾害依然出现。临汾市属大气降水资源亏短地区。

年降水量变率和保证率 年降水量只能表示多年降水的平均情况，出现几率大致是50%，只有再分析年降水量的相对变率和最大变率，才能了解年降水量的变化情况。年降水量保证率是水分供给的保证程度，也就是在一定几率条件下出现的，如80%的保证率就是80%的水分供给。这些指标在评述一地将水资源和制作农业规划、农业生产结构调整中都具有重要意义。为了方便分析，本书选择气候资料年代长的、具有较好地域代表性的隰县、吉县、尧都区、安泽县4县气象站站资料，分别代表临汾市西山北部、西山南部、中部平川和东部山区加以叙述。临汾市年降水量最大值和最小值之差为548.4毫米，是年降水量的107%；标准差110.9毫米，为年降水量的21%，可见临汾市年降水量的稳定性很差。年降水量80%的保证率在400~480毫米，按地域划分，西山北部400毫米，西山南部450毫米，平川地区和东部山区分别为400和480毫米。

表2.22 临汾市年降水量、标准差和80%保证率

地域/代表县（市、区）	年降水量							
	平均值/毫米	最大值/毫米	最小值/毫米	最大差/毫米	标准差/毫米	最大差/平均差	标准差/平均差	80%保证率/毫米
西山北部（隰县）	526.8	816.3	312.4	503.9	128.5	0.96	0.24	400
西山南部（吉县）	540.3	828.9	277.6	551.3	123.0	1.02	0.23	450
中部平川（尧都）	484.7	799.9	278.5	521.4	122.0	1.08	0.25	400
东部山区（安泽县）	578.6	939.4	289.5	679.9	142.2	1.18	0.25	480
平均				564.1	128.9	1.06	0.24	400~480

资料：以1957—2021年隰县、吉县、尧都区、安泽县数据为代表。

2.3.3.2 季降水量

临汾市年内降水的时间分布很不均匀，年降水量的60%~65%集中出现在7—9月这3个月，其他9个月的累积降水只占年降水量的35%~40%；按季节分配：夏季（6—8月）降水占全年降水的55.2%，为全年最多；秋季（9—11月）降水占全年的26.0%，为全年次多；春季（3—5月）降水占全年的16.7%，为全年次少；冬季（12月至次年2月）降水占全年的3.2%，为全年最少。由于地理位置和地形的原因，临汾市各县（市、区）之间各季降水也存在差异，但不很明显。详见表2.23。

表2.23 临汾市各县（市、区）年、季降水量

地域	县（市、区）	冬（12月至次年2月）		春（3—5月）		夏（6—8月）		秋（9—11月）		全年
		降水量/毫米	占年百分比/%	降水量/毫米	占年百分比/%	降水量/毫米	占年百分比/%	降水量/毫米	占年百分比/%	降水量/毫米
西部山区	永和	14.1	2.8	77.6	15.3	288.2	56.7	132.0	26.0	508.1
	隰县	15.9	3.0	82.0	15.7	291.5	55.8	137.3	26.3	522.5
	大宁	13.9	2.9	78.4	16.2	269.6	55.6	131.2	27.1	485.0
	吉县	16.3	3.0	92.6	17.3	287.4	53.6	144.0	26.9	536.0
	汾西	19.3	3.6	83.8	15.7	301.7	56.5	137.2	25.7	534.4
	蒲县	14.2	2.7	85.9	16.2	297.0	55.9	138.9	26.2	531.0
	乡宁	16.2	3.0	91.1	16.7	304.7	56.0	137.1	25.2	544.0
	西部平均	15.7	3.0	84.5	16.2	291.4	55.7	136.8	26.2	523.0
中部平川	霍州	14.2	3.2	67.7	15.1	258.1	57.4	116.2	25.8	449.7
	洪洞	13.3	2.8	79.9	17.0	257.2	54.7	124.5	26.5	470.3
	尧都	14.0	2.9	82.6	17.1	265.2	54.9	125.6	26.0	483.0
	襄汾	17.0	3.4	86.7	17.4	277.5	55.6	130.7	26.2	499.5
	侯马	20.0	3.9	98.8	19.3	256.4	50.0	142.5	27.8	512.8
	曲沃	21.2	4.3	95.7	19.3	247.9	50.0	138.8	28.0	495.9
	翼城	19.0	3.7	91.1	17.6	279.1	53.9	134.3	26.0	517.4
	中部平均	17.0	3.5	86.1	17.6	263.1	53.7	130.4	26.6	489.8
东部山区	浮山	17.1	3.2	90.3	16.9	295.5	55.3	137.4	25.7	534.5
	古县	16.5	3.2	84.9	16.2	302.0	57.7	127.1	24.3	523.7
	安泽	19.5	3.4	93.6	16.3	316.8	55.3	148.6	25.9	573.0
	东部平均	17.7	3.3	89.6	16.5	304.8	56.1	137.7	25.3	543.7
全市平均		16.8	3.2	86.7	16.7	286.4	55.2	135.0	26.0	518.8

2.3.3.2.1 季降水的地域分布

冬季 冬季天气寒冷干燥，各县（市、区）雨、雪少，降水量小。西部山区季降水量13.9~19.3毫米，平均15.7毫米，为全市最少。相比之下，东部山区和中部平川冬季降水略多一点，平均值分别是17.7和17.0毫米。临汾市冬季降水以洪洞县为全市最少，年均13.3毫米，曲沃县为全市最多，年均21.2毫米，其他各县（市、区）为13~20毫米，其分布特征，表现出西北少、东南多、自西北向东南递增的趋向。冬季降雪能湿润空气、净化环境、减轻大气污染，有益人体健康；同时增添土壤水分、增加土壤温度，对小麦安全越冬及第二年春小麦分蘖十分有利，俗话说“瑞雪兆丰年”，就是这个含义。

春季 临汾市春季（3—5月）降水量67.7~98.8毫米，平均86.7毫米。临汾盆地北部和西部山区沿黄河各县是春季降水少的地域，其中以霍州市春季降水量67.7毫米，为全市最少；盆地南部和东部山区降水稍多，侯马春季降水量98.8毫米，为全市最多，曲沃县95.7毫米，为全市次多；其他县（市、区）春季降水量为77~94毫米。春季是临汾盆地小麦拔节至乳熟期，正需要充足的水分；也是棉花、大秋作物的播种期，土壤需要有好的墒情，整个春季农业正常生产和地面蒸发需降水量200毫米左右。但临汾市实测的3—5月降水量只有86.7毫米，不足春季农业正常需水量的一半，达到200毫米的春季降水，只有西山南部和盆地中南部县（市、区）罕见出现，属五十年一遇。按照临汾市春季农业生产正常需水量80%以上（即降水量≥160毫米）为春季农业不干旱的指标要求，临汾市春季农业不干旱的几率是二十五年一遇。“春雨贵如油”和“十年九春旱”成了临汾市春季天气气候的基本特征。

夏季 临汾市夏季降水247.9~316.8毫米、平均286.4毫米。山区比平川多，东部山区又比西部山区多，其中安泽县夏季降水316.8毫米，为全市夏季降水最多，而且这里地势高，气候偏凉，夏旱频率少、强度轻，有利玉米、谷子、高粱等作物的种植。东部山区的浮山、古县夏季降水量295.5~302.0毫米，一般满足夏季农业正常生产需要。曲沃县夏季降水量247.9毫米，为全市夏季降水最少，气温却比四周高，能种植棉花等喜温作物；西部山区的永和、隰县、吉县、汾西、蒲县、乡宁6县，夏季降水269.6~304.7毫米，一般可以满足农业正常生产最低需水量，尤其是东西部山区、丘陵区，气温稍低，又逢多雨期，比较充沛的降水与玉米、谷子等大秋作物需水高峰期配合比较好，气温适中，对秋粮作物生产非常有利。平川各县（市、区）夏季降水量247.9~279.1毫米，平均不足270毫米，为全市最少。这里夏季气温高，天气炎热，田间耗水量大，所以，平川地区的旱作农田遭受夏旱特别是伏旱的威胁，要比山区多、重。

秋季 临汾市秋季降水量116.2~148.6毫米，平均135.0毫米，最多和最少相差32.4毫米，季降水量差异比夏季明显缩小，特别是西部山区和中部平川各县之间差异非常小，西部7县秋季降水量平均136.8毫米；平川地区平均130.4毫米，差6.4毫米。相比之下，东部地区秋季降水稍多，平均137.7毫米，比西部山区和中部平川地区分别偏多0.9和7.3毫米。秋季降水最多的是安泽县，年均135.0毫米，最少的是霍州市116.2毫米。

临汾市各县（市、区）间秋季降水的同步性比较好，要下雨大部县（市、区）都下雨；不下雨大部县（市、区）都不下雨。所以秋季各县（市、区）间降水量的差异都小。但是临汾市秋季降水的年际变率却很大，遇上秋季出现连阴雨的年份，雨量就大，如1962年全市秋季连阴雨严重，平均降水量266.2毫米，相当于平川地区夏季的降水；而秋旱严重的年份，全市普遍雨水稀少，如1957年秋季干旱非常严重，9—11月全市平均降水量46.4毫米，只有1962年同期的14%，非常悬殊。秋季降水的过多和过少，对临汾市农业生产都不利：秋季降水过多，日照少、气温低，秋作物贪青，耽误按时收获晾晒，秋粮容易霉变，同时也延误小麦按时播种；秋季降水过少，干旱将影响秋作物颗粒饱满，灌浆提前结束，影响粮食产量，同时底墒差，冬小麦不能适时播种。秋季降水的适时、适量对临汾市农业生产非常重要，对于当年秋粮高产丰收及对小麦冬前分蘖、第二年返青生长和产量形成都有一定意义。

2.3.3.2.2 **季降水变率和保证率**

季降水量是连续3个月降水量的累积，相对于年降水量时间尺度缩短了3/4，而且各季间的降水量不能像年降水那样季节之间可以相互补偿，所以季降水量的绝对变量虽不如年变量大，但相对变率要比年降水量大。为了讨论方便，沿用讨论年降水变率方法，选择隰县、吉县、尧都区、安泽县4县气象站的季降水量资料，分别代表临汾市西山北部、西山南部、中部平川和东部山区加以分析。其中冬季因气候寒冷，降水量少，农业用水量少，农业意义不大，故未进行分析。

春季 临汾市春季（3—5月）降水量87.6毫米（注：即上述四站平均值，下同），季降水量的最大变差155.3~228.2毫米，平均185.8毫米，是市春季降水量的2.12倍；各地春季降水标准差37.8~41.1毫米，平均38.9毫米，可见临汾市春季降水的稳定性很差，最大变差可大于季降水量的两倍以上，详见表2.24。

临汾市春季降水量80%保证率，西山北部和平川地区比较小，分别为46和50毫米；西山南部和东山地区稍大，分别为64和63毫米，相比这一时期临汾市农业正常生产200毫米左右的需水量，相差甚大。临汾市春季降水少，80%降水量保证率低，降水的年变差大，春旱频繁，成了临汾农业产量特别是小麦产量低而不稳的重要原因。

表2.24 临汾市春季（3—5月）降水量、标准差和80%保证率

地域及代表县（市、区）	春季降水量							
	平均值/毫米	最大值/毫米	最小值/毫米	最大差/毫米	标准差/毫米	最大差/平均差	标准差/平均差	80%保证率/毫米
西山北部（隰县）	82.0	168.3	13.0	155.3	37.8	1.89	0.46	50
西山南部（吉县）	92.6	251.5	23.3	228.2	41.1	2.46	0.44	64
中部平川（尧都）	82.2	208.3	12.8	195.5	37.8	2.38	0.46	56
东部山区（安泽县）	93.6	192.2	28.0	164.2	38.8	1.75	0.41	63
平均	87.6			185.8	38.9	2.12	0.44	

资料：以1957—2021年隰县、吉县、尧都区、安泽县数据为代表。

因为春季降水对于临汾农业至关重要，小麦返青、拔节至抽穗灌浆和棉花、大秋作物播种出苗都在这一季节。春季降水充足、适时，夏粮丰收就有把握，秋粮、棉花夺高产也有了基础。若遇上春季降水少，春旱严重，在小麦拔节抽穗、灌浆等主要生育期内水分得不到基本满足，小麦生长受阻，减产就成了定局；秋粮、棉花播种期干旱缺水，将严重影响秋粮、棉花的播种率、出苗率、成活率和壮苗率，最终也将影响产量。

夏季 夏季（6—8月）是临汾市的雨季，降水量289.5毫米，集中了年内总降水量的56%。临汾市夏季降水的年际变差比较大，各县（市、区）的最大变差值在473.5~628.0毫米，平均518.9毫米，是夏季平均降水量的1.8倍；临汾市夏季降水的标准差100.8毫米，相对变率为35%。虽然夏季降水标准差比春季大，但是夏季降水的相对变率比春季小，说明夏季降水的稳定性要比春季稍好，详见表2.25。

表2.25 临汾市夏季（6—8月）降水量、标准差和80%保证率

地域及代表县（市、区）	夏季降水量							
	平均值/毫米	最大值/毫米	最小值/毫米	最大差/毫米	标准差/毫米	最大差/平均差	标准差/平均差	80%保证率/毫米
西山北部（隰县）	291.5	573.8	86.3	487.5	100.8	1.67	0.35	214
西山南部（吉县）	287.4	579.6	106.1	473.5	98.3	1.65	0.34	206
中部平川（尧都）	262.5	587.0	100.6	486.4	96.4	1.85	0.37	176
东部山区（安泽县）	316.8	706.6	78.6	628.0	107.7	1.98	0.34	230
平均	289.5			518.9	100.8	1.79	0.35	

资料：以1957—2021年隰县、吉县、尧都区、安泽县数据为代表。

夏季临汾市平均降水量289.5毫米，对于临汾夏季农作物玉米、棉花、谷子、高粱等正常生长对水分总量的要求基本满足。但是夏季降水强度大，流失严重，利用率低，加上降水日期和农事活动常常配合失当，有限的降水不能经常下在作物最需要水分的时段；加之夏季气温高，蒸发、蒸腾强度大，所以临汾市夏（伏）旱经常出现，有的年份还很严重，对秋粮、棉花产量影响甚大。

夏季降水量的平均值只能代表一般年景的降水量，它的出现几率只有50%。临汾市夏季降水量的80%保证率在176~230毫米，以平川地区最小，西山南部次小；东部山区最大，西山北部次大。由此可以看出，临汾市东部山区夏旱发生次数少、强度弱。夏旱在临汾盆地内没有水源和灌溉条件的旱作农业区和西山南部地区最常见，平均三年一遇，也最严重。

秋季 临汾市秋季（9—11月）降水量139.0毫米，秋季降水的最

大特点是稳定性很差，季降水量大起大落，最大年较差449.2~476.2毫米，是秋季平均降水量的3.23~3.43倍；秋季降水的标准差75.8~82.6毫米，平均78.1毫米，相对变差56%，比春、夏两季都大，说明临汾市秋季降水的稳定性比春夏两季都差，秋季干旱和秋季连阴雨常常交错出现。详见表2.26。

表2.26 临汾市秋季（9—11月）降水量、标准差和80%保证率

地域及代表县（市、区）	秋季降水量							
	平均值/毫米	最大值/毫米	最小值/毫米	最大差/毫米	标准差/毫米	最大差/平均差	标准差/平均差	80%保证率/毫米
西山北部（隰县）	137.3	498.1	22.4	475.7	75.8	3.46	0.55	83
西山南部（吉县）	144.0	481.7	32.5	449.2	77.6	3.12	0.54	92
中部平川（尧都）	126.2	505.0	31.9	473.1	76.4	3.75	0.61	75
东部山区（安泽县）	148.6	510.3	34.1	476.2	82.6	3.20	0.56	82
平均	139.0			468.55	78.1	3.38	0.56	

资料：以1957—2021年隰县、吉县、尧都区、安泽县数据为代表。

秋季是临汾市秋作物成熟收获和冬小麦播种季节，秋季农业生产对季降水有一定要求：降水量少，天气干旱，不利于秋作物正常生长成熟，影响秋粮产量，同时天旱底墒差也将耽误小麦适时下种，影响小麦冬前分蘖；秋季降水过多，作物贪青延误收获、晾晒，同样也延误冬小麦适时下种，而且容易引起秋粮霉变。总之，秋季降水的过多、过少，对秋季农业生产都不利。按临汾市秋季农业正常生产的需要，适宜的降水量为120~150毫米。经统计：临汾市秋季降水量适宜的几率占16.7%；秋季严重干旱，即季降水量≤秋季适宜降水量60%，

即≤81毫米的占16.7%；秋季严重雨涝、阴雨连绵，即季降水量≥适宜降水量140%，即≥189毫米的占24.2%；秋季降水勉强适宜，即季降水量在82~119毫米或151~188毫米的占42.4%。也就是说，临汾市秋季降水适宜和勉强适宜的共占59%，尚有41%的年份，秋季不是干旱便是雨涝，干旱的几率略大于雨涝。

临汾市秋季降水量80%保证率75~92毫米，各地差异不太大，相比之下，西山南部略大，为92毫米，接近临汾市秋季农业生产的勉强适宜需水量，说明这里秋季降水多，80%保证率的量值较大，秋旱的机会少；中部平川地区秋季降水量80%保证率的量值较小，为75毫米，这里秋季降水量小，初秋气温常常居高不下出现秋旱的几率明显比东山地区多，严重程度大。

2.3.3.3 **降水强度**

指单位时间内的降水量，它的大小对于水库及其溢洪道的设计，桥梁、涵洞及城市下水道的设计等，都是重要的参数，对于农业生产来说也是对降水量利用价值评价的重要参数。

年降水强度 就是年降水量被年内日降水量≥0.1毫米降水日数来除。临汾市年降水强度6.4毫米/日，和周围地、市相比，与吕梁、晋中、运城等市基本持平；比长治、晋城市偏少约1成左右。

月降水强度 临汾市月降水强度以7月最大，西山北部（隰县）10.3毫米/日；西山南部（吉县）10.4毫米/日；中部平川（尧都）10.2毫米/日；东部山区（安泽）10.6毫米/日。全市平均10.4毫米/日，以东部山区最大，中部平川最小。

各级降水强度 日平均降水强度虽然反映了总降水量在降水日内平均分配的状况。但是，却掩盖了各级降水强弱的分布特征。因此，在上述年、季降水强度分析的基础上，有必要对日降水量的各级降水强度，特别是大雨、暴雨、大暴雨强度进行讨论。

大雨 气象部门规定，24小时降水量25.0~49.9毫米为大雨。临汾市的大雨天气集中出现在6—9月，个别年份5月、10月也出现，但次数很少。全市每年平均降大雨4.1天，按地域分布，以平川地区少，其中霍州市年均3.3天，为全市最少；其次是西部山区，县均4.1天，为全市次少，其中永和、隰县、大宁年均3.8天，为西部最少，汾西县年均4.6天，为西部最多；全市大雨次数最多的是东部山区，县均4.6天，浮山、安泽年均4.7天为全市最多。

暴雨、大暴雨和特大暴雨 气象部门规定，24小时降水量在50.0~99.9毫米的为暴雨；100.0~249.9毫米的为大暴雨；≥250.0毫米的为特大暴雨。临汾市下暴雨次数不多，年均0.9天。由于地理位置和地形原因，乡宁、汾西两县年暴雨天数最多，分别为年均1.1和1.2天；曲沃、隰县暴雨天数最少，年均0.6~0.7天，详见表详见表2.27。

表2.27 临汾市各县（市、区）暴雨天数/（天/年）

县（市、区）	永和	大宁	隰县	吉县	汾西	蒲县	乡宁	霍州	洪洞
暴雨天数	0.8	0.8	0.7	0.9	1.0	0.8	1.0	0.8	0.8
县（市、区）	尧都	襄汾	侯马	曲沃	翼城	浮山	古县	安泽	平均
暴雨天数	0.9	1.0	0.8	0.6	0.8	0.8	0.8	0.9	0.8

资料：日降水量在50.0~99.9毫米；取自建站（台）至2021年数据。

临汾市出现大暴雨的次数更少，各县（市、区）自建立气象台站至2021年，都曾出现过大暴雨，其中安泽县出现过6天，为最多；隰县、乡宁出现过5天，为次多；其他县（市、区）在1~4天，详见表2.28。

表2.28 临汾市各县（市、区）累计大暴雨天数/天

县（市、区）	永和	隰县	大宁	吉县	汾西	蒲县	乡宁	霍州	洪洞
累计大暴雨天数	3	5	3	3	4	1	5	1	4
县（市、区）	尧都	襄汾	侯马	曲沃	翼城	浮山	古县	安泽	平均
累计大暴雨天数	2	2	4	2	4	2	3	6	3

资料：日降水量在100.0~249.9毫米；取自建站（台）至2021年数据。

临汾市大暴雨的最大强度为日降水量187.5毫米，出现在1981年8月15日永和县，其他各县（市、区）大暴雨的最大值及其出现年、月、日，详见图2.4。

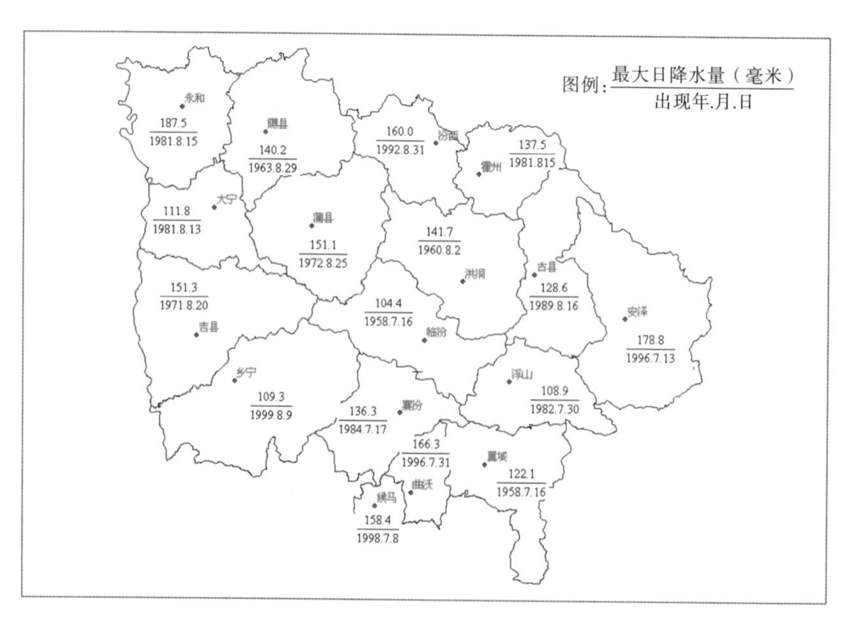

图2.4 临汾市各县（市、区）累年最大日降水量及出现日期

资料：自建站（台）至2021年数据。

至于特大暴雨（即24小时降水量≥250.0毫米），临汾市各县（市、区）气象台站至目前尚未实地观测到。

2.3.3.4 主要作物适播期降水

临汾市的主要农作物有小麦、玉米、棉花、高粱、谷子，除小麦在秋季播种外，其他4类作物均在春季播种。选择隰县、尧都、侯马、安泽4县气象站，分别代表临汾市西部山区、平川北中部、平川南部和东部山区，以上述5类作物适播期内当中的这一天为“基准”，分别往前、往后各推10天的降水量相加，统计于表2.29。

表2.29 临汾市各主要作物适宜播种期降水量

县（市、区）	项目	小麦（日平均气温15~16℃时播种）	棉花（5厘米地温≥12℃初日播种）	玉米（日平均气温≥10.0℃初日后10天）	谷子（10厘米地温≥12.0℃初日播种）	高粱（5厘米地温≥12℃初日播种）
隰县	适播期/（日/月）	8/9—13/9		18/4—27/4	24/4	24/4
	需降水量/毫米	20.0		20.0	20.0	20.0
	实际降水量/毫米	22.6		14.9	14.9	14.9
	差值/毫米	2.6		−5.1	−5.1	−5.1
尧都	适播期/（日/月）	25/9—1/10	10/4	29/3—7/4	10/4	10/4
	需降水量/毫米	20.0	35.0	20.0	20.0	20.0
	实际降水量/毫米	19.2	6.8	7.3	6.8	6.8
	差值/毫米	−0.8	−28.2	−12.7	−13.2	−13.2
侯马	适播期/（日/月）	27/9—4/10	9/4	27/3—5/4	9/4	9/4
	需降水量/毫米	20.0	35.0	20.0	20.0	20.0
	实际降水量/毫米	20.7	8.1	8.2	8.1	8.1
	差值/毫米	0.7	−26.9	−11.8	−11.9	−11.9

续表

县（市、区）	项目	小麦（日平均气温15~16℃时播种）	棉花（5厘米地温≥12℃初日播种）	玉米（日平均气温≥10.0℃初日后10天）	谷子（10厘米地温≥12.0℃初日播种）	高粱（5厘米地温≥12℃初日播种）
安泽	适播期/（日/月）	15/9—23/9		14/4—24/4	17/4	18/4
	需降水量/毫米	20.0		20.0	20.0	20.0
	实际降水量/毫米	23.7		9.9	9.9	9.9
	差值/毫米	3.7		-10.1	-10.1	-10.1

资料：以隰县、尧都区、侯马市、安泽县数据为代表。

以上资料统计表明，临汾市冬小麦播种期的降水量，就平均情况基本够用。但是，临汾市秋季降水的年变率很大，平均情况基本够用，只占50%左右的几率，还有50%左右的年份小麦播种期存在不同程度的缺水。若遇上夏季降水充裕的年份，地下墒情好，夏墒秋用，小麦播种期降水少一点，也不耽误小麦按期播种出苗。这样估算下来，大约还有2~3成的年份小麦播种期依然干旱缺水，影响小麦适时下种。另外，还有1~2成的年份遇到秋季连绵阴雨，也影响小麦按时下种。

玉米、棉花、谷子、高粱是在春季播种。临汾市春播期降水偏少，这一时期的大气降水往往只有春播作物播种期正常需水量的一半，自然降水量基本上都不能满足正常播种出苗的需求。农谚说“十年九春旱”“见苗收一半”，说明春播期降水短缺、播种抓苗不易。改革开放后，广大农村大量采用地膜覆盖“技术”，增温保墒效果明显，对保证棉花、玉米等大秋作物适时下种苗齐、苗壮取得很好效果。只是地膜价格不便宜，加大了农民的农业成本，普遍推广应用的纯经济效益有待进一步观察。

2.3.3.5 作物主要生育期降水量

即日平均气温稳定≥10.0℃期间的降水量。因为临汾市主要农作物有小麦、棉花、玉米、谷子、高粱5大类，其中棉花、玉米、谷子、高粱4类作物，从播种至收获全部生育期，都在日平均气温稳定≥10.0℃期间内完成；冬小麦虽然有冬眠期，但是其播种、出苗、拔节、抽穗、孕穗、灌浆、成熟至收获等绝大部分生育期，也都是在日平均气温稳定≥10.0℃期间内完成的，也属小麦主要生育期。热量资源虽是农业生产获得收成的主要因素，固然很重要。但是，农业的高产稳产热、水、肥三要素缺一不可，水分条件跟不上去，在作物生育需水的时候，缺水干旱，农业依旧受灾减产。因此，日平均气温稳定≥10.0℃期间的降水量多少对于农业生产非常重要。临汾市日平均气温稳定≥10.0℃期间的累积降水量为414~498毫米，平均462毫米，占年降水量的91%，其中安泽县年均498毫米，为全市最大；霍州市年均414毫米，为全市最小，全市分布呈现出南—北走向的“二多”“二少”区域：东部的安泽县和西部山区的蒲县、吉县、乡宁县，分别为二片降水量“多”的区域；沿汾河谷地的临汾平川各县（市、区）和西北山区的隰县、永和县、大宁县分别为二片降水“少”的区域。平川各县（市、区）与安泽县之间，降水量的差异较大，达67毫米；平川各县（市、区）与西部山区各县（市、区）间，差异较小，在20毫米左右。

临汾市日平均气温≥10.0℃期间平均降水量448.2毫米，对于该时段玉米、棉花、谷子、高粱的正常生长需水量，基本可以满足。但是，临汾市这一时段降水的年际变化很大，平均降水量的保证率只有50%；还有50%的年份存在缺水或稍微缺水，所以夏季干旱，特别是7、8月间的“伏天”气温高，蒸发、蒸腾强度大，伏旱时有发生，对秋粮生产影响较大。至于小麦在日平均气温稳定≥10.0℃期间的需水量，主要集中在3—5月小麦拔节、抽穗、孕穗、灌浆期和9月中旬至

10月初的小麦播种期、出苗期。但这两时段是临汾市干旱天气的多发期，春旱和秋旱就发生在这两时段。所以，临汾小麦生育过程中经历的日平均气温稳定≥10.0℃期间的降水量，离需水量常常缺额甚大，秋、春季节干旱缺水成了临汾小麦高产稳产的主要障碍。

2.3.3.6 空中水资源

空中水资源就是储存于临汾市上空的大气层水汽含量。临汾市每年≥0.1毫米的降水天数80天，占年总天数的22%，也就是说，平均每5天就有一次降水，只是绝大多数降水日的降水强度小、降水量少，累计降水量不敷临汾农作物正常生长的需求，干旱灾害频繁多发。但是，也说明临汾市空中经常出现能满足降水必须具备的水汽条件，即空中水资源条件不错，只是促使自然降水的各种条件相互间配合经常不够充分，降水量不够大。以2001年为例，临汾市范围内从贴地层至7000米（即400百帕）上空空气柱内全年水汽总量达800.5亿吨。这一年临汾市春旱连夏旱，年降水量402.8毫米，即降水82.61亿吨，相当于空中水汽储量的10.3%。从水循环角度分析，大气降水来自空中水汽，只要方法措施得当，开发空中水资源增加人工降水，达到人工增雨目的是可行的。基于这样的认识，临汾市从20世纪70年代中叶开始进行人工增雨试验作业。后因整顿调整中断。自从1993年重新上马至今，已连续13年开展此项工作，这13年中，除2003年和2005年两年临汾市无旱情，1996年和1998年两年短时干旱外，其他9年都属干旱和严重干旱，工作人员经常日夜守候待命，只要条件允许就实施作业。13年来，年均作业5~6次，作业面积1万多平方千米，增雨5000万至1亿立方米，收到了很好的经济效益和社会效益。

当然，开发利用空中水资源难度也是很大的，因为空中水资源是个“变数”，绝大部分时间属低密度和极低密度水资源，无法开发。就是见到空中有了云层，甚至有小雨滴下，也往往属低密度水汽含量云层，不适宜进行人工增雨作业。只有抓住水汽含量多、密度大、层次厚、看上去又低又黑的云层，进行作业，才能增大自然降水强度，延长降水时间，达到人工增雨的目的。同时，云层瞬息万变，若是最佳作业时机没有及时抓住，也许一个小时甚至几十分钟，条件便稍纵即逝，再进行增雨作业意义就不大了。所以，当前开发空中水资源进行人工增雨作业，其效果的大小以致成败，关键在作业时机的选择和掌握上，唯有作业有利条件充分，作业时段选择得当，人工增雨效益才明显。

2.4 风能资源

风能是指大气在做水平运动中所具有的动能。人类利用风能的历史悠久，几千年前在海洋、江河、湖泊上就利用风力来帮助驱动帆船，后来又制作风车取水灌溉及加工谷物，此类风能的利用方式，一些地方还沿用至今。如今已进入利用高新技术开发风能的新时期，许多牧场草原利用风力发电解决草原牧民的生活用电，极大地方便和提高了牧民生活。

风能是一种无污染可再生能源，是气候资源的重要组成部分，开发利用风能资源对缓解日益严重的能源短缺、保护环境都具有重要意义。

如何评价一地风能资源的大小，主要通过有效风能时数和平均有效风能密度这两项指标。有效风能时数多，平均风能密度大，则风能资源丰富，反之则贫乏。

2.4.1 有效风能时数

风能是风力作用在风力机叶片上，通过风力机叶片转动转换成电能的，而风力机只有在一定风速时才开始运转，这个开始运转风速称为“起动风速”，也是有效风能的“下限”；随着风速的增加，风力机的输出功率随之增大，当风速增大到某一风速时，其输出功率不再变化，则就称之定额风速，也就是这类风力机有效风速的“上限”。

1个月（年）内风力在起动风速至定额风速之间的实有小时数，便是这个月（年）的有效风能时数。

目前，我国使用的风力机，定额风速（有效风速）一般有3~20米/秒和4~24米/秒两种。据报道，国外还有风速在5~30米/秒的风力机。风力机的选型很重要，极限风速取得过大，会造成浪费；取得偏小，风力机又有被损坏的危险。要使风力机安全可靠运行，必须推算一定重现期（一般10年）下的最大风速为妥。临汾市风力较小，十年至二十年一遇的最大风速＜25米/秒。所以，就按小功率风速机有效风速3~20米/秒进行统计分析即可。

将临汾市各气象台站2000—2021年各月逐日自记风资料中凡风速在3~20米/秒的时数全部摘录出来，累计相加后除以22，求得的便是各站年有效风力时数。

临汾市有效风力时数以西部吕梁山区大，隰县、蒲县、汾西3县年平均有效风力时数＞2000小时，尤其蒲县达4758.4小时，为全市最多；时数最少的区域出现在黄河沿岸的永和县，年平均有效风力时数≤720小时，比汾河谷地各平川县（市、区）还少；东部山区也不多，在1172~1518小时，以浮山县为东部山区最多，为1517.6小时，安泽次之。

临汾市有效风速时数年内春季（3—5月）较多，累计达575.1小时，占年总时数的36.5%，尤以4月最多，为202小时；秋季至冬初较少，9—12月平均94.9小时，其中10月最少，为90.6小时。详见图2.5临汾市各月有效风速时数。

临汾市各县（市、区）各月有效风速时数，列于表2.30。

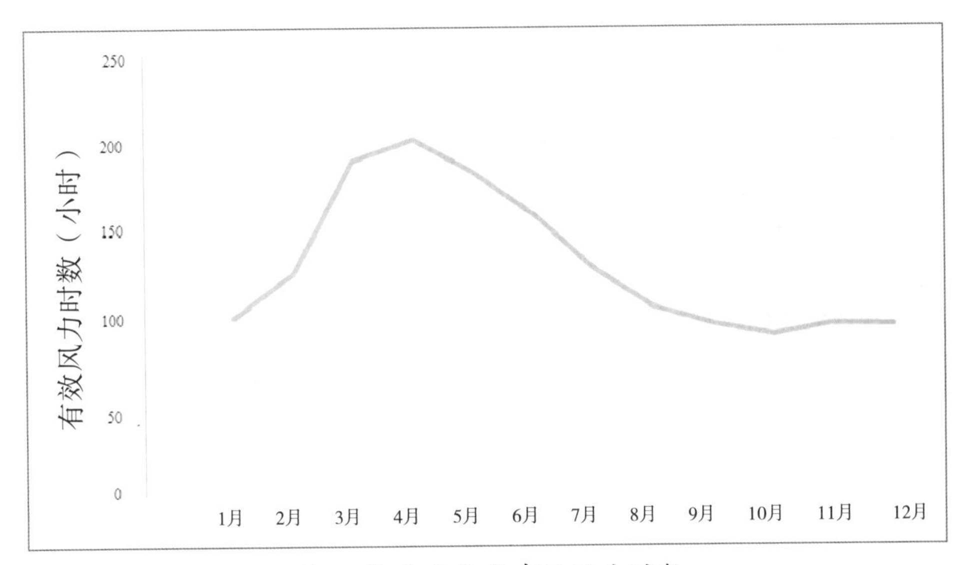

图2.5 临汾市各月有效风力时数

资料：2000—2021年全市17气象台站风的自记记录平均值。

表2.30 2000—2021年临汾市各县（市、区）逐月有效风力出现时数/小时

地域	县（市、区）	1月	2月	3月	4月	5月	6月	7月
西部山区	永和	16.7	30.2	55.1	62.6	58.3	34.6	25.3
	隰县	126.5	151.8	238.1	257.8	244.8	192.8	186.9
	大宁	90.1	105.7	174.2	193.6	192.5	133.1	108.2
	吉县	93.6	117.9	181.5	196.3	185.2	143.9	115.6
	蒲县	369.4	382.7	449.6	452.4	453.8	400.0	375.8
	汾西	146.6	168.6	262.9	300.4	242.9	197.5	177.6
	乡宁	86.5	97.5	145.8	156.0	159.8	123.2	88.1
	西部平均	122.8	150.6	215.3	231.3	222.9	175.0	153.9
中部地区	霍州	74.2	98.6	175.8	212.2	197.0	178.5	128.0
	洪洞	81.0	115.0	179.2	156.8	93.5	83.3	79.9
	尧都	54.8	73.5	118.8	144.3	137.1	123.6	85.2

续表

地域	县（市、区）	1月	2月	3月	4月	5月	6月	7月
中部地区	襄汾	113.4	144.4	229.6	255.1	254.0	239.3	185.8
	侯马	48.5	83.9	143.0	162.2	148.8	147.5	132.0
	曲沃	42.7	89.5	160.6	141.2	137.3	135.3	106.7
	翼城	50.3	78.0	139.5	158.9	150.0	142.6	117.5
	中部平均	66.4	97.6	163.8	175.9	159.7	150.0	119.3
东部山区	浮山	90.9	127.8	195.7	213.2	190.4	173.8	126.7
	古县	113.6	130.0	164.7	157.6	109.4	101.4	59.7
	安泽	127.0	143.4	210.9	213.6	162.6	149.0	85.3
	东部平均	110.5	133.7	190.4	194.8	154.2	141.4	90.6
全市平均		101.5	125.8	189.7	202.0	183.4	158.8	128.5

地域	县（市、区）	8月	9月	10月	11月	12月	全年
西部山区	永和	18.0	17.0	14.2	18.0	19.7	369.5
	隰县	149.1	130.5	125.1	138.1	135.3	2076.7
	大宁	87.8	81.8	83.4	90.0	92.5	1433.0
	吉县	99.7	91.2	87.9	98.4	87.9	1499.3
	蒲县	384.5	366.0	370.6	383.0	370.7	4758.4
	汾西	153.8	140.0	151.2	141.3	131.1	2237.0
	乡宁	83.9	86.7	71.3	79.0	89.5	1268.0
	西部平均	139.5	130.5	129.1	135.4	132.4	1948.8
中部平川	霍州	127.9	92.8	80.9	70.4	56.6	1477.3
	洪洞	50.9	47.1	50.8	67.2	78.2	1102.1
	尧都	56.3	45.2	42.8	47.3	50.9	963.2
	襄汾	143.3	123.3	108.5	96.5	100.8	1973.3

续表

地域	县（市、区）	8月	9月	10月	11月	12月	全年
中部平川	侯马	96.4	83.3	52.9	48.2	40.3	1193.7
	曲沃	72.0	54.3	40.4	42.3	40.0	1060.7
	翼城	87.7	74.1	51.8	43.1	37.9	1159.1
	中部平均	90.6	74.3	61.2	59.3	57.8	1275.7
东部山区	浮山	97.9	88.0	65.1	73.2	81.1	1517.6
	古县	36.1	57.2	51.7	92.8	108.8	1172.7
	安泽	69.2	64.4	92.2	109.3	111.5	1512.6
	东部平均	67.7	69.9	69.7	91.8	100.4	1401.0
全市平均		106.7	96.6	90.6	96.4	96	1597.1

2.4.2 平均有效风能密度

平均有效风能密度（$\overline{W_e}$），是指一地年（月）内风力机起动风速V_1至定额风速V_2范围内的风能密度平均，这里选用V_1=3米/秒 V_2=20米/秒，则满足：

$$\overline{W_e}=\frac{1}{2}\rho\frac{\sum_{i=3}^{20}N_iV_i^3}{\sum_{i=3}^{20}N_i} \tag{2.4}$$

设T为该地某年（月）内有效风速的总小时数，则：

$$\overline{W_e}=\frac{1}{2}\rho\frac{\sum_{i=3}^{20}N_iV_i^3}{T} \tag{2.5}$$

式中，$\overline{W_e}$：欲求的平均有效风能密度；

ρ：空气密度，取1.225千克/米^3；

N_i：各有效风速（V_i）出现时数。

临汾市风能密度以蒲县为中心的西部吕梁山区最大，蒲县、隰县年平均风能密度＞100瓦/米^2，为全市最大区域；沿黄河东岸的永和、吉县、乡宁县及古县为全市最小区域，年均＜50瓦/米^2；平川其他地区和东部山区各县（市、区）年平均有效风能密度在50.3～72.6瓦/米^2，为全市中等。

临汾市年平均风能密度的时间分布：以冬、春季为最大，从12月至次年5月，月均风能密度＞5瓦/米^2，其中3月最大，达7.44瓦/米^2；夏、秋季（6—11月）风能密度小，月均风能密度＜5瓦/米^2，其中8月最小，只有3.8瓦/米^2。

年平均风能密度较小的是永和、乡宁、古县这3个县，1～12月的月均风能密度＜4瓦/米，其中永和县月均风能密度＜3瓦/米^2，为全市风能密度最小；蒲县12月至次年5月的月均风能密度≥12.13瓦/米^2，6—11月平均7.5瓦/米^2，为全市最大。全市各县（市、区）各月风能密度详见表2.31。

表2.31 临汾市各县（市、区）逐月风能密度/（瓦/米^2）

地域	县（市、区）	1月	2月	3月	4月	5月	6月	7月
西部山区	永和	2.25	2.48	2.88	2.90	2.57	2.64	2.49
	隰县	8.81	9.50	14.12	13.39	8.49	7.50	7.43
	大宁	5.55	6.51	10.07	8.47	7.43	5.43	6.10
	吉县	3.66	4.31	5.12	5.25	4.56	4.11	3.70
	蒲县	12.69	13.90	17.72	16.79	12.13	8.22	7.06
	汾西	5.77	6.08	7.54	7.10	5.85	4.67	4.41
	乡宁	2.53	2.72	3.03	2.86	2.54	2.73	2.45
	西部平均	5.89	6.50	8.63	8.11	6.22	5.04	4.81
	霍州	5.99	7.17	7.70	7.58	6.89	6.10	4.99
	洪洞	5.94	5.88	7.28	5.77	4.43	4.58	3.65

续表

地域	县（市、区）	1月	2月	3月	4月	5月	6月	7月
中部地区	尧都	4.49	4.41	5.58	4.98	5.05	4.68	3.92
	襄汾	4.87	5.64	8.44	6.57	5.68	5.01	4.08
	侯马	4.24	5.19	7.46	5.87	5.36	5.24	4.74
	曲沃	3.81	5.43	6.63	5.42	4.59	4.86	4.33
	翼城	4.69	4.24	6.40	4.69	4.21	4.32	3.88
	中部平均	4.86	5.42	7.07	5.84	5.17	4.97	4.23
东部山区	浮山	5.11	6.51	7.33	7.34	5.23	5.78	4.82
	古县	3.96	3.85	3.78	3.67	2.93	3.08	2.65
	安泽	5.26	5.16	5.42	5.61	4.24	3.85	2.96
	东部平均	4.78	5.17	5.51	5.54	4.13	4.24	3.48
全市平均		5.27	5.93	7.44	6.72	5.42	4.87	4.33

地域	县（市、区）	8月	9月	10月	11月	12月	全年
西部山区	永和	2.19	2.35	2.30	2.82	2.59	30.46
	隰县	5.76	6.67	7.39	7.47	7.93	104.46
	大宁	4.24	4.21	4.60	4.51	5.43	72.55
	吉县	3.33	3.23	3.45	3.11	3.99	47.82
	蒲县	5.67	7.30	7.84	9.69	12.38	131.36
	汾西	3.70	4.13	4.62	5.02	5.70	64.59
	乡宁	2.36	2.33	2.21	2.43	2.41	30.60
	西部平均	3.89	4.32	4.63	5.01	5.78	68.83
中部地区	霍州	4.94	4.38	4.85	4.63	5.79	71.01
	洪洞	2.90	3.34	3.93	4.56	5.91	58.17
	尧都	3.28	2.97	3.35	3.57	4.33	50.57

续表

地域	县（市、区）	8月	9月	10月	11月	12月	全年
中部地区	襄汾	4.62	4.36	3.95	4.52	5.13	62.87
	侯马	4.53	4.40	4.19	3.69	4.01	58.92
	曲沃	3.27	3.13	3.61	3.34	3.51	51.94
	翼城	3.93	3.62	3.55	3.48	4.18	51.19
	中部平均	3.92	3.72	3.92	3.97	4.69	57.81
东部山区	浮山	4.58	4.41	3.94	3.95	5.23	64.23
	古县	2.45	2.51	2.91	3.88	4.26	39.93
	安泽	2.80	2.70	3.49	3.98	4.82	50.29
	东部平均	3.28	3.21	3.45	3.94	4.77	51.48
全市平均		3.80	3.88	4.13	4.39	5.15	61.33

2.4.3 风能区划

为了探明临汾市风能资源分布状况，了解各地风能资源差异，给开发利用风能资源提供依据，将临汾市的风能资源进行区划是必要的，在目前资源紧张的状况下具有重要意义。

2.4.3.1 区划指标

风能资源区划的指标主要有三条：

（1）风能密度和可利用小时数。朱兆瑞等（1983）对全国风能进行区划时，将风能密度的大小和全国有效风速累计小时数的多少作为一级区划的指标，其具体规定列于表2.32。

表2.32 临汾市风能区划一级指标

符号	区名	年平均有效风能密度/（瓦/米^2）	3~20米/秒风速的年累计时数/（小时）
Ⅰ	风能丰富	＞200	＞5000
Ⅱ	风能较丰富	150~200	4000~5000
Ⅲ	风能可利用	50~150	2000~4000
Ⅳ	风能贫乏	＜50	＜2000

（2）风能的季节变化作为区划的二级指标，各季风能密度大小和有效风能时数以1、2、3、4分别代表春、夏、秋、冬四季，例如春季有效风能密度和有效风速时数最大，冬季次之，就用“1、4”来表示，其他类推。

（3）风力机的最大风速设计，可作为三级区划的指标，一般取当地有一定重现期的最大风速。以风力机寿命30年为基准，可分成四级：风速35～40米/秒为特强最大设计风速，称为特强压型（a）；风速30～35米/秒为强压型（b）；风速25～30米/秒为中压型（c）；风速＜25米/秒为弱压型（d）。临汾市取弱压（d）型。

2.4.3.2 **区划结果**

按照上述三条风能区划指标，采取重叠法对临汾市风能资源进行了区划，结果表明：隰县、蒲县的中东部和汾西县中西部的吕梁山区，是临汾市风能资源相对比较大的区域，属风能资源可利用区，风能资源以春季最多，冬季次之，可利用弱压（d）型风力机发电。临汾市其他14个县（市、区）均属风能资源贫乏区，就是山区县，至少在气象观测场（县城）附近，不适宜开发风能资源，原因是3～20米/秒有效风速年累计时数不够，离最低要求（有效风速年累计时数≥2000小时）相差40%～50%。至于山区相对较高地势处年有效风速累计能否达到最低要求，则需建立风速对比观测，索取不少于

5年的风力资料，方可确定。平川7县（市、区），风速较小，不适宜开发风能资源。

2.5 气候特征

太阳辐射、大气环流和地理环境是形成一地气候的三大主要因素。临汾市地处黄土高原，受中纬度西风带季风环流控制，大陆性季风气候特征表现突出，气候温和，四季分明；降水量少，降水年际变差大；空气干燥，光能充沛，蒸发量大。同时，临汾市总面积的80%为山区、丘陵，气温的地域分布差异大，垂直变化明显，山地气候特征表现显著。临汾市还是一个气象灾害多发的地域，干旱、冰雹、局地暴雨、霜冻等气象灾害种类多、出现频繁。

2.5.1 大陆性气候特征突出

临汾市气候受大陆性影响程度大，属典型的大陆性气候：冬季寒冷、夏季炎热；冬夏时长，春秋时短；降水量少，蒸发量大，气候干燥；太阳辐射强，日照时间长；光热资源丰富，降水资源欠缺，风能资源贫乏。

冬季寒冷 夏季炎热 临汾市冬季寒冷。最冷的1月平均气温-4.2℃，最低气温-11.8℃。日最低气温≤-10℃的寒冷天气，年均25.3天，其中永和县、隰县、蒲县、大宁县和安泽县年均在35天以上，安泽县年均54天，为全市最多。各县（市、区）累年极端最低气温，一般低于-20.0℃，只有平川个别站在-19.8～-18.9℃，安泽县极端最低气温-26.6℃，为全市历年最低；尧都区1958年1月11日最低气温-25.6℃，为全市第二最低。

临汾市夏季炎热，气温以7月最高，平均24.7℃，最高气温29.1℃，日最高气温≥35℃的炎热天气，以平川地区最多，年均18天，东、西山区较少，年均4天。各县（市、区）累年极端最高气温各地差异比较大，东、西山区一般38～40℃，个别站（大宁）41.3℃，为山区各县累年的极端最高；平川地区一般40～42℃，其中尧都区2005年6月23日最高气温42.3℃，为全市累年的极端最高。

冬季气温低寒冷，夏季气温高炎热，是临汾市气候主要特征之一，也是大陆性气候的主要标志；而且年内最冷出现在1月，最热出现在7月，它们分别和冬至、夏至紧随相连，离一年中获取太阳直接辐射量最少（多）的日期很近，正反映了临汾市气温热得迅速、冷得快的大陆性气候特征。

冬夏季长 春秋季短 按照历法划分季节，12月至次年2月为冬季，3—5月为春季，6—8月为夏季，9—11月为秋季。但是在气候学中，划分气候季节，通常把日平均气温稳定≥10℃和<22℃作为临界值，日平均气温10～22℃划为春季和秋季；日平均气温≥22℃为夏季；日平均气温<10℃为冬季。临汾市按此气候季节标准划分，四季分明，但冬夏季节时间长，春秋季节时间短。

冬季 临汾市各县（市、区）进入冬季的时间参差不齐，西部山区的蒲县、隰县和东部山区的安泽县，于10月上旬末至中旬中期进入冬季，东西山区的其他县（市、区）于10月中旬末至下旬初、平川地区于10月下旬后期陆续进入冬季。临汾市的冬季，经常受强大的蒙古冷气团控制，气候干燥寒冷，风多雪少，山区与平川之间的气温差异大。1月，永和、隰县、蒲县、安泽等山区县气温比平川尧都区、侯马市偏低4℃左右；临汾盆地内部最南和最北间气温相差1℃左右。临汾市的冬季平均160天，长达5个多月，气候寒冷、干燥，雨雪少，空气污染严重。各县（市、区）冬季的具体天数详见表2.33。

春季 临汾市平川地区3月下旬中期首先进入春季，然后，东西山区于4月上旬、最迟4月中旬中期陆续进入春季。临汾市的春季雨少风多、气候干燥；阳光充足，气温猛升；天气乍暖还冷，十分多变，是临汾市春季气候的特点之一。春季持续时间，山区和平川差异不大，都在2个月左右。由于春季空气干燥，空气保持温度的“保守”性能差，随着太阳直接辐射强度的增大，气温回升很快，仅用2个月左右的时间，日平均气温就上升至22℃或以上，便由春季进入夏季。

夏季 临汾市平川地区于5月下旬中期进入夏季，东、西山区于6月上旬（最迟的安泽县于6月下旬）进入夏季。临汾市在初夏时雨季尚未来临，气候依然干燥，阳光热量几乎全部用来增加土壤和空气的温度，各地气温继续回升，许多县（市、区）的许多年的年最高气温往往就出现在6月下旬，离夏至日很近。也就是说，年内地面接收太阳直接辐射量最大的时段，往往就是出现年内极端最高气温的时段，反映出临汾市浓厚的大陆性气候特征。

临汾市夏季虽然炎热，但由于空气中水汽少，人体感觉灼热天多、闷热天少，日最高气温≥35℃的高温炎热天气常常出现，但是，人体感到闷热难耐的天数在整个夏季并不很多，白天常常很热，一到夜晚就变得凉爽，尤其是东西山区更是如此。表征着临汾市大陆性气候的特征明显。

临汾市夏季天数，平川和山区差异较大，西部山区平均57天，其中蒲县只有41天；东部山区平均69天，其中安泽县只有47天；平川平均97天，其中尧都区和曲沃县99天。全市平均75天以安泽县最短、尧都区和曲沃县最长。

秋季 进入秋季的时间，各县（市、区）间差异比较大，隰县、蒲县于8月中旬初（平均8月11日）进入秋季；安泽、永和县于8月中旬中期，东、西山区的其他县（市、区）于8月下旬进入秋季；平川地区各县（市、区）进入秋季的同步性较好，于9月初普遍进入秋季。临汾市的秋季是年内气候最佳的“黄金时段”，平均气温9~13℃，相对湿度61%~73%，风速1~2米/秒，晴好天气多，光照充足，风和日丽、秋高气爽、气候宜人；只是少数年份容易出现秋季连阴雨，出现几率不太大，4~5年一遇。

秋季气候虽好，但秋季在一年中持续时间最短暂。临汾人常说："白露秋分夜、一夜冷一夜。"过了白露、秋分节气，气温快速下降，日平均气温由大于或等于10℃，将很快下降至小于10℃进入冬季。临汾市秋季平均58.6天，比春季还少3天，是一年四季中持续天数最少的一个季节，详见表2.33。

表2.33 临汾市各县（市、区）气候四季起止日期

县（市、区）	春（10~22℃）			夏（≥22℃）		
	起始日/（日/月）	终止日/（日/月）	间隔天数/天	起始日/（日/月）	终止日/（日/月）	间隔天数/天
永和	8/4	6/6	59	7/6	16/8	70
隰县	11/4	11/6	61	12/6	10/8	59
大宁	3/4	2/6	60	3/6	25/8	83
吉县	6/4	10/6	65	11/6	22/8	72
汾西	8/4	5/6	58	6/6	20/8	75
蒲县	17/4	11/6	55	12/6	10/8	59
乡宁	6/4	6/6	61	7/6	20/8	74
平均	8/4	7/6	59.9	8/6	18/8	70.3
霍州	27/3	28/5	62	29/5	31/8	94
洪洞	27/3	28/5	62	29/5	31/8	94
尧都	26/3	25/5	60	26/5	31/8	97
襄汾	26/3	25/5	60	26/5	1/9	98
侯马	26/3	25/5	60	26/5	31/8	97
曲沃	26/3	26/5	61	27/5	31/8	97
翼城	27/3	28/5	62	29/5	31/8	94
平均	26/3	26/5	61.0	27/5	31/8	95.9
浮山	3/4	3/6	61	4/6	26/8	83

续表

县（市、区）	春（10～22℃）			夏（≥22℃）		
	起始日/（日/月）	终止日/（日/月）	间隔天数/天	起始日/（日/月）	终止日/（日/月）	间隔天数/天
古县	2/4	1/6	60	2/6	28/8	87
安泽	11/4	21/6	71	22/6	15/8	54
平均	5/4	8/6	64.0	9/6	23/8	74.7
全市平均	3/4	3/6	61.0	4/6	24/8	81.6

县（市、区）	秋（10～22℃）			冬（<10℃）		
	起始日/（日/月）	终止日/（日/月）	间隔天数/天	起始日/（日/月）	终止日/（日/月）	间隔天数/天
永和	17/8	16/10	60	17/10	7/4	172
隰县	11/8	13/10	63	14/10	10/4	178
大宁	26/8	27/10	62	28/10	2/4	156
吉县	23/8	22/10	60	23/10	5/4	164
汾西	21/8	20/10	60	21/10	7/4	168
蒲县	11/8	8/10	58	9/10	16/4	187
乡宁	21/8	20/10	60	21/10	5/4	163
平均	19/8	18/10	60.4	19/10	7/4	169.7
霍州	1/9	27/10	57	28/10	26/3	149
洪洞	1/9	27/10	57	28/10	26/3	149
尧都	1/9	27/10	57	28/10	25/3	150
襄汾	2/9	27/10	56	28/10	25/3	150
侯马	1/9	1/11	61	2/11	25/3	143
曲沃	1/9	28/10	58	29/10	25/3	147
翼城	1/9	26/10	56	27/10	26/3	150
平均	1/9	28/10	57.0	29/10	25/3	148.3

续表

县（市、区）	秋（10～22℃）			冬（<10℃）		
	起始日/（日/月）	终止日/（日/月）	间隔天数/天	起始日/（日/月）	终止日/（日/月）	间隔天数/天
浮山	27/8	20/10	54	21/10	2/4	163
古县	29/8	24/10	56	25/10	1/4	158
安泽	16/8	15/10	60	16/10	10/4	176
平均	24/8	20/10	56.7	21/10	4/4	165.7
全市平均	25/8	22/10	58.6	23/10	2/4	160.2

年温差大 大陆度大 年温差就是年内气温最高月的平均气温，减去气温最低月的平均气温的差值，也称气温年较差，它一般用来表示一地冬冷夏热程度。它的大小除了受空气干燥程度、地理位置影响外，和地形环境关系密切，台地、山地空气流动性大，空气热量容易交换、气温年较差小；盆地、谷地，热空气不易外流，冷空气容易堆积，气温年较差大。临汾市的气温年较差，以汾西、乡宁、浮山3县较小，为27.4～27.9℃；以大宁、永和、尧都3县较大，在29.5～30.3℃，其他县（市、区）在28.7～29.2℃，全市平均29.0℃（详见表2.34），在全国属气温年较差大的区域。

表2.34 临汾市各县（市、区）气温年较差/（℃）

县（市、区）	永和	隰县	大宁	吉县	汾西	蒲县	乡宁	霍州	洪洞
气温年较差	30.3	29.2	30.3	28.8	27.4	29.1	27.8	29.2	29.2
县（市、区）	尧都	襄汾	侯马	曲沃	翼城	浮山	古县	安泽	平均
气温年较差	29.5	28.8	29.2	29.0	29.0	27.9	28.7	29.1	29.0

大陆度，是用来表示一地受大陆影响程度的，它满足：

$$K=\frac{1.7A}{\sin\varphi}-20.4 \tag{2.6}$$

式中，K：欲求的大陆度；

A：气温年较差；

φ：所在地理纬度。

K在0～50为海洋性气候，51～66为大陆性气候，67～100为极端大陆性气候。

经计算，临汾市各县（市、区）的大陆度（K）都比较大，在56.76~66.16，表征临汾市受大陆影响程度大，大陆性气候特征明显。详见表2.35。

表2.35 临汾市各县（市、区）大陆度（K）值

县（市、区）	永和	隰县	大宁	吉县	汾西	蒲县	乡宁	霍州	洪洞
大 陆 度	66.16	65.17	60.99	61.76	62.16	57.67	56.79	62.80	62.15

县（市、区）	尧都	襄汾	侯马	曲沃	翼城	浮山	古县	安泽
大 陆 度	62.72	62.86	62.70	63.29	62.27	61.15	59.97	62.87

早凉午热 日温差大 气温在一天中的变化，一般清晨最低，往往在日出的刹那间出现一天中的最低气温，而在午后的14—15时出现气温日最高值。人体感觉也是清晨凉爽（寒冷）、午后稍热（暖和）。一天中的最高气温减去当日最低气温的差值，即为当天气温日较差。一地若空气潮湿、云雾多，或者空气污染严重浑浊，就会影响白天地面对太阳直接辐射的吸收，影响地面温度的升高；也会影响夜间地面辐射散热，进而影响空气温度的降低，则气温的日较差小。反之，若大气干燥、干净，碧空无云，则气温日较差大。所以，气温日较差的大小，也是用来鉴别当地气候属性和大气被污染严重程度的指标之

一。通常以气温日较差年平均值10℃作为鉴别的临界值，大于10℃的属大陆性气候；小于10℃的属海洋性气候；在空气湿度无大变化的情况下，原来平均气温日较差大于10℃演变成小于10℃，且变化幅度较大，说明空气被污染程度加重。表2.36是临汾市各县（市、区）平均气温日较差值。

表2.36 临汾市各县（市、区）平均气温日较差／℃

县（市、区）	永和	隰县	大宁	吉县	汾西	蒲县	乡宁	霍州	洪洞
气温年较差	13.2	11.7	13.5	12.1	9.5	11.7	11.4	12.4	12.1
县（市、区）	尧都	襄汾	侯马	曲沃	翼城	浮山	古县	安泽	平均
气温年较差	12.1	12.4	12.2	12.2	11.0	10.7	12.0	13.9	12.0

表2.36显示，临汾市年平均气温日较差在9.5～13.9℃，平均12.0℃，属大陆性气候。至于汾西平均气温日较差小于10℃，与气象观测场地处山塬增温慢、散热快有关，同时也与当地盛产煤炭、焦炭、钢铁，空气受污染严重不无关系，并非表示汾西属海洋性气候。

白天气温高有利于农作物生长，有利于作物对干物质和糖分的制造；夜间气温低使作物呼吸减缓，物质消耗减少，所以气温日较差大，有利于作物干物质和糖分的积累，这就相对提高了积温的利用率。临汾市年气温日较差12.2℃，在国内属日较差高值区，尤其是安泽、大宁、永和三县，年气温日较差13.0～13.9℃，这里盛产的小麦质量优，棉花纤维长，西瓜、红果糖分大，享誉省内外。

蒸发量大 降水量小 临汾市年降水量小、蒸发量大，是大陆性气候特征的又一反映。供分析的降水量资料来自全市各气象台站的实测记录，以毫米为单位。提供蒸发量资料有三种渠道：一是采用目前世界上和国内气候界一致公认的彭曼蒙特斯公式计算，称为最大可能蒸发量；另一种是用天平定时称固定地点土壤的重量变化求得；还有一种是目前气象台站中采用的20厘米直径蒸发皿（离地70厘米）测得的蒸发量资料，这类蒸发资料是从水量变化中称得的，代表水面蒸发量，它虽然不能很好地代表自然地面的蒸发量，但能表示一地蒸发能力的大小。表2.37是临汾市各县（市、区）年蒸发量、降水量的比较，其中的蒸发资料采用的就是各县（市、区）气象台站从蒸发皿中实际称得的蒸发量。

表2.37 临汾市各县（市、区）蒸发量、降水量及其比值

县（市、区）	永和	隰县	大宁	吉县	汾西	蒲县	乡宁	霍州	洪洞
蒸发量（水面）/（毫米/年）	1590	1866	1730	1705	1773	1798	1689	1750	1633
降水量/（毫米/年）	509	523	484	533	533	529	539	450	474
$\frac{\text{蒸发量}}{\text{降水量}}$	3.12	3.57	3.57	3.20	3.33	3.39	3.15	3089	3.45

县（市、区）	尧都	襄汾	侯马	曲沃	翼城	浮山	古县	安泽	平均
蒸发量（水面）/（毫米/年）	1836	1671	1693	1633	1746	1815	1606	1511	1710
降水量/（毫米/年）	483	500	512	501	518	534	521	576	513
$\frac{\text{蒸发量}}{\text{降水量}}$	3.80	3.34	3.31	3.26	3.37	3.40	3.12	2.62	3.35

从表2.37中可以看出，临汾市年水面蒸发量1710毫米，是年降水量513毫米的3.35倍，表征着临汾市空气干燥蒸发能力大。相比之下，西部山区的隰县和东部山区的浮山县，地势较高，风力稍大，以及尧都区是临汾市三个蒸发量大的中心，年蒸发量>1800毫米；安泽县，地理位置偏东，年降水量较多，气温偏低，年蒸发量约1500毫米，为全市最小。蒸发量的月际变化也很大，5—6月雨季来临之前，

空气干燥、气温骤增，又处年内风多风大时段，月蒸发量达270~300毫米，是年内蒸发量最大时期；12月至次年1月是一年中最寒冷时段，天寒地冻，月蒸发量一般不足50毫米，是一年中蒸发量最小时期。

干燥度大 干燥度是用来表征一地气候的干燥程度，它的大小是指最大可能蒸发量与同期降水量的比值，即

$$K=\frac{E}{r} \tag{2.7}$$

式中，K：干燥度；

E：最大可能蒸发量，指在土壤经常保持湿润状态或接近湿润状态条件下，土壤和植物（以绿色矮草地为标准）最大可能蒸发和蒸腾的水量，以毫米为单位，它的大小决定于同期的气象条件（平均气温、日照百分率、平均水汽压和平均风速），可由彭曼蒙特斯公式计算求得；

r：同期降水量。

尧都区和蒲县 r 值分别为943.8和901.8毫米，则它与口径20厘米蒸发皿实际测得的水面蒸发量之比，分别为55%和48%。

据此，以蒲县代表山区，以尧都区代表平川，分别推算出其他15个县（市、区）的最大可能蒸发量，与年干燥度一并列入表2.38。

表2.38 临汾市各县（市、区）干燥度

县（市、区）	永和	隰县	大宁	吉县	汾西	蒲县	乡宁	霍州	洪洞
年最大可能蒸发量（推算）/毫米	753	852	828	820	864	902	819	985	888
年降水量（实测）/毫米	509	523	484	533	533	529	539	450	474
年干燥度	1.48	1.63	1.71	1.54	1.62	1.71	1.52	2.19	1.87

续表

县（市、区）	尧都	襄汾	侯马	曲沃	翼城	浮山	古县	安泽	平均
年最大可能蒸发量（推算）/毫米	944	923	889	916	960	878	771	712	760
年降水量（实测）/毫米	483	500	512	501	518	534	521	576	518
年干燥度	1.95	1.85	1.74	1.83	1.85	1.64	1.48	1.24	1.70

按照我国干燥度的分级标准：干燥度≤0.49为很湿，干燥度在0.50～0.99为湿润，干燥度在1.00～1.49为半湿润，干燥度在1.50～3.49为半干旱，干燥度≥3.50为干旱。表2.38显示，临汾市总体属半干旱气候，个别县（市、区）存有差异，安泽、古县、永和3县属半湿润气候。但是，干燥度月际变化很大，特别是7—9月，这3个月是临汾市的雨季，降水时数多，降水量大，空气中水汽多、湿度大。所以，这期间的干燥度小，全市在0.8～1.2，属半湿润、个别县（安泽）湿润气候。从这意义上讲，临汾市的气候冬半年（10月至次年5月）属半干旱、夏半年（6—9月）属半湿润气候，全年平均属半干旱气候。

日照时长 光能充裕 日照时间的长短很大程度上影响着地面和大气的辐射平衡，因而对于当地气候的变化特点和气候干湿程度都具有一定作用：日照少，温度变化缓和、气温日较差小、蒸发少，气候要相对湿润一些；日照多，气温日变化比较急剧、气温日较差大、气候相对要干燥一些。所以，日照时数的长短，也是表征一地气候特征的重要气象要素之一。评价一地日照时数的长短，除要评价太阳直接照射的小时数外，还要评价实际照射时数和天文照射时数的比值（即日照百分率）；在农业生产中还要着重评价当地主要农作物全生育期对日照时数的满足程度。所以，日照时数的长短，除表征一地气候特征外，还表征一地光能资源的多寡。

临汾市年平均日照时数在2025.8～2599.2小时，平均2327.7小时；以西部山区较多，在2248.4～2599.2小时；平川和东部地区相差不大，在2025.8～2382.3小时。日照百分率，西部山区在50%～58%，中部平川和东部山区比西部山区少，为45%～54%；和周围地市比较，相比运城市略偏多，和长治、晋城市基本持平。

临汾市主要农作物小麦、棉花、玉米，它们全生育期对日照时数的需求和当地实际满足程度，统计于表2.39。

表2.39 临汾市各主要农作物全生育期日照时数

作物种类	生育地／代表县（市、区）	播种至收获期/（日/月）	全生育期需日照时数／小时	同期实测日照时数／小时	盈亏（+；－）／小时
小麦	平川（尧都）	29/9～11/6	1380～1480	1483	+3～103
	丘陵（浮山）	17/9～15/6	1380～1480	1668	+188～288
	山区（隰县）	10/9～25/6	1380～1480	2198	+718～818
棉花	平川（尧都）	10/4～3/10	1390	1222	–168
	丘陵（浮山）	17/4～31/10	1390	1316	–74
玉米（直播）	平川（尧都）	3/4～15/9	1000	1165	+165
	丘陵（浮山）	15/4～25/9	1000	1119	+119
	山区（隰县）	25/4～25/9	1000	1182	+182

表2.39显示：临汾市种植小麦、玉米日照时数十分充足，尤其是丘陵和低山地区种植小麦都是一年一熟制，光照资源有较多富余。平川地区种植棉花，因棉花拔株后要播种小麦，为不错过小麦最佳播种期，棉花必须适时拔株，所以棉花生育期内的光照时数有些紧张，特别是水地棉花，为赶种小麦，一般于10月初就收获，光照时间有些欠缺，弥补的办法是实行地膜覆盖技术，提前10天左右播种，或者利用小麦冬前日平均气温≥0℃的积温有富余，将小麦推迟数日播种，均

可获得增加霜前棉花产量的目的。

累积温多 热能丰富 临汾市日平均气温≥0℃的积温在3642～4828℃·天，平均4308℃·天；日平均气温≥10℃的积温3002～4395℃·天，平均3774℃·天，相比周围地市，各类积温除略少于运城市外，比其他地市都多，在全省属热量资源丰富的市。由于热量资源丰富，临汾市中部平川及大宁等少数丘陵县，均可满足喜温作物的播种，都能正常成熟。现在，尧都区河西就种植水稻，大宁、浮山等位于丘陵地带的县种植棉花，其他丘陵和低山地区种植高粱等喜温作物。表2.40为市内主要农作物小麦、棉花、玉米全生育期所需日平均气温≥0℃积温指标及平川、丘陵、山区实测的各生育期内日平均气温≥0℃累积温度及其盈亏情况的统计。

表2.40 临汾市各主要农作物全生育期日平均气温≥0℃积温

作物种类	生育地/代表县（市、区）	播种至收获期（日/月）	全生育期需日平均气温≥0℃积温/℃·天	同期实测日平均气温≥0℃积温/℃·天	盈亏（+；－）/℃·天
小麦	平川（尧都）	29/9～11/6	1930	2139	+209
	丘陵（浮山）	17/9～15/6	1930	2254	+324
	山区（隰县）	10/9～25/6	1930	2255	+325
棉花	平川（尧都）	10/4～3/10	3670（水地）	3841	+171
	丘陵（浮山）	17/4～31/10	3200（旱地）	3859	+189（水地） +659（旱地）
玉米（直播）	平川（尧都）	3/4～15/9	3000	3612	+612
	丘陵（浮山）	15/4～25/9	3000	3402	+402
	山区（隰县）	25/4～25/9	3000	3032	+32

表2.40中可以看出，临汾市不同类型的地形种植小麦、棉花、玉米等，作物在全生育期内日平均气温≥0℃的积温都有富裕，而且富裕的幅度较大。从小麦、棉花、玉米全生育期所需日平均气温≥10℃

的积温指标和临汾市平川、丘陵、山区相同时期内实测的日平均气温≥10℃的积温值及其盈亏情况的统计分析，结果表明，和日平均气温≥0℃情况一样，各类不同地形种植小麦、棉花、玉米，日平均气温≥10℃的积温也均有富余。所以，热能资源丰富，各主要农作物的各指标积温富裕，也属临汾市气候特征之一。

2.5.2 季风影响显著

风是最重要的气候因素之一，它使空气中的热量、水汽得以交换，也是成云致雨的重要条件。临汾市受季风影响显著，不同的季节有不同的风向，形成不同的天气现象和不同的气候特征：冬季刮偏北风，气候寒冷干燥；夏季刮偏南风，气候湿润多雨；春秋为过渡季节，风向南北交替变化表现出从冬至夏和从夏至冬的过渡性天气特征。

冬刮北风 夏刮南风 临汾市属西风带季风气候，冬季盛刮偏北风；夏季盛刮偏南风；春秋为过渡季节，风向比较零乱，南北交替频繁，一般遇到冷空气活动势力强的年份，偏北风强些，持续时间也长些；遇到暖空气势力强的年份，偏南风来得早些，去得迟些，刮偏南风的日数多些。临汾市冬夏盛行风向的这种交替变换，在隰县气象局保存的1500米和3000米高空风气象资料中表现非常明显。但有些县（市、区）气象台站地面气象观测记录中反映却不甚明显。这是因为临汾市属风能贫乏区，年均风速只有1.8米/秒，加之县境内地形复杂，东、西部山峦起伏，沟壑纵横；中部为平川呈现凹字地形，两侧高中间低。所以，风随气压场的分布及其季节变化，在临汾市遭受严重破坏，各地风向、风力都表现出浓厚的地方性特征，各县（市、区）每个月的最多风向，大多是静风，或者是受地形影响的地方性风向，很少能反映气候季节变化的风向交替。西山地区唯有隰县和蒲县地势较高（海拔＞1000米）、风速也相对大一些（年均风速隰县2.0米/秒；蒲县3.0米/秒），这里观测到的冬夏盛行风向的交替比较明显，详见表2.41隰县、蒲县1—12月最多风向及其频率。

表2.41 1957—2021年隰县、蒲县1—12月最多风向及其频率

县名	变量	1月	2月	3月	4月	5月	6月	7月	8月
隰县	最多风向	西北	西北	西北	西北	西北	东南	东南	东南
	频率/%	15	13	12	11	10	10	12	12
蒲县	最多风向	西北	西北	东南	东南	东南	东南	东南	东南
	频率/%	24	18	20	21	18	19	23	24

县名	变量	9月	10月	11月	12月	年平均风速（米/秒）	海拔高度（米）
隰县	最多风向	东南	西北	西北	西北	2.0	1053
	频率/%	10	10	12	15		
蒲县	最多风向	东南	东南	西北	西北	3.0	1040
	频率/%	20	19	20	23		

从表2.41可以看出，隰县从10月至次年4月，盛行偏北风，以西北风最多，这和隰县平均10月17日—4月7日长达172天的冬季是相吻合的。冬季，在强大蒙古冷气团控制下，冷空气股股南侵，造成隰县冬季偏北风居多。进入5月后，由春季渐渐进入夏季，冷空气减弱衰退，东南方向暖湿气团北上西进，隰县受它影响和控制，月最多风向转成东南风；7月隰县东南风频率最大，空气潮湿、进入雨季，下雨次数多、雨量大。直至8月底隰县夏季（东南）风结束，雨季结束。进入9月，随着一股股弱冷空气的南侵，偏北风重新成了隰县的最多风向。蒲县1—12月最多风向及其频率的演变趋向，和隰县基本一致，只是3—4月和9—10月隰县刮偏北风居多，而蒲县刮偏南风居多，这4个月的最多风向两地间存有差异，这可能与该两县气象观测站点所在地理位置及海拔高度有关。因为3—4月和9—10月属春季和秋季，它们都是冬夏（或夏冬）盛行风向交替变换的过渡期，风向多

变、不稳定性大，而隰县位置偏北、海拔略高，不论是冷空气的进或者退，北风对隰县的影响都要略大于蒲县。因此，造成了隰县3、4月和9、10月的偏北风向略多于蒲县。

另外，东山地区的安泽县气象观测场海拔高度860.1米，测得每年3—9月的最多风向是南风；10月至次年2月的最多风向是西风，说明临汾市西山和东山区地势稍高的地方夏刮偏南风、冬刮偏北风的季风特征都非常明显。

年、季降水变率大 临汾市年降水量主要集中在受东南海洋性季风影响和控制的6—9月，占年总降水量的68%，10月至次年5月受冬季风影响控制，降水量只占32%，降水量在各季分配很不均匀。同时，受海洋性季风进退早迟、持续时间长短及湿、热、风强度大小不同的影响，临汾市年、季降水量的年际变率都很大。例如尧都区，年降水量最少的1965年只有279毫米；最多的1958年达800毫米，是1965年降水量的2.9倍，其最大年变差达521毫米，是年平均降水量489毫米的1.08倍。其他16个县（市、区）年降水量的最大变差与尧都区类似，都比较大，与年平均降水量的比值在0.85~1.31。

季降水量的最大年变差虽然比年降水量的小。但是各季降水量的最大年变率（即季降水量最大年变差与同期平均降水量之比）均比年降水量的最大年变率大。并且，各季之间的最大年变率差异都很明显。以冬季最大3.50，夏季最小1.71，春秋两季介于冬夏两季之间，分别为2.18和1.80，充分反映出春秋是过渡季节的特性。

降水量的最大年（季）变率，只能表征年（季）降水量最大变差的程度，要表征一地年（季）降水变率大的气候特征，还必须考虑年（季）降水的相对变率，也就是年（季）降水量的平均偏差与年（季）平均降水量的比例，这才能说明年（季）降水量变动的大小。表2.42为临汾市年、季降水量的最大变率和相对变率。

表2.42 临汾市年、季降水变率

变量	春（3—5月）	夏（6—8月）	秋（9—11月）	冬（12月至次年2月）	四季平均	全年
降水量/毫米	82.2	281.7	128.4	15.6		512.8
最大变率/%	218	171	180	350	230	107
平均偏差/毫米	65.4	151.8	99.7	16.7		187.3
相对变率/%	75	53	85	106	80	37

资料：自建站（台）至2021年数据。

表2.42显示，临汾市的年、季降水量的最大变率和相对变率都比较大，年相对变率达年降水量的37%，季相对变率达季降水量的80%，说明临汾市年、季降水量的稳定性都比较差，相比之下，尤以冬季最差，夏季稍好，春秋两季介于冬夏之间。

雨热同季 临汾市年内以1月气温最低、最寒冷，年降水量也以1月最少；7月最热、气温最高，降水量以7月最多，“雨热同季”的气候特征非常明显，图2.6的a、b、c、d图分别为隰县、吉县、尧都区、安泽县4台站1—12月平均气温曲线和平均降水量直方图，它分别代表临汾市西山北部、西山南部、平川和东山地区的月平均气温和月平均降水量间的对应关系。

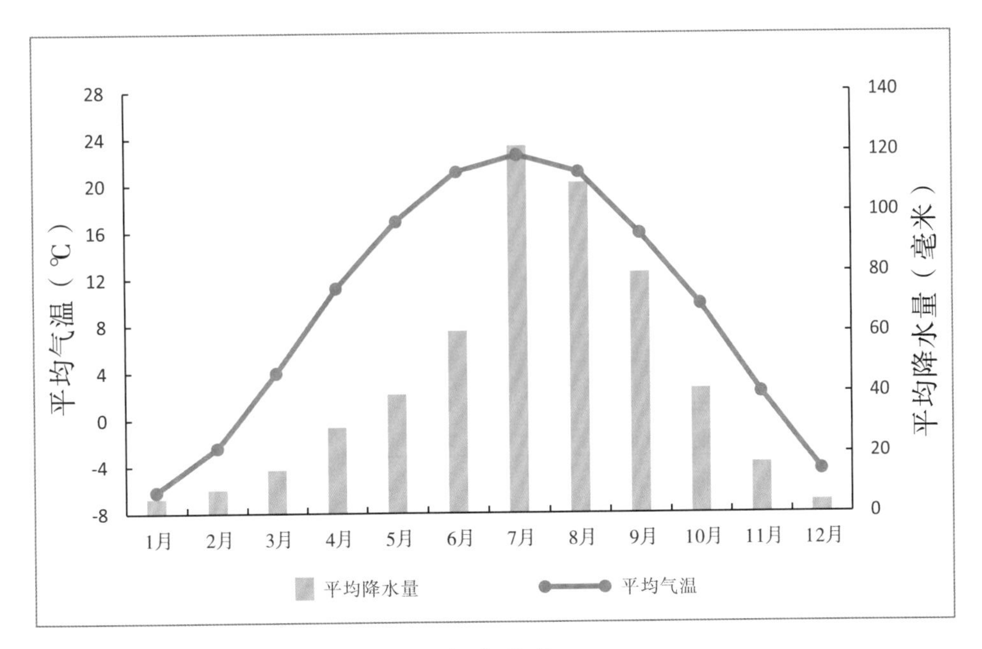
28
24
20
16
12
8
4
0
-4
-8
平均气温（℃）
140
120
100
80
60
40
20
0
平均降水量（毫米）
1月
2月
3月
4月
5月
6月
7月
8月
9月
10月
11月
12月
平均降水量
平均气温

（a）隰县

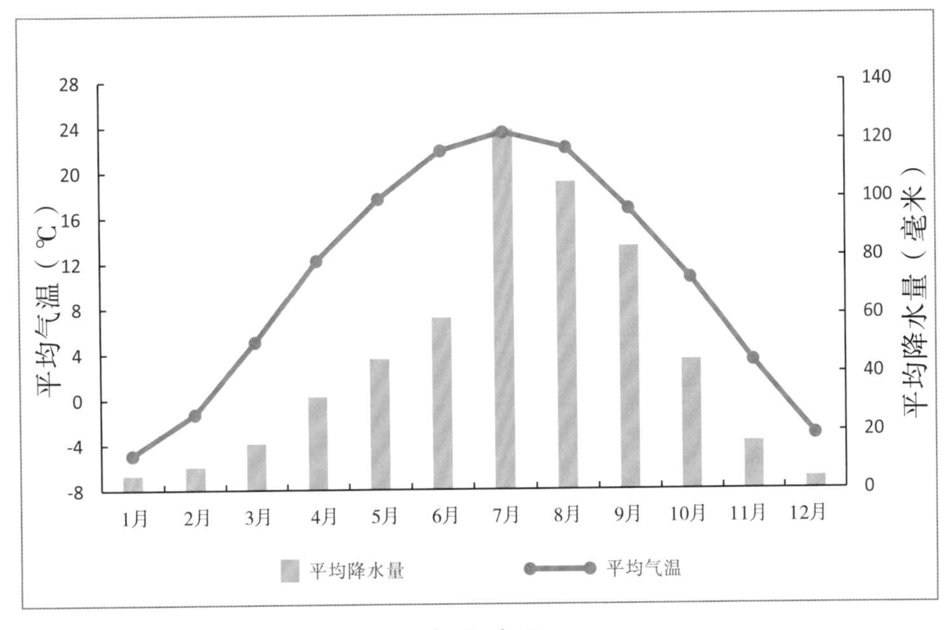
28
24
20
16
12
8
4
0
-4
-8
平均气温（℃）
140
120
100
80
60
40
20
0
平均降水量（毫米）
1月
2月
3月
4月
5月
6月
7月
8月
9月
10月
11月
12月
平均降水量
平均气温

（b）吉县

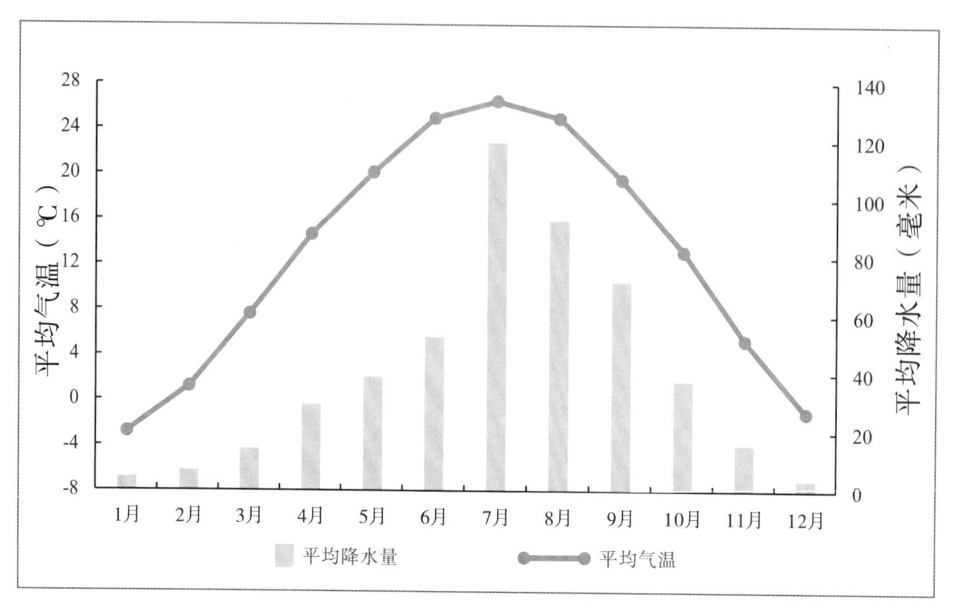

（c）尧都区

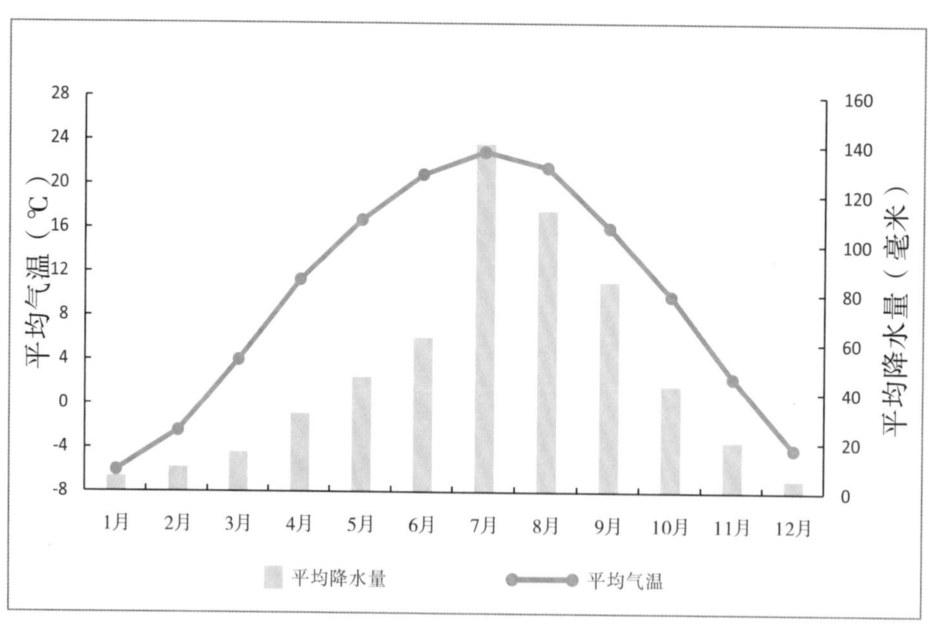

（d）安泽县

图2.6 隰县、吉县、尧都区、安泽县4台站各月平均气温曲线、降水量直方图

从图2.6可以看到，无论是西部山区的北部、南部，或者是平川和东山地区，月平均气温均以7月、8月最高，月降水量也以7月、8月最大。经统计，临汾市7月降水121.0毫米，8月降水100.4毫米，7月、8月的降水量占全年降水量45%。雨热同季、水热天然配合，农作物生长对水分的利用率高，对农业生产非常有利。

图2.6还显示：5月、6月的气温和8月、9月气温很接近，同属一年中气温比较高的时段。但是5月、6月的降水量只有8月、9月降水的62%。温度差异不大，降水差异却很明显。原因在于5月、6月随着季节交替太阳高度增加很多，太阳的直接辐射相应快速增强，使临汾市气温快速上升。但大气环流仍属弱冬季风控制和影响，各地仍以偏北风居多，空气仍然比较干燥，风多风大，降水不多雨量少；到了8月、9月，太阳高度虽然不及5月、6月高，地面接收太阳直接辐射不及5月、6月多。但是，从地面辐射给大气的热量（温度）8月、9月要比5月、6月明显偏多。经综合后，实际观测到的8月、9月气温和5月、6月气温就非常接近。可是，8月、9月临汾受夏季风控制、空气潮湿、降水日数和降水量明显多于5月、6月。

2.5.3 山地气候特点明显

临汾市山地、丘陵、平川兼有，以丘陵面积最大，山地次之，平川最小，大致比例为“二川三山五丘陵”。平川集中在临汾盆地，山区、丘陵分“立”临汾盆地东西两侧，构成了临汾市气候平川和山区间差异大、盆地内部南北间差异小的特点，气候的纬向地带性分布受到严重破坏，经向变化在山区也很复杂，使临汾气候明显反映出山地气候的特点，气候的垂直变异显著、水平差异大。

气候垂直变异显著 影响山地气候的主要因子有地理位置、海拔高度及山地坡向方位。其中地理位置是主要的，因为任何具体山系的山地气候都是在一定纬度气候带的背景下形成的。临汾市西部属吕梁山脉南端，海拔超过1100米，最高处超过2000米，东北部是太岳山脉，海拔1100～2346.8米，这些山峦地区，具有显著的气候垂直变异。

气温随海拔高度增加而下降，降水量随海拔高度增加而加大，过了最大降水带后又随高度有所减少。隰县、蒲县东部和汾西县的西部，属吕梁山南端山体的中、上部，海拔超过1200米，山体东侧山势挺拔、山坡陡峭、气候寒冷，海拔1300米处气温6～7℃、无霜期150天左右，日平均气温≥10℃的积温2600℃·天，降水量600毫米左右，属农牧兼作区，作物生育期紧张，只能种植小日月玉米（成熟期较短）、谷子、莜麦、胡麻等。海拔高于1400米的中高山区，以草甸、林业为主，植物分布由下而上依次为疏林灌丛及农垦带、山地小针叶林、中高山针叶林、灌丛草甸带；山体西侧山坡趋缓，气候稍凉，海拔1100米处气温9℃，日平均气温≥10℃的积温3000℃·天左右，平均于10月中旬出现初霜冻，4月中旬末至下旬初出现终霜冻，无霜期177天，降水量530毫米，生产玉米、谷子、马铃薯，也有少量冬小麦。总之，临汾市西部的吕梁山区、西坡一侧热量条件比东坡一侧丰富、各种植（作）物分布西侧比东侧高；但东侧的降水量要比西侧偏多。

临汾市的东北侧是太岳山，又名霍山，海拔超过1100米，以霍山主峰老爷顶最高，海拔2346.8米。霍山跨越霍州市东部、洪洞县东北端，及古县、安泽2县的北部，海拔从1100米至2346米，地表有着十分明显的气候植（作）物带垂直变化特征：海拔1200～1400米，草灌生长较密，为牧、林、农兼作以牧为主的区域，是临汾市畜牧业发展基地之一，也有少量农业。海拔1300米处，气温6℃，无霜期140天左右，日平均气温≥10℃的积温2400℃·天，降水量650毫米，农业生产的热量条件稍欠缺，可种植小日月玉米、谷子、莜麦、胡麻等，生育期紧张、产量低而不稳。再往上，海拔1300～1600米，是灌丛草原带，为常绿针叶林；再往上，海拔1600～2300米，为高山矮桦林和高山草甸，其面积不大，主要是在霍山最高处老爷顶附近和山脊地带。

霍山连绵南延高度随之下降，在海拔900米左右的低山、丘陵区，年平均气温9.0℃左右，年降水量580毫米，无霜期170天，日平均气温≥10℃的起止日期，分别于4月中旬初和10月中旬中，积温3300℃·天，主要种植玉米、谷子、豆类和冬小麦。

另外，蒲县和大宁县，同属西部吕梁山区，蒲县气象观测场地位于北纬36° 24′，大宁县气象观测场位于北纬36° 28′，基本属同一纬度，水平距离不足40千米，蒲县处在吕梁山麓昕水河上游、海拔1040米，大宁县处在昕水河下游，海拔766米，相差274米，两地垂直气候相差甚大：蒲县气候温凉，年平均气温9.0℃，日平均气温≥10℃的积温3002℃·天，其间隔天数176天，年内日最高气温≥35℃的炎热天气1.2天，累年极端最高气温38.5℃，年内日最低气温≤-10℃的寒冷天气36.5天，无霜期177天，年降水量525毫米，当地种植以玉米、谷子、马铃薯为主；大宁县气候温和、年平均气温10.9℃，比蒲县高出近1.9℃；日平均气温≥10℃的积温3835℃·天，比蒲县高出832℃·天，其间隔天数也多出33天；日最高气温≥35℃的炎热天气平均13.9天，比蒲县高出10倍，大宁县的极端最高气温曾达41.3℃，比蒲县高出2.8℃，无霜期比蒲县多28天。大宁县除种植玉米、小麦、谷子，还种植棉花、高粱等喜温作物。大宁和蒲县虽然相依相邻同属昕水河谷地，但由于存在近300米的垂直差异，气候差异非常显著，大宁县属温和型气候，有其温和型相适应的作物种植类别，及其耕作制度；蒲县属温凉型气候，有其温凉型相应的作物种类及其耕作制度。

气候水平差异大 临汾市山区气候的水平差异也很大，例如浮山县和安泽县同处东部太岳山区，海拔高度浮山817米，安泽860米，相差无几；地理纬度，浮山35° 59′，安泽36° 10′，非常接近；两县的水平直线距离只有50千米，但是两地的气候差异却很大，浮山县属温和半干旱气候，安泽县属温凉半湿润气候。表2.43为浮山、安泽二县主要气候要素比较。

表2.43 浮山、安泽县主要气象要素比较

县（市、区）	海拔高度/米	年平均气温/℃	1月平均气温/℃	7月平均气温/℃	极端最高气温/℃
浮山	817.2	11.8	-3.0	24.6	38.7
安泽	860.1	9.5	-6.0	22.9	38.7
差值	-42.9	2.3	3.0	1.7	0

县（市、区）	极端最低气温/℃	日最低气温≤-10℃日数/天	日最高气温≥35℃天数/天	日平均气温≥10℃积温/℃·天
浮山	-19.2	9.4	4.2	3902.1
安泽	-26.6	46.6	1.9	3306.6
差值	7.4	-37.2	2.3	595.5

县（市、区）	最大冻土深度/厘米	无霜期/天	年降水量/毫米	相对湿度/%	雷暴日数/天
浮山	67	197	533.5	58	29.4
安泽	81	171	575.7	66	31.9
差值	-14	26	-42.2	-8	-2.5

县（市、区）	冰雹日数/天	降雨日数/天	风速/（米/秒）	风力≥8级的大风日数/天
浮山	1.1	77.4	1.9	4.1
安泽	0.7	86.4	1.5	1.1
差值	0.4	-9.0	0.4	3.0

表2.43显示，浮山年平均气温比安泽县高出2.3℃，尤其是冬季最冷的1月，浮山比安泽高出3℃。安泽县冬季寒冷、日最低气温≤-10℃的寒冷天气，年均46.6天，而浮山县只有9.4天；安泽县年最大冻土深度达81厘米，比浮山县多14厘米。7月浮山县比安泽县炎热，月平均气温比安泽县高出1.7℃，日平均气温≥10℃的积温比安泽县偏

多近600℃·天，无霜期偏长28天。浮山县可种植棉花等喜温作物，安泽县却因热量条件不具备、不宜种植。但是，降水量和降水日数，安泽县明显多于浮山县，安泽县降水量比浮山县偏多8%，降水日数偏多11%，相对湿度也比浮山县多7个百分点。其原因，和两县所处地理位置地形有关。安泽县位于临汾市最东侧，地势西北高东南低，背靠太岳山系，面向沁河谷地，从东南方输向临汾市的暖湿气流，首先进入安泽县，加上有利的“喇叭型”地势地形抬升作用，使安泽县降水次数明显偏多，降水量明显偏大。而浮山县距安泽县虽然只有50千米，但两县之间阻隔着海拔高于1000米的太岳山余脉，它对于东南方向输向浮山县的暖湿气流，先是起着阻碍作用，使气流减弱；越山后又使气流做下沉运动，使气流产生增温蒸发效应，这些对浮山县的降水都是不利，也是浮山县降水明显少于安泽县的主要原因。

至于浮山县气温明显比安泽高的原因，也和浮山县所处地理位置、地形有关。浮山地势西低东高，接收太阳直接辐射比平地多，气温比平地偏高。同时，浮山县又处在临汾市气温最高的临汾盆地下风方，常年受西风气流的传送，对增高浮山县气温，也起一定作用。

其实，气候在山谷、盆地、坡地、垣地、梁地、山顶等不同地形区域存在差别，山区各地的小气候更是千差万别，县与县之间、乡与乡之间，甚至村与村之间都存在差异，这也是山区气候的重要特征之一。

2.5.4 灾害性天气种类多、出现频繁

临汾市地处黄土高原，位于东亚季风区的西部边缘，受季风环流年际变化的影响，年降水量变率大，旱、涝、风、雹、霜等灾害性天气种类多，发生频繁。经统计，临汾市有干旱、暴雨、大风等气象灾害16种，外加泥石流、森林火险2种次生气象灾害和大气污染、酸雨2种共生气象灾害，共计20种类之多。

2.6 气候区划

气候区划，就是把各地实测到的气候要素值，结合当地地势、地理位置，用数理统计的方法把各地客观存在的气候相似性和差异性进行逐级划分和归并，最后划分成若干彼此不同，而其内部又具有相对一致的各个部分（即小气候区）。临汾市地处黄土高原，西部是吕梁山区，呈北—南走向；东部是太岳山脉南延和中条山脉连绵相接；中间是临汾盆地，地势较低，整个临汾市大致呈“凹”字地形，县境内山地、丘陵、平川兼有，地势起伏，高差悬殊，各地气候差异明显。为了比较深刻地了解一定区域内的气候规律，做到因地制宜、合理利用气候资源，提高自然资源的利用率，很需要将气候差异大的地域分开，将气候差异小的地域连片，把临汾市划分成若干小气候区，便于进一步揭示这些小区域内的气候特征，为提高气候资源利用率提供依据。

2.6.1 区划原则

合理的气候区划是建立在对气候特征及其形成因子的深刻了解的基础上，气候特征的主要内容，基本上就是热量和水状况的综合反映。所以，在划分气候小区的时候，第一，必须以热量和水状况作为划分的主要依据和标准，可以兼顾光能、风能、气象灾害等，但主、次要分明。第二，要结合地理位置、地势进行分析划分，既要考虑到地理、地势对气候的影响，也要考虑到同一气候小区内县（市、区）界必须相连，若气象要素值和地势都很相近，但县（市、区）界并不接壤，则不划为同一气候区。

2.6.2 区划方法

第一步，用热量指标，进行一级气候区划，将临汾市划分成温暖、温和、温凉三个小区；再用水分指标，进行二级区划，将临汾市划分成半干旱和半湿润区两类。从半湿润区内又具体划分出，重半湿润区、半湿润区和轻半湿润区三分类。第二步，应用“重叠法”综合出临汾市夏半年（日平均气温≥10℃期间）各气候小区。然后，应用模糊聚类方法，最后总结区划出临汾市各气候小区，绘制出临汾市气候区划图、表，并对各气候区加以必要的文字说明。

重叠法（夏半年气候区划） 夏半年的4—10月，是各类植物的主要生育期，选择这一时期内日平均气温≥10℃的积温为热量指标，作一级区划，农业意义非常明确，其具体指标是：日平均气温≥10℃的积温≥4050℃·天时为温暖；日平均气温≥10℃的积温在3320～4050℃·天时为温和；日平均气温≥10℃的积温≤3320℃·天时为温凉。划分结果是：位于临汾盆地的霍州、洪洞、尧都、襄汾、侯马、曲沃7县（市、区），年平均气温稳定≥10℃积温在4073～4395℃·天，均为温暖区；位于临汾市西部山区的永和、大宁、吉县、乡宁、汾西及东部山区的浮山、古县7县，年平均气温稳定≥10℃的积温在3327～4025℃·天，为温和区；西部山区的隰县、蒲县和东部山区的安泽等3县，年平均气温稳定≥10℃的积温在3002～3307℃·天，为温凉区。

水分指标。水分分类以干燥度作标准。所谓干燥度是指可能蒸发量与降水量的比值，详见式（2.7）。其中，当$K>1$时，表示蒸发大于降水，降水不足，气候干燥；当$K<1$时，表示降水大于蒸发，降水有余，气候湿润。但由于最大可能蒸发量很难直接测定，一般都用经验公式计算。中国科学院采用谢良尼诺夫的积温法，并结合我国实际情况，列出下式：

$$K=\frac{0.16\sum t}{R} \tag{2.8}$$

式中，$\sum t$：日平均气温稳定通过10℃时期的积温；

R：同一时期的累积降水量；

K：干燥度。

显然，式（2.8）的K是指日平均气温稳定通过10℃期间的干燥度，这和一级区划中的热量指标索取时间段完全一致。

*K*值的分级标准为：$K<1.00$为湿润；1.00～1.39为半湿润；1.40～3.49为半干旱；$K\geq4.00$为干旱。

按以上公式和划分标准，求得临汾市各县（市、区）日平均气温稳定≥10℃期间的干燥度为1.06～1.70，即临汾市该时段属半干燥、半湿润气候。为了进一步细化临汾市夏季气候小区，将半湿润指标，进一步细化为：1.00～1.10为重半湿润；1.11～1.39为轻半湿润。据此，将临汾市各县（市、区）*K*值（干燥度）及其分级列于表2.44。

表2.44 临汾市各县（市、区）日平均气温稳定≥10.0℃期间干燥度

县（市、区）	永和	隰县	大宁	吉县	汾西	蒲县	乡宁	霍州	洪洞
干燥度	1.18	1.09	1.38	1.15	1.26	1.08	1.12	1.70	1.45
干燥度等级	轻半湿润	重半湿润	轻半湿润	轻半湿润	轻半湿润	重半湿润	轻半湿润	半干旱	半干旱

县（市、区）	尧都	襄汾	侯马	曲沃	翼城	浮山	古县	安泽
干燥度	1.47	1.52	1.52	1.86	1.44	1.38	1.38	1.06
干燥度等级	半干旱	半干旱	半干旱	半干旱	半干旱	轻半湿润	轻半湿润	重半湿润

表2.44显示：在日平均气温稳定≥10℃期间，临汾盆地属半干旱区；西部山区除隰县、蒲县属重半湿润区外，其他各县均属轻半湿润区；东部山区安泽县属重半湿润区，古县、浮山县均属轻半湿润区。

按照以上求得的热量指标和水分指标，编制表2.45进行重叠式气候区划，详见表2.45。

综合表2.45，可得出临汾市日平均气温稳定≥10℃期间的小气候区特征是：临汾盆地的霍州、洪洞、尧都、襄汾、侯马、曲沃、翼城等县（市、区）位于海拔≤600米的平川地区，属温暖半干旱区；隰

表2.45 临汾市日平均气温稳定≥10.0℃期间气候区划表

重叠区县（市、区）／水分条件／热量条件			干燥度		
			1.00~1.10	1.11~1.39	1.40~3.49
			重半湿润的县（市、区）	轻半湿润县（市、区）	半干旱县（市、区）
日平均气温≥10℃积温（℃·天）	≥4050	温暖			洪洞、尧都、翼城、霍州、襄汾、侯马、曲沃
	<4050 ≥3200	温和		永和、大宁、吉县、乡宁、汾西、浮山、古县	
	<3020	温凉	隰县、蒲县、安泽		

县、蒲县、安泽县属温凉重半湿润区；西部丘陵区的永和、大宁、吉县、乡宁、汾西和东部浮山、古县，均属温和轻半湿润区。

日平均气温稳定≥10℃的起止日期，各地参差不齐，大致在4月初至10月底，历时7个月。这一时段对于临汾农业生产十分关键，它包括大秋、小秋作物，以及棉花、油料、烟叶等作物从播种至收获期，也包括小麦拔节至收获期，及下一轮小麦的播种、出苗期，对这一时段的临汾气候进行区划，将为临汾农业产业结构调整和引种改制提供气候依据。

模糊聚类分析法 就是主成分分析法。上述重叠区划法，已经把临汾市夏半年气候划分为温暖半干旱、温和轻半湿润和温凉重半湿润等3类小气候区。但是，区划所选指标，局限于热量和水分，区划所选的时段也只是4—10月日平均气温≥10.0℃期间，这尚不能代表临汾市年气候状况。应用模糊聚类分析法，可以弥补上述不足，在选择区划指标时，除热量、水分外，还考虑选择光能、风能、局地气候、地形、地理位置及植被等条件对气候的影响；应用的气候资料是

1974—2016年的平均值（或者年极值），代表的是多年的气候状况。表2.46是代表当地气候特征的主要气候因子。

表2.46 主要气候因子

X_i	气候因子
X_1	年平均气温
X_2	年平均降水量
X_3	年平均相对湿度
X_4	年平均风速
X_5	年平均日照时数
X_6	年平均日最高气温≥35℃日数
X_7	年平均最低气温≤-10℃日数
X_8	年平均气温日较差
X_9	年平均无霜期日数
X_{10}	最大冻土深度
X_{11}	年平均出现风力≥8级大风的日数
X_{12}	站点海拔高度
X_{13}	站点所在纬度

临汾市17个县（市、区）气象台站，每站13项气候要素值组成17×13的气候要素场Y，即：

$$Y = VX, \tag{2.9}$$

式中，V为由气候要素场的相关矩阵R求得的特征向量，X为$n\times p$资料阵；Y作为V的主成分，若某一个主成分的方差贡献越大，则给主成分提供的气候信息就越多。经运算后提取了反映临汾气候特征的主成分为：

第一主成分——反映了临汾市热量的分布，方差贡献率为47.1%；

第二主成分——反映了临汾市水分条件分布，方差贡献率为24.3%；

第三主成分——反映了临汾市气温日较差分布（局地小气候），方差贡献率为11.5%；

第一、二、三主成分累积方差贡献率达82.9%。

按照通常认为*m*个主成分的累积方差贡献G_m≥80%时，这前几个主成分便反映了整个气候场的大部分信息，则可由前*m*个主成分来表征气候场的主要气候特征。据此，便可用热量、水分和气温日较差这三项主成分，来对临汾全市气候进行综合区划，并综述出各气候小区的特征。

2.6.3 区划指标与结果

用热量指标划分气候小区 第一主成分值呈“山”字型分布，中间高两侧低，分布规律基本上和地势一致，主成分值随着海拔高度的增加而减小。根据第一主成分分布值的大小，可以把临汾市热量分布区分为三个小区域。

第一主成分值≥0.1为温暖区。该区位于临汾盆地，海拔多在400~600米，这里的年平均气温12.3~12.8℃；日最高气温≥35.0℃的高温酷热天气年均15.0~18.5天，是全市气温最高的中心，热量丰富，气候温暖，农业上满足一年二熟的热量要求，盛产小麦、棉花和回茬玉米。

第一主成分值在-0.1~0.1为温和区。该区位于临汾盆地东、西两侧丘陵区，海拔多在600~1000米，这里为较典型的黄土沟壑区，地面切割十分严重，沟壑纵横，梁峁密布，年平均气温10.2~11.8℃；热量中等，气候温和，农业生产对热量的需求，满足稳定的两年三熟制或不稳定的一年二熟制，盛产玉米，也产小麦、谷子，个别地方（如大宁中部的昕水河畔、浮山的西部）产棉花。

第一主成分值≤-0.2为温凉区。该区位于临汾西北部海拔>1000米的吕梁山区和东北部海拔>850米的太岳山区，地势较高，气候温凉，日照充足，年平均气温9.0~9.6℃；热量较少，农业上满足一年一熟制，主产玉米、马铃薯、谷子、小杂粮；其中海拔≥1300米的山区和半山区，虽然降水有所增多，但年平均气温在6~7℃，热量不足，无霜期短，已不宜耕作农业，以林草业为主，适宜营造林区或人工林区，放牧牛羊。

用水分指标划分小气候区 第二主成分值较小的中心有两个：一个在临汾盆地北部尧都区至霍州市，第二主成分值-0.2~-0.3；另一个在大宁、永和县，第二主成分值-0.1~-0.2。它们的年降水量均小于500毫米。第二主成分较大的中心也有两个，一个在安泽、浮山，第二主成分值0.2~0.3，年降水量535~579毫米；另一个在乡宁、吉县，第二主成分值为0.2，年降水量532~535毫米。第二主成分值0.0的廓线，基本上与山区、盆地间的分界线平行，与临汾市年降水量500毫米等值线基本吻合。可见，降水量随海拔高度增加而加大的山区气候特点在临汾市反映得非常明显。

用年平均气温日较差划分小气候区 年平均气温日较差受地形影响显著，它的大小可用来表征局地气候特点。第三主成分值呈现“二大”“二小”北—南向条状分布。第三主成分值为0.2的较大中心：一个在尧都区与襄汾市之间，这里年平均气温日较差12.9~13.0℃；另一个在安泽县，年平均气温日较差13.7℃，这两地地形，一个属盆地，另一个属山区谷地，暖空气不易散去，冷空气容易堆积，气温日较差大。安泽县是临汾市气温日较差最大地域。第三主成分值≤-0.2的较小中心也有两个：一个在西部山区的隰县、蒲县、汾西，这里第三主成分值为-0.2~-0.3，蒲县、汾西县的年平均气温日较差均为9.3℃，隰县为10.1℃，为全市气温日较差最小和次小；另一个在浮山县，第三主成分值为-0.2，年平均气温日较差11.0℃，为全市第三小。这些县的地形属山区台塬地，地形有利于空气流动，有利于空气中热量交流，具有气温日较差小的特点。

区划结果 若各主成分值大小相近，则它们的水热气候状况及局地小气候特征也就相近，可判断为气候特征相近的同一气候小区；若两站间各主成分值差异较大，说明两地气候差别较大，属另一不同类型的气候小区。因此，便可根据点间距离D_{ij}值的大小，对临汾市气候进行区划。

$$D_{ij}=\sqrt{\sum_{n=1}^{i}(X_{in}-Y_{jn})^2} \tag{2.10}$$

式中：X_{in}、Y_{jn}为站点主成分值。

通过按式（2.10）计算结果的分析确定：两点（站）间距离$D_{ij}\leqslant 0.14$，则表明两点（站）间的气候特征差异不明显，可合并为一个气候区；$D_{ij}>0.15$，则表明两点（站）间的气候差异较大，它们不属于同一气候区。因此，按照D_{ij}值的大小，将临汾市气候划分成8个小气候区，如表2.47所示。

表2.47 临汾市气候三级区划表

气候区		气候小区	
Ⅰ	温暖区	A	霍州、洪洞温暖、重半干旱区
		B	尧都、侯马温暖、半干旱区
		C	大宁温暖、半干旱区
		D	翼城温暖、轻半干旱区
Ⅱ	温和区	E	西部丘陵温和、半干旱区
		F	东部丘陵温和、半干旱区
Ⅲ	温凉区	G	西部山区温凉、轻半干旱区
		H	东部山区温凉、半湿润区

临汾市气候三级区划后，分成8个小气候区，充分体现了临汾市气候的复杂性，在2万平方千米的面积上就有8个小气候区，其中有3个小气候区只含一个县的范围，应对其进行合理归并。先计算出各气候小区3项主成分的平均值，再按上式计算出它们间的距离值，当$D_{ij}>0.5$，表示两点间的气候特征差异很大，不能合并；$D_{ij}\leqslant 0.5$，则两点的气候特征差异较小，可以合并。据此，将全市8个小气候区，最终并合成5个气候小区，分别是：临汾盆地温暖半干旱区、西部丘陵温和半干旱区、东部丘陵温和半干旱区、西部山区温凉轻干旱区、东部山区温凉半湿润区。表2.48为临汾市气候区划表。

表2.48 临汾市气候区划表

区名	所属地域
临汾盆地温暖半干旱区	侯马市、襄汾县；霍州、洪洞、尧都、曲沃、翼城5县（市、区）的平川地区
西部丘陵温和半干旱区	永和、大宁、吉县、乡宁等4县；隰县、蒲县的西南部；汾西县东、中部；洪洞和尧都区的西部丘陵区
东部丘陵温和半干旱区	浮山县；古县中、南部；安泽县南部，洪洞、尧都及翼城3县（区）东部丘陵区
西部山区温凉轻干旱区	永和县、隰县、蒲县的中、东部及汾西县西部的吕梁山区；洪洞县和尧都区西部山区
东部山区温凉半湿润区	霍州市东部；古县北部和安泽县北、中部的太岳山区

从表2.48可以看出，临汾市气候区具有经向分布的特点。这是因为临汾市山地丘陵多、平川少，山地平川均呈北—南走向，地势起伏大，气候的纬向地带性分布受到严重破坏，经向变化也很复杂，只有垂直地带性气候反映非常明显。所以，临汾市各气候区的界线，基本上既是热量带的界限，又是水分分类界限，同时也与地形地貌接近，酷似海拔高度等值廓线。

2.6.4 分区概述

临汾市各小气候区基本气候特征分别概要叙述如下：

临汾盆地温暖半干旱区 本区地域包括临汾盆地尧都区等7个县（市、区）海拔400~600米的平川地区，主要分布在沿汾河两岸河畔，呈北—南条带状走向，地势平坦，地域约占全市总面积的20%。本区年平均气温12~13℃，1月最冷，气温-2~-3℃，日最低气温≤-10.0℃的寒冷天气，年均10~18天，极端最低气温-18.8~-25.6℃；7月最热，气温25.8~26.2℃，日最高气温≥35.0℃的高温炎热天气，年均15~19天，极端最高气温40.5~42.3℃；热指数（即全年各月中，凡月平均气温≥5.0℃的，减去5.0℃后相加之和）99.2~109.3℃，是临汾市热量资源最丰富的地区；气温日较差12.0~13.3℃；日平均气温于2月中旬稳定≥0.0℃，于11月下旬又回到<0.0℃，间隔280~290天，积温4609~4828℃·天；日平均气温稳定≥10.0℃的日期，开始于3月下旬，结束于10月下旬后期至11月初，间隔216~222天，积温4070~4400℃·天；初霜冻出现在10月下旬（最早在9月下旬），终霜冻出现在3月下旬至4月上旬（最晚在5月初），无霜期196~214天；最大冻土深度，洪洞县及其以南为52~62厘米，霍州可达70厘米。这里年降水量440~520毫米，除翼城县外，年平均降水量都小于500毫米；日平均降水量≥50.0毫米的暴雨天气，年均0.6~0.8天；年平均相对湿度59%~66%，年蒸发量1610~1800毫米，北部大于南部；年太阳辐射总量4809~5104兆焦耳/米^2，年平均日照时数除翼城县2400小时外，其他县（市、区）2235~2285小时，日照百分率49%~54%。这里冬半年刮偏北风，夏半年刮偏南风，年平均风速1.6~1.9米/秒，出现8级或以上大风的日数，年均4~7天，是全市风力最小地域。这里主要气象灾害有：干旱、局地暴雨、干热风、高温热害、春霜冻、秋季连阴雨等，其中以干旱、特别是春旱最为常见，也最严重。

本气候区地势平坦，热量资源充裕，虽然降水资源贫乏，但地下水资源较丰富，水利设施完备，是临汾市麦、棉主要产区。

西部丘陵温和半干旱区 此区域包括永和、大宁、吉县、乡宁等4县，外加蒲县、隰县的西南部，汾西县东、中部，及洪洞县、尧都区西部海拔600~1000米的丘陵区。本区大部分地域为较典型的黄土沟壑区，地割十分严重，沟、川、塬、梁、峁兼有，气候复杂。这里年平均气温10~11℃，1月最冷，气温-4.0~-6.0℃，日最低气温≤-10.0℃的寒冷天气，年均20~45天，极端最低气温-19.2~-24.3℃；7月最热，气温23.0~24.6℃，极端最高气温37.7~41.3℃，日最高气温≥35℃的炎热天气，年均0.4~13.2天。热指数88.5~97.0℃，热量资源中等；气温日较差，年均9.3~12.7℃；日平均气温稳定≥0.0℃日期开始于3月上旬，结束于11月下旬，间隔256~273天，积温3892~4289℃·天；日平均气温稳定≥10.0℃的日期，开始于4月上旬，结束于10月下旬，间隔193~209天，积温3327~3835℃·天；初霜冻平均出现在10月中旬（最早在10月上旬），终霜冻平均出现在3月下旬至4月上旬（最晚在5月下旬），无霜期192~201天。最大冻土深度79~96厘米。这里年降水量除西北部永和、大宁县在447~491毫米外，其他县（市、区）在520~540毫米；日降水量≥50.0毫米的暴雨天气，年均0.8~1.2天；年平均相对湿度54%~60%；年蒸发量除永和县1596毫米外，其他县（市、区）在1710~1800毫米。全年太阳辐射总量5233~5458兆焦耳/米^2；年日照时数2410~2509小时，日照百分率54%~57%。这里最多风向偏东风，夏季多刮东南风，冬季多刮西北风和东北风；年平均风速1.7~2.4米/秒，出现8级或以上大风的日数，年均4~12天，是全市大风日数较多的地区。这里的主要气象灾害有干旱、霜冻、冰雹和局地暴雨及由暴雨引发的山洪等。降水主要集中在7—9月，短时局地的降水强度大，加之本区属典型的黄土地貌，坡陡沟深、植被稀疏，水土流失严重，使土地更加贫瘠、干旱更加频繁而严重。另外，由于地形复杂，受热不均，有利局地强对流天气的产生，出现雷暴、大风、冰雹等灾害；秋霜冻也是这里常见的气象灾害。

本气候区热量资源不及临汾盆地充裕，降水资源比平川地区偏多，农业盛产玉米、谷子，也产小麦，但产量较低，局地可种植棉花。低山、丘陵地区盛产苹果、梨、杏、核桃、红枣等干鲜果。

东部丘陵温和半干旱区 本区域包括浮山县，古县中南部和洪洞、尧都、翼城等3县（区）东部及安泽县南部的丘陵地区，海拔多在600~1000米，呈北—南走向，县境内多沟、壑、梁、峁、梯田，也有塬面、台地。本区年平均气温11~12℃，1月最冷，气温-3~-4℃，日最低气温≤-10.0℃的寒冷天气，年均14~17天，极端最低气温-18.2~ -19.6℃；7月最热，气温24.5~25.1℃，日最高气温≥35.0℃的炎热天气，年均4.6~6.9天；极端最高气温38.3~38.9℃；热指数98.4—101.4℃，热量资源中等；气温日较差年均11.0~11.8℃；日平均气温稳定≥0.0℃的开始日期在2月下旬，结束日期在11月下旬，间隔日数平均274~280天，积温4376~4525℃・天；日平均气温稳定≥10.0℃的开始日期在4月上旬初，结束日期在10月下旬，间隔202~207天，积温3902~4025℃・天；初霜冻出现在10月中旬末至下旬初（最早10月上旬），终霜冻在4月上旬（最晚5月初），无霜期197~200天；最大冻土深度50~67厘米。本区年降水量520~540毫米，日降水量≥50.0毫米的暴雨天气年均0.7~0.8天；年平均相对湿度60%左右；年蒸发量1610~1830毫米，蒸发南部大北部小；全年太阳辐射总量4950~5280兆焦耳/米^2；年日照时数2140~2260小时，北部少南部多；日照百分率48%~51%。本区最多风向偏东风，夏季多刮东南风，冬季多刮东北风和西北风，年平均风速2米/秒左右，出现8级或以上大风的天数3~5天，属大风偏少地域。本区主要气象灾害有干旱、冰雹和局地暴雨、霜冻、山洪及水土流失等。

本区热量资源略优于西部丘陵区，降水资源和西部丘陵区基本持平。本区农业主产玉米、谷子、小麦，部分地区可产棉花、西瓜、红果、核桃等。

西部山区温凉轻半干旱区 本区域包括隰县、蒲县中东部，永和县的东北部及汾西县的西部，属吕梁山区，大部为海拔≥1200米的山区，少部为海拔1000~1200米的半山区。本区年平均气温9℃左右，海拔≥1300米山区气温低于7℃，是临汾市西部气温最低地带，1月最冷，气温-6~-7℃，日最低气温≤-10.0℃的寒冷天气，年均40天左右，极端最低气温-24.2℃；7月最热，气温22℃左右，日最高气温≥35.0℃的高温炎热天气，年均1.3~1.5天；极端最高气温38.5℃；热指数81.5~85.9℃，是临汾市热量资源最少地域；气温日较差年均9.3~10.1℃，为全市最小；日平均气温稳定≥0.0℃的开始日期在3月中旬，结束日期在11月中旬，间隔252~254天，积温3640~3690℃·天；日平均气温≥10.0℃的开始日期4月中旬，结束日期10月上旬末至中旬中，间隔176~187天，积温3000~3030℃·天；初霜冻平均出现在10月中旬（最早出现在9月初），终霜冻出现在4月上旬末至中旬初（最晚出现在5月下旬），无霜期170~180天（海拔1300米处，无霜期150天左右）；最大冻土深度103~107厘米。这里年降水量520~530毫米，日降水量≥50.0毫米的暴雨天气年均0.8~1.2天；年平均相对湿度57%~61%，年蒸发量1775~1869毫米；年太阳辐射总量5480~5550兆焦耳/米^2，是全市太阳辐射总量最大的地域，年日照时数2500~2640小时，日照百分率54%~57%，光能资源丰富。本区冬半年刮偏北风，夏半年刮偏南风，年平均风速1.8~3.7米/秒，出现8级或以上大风的日数，年平均22~28天，是全市风力资源最丰富地区。这里主要气象灾害有霜冻、大风、冰雹、局地暴雨及由暴雨引发的山洪暴发、山体滑坡及泥石流等；干旱灾害也时有发生，最常见的是春旱。

本区域光照充足，光能资源富裕，降水资源比东部山区偏少，比平川地区偏多，风能资源丰富，热量资源欠缺。农业主产玉米、谷子、马铃薯及少量莜麦、胡麻等。

东部山区温凉半湿润区 本区域包括霍州市东部、古县北部和安泽县北部、东部的太岳山区，大部海拔≥800米，少量河畔谷地海拔<800米。海拔860米处，年平均气温9℃左右，1月最冷，气温-6~-7℃，日最低气温≤-10.0℃的寒冷天气，年均53~65天，极端最低气温-26.6℃；7月最热，气温22.7~23.5℃，日最高气温≥35.0℃的高温炎热天气，年均2天，极端最高气温38.7℃；热指数83.8℃，几乎和西部山区温凉轻半干旱区持平，属热资源贫乏区；年气温日较差14℃左右，为全市最大；日平均气温稳定≥0.0℃的开始日期在3月上旬，结束日期在11月下旬初，间隔260天左右，积温3860℃·天；日平均气温≥10.0℃的开始日期在4月上旬末至中旬初，结束日期在10月中旬，间隔190天左右，积温3300℃·天；初霜冻出现在10月上旬末至中旬初（最早出现在9月下旬初），终霜冻出现在4月中旬末至下旬初（最晚出现在5月中旬），无霜期170天左右，属临汾市丘陵区无霜期最短地区；最大冻土深度80~90厘米。本区年降水量580毫米，属全市降水最多地域，日降水量≥50.0毫米的暴雨天气，年均0.8天；年平均相对湿度66%，为全市最大；年蒸发量1480毫米，属全市最少，空气相对比较湿润，为本市唯一的半湿润气候区；年太阳辐射总量5400兆焦耳/米^2，年日平均照时数2380小时，年日照百分率54%。本区常年最多风向偏南，年平均风速1.5米/秒（测站），风速自南向北、随着地势增高而加大。本区气象灾害有：冰雹、霜冻、局地暴雨、山洪；干旱比其他区少，但也时有发生，特别是春旱比较多见。

本区降水资源较好，夏、秋季节很少出现干旱，热量资源较差。农业主产玉米、谷子、马铃薯，农业耕作大多限于一年一熟制。

本气候区内的太岳山区，海拔1100~2346米，气候较凉，降水充沛，风力较大。根据霍州市和古县气象资料推算，霍山1300米处，气温6℃，降水量650毫米，相比西部吕梁山区相同高度，气温偏低，降水偏多，无霜期偏短。

2.6.5 农业气候区划

农业气候区划是一项为农业现代化服务的基础性工作。临汾市地处黄土高原，县境内平川、丘陵、山区兼有。多样的地形给临汾市带来了多样的农业气候资源。农业气候区划的目的是为了充分发挥利用各种不同类型农业气候资源的优势，实行农业气候和农业生产紧密结合，因地制宜、趋利避害，发展当地农、林、牧、副多种经营，争取最大效益。临汾市的农业气候区划，是在临汾气候综合区划基础上，结合各地当前农业生产实际，对临汾市实际存在的多样农业气候，采用一级、二级指标进行区划的。

2.6.5.1 区划指标

农业气候诸要素中，热、水、光，与农作物、林木、牧草及其他植物生长发育有着密不可分的关系。由于地理地形的原因，临汾市各地之间农业气候差异最大的是热量和水分，这也正是决定植（作）物地域分布、种植制度、林草生长和产量稳定程度最基本的因素。临汾市的热量分布，基本上随海拔高度的变化而变化，气候垂直分布的差异十分明显，以致使各地粮、林、牧结构及经济作物的构成也随之相应变化。因此，选择热量条件作为农业气候区划的第一级指标，将日平均气温稳定≥0.0℃的积温多少，作为划区的唯一热量标准。

年内日平均气温稳定≥0.0℃的积温≥4600℃·天，为温暖区，用“Ⅰ”表示；

年内日平均气温稳定≥0.0℃的积温在4100~4600℃·天，为温稍暖区，用“Ⅱ”表示；

年内日平均气温稳定≥0.0℃的积温在3700~4100℃·天，为温和区，用“Ⅲ”表示；

年内日平均气温稳定≥0.0℃的积温<3700℃·天，为温凉区，用“Ⅳ”表示。

选择水分条件为农业气候区划的第二级指标。水分是农业生产中所依赖的另一个重要因子，在热量满足或者相当条件下，往往因为水分条件不同，使各地粮、林、牧结构及经济作物结构产生显著差异。因此，在热量条件作为一级农业区划的基础上，选择降水量多少作为二级农业区划的指标是适宜的。据《山西自然灾害》一书介绍，经山西省农业部门测定，晋南农业主产小麦、棉花、玉米，加上田间耗水量，一年正常需水量670毫米。按通常采用降水量<正常需水量80%为干旱的标准进行划分，则临汾市年降水量≤536毫米属干旱年，对照临汾市累年实测降水量资料，只有安泽县年降水量576毫米，是当地农业正常生产需水量唯一得以满足的县，其他16个县（市、区）或多或少都难以满足，均属于缺水县（市、区）。年降水量是一年356天中降水的总和，而农业是季节性生产的产业，农业生产收成的好与不好，与季降水量关系比年降水量更加密切，特别是春、夏季节降水量的多少，将直接关乎当年农业收成的好坏。所以，选择春、夏季降水量的多少为临汾市农业气候区划的第二级指标。临汾市春季降水量87毫米，夏季降水量288毫米。对照临汾市春、夏季节农业正常生产需水量：200和300毫米，春季缺水甚多。临汾市春季降水量以曲沃县年均101毫米为最大，也只及当地农业正常生产需水量的一半。经统计，临汾市春季降水量≥农业生产正常需水量80%（即160毫米）的年份，只有约9.8%，也就是说，只有约十分之一的春季降水够用，十分之九的年份春季降水量都不够用，即“十年九春旱”。夏季是临汾市一年中降水最多、降水量最大的雨季，年平均降水量288毫米，对临汾市夏季农业正常生产所需水分，基本上能得以满足。但是，夏季阵性降水多、强度大。山区、丘陵土壤贫瘠，水土流失严重，土壤保水性能差；加之夏季降水随机性大，有限的降水往往不能下在当地农业正需水的时节，降水的有效性差，所以夏旱特别是伏旱时有发生。根据临汾市春、夏季节农业正常生产对需水量的最低要求，将临汾市农业气候二级（即春、夏季节水分）区划指标，具体划分如下。

春季，季降水量≤80毫米为干旱，用“A”表示；季降水量

81~90毫米为轻旱，用“B”表示；季降水量91~159毫米为微旱，用“C”表示；季降水量≥160毫米为不旱，用“D”表示。

夏季，季降水量≤260毫米为干旱，用“1”表示；季降水量261~290毫米为轻旱，用“2”表示；季降水量291~319毫米为微旱，用“3”表示；季降水量≥320毫米为不旱，用“4”表示。

2.6.5.2 区划结果

将一级区划指标（日平均气温≥0℃积温）划分的热量农业气候区Ⅰ、Ⅱ、Ⅲ、Ⅳ和二、三级区划指标（春、夏季降水量）划分的农业春、夏水分气候区A、B、C、D和1、2、3、4，应用“叠加法”法进行叠加归类，最后总结出临汾市6个农业气候区，列于表2.49。

表2.49 临汾市农业气候区划表

区名	符号	地域范围	农业意义
临汾盆地温暖春、夏干旱区	$Ⅰ_{A1}$	沿汾河两岸海拔400~600米平川；曲沃、翼城海拔≤600米的平川地区	适宜种植小麦、棉花，复播玉米，一年二熟，或棉花—小麦—复播玉米，二年三熟制
大宁县中部温稍暖春旱、夏轻旱区	$Ⅱ_{A2}$	大宁县中部沿昕水河畔海拔≤800米的平川、河川地区	适宜种植玉米、小麦，也可以种植棉花；小麦收获后可复播小杂粮，稳定性的二年三熟，少量一年二熟制
东部丘陵温稍暖春轻旱、夏微旱区	$Ⅱ_{B3}$	古县西南部；浮山县西部及洪洞县、尧都区东部海拔600~800米的丘陵地区	
西部丘陵温和春、夏微旱区	$Ⅲ_{C3}$	永和、吉县、乡宁3县；隰县、蒲县的西南部；汾西县东部，及洪洞县、尧都区西部海拔600~1000米的丘陵区	适宜种植玉米、小麦、谷子、糜子，一年一熟制和不稳定性的二年三熟制
东山温和春微旱、夏不旱区	$Ⅲ_{C4}$	安泽县；霍州、古县、浮山、翼城等4县（市）东部丘陵、半山区，海拔800~1000米	适宜种植玉米、小麦、谷子、高粱、豆类，稳定性的一年一熟制和不稳定性的二年三熟制
西山温凉春轻旱、夏微旱区	$Ⅳ_{B3}$	隰县的北、东部；蒲县中、东部和汾西县西部，县境内大部是海拔1000~1200米的宜农半山区	宜种中、小日月玉米，谷子，荞麦，糜子，马铃薯及葵花、蓖麻等油料；少量小麦，莜麦；一年一熟制

2.6.5.3 分区简介

Ⅰ$_{A1}$区 为临汾盆地温暖春、夏干旱区，地域包括：霍州、洪洞、尧都、襄汾、侯马、曲沃、翼城等7县（市、区）海拔600米以下的平川地区。本区年太阳总辐射4840～5110兆焦耳/米^2，日照时数2230～2400小时，年平均日照百分率49%～54%；日平均气温稳定≥0.0℃的起迄日期2月中旬和11月下旬中、后期，间隔280～290天，积温4610～4830℃・天；初霜冻出现在10月中旬后期至下旬前期（最早在9月下旬）；终霜冻出现在3月下旬后期至4月初（最晚在4月中旬末至下旬初出现），无霜期196～214天，是全市热资源最丰富的区域，热资源充裕，作物生长期长，满足一年二熟及棉花生长对热量条件的要求。但是，这里降水量少，年降水量除襄汾、翼城二县略超过500毫米外，其他县（市、区）均在441～495毫米，农业正常生产所需水分严重亏缺，属干旱地区。不过，这里地下水资源丰富，灌溉设施齐备、灌溉条件好，集中了全市80%以上的水地、水浇地。本区主产小麦、棉花，是全省麦、棉生产基地之一，素有“麦棉之乡”称谓。本区农业耕作在有灌溉条件的地区实施稳定的一年二熟制，也有实施棉花—小麦—复播玉米，二年三熟制的。由于自然降水严重不足，目前还有大量旱作农田实行一年一熟制。这里的农业气象灾害主要有干旱、干热风和局地暴雨、冰雹。春旱几乎年年都有，夏旱五年二头出现，春夏连旱、春夏秋连旱、甚至连年干旱也时有出现，频繁严重的干旱，是本区最严重的农业气象灾害；还有在小麦灌浆至乳熟期出现的干热风，也严重影响小麦产量。

Ⅱ$_{A2}$区 为大宁县中部温稍暖春旱、夏轻旱区，地域范围仅限于大宁县中部沿昕水河两旁海拔≤800米的河川地带。本区太阳总辐射5240兆焦耳/米^{2}左右，年平均日照时数2470小时，日照百分率56%；日平均气温稳定≥0.0℃的起迄日期，分别在2月中旬中和11月下旬中，平均间隔273天，积温4300℃・天；初霜冻出现在10月中旬后期

（最早出现在10月上旬），终霜冻出现在3月下旬（最晚出现在4月下旬初），无霜期200天上下，属临汾市热资源比较丰富的地域。本区年降水量477毫米，属干旱区，春旱频繁，夏旱和春夏连旱时有出现，严重影响农业产量。本区适宜种植玉米、小麦、棉花、高粱，丰富的热量资源，可满足稳定性的一年两熟制。但水分资源严重亏缺，地下水资源又少，全县有水浇条件的耕地不足1万亩，只占全县耕地总面积5%。所以，这里基本上属一年一熟制耕作，大量热资源没有得到充分利用，只有少量水肥条件好的实行不稳定性的二年三熟制。由于此处地形呈盆地状，气温日较差大，有利于瓜果糖分积蓄，这里生产的优质西瓜沙甜，远销尧都、运城、太原，已小有名气。本区主要农业气象灾害，有干旱、冰雹和局地暴雨山洪，以及由山洪引发的水土流失。

Ⅱ_{B3}区 为东部丘陵温稍暖春轻旱、夏微旱区，地域范围包括洪洞县、尧都区的东部、古县的西南部和浮山县西部的海拔600～800米的丘陵区。本区太阳总辐射4950～5280兆焦耳/米^2，年日照时数2100～2300小时，日照百分率48%～51%；日平均气温稳定≥0.0℃的开始和结束期，分别在2月下旬和11月下旬，间隔274～280天，积温4300～4600℃·天；初霜冻出现在10月中旬末至下旬初（最早出现在10月上旬）；终霜冻出现在4月上旬（最晚在5月初出现），无霜期200天左右。热量资源虽不如临汾盆地丰富，却略大于大宁县，可与大宁县并列为临汾市热量资源次丰富区。本区年降水量521～535毫米，不能满足农业正常生产的需求，属干旱区。由于这里降水主要集中在7—9月。所以，干旱主要出现在春季至夏初，春旱几乎年年都有；夏旱的频率相对要比春旱少一些，也轻一些，属春旱、夏微旱区。本区适宜种植小麦、玉米、谷子，也种植棉花，按热量条件，可实施稳定性的一年二熟制和二年三熟制，但由于水资源缺少，有灌溉条件的耕地少。所以，绝大部分粮食耕地，仍是一年一熟耕作制。本区主要农业气象灾害有干旱、霜冻、冰雹、秋季连阴雨、局地暴雨洪水，及洪水带来的水土流失。

Ⅲ$_{C3}$区 为西部丘陵温和春、夏微旱区，地域范围包括永和、吉县、乡宁3县，隰县西南部，蒲县西部，汾西县东部及洪洞县、尧都区西部海拔600~1000米的丘陵区。本区太阳总辐射5308~5458兆焦耳/米^2，年日照时数2410~2509小时，日照百分率54%~56%；日平均气温稳定≥0.0℃的起迄日期，分别在3月上旬和11月下旬，间隔256~266天，积温3890~4000℃·天；初霜冻出现在10月中旬（最早出现在9月中旬）；终霜冻出现在3月底到4月初（最晚在5月下旬出现），无霜期180~190天，热量资源中等。年降水量除永和县491毫米外，其他县523~535毫米，均不能满足农业正常生产需求，虽比临汾盆地平均偏多34毫米，干旱程度要比临汾盆地轻，但仍属春、夏微旱区。本区夏季气温高、雨水多，适宜种植玉米、谷子等大秋作物；因春季少雨多风，春旱频繁，旱地小麦产量低而不稳，所以小麦种植面积不大。本区种植棉花的热量条件不够，但适宜种植烟叶和林果业。近年吉县、蒲县烟叶生产面积发展较多；乡宁、吉县、永和都有人工林、苹果园、红枣园等，但规模都不太大，成林面积也小，此外，还有少量核桃、梨等。本区主要农业气象灾害，有干旱、霜冻、冰雹、秋季连阴雨、大风、局地暴雨、山洪等。干旱以春旱最为频繁严重，常常影响大秋作物播种出苗；大风和秋季连阴雨，主要影响苹果、红枣等干鲜水果的坐果率和采摘收获，也影响小麦适时下种；局地暴雨及引发的山洪常常冲毁庄稼农田，造成水土流失严重，使土壤更加贫瘠，农田更不保墒，干旱更加严重、频繁。因此，植树种草，截留水分，兴修梯田，加厚活土层，保水、保土、保肥，控制水土流失，成了本区发展农业生产的重中之重。

Ⅲ$_{C4}$区 为东山温和春微旱、夏不旱区，地域范围包括霍州、古县、浮山、翼城等4县东部及安泽县，多为海拔800~1200米的丘陵和低山地区。本区年太阳总辐射5400兆焦耳/米^2，年日照时数2380小时，日照百分率54%；日平均气温稳定≥0.0℃的开始期为3月上旬，结束期为11月下旬初，间隔260天左右，积温3860℃·天；初霜冻出现在10月上旬末至中旬初（最早在9月下旬出现），终霜冻出现在4月中旬末至下旬初（最晚在5月中旬出现），无霜期170天左右，热量资源中等偏少。由于这里主要是丘陵和低山区，气候的垂直变异大，大致是海拔每上升100米，气温将下降0.6℃，日平均气温稳定≥0.0℃的积温减少140~150℃·天，无霜期缩短5~7天。本区的年降水量580毫米，属临汾市降水资源最丰富地域。降水主要集中在7—9月，春季偶有轻旱或微旱，夏季基本不旱。相比之下，本区热水条件配置较好，农业主产玉米、小麦、谷子、豆类，产量相对比较稳定。此外，本区海拔≥1200米的中、高山区，气温较低降水充沛，林草生长茂盛，有天然林、人工林，规模稍大，成片林覆盖率达25%，超过全省平均10个百分点。本区的主要农业气象灾害有霜冻、冰雹、春旱、暴雨山洪，及由暴雨山洪带来的水土流失和秋季连阴雨。春旱对小麦正常生长和大秋作物适时播种不利，对夏、秋粮食产量有一定影响。本区热量资源稍欠缺，农作物生长期比较紧张，秋霜冻对农作物正常成熟威胁甚大，常带来一些冻害损失。

IV_{B3}区 为西山温凉春轻旱、夏微旱区，地域范围包括：隰县北部、东部；蒲县中部、东部和汾西县西部的吕梁山区。本区年太阳总辐射5480~5550兆焦耳/米^2，年日照时数2400~2650小时，日照百分率54%~57%，是临汾市光照资源最丰富的地域，日照时间长，接收太阳辐射能多。本区日平均气温稳定≥0.0℃的开始日期在3月上旬末至中旬初；结束日期在11月中旬后期，间隔250~255天，积温3600~3700℃·天；初霜冻出现在10月上旬末至中旬初（最早在9月初出现），终霜冻出现在4月上旬中至中旬初（最晚在5月中旬出现），无霜期180天，是全市热资源最少的地域。这里年降水量平均525毫米，不抵当地农业正常生产需求，年缺水70~130米^3/亩。本区的热、水、光组合，属温凉春轻旱、夏微旱区，光能充足富余，热量不足，降水欠缺。适宜种植谷子、糜子，中、小日月玉米及马铃薯等，其次是豆类、杂粮及葵花、胡麻、蓖麻等油料作物；也种植冬小麦，能安全越冬，但产量低，种植面积少；此外还种植少量的莜麦、荞麦等喜凉作物。本区实行稳定的一年一熟耕作制。区内海拔≥1200米的低、中、高山区，气候的垂直变异大，气温随高度降低，气候较凉；降水随高度增加，有利林草生长。海拔1200~1400米的低山区，农牧兼有，种植小面积的莜麦、马铃薯、胡麻、荞麦及小日月玉米等；也有牧草牛羊。海拔≥1400米的中、高山区，以林业为主。本区的农业气象灾害有：干旱、冰雹、大风、霜冻、局地暴雨等。每年4—5月这里风多风大雨少，气候干旱，影响小麦正常生长和大秋作物适时足墒下种，影响夏、秋粮食产量。这里降水主要集中在夏季，每次大雨、暴雨几乎次次冲毁庄稼农田，造成严重水土流失，使农田更加贫瘠；冰雹、大风、霜冻也是经常出现的农业气象灾害，影响农业收成。

2.7 各县（市、区）气候简介

临汾市辖区内地势差异大、地形复杂，纬向水平气候带和山地垂直气候带交织一起，各县（市、区）间气候差异明显，特别是山区、丘陵区和平川之间，年平均气温相差3~4℃，年降水量相差140多毫米。所以在分析临汾市总体气候状况的同时，有必要将各县（市、区）气候及其主要气象要素值的变化做简要介绍。

2.7.1 尧都区（气象资料：1954—2021年）

尧都区位于临汾市和临汾盆地中央，东靠浮山，西邻蒲县、吉县和乡宁，南和襄汾县毗连，北与洪洞县接壤。区境东西宽65千米，南北长35千米，总面积1304平方千米。东部是太岳山余支，海拔600~800米的丘陵区，地势起伏，沟壑纵横；西部为秦王山、柏岑等吕梁山余脉，大部是海拔1000米及以上的青石山区和半风化土石山区，最高点河底乡风葫芦嘴海拔1815米，丛生灌木牧草；少部是海拔600~1000米的丘陵区、地形复杂，塬，梁，峁，沟，河均有，以梯田和塬为主。汾河呈北—南走向，蜿蜒贯穿区境中部，两岸是宽广的洪积平原，土地肥沃，水利条件好。综观尧都区，地貌呈现东西两山夹平原，地势东、西相向中央倾斜，山区、丘陵、平川面积所占比例，分别为47.9%、20.4%和31.7%。

本区属暖温带大陆性半干旱气候，一年四季分明，冬季寒冷干燥，春季少雨多风，夏季炎热雨量集中，秋季多晴朗凉爽，偶尔也有连绵阴雨。尧都区气象观测场位于城南尧庙乡，海拔449.5米，根据最近68年气象观测记录资料统计，年平均气温13.0℃，气温年较差平均29.6℃，气温日较差平均12.2℃。年内1月最冷，气温为-2.8℃，极端最低气温-25.6℃（1955年1月11日），冬季日最低气温≤-10.0℃的寒冷天气，年均18.5天（1980年以前，年均29.3天），最多可达58天（1967—1968年度冬季）。7月最热，平均26.4℃，累年极端最高气温42.3℃（2005年6月23日），日最高气温≥35.0℃的高温炎热天气，年均18.9天，最多54天（1997年）。一般10月下旬日最低气温降至0℃或以下，翌年4月上旬升至0℃以上，平均间隔165天。日平均气温稳定≥0.0℃平均起止日期，在2月20日至11月28日，间隔283天，积温平均4692.8℃·天；日平均气温稳定≥10.0℃平均起止日期3月25日—10月28日，间隔217天，积温4151.0℃·天。根据气候学划分四季的一般标准，春季（日平均气温10.0~22.0℃）始于3月26日，终于5月25日，历时60天；夏季（日平均气温≥22.0℃）始于5月26日，终于8月31日，历时97天；秋季（日平均气温10.0~22.0℃）始于9月1日，终于10月27日，历时57天；冬季（日平均气温＜10.0℃）始于10月28日，终于次年3月25日，历时150天，冬季干燥、寒冷而漫长，秋季气候宜人却短暂。

按白霜统计，初霜出现的平均日期为10月20日，终霜出现的平均日期为4月1日，全年无霜期平均199天。但是霜期很不稳定，最早的初霜曾出现于9月25日（1957年），最晚的终霜出现在4月26日（1968年），比初霜平均日期提前27天和终霜推迟25天。

地面温度年均14.9℃，比年平均气温高1.9℃，累年极端最高地面温度71.5℃（2019年7月27日），极端最低地面温度-28.1℃（1955年1月11日）。累年10厘米地下开始冻结平均日期12月22日（最早12月7日，最晚次年1月21日）；解冻平均日期2月16日（最早1月10日，最晚3月4日）。累年最大冻土深度62厘米（1971年2月6日）。

年平均降水量491.9毫米，降水量的年际变化幅度较大，多雨年最大799.9毫米（1958年），少雨年最小278.5毫米（1958年），相差521.4毫米，相当于年平均降水量的106.0%。年内降水量主要集中在7、8两个月，占年降水量的44.3%，其次是9月、再次是6月。1日最大降水量104.4毫米（1958年7月16日）；日降水量≥25.0毫米的降水日数年均4.4次，日降水量≥50.0毫米的暴雨天气年均0.9次；日降水量≥100.0毫米的大暴雨天气累年共出现过2次。年内最长连续降水日数12天，出现在1985年9月8—19日，累计降水量124.7毫米。降水量按季节分配：夏季（6—8月）最多，占55.0%；秋季（9—11月）次多，占25.0%；冬季（12月至次年2月）最少，占2.8%；春季（3—5月），占17.3%次少。日平均气温稳定≥10.0℃其间的累积降水量429.4毫米，占年降水量的87.9%。

年平均晴天日数83.7天，年平均阴天日数91.0天。年平均日照时数2233.9小时，日照百分率50.5%。年平均蒸发量1835.9毫米，相当于年平均降水量的3.8倍。年平均相对湿度61%，其中8—9月最大（73%~74%），1—2月最小（55%）。

受所处地理位置和地形影响，全年最多风向西南偏南风。按月计，8月、9月最多风向东北，其他各月均以西南风向最多。年平均风速1.8米/秒（1980年以前，年均2.1米/秒），4月最大，为2.2米/秒，10月最小，为1.4米/秒，曾观测到过的极大风速25.9米/秒，风向西北（2020年7月10日），相当于10级狂风。出现8级或以上大风的日子，年均7天，最多12天，分别出现在1957年、1963年、1964年和1977年。

本区主要气象灾害有干旱、高温、大风、小麦干热风、冰雹、霜冻、局地暴雨等，其中以干旱、小麦干热风出现频繁，危害范围大，遭灾严重；冰雹、雷雨大风、暴雨，常常是局地性的气象灾害，以东、西山区遭灾次数居多。另外，春霜冻灾害也很严重，1954年4月18—19日一次强冷空气袭来，4月19日午夜至20日黎明，临汾县（今尧都区）最低气温降至-6.8℃，使正处孕穗至露苞阶段的小麦大量被冻死，当年临汾小麦因遭此次春霜冻灾害减产6~7成。

尧都区气象观测场设在市区南郊，观测到的气象要素值代表尧都区中部平原地区气候，东部的郭行、贺家庄、大苏及西部的魏村、土门等乡镇属丘陵区，年平均气温略低于平原，主要是夏季7月气温要比平川低0.5~1.0℃，无霜期190天左右；西部河底、一平垣、西头、枕头等乡镇，属半山区和山区，年平均气温偏低1~2℃，无霜期170天左右，河底乡的西部和北部山区，地势高、气温低，无霜期150天左右，气候明显偏凉。

2.7.2 永和县（气象资料：1974—2021年）

永和县地处临汾市西北，吕梁山南端的西侧、黄河河套东岸，北和吕梁市石楼县交界；东与隰县接壤；南和大宁县毗邻；西临黄河，与陕西省延川县隔岸相望，属黄土残垣沟壑区，面积1212.89平方千米，县境内山、塬、梁、峁与河川、沟泉纵横交错，地形复杂，芝河从县东北斜流西南入黄河。全县地势东北高、西南低，呈倾斜面趋势，东部茶布山最高，海拔1521米，西部沿黄河岸畔地势低，最低处海拔511.9米。

本县属暖温带大陆性半干旱气候，年内四季分明，冬季寒冷，春季多风，夏季多雨，秋季凉爽。县气象观测场，1985年及其以前，设在城关镇城关村补只垣山顶，海拔1075.7米；1986年至今，设在永和县芝河镇响水湾东，海拔916.6米。根据最近47年（截至2021年）气象资料统计，年平均气温9.9℃，气温年较差平均30.3℃，气温日较差平均13℃；年内1月最冷，气温-6.4℃，极端最低气温-24.9℃（2002年12月26日），日最低气温≤-10.0℃的寒冷天气，年均29.9天，最多可达64天（1995—1996年度冬季）；7月最热，平均气温24.0℃，累年极端最高气温40.2℃（2017年7月11日），日最高气温≥35.0℃的高温天气，年均4天，最多15天（2001年）；一般在10月下旬日最低气温降至0℃或以下，翌年4月中旬升至0℃以上，间隔170天。日平均气温稳定通过0℃的起止日期分别为3月11日和11月21日，间隔256天，积温3892.0℃·天；日平均气温稳定通过10.0℃的起止日期分别为4月7日和10月17日，间隔193天，积温3360.2℃·天。按气候学划分四季的一般标准，春季（日平均气温10.0~22.0℃）始于4月8日，结束于6月6日，间隔59天；夏季（日平均气温≥22.0℃）始于6月7日，结束于8月16日，间隔70天；秋季（日平均气温10.0~22.0℃）始于8月17日，结束于10月16日，间隔60天；冬季（日平均气温＜10.0℃）始于10月17日，结束于次年4月7日，间隔172天。冬季寒冷、干燥而漫长，春、秋季节短暂。

按白霜统计，初霜出现的平均日期为10月7日，终霜出现的平均日期为4月10日，全年无霜期179天。最早的初霜出现在10月3日，最晚的终霜出现在4月28日，相比平均日期，初霜提前4天，终霜推迟18天。

地面温度年均12.4℃，比年平均气温偏高2.6℃，累年极端最高地面温度72℃（2015年7月28日），极端最低地面温度-31.9℃（1991年

12月29日）。累年10厘米地深结冻日期平均在12月2日（最早11月14日；最晚12月18日）；解冻平均日期为2月23日（最早2月14日；最晚3月7日），累年最大冻土深度96厘米（1977年2月初）。

年平均降水量507.6毫米，降水量年际变化大，多雨年最大798.9毫米（1975年），少雨年最小294.3毫米（1997年），相差504.6毫米，为年平均降水量的99.4%。年内降水主要集中在7—8月，其次是9月，1日内最大降水量187.5毫米（1981年8月15日），日降水量≥25.0毫米的降水日数年均4.2天，日降水量≥50.0毫米的暴雨年均0.8天，在气象记录中日降水量≥100.0毫米的出现2次，分别出现在1958年7月16日和2003年8月26日；年内最长连续降水日数16天，出现在2007年9月26日—10月11日，累计降水量167毫米。年降水量按季节分配，夏季（6—8月）最多，占57.0%；秋季（9—11月）次多，占25.0%；冬季（12月至次年2月）最少，占2.8%；春季（3—5月）次少，占8.9%。日平均气温稳定≥10.0℃其间积降水量平均431.6毫米，占年平均降水量84.6%。

年平均晴天日数104.4天，年平均阴天日数90.9天。年平均日照时数2414.5小时，日照百分率54.7%。年平均蒸量1590.4毫米，是年平均降水量的3.1倍。年平均相对湿度58%，夏末秋初大冬季小。

本县受所处地理位置和地形影响，5—7月刮西南风，其他月份主要风向东北偏北风。年平均风速1.4米/秒，最大风速16.5米/秒，相当于7级疾风（1976年5月4日）。瞬间达8级（风速≥17.2米/秒，下同）或以上大风日数，年均2.3天。

主要气象灾害有干旱、局地暴雨、霜冻、冰雹、大风等。1985年8月15日大暴雨16个小时，降雨187.5毫米，是临汾市有气象记录以来最大的日降水量，给永和县带来了摧毁性的灾害，倒塌房屋、畜圈600余间，死亡2人，死牛13头、羊364只，冲毁道路40余条，交通中断，树木桥梁冲毁，冲毁淹没庄稼4000余亩，损失惨重。

由于地势原因，县境内东、中、西部之间气候差异较大，县气象观测场设置在县中城北侧，属县境中部，所测气象要素值记录代表县境中部地区的气候状况。东部和东北部地势高，气温要比中部偏低1~2℃；西部沿黄河东岸河畔地势低，海拔550~800米，气温比中部高1~2℃。县境东北和西南间气候差异约一个节令。

2.7.3 隰县（气象资料：1957—2021年）

隰县位于临汾市西北部，属吕梁山南段大背斜中轴部，也是晋西黄土高原的一部分。县境内有两川、七垣、八大沟，沟壑纵横，地势东北高，西南低，大部海拔在1000~1200米；东北部有云梦山、五鹿山、紫荆山，均属吕梁山余脉，山峰海拔在1900米以上，紫荆山主峰海拔2007米。城川河由北而南贯穿县境中部；黄土河自东向西流经县境南部，于午城镇汇入昕水河。

本县属暖温带大陆性半干旱气候，年内四季分明，冬季寒冷，干旱少雪；春季干旱、少雨多风；夏季湿润、雨量集中；秋季多晴朗凉爽。县气象站观测场，1980年及以前设在朱家峪乡南唐户村，海拔1206.2米；1981年元旦至今设在县城北古城村蛇家圪梁，海拔1052.7米。根据最近60年气象资料统计，年平均气温9.4℃，气温年较差平均29.2℃，气温日较差平均11.7℃；1月最冷，气温-6.2℃，极端最低气温-24.2℃（2002年12月26日），日最低气温≤-10.0℃寒冷天气，年均34.8天，最多66天（出现在1967—1968年度的冬季）；7月最热，平均22.5℃，极端最高气温38.5℃（2002年7月15日），日最高气温≥35.0℃的高温炎热天气，年均1.5天，最多15天（2001年、2005年）；一般10月下旬初，日最低气温开始降到0℃或以下，来年4月中旬上升到0℃以上，间隔180天左右。日平均气温稳定≥0℃的起止日期，分别是3月11和11月18日，间隔254天，积温3689.3℃·天；日平均气温稳定≥10℃的平均起止日期4月10日到10月14日，间隔187天，积温3031.5℃·天。按照气候学划分四季的一般标准，春季

（日平均气温10.0~22.0℃）始于4月11日，终于6月11日，间隔61天；夏季（日平均气温≥22℃）始于6月12日，终于8月10日，间隔59天；秋季（日平均气温10.0~22.0℃）始于8月11日，终于10月13日，历时63天；冬季（日平均气温＜10.0℃）始于10月14日，终于次年4月10日，历时178天；冬季寒冷、干燥而漫长，夏季雨量集中而短促。

按白霜统计，平均于10月上旬出现初霜，最早见于9月3日（1972年）；4月中旬出现终霜，最晚5月22日（1958年）仍可以出现；全年无霜期平均178天。

地面温度年均11.4℃，比年平均气温高出2.0℃，极端最高地面温度69.6℃（2006年6月17日），极端最低地面温度-32.1℃（2002年12月26日）。累年10厘米地深冻结日期平均在12月1日（最早11月14日，最晚12月17日），解冻日期2月28日（最早2月9日，最晚3月26日）。累年最大冻土深度103厘米（1968年2月下旬）。

年平均降水量526.5毫米，降水量的年际变化很大，多雨年最大816.3毫米（1964年），少雨年最小312.4毫米（1997年），最多年降水量是最少年的2.6倍。降水量的年内分配很不均匀，主要集中在7—8月，其次是9月和6月。1963年8月29日一天降雨量140.2毫米，为本县有气象观测记录以来最大；累年日降水量≥100.0毫米的大暴雨5次，分别在1963年8月29日、1969年9月26日、1981年8月15日、1993年8月4日和2003年8月26日；日降水量≥50.0毫米的暴雨，年均0.7天；日降水量≥25.0毫米的降水日数，年均4.4天。年内日降水量≥0.1毫米的最长连续降水日数16天，出现在2007年9月26日—10月11日，累计降水量144毫米。年降水量按季节分配，春季（3—5月）占全年降水量的15.6%，夏季（6—8月）占56%；秋季（9—11月）占25.4%；冬季（12月至次年2月）占3%。日平均气温≥10.0℃期间的累积降水量422.2毫米，占年降水量的80.9%。

年平均晴天日数92.5天，年平均阴天日数83.6天。年平均日照时数2599.2小时，日照百分率58.6%，日照充足。年平均蒸发量1865.8毫米，是年平均降水量的3.6倍。年平均相对湿度57%，其中7月、8月较大，月均71%，1—3月较小，月均48%。

本县冬半年（9月至次年4月）多偏北风，夏半年（5—8月）多东南风。年平均风速2.0米/秒，冬春较大，夏秋较小，4月最大，为2.8米/秒，9月最小，为1.5米/秒。年出现8级或以上大风的日数22天，其中1966年最多达67天，大多出现在春季。

由于县内地形复杂，县境内气候有较大差异，县气象站资料代表县中部河川一带气候状况，而冯家村—下李村—陡坡村—谙正村以北、以东为较寒区，地高山多，且有森林分布，气候偏凉，降水量偏多，空气较湿润，年平均气温比中部偏低1~2℃，无霜期150~160天，该区主要种植玉米，莜麦和马铃薯等；水堤、午城、刁家峪、寨子等，及南部各乡镇，由于地势较低，气温偏暖，年平均气温比中部约偏高1℃，无霜期180天以上，午城等一些平川地区可种植棉花、红薯等喜温作物。

本县气象灾害有春旱、冰雹、大风、局地暴雨、霜冻等，20世纪60年代，秋季连阴雨也很多，其中以干旱和冰雹危害严重，遭灾次数多，灾情较重。

2.7.4 大宁县（气象资料：1973—2021年）

大宁县位于临汾市西部，地处黄河中段东岸，东西宽50千米，南北长35千米，面积967平方千米，县境内地貌复杂，山、川、垣、沟、坡皆有，属西北黄土残垣沟壑区，整个地形南北两侧高山连绵，昕水河从中部自东向西横贯、流入黄河，地貌东高西低，逐渐向西倾斜，沟壑纵横，山峦起伏，大部为土石山地，有“三川九垣沟一千，八山一水一分田”之说。南部石头山为最高山峰，海拔1719米，其余六座大山海拔均在1500米左右，黄河在县西侧自北向南直泻而下，流经总长30千米。县境内主要河流有义亭、昕水两条，尚有小泉小水多处，但流量小利用率都较低。

本县属暖温带大陆性半干旱气候，一年四季分明，春旱多风，夏热多雨，秋季凉爽，冬寒干燥。县气象观测场位于城关南门外翠微山，海拔765.9米。根据最近49年气象资料统计，年平均气温10.9℃，气温年较差平均30.3℃。气温日较差平均13.4℃。年内1月最冷，平均气温-5.3℃，极端最低气温-21.7℃（2016年1月25日和2021年1月8日），日最低气温≤-10.0℃的寒冷天气，年均37.8天，最多年60天，出现在1976—1977年度冬季。7月最热，平均气温24.6℃，累年极端最高气温41.3℃（2005年6月22日），日最高气温≥35.0℃的高温天气，年均14.8天，最多40天（1997年）。一般10月下旬中、后期日最低气温降至0℃或以下，次年4月上旬升至0℃以上，间隔160天左右。日平均气温稳定≥0.0℃的起止日期，2月24日至11月23日，间隔273天，积温4322.1℃·天；日平均气温稳定≥10.0℃的起止日期4月9日至10月16日，间隔191天，积温3795.8℃。按气候学划分四季的一般标准，春季（日平均气温10.0~22.0℃）始于4月3日，终于5月9日，间隔37天；夏季（日平均气温≥22.0℃）始于5月10日，终于9月4日，间隔118天；秋季（日平均气温10.0~22.0℃）始于9月5日，终于10月8日，间隔34天；冬季（日平均气温＜10.0℃）始于10月9日，终于次年4月2日，历时176天。春秋季节短，冬季寒冷漫长。

按白霜统计，初霜出现的平均日期为10月16日，终霜出现的平均日期为3月21日，全年无霜期平均208天。早、晚霜冻出现期很不稳定，最早的初霜出现在9月26日（1995年），最晚的终霜出现在4月21日（1978年），比平均日期初霜提前21天，终霜推迟31天。

地面温度年均13.2℃，比年平均气温高出2.3℃，累年极端最高地面温度69.7℃（1979年6月15日），极端最低地面温度-28.8℃（2003年1月5日）。累年10厘米地深冻结平均日期在12月12日（最早11月23日，最晚12月28日）；解冻平均日期在2月21日（最早2月5

日，最晚3月1日）。累年最大冻土深度84厘米，分别出现在1980年2月和1993年2月。

年平均降水量492.9毫米，降水量的年际变化幅度大，多雨年最大873.8毫米（2021年），少雨年最小305.0毫米（1986年），相差568.8毫米，相当年平均降水量的115.4%。年内降水主要集中在7月、8月，其次是9月和6月。1日最大降水量111.8毫米（1981年8月15日），日降水量≥100.0毫米的大暴雨天气，累年共出现过3次，分别为1981年8月15日、2003年8月26日和2007年7月23日；日降水量≥50.0毫米的暴雨天数，年均0.8天；日降水量≥25.0毫米降水日数，年均4.0天；年内最长连续降水日数16天，出现在2007年9月26日—10月11日，累计降水量116.8。年内降水按季节分配，夏季（6—8月）占54.7%；秋季（9—11月）占26.6%；冬季（12月至次年2月）占2.8%；春季（3—5月）占15.9%。日平均气温≥10.0℃其间的累积降水量450.4毫米，占年降水量的91.4%。

年平均晴天日数86.4天，年平均阴天日数119.1天。年平均日照时数2375.0小时，年平均日照百分率54.5%，年平均蒸发量1723.0毫米，是年平均降水量的3.5倍。年平均相对湿度61%，其中9月最大，为74%，4月最小，为48%。

受地形和地理位置影响，常年以东北偏东风最多。年平均风速1.8米/秒，风速4—5月最大，平均2.3米/秒；12月和1月最小，平均只有1.4米/秒。累年中观测到的最大风速24米/秒，风向东北偏北（1985年8月13日）。出现8级或以上大风的日数，年均9.8天，最多23天（1991年）。

本县最常见的气象灾害有干旱、大风、冰雹、局地暴雨，及暴雨天气带来的山洪、水土流失，近些年夏季高温灾害也趋向增多，其中以干旱灾害频繁严重。

本县气象观测场所测气象资料代表县中部地区的气候状况，南北山区，如榆村、太德乡地势高，气候比中部偏凉，气温偏低1~2℃，降水略偏多。

2.7.5 吉县（气象资料：1957—2021年）

吉县位于临汾市西部，地处黄河中游晋、陕峡谷的黄土高原，吕梁山脉分东、西两支穿越全境，地形东北高西南低呈倾斜状，面积1777.3平方千米，海拔400~1820米。县境内山峦起伏、梁峁交错、沟壑纵横，东南方向和乡宁县交界处的高天山，海拔1820米，为全县最高；东方向和蒲县交界的石头山，海拔1740米；人祖山和高祖山在县境中部，海拔分别为1742米和1569米，由东向西横穿全境。主要河流有清水河、汲水河两条。清水河发源于本县东部洛义沟，经县城向西流入黄河；汲水河发源于东南部金岗岭，自东南向西北流入大宁县，注入昕水河，最后汇入黄河。

吉县属温暖带大陆性半干旱气候，冬季寒冷干燥，夏季雨量集中，春季干旱多风，秋季凉爽晴朗，偶尔也有连阴雨。县气象观测场，1992年以前设在城关水洞沟山顶，海拔953.1米，于1993年迁移至西关村号子塬，海拔851.3米。根据最近65年气象资料统计，年平均气温10.4℃，气温年较差28.7℃，气温日较差平均12.1℃。年内1月最冷，气温-4.8℃，极端最低气温-21.3℃（2002年12月26日），日最低气温≤-10.0℃的寒冷天气，年均28.8天，最多57天，出现在1967—1968年度冬季。7月最热，气温23.5℃，累年极端最高气温39.7℃（2002年7月15日），日最高气温≥35.0℃的高温天气，年均3.2天，最多17天（1997年）；一般10月下旬日最低气温降到0℃或以下，次年4月中旬初升到0℃以上，间隔170天左右，日平均气温稳定≥0.0℃的起止日期，3月3日到11月24日，间隔266天，积温4071.5℃·天；日平均气温稳定≥10.0℃的起止日期，4月5日到10月23日，间隔201天，积温3501.2℃·天。按气候学划分四季的一般标准，春季（日平均气温10.0~22.0℃）始于4月6日，终于6月10日，历时65天；夏季（日平均气温≥22.0℃）始于6月11日，终于8月22日，历时72天；秋季（日平均气温10.0~22.0℃）始于8月23日，终于10月22日，历时60天；冬季（日平均气温<10.0℃）始于10月23日，历时164天，终于次年4月5日。冬季漫长、寒冷干燥，春秋时短、天气多变。

按白霜统计，初霜出现的平均日期为10月16日，终霜出现的平均日期为4月2日，全年无霜期195天。但是，初、终霜期出现日期都很不稳定，最早的初霜出现在9月25日（1958年），最晚的终霜出现在5月2日（1965年），比平均日期的初霜提前21天、终霜推迟30天。

地面温度年均12.8℃，比年平均气温高2.4℃，累年极端最高地面温度69.6℃（2012年7月29日），极端最低地面温度-33.6℃（2002年12月26日）。累年10厘米地深冻结平均日期12月11日（最早11月23日，最晚1月14日）；解冻平均日期2月24日（最早2月7日，最晚3月16日）。累年最大冻土深度82厘米（1968年2月14—15日）。

年平均降水量539.2毫米，降水量的年际变幅较大，多雨年最大818.9毫米（1958年），少雨年最小277.6毫米（1997年），相差541.3毫米，相当于年平均降水量的100.4%。年内降水7月最多，其次是8月和9月。1日内最大降水量151.3毫米（1971年8月20日），日降水量≥25.0毫米的降水日数年均4.4天，日降水量≥50.0毫米的暴雨日数年均0.9天，日降水量≥100.0毫米的大暴雨天气，累年共出现过3次，分别出现在1966年7月26日、1971年8月20日和2011年7月29日。日降水量≥0.1毫米的年最长连续降水日数17天，出现在1975年9月18日—10月4日，累计降水量172.4毫米。降水量按季节分配：春季（3—5月）占17.1%；夏季（6—8月）占53.0%；秋季（9—11月）占26.9%；冬季（12月至次年2月）占3.0%。日平均气温稳定≥10.0℃其间累积降水量465.0毫米，占年降水量86.2%。

年平均晴天日数249.6天，年平均阴天日数115.4天。年平均日照时数2378.7小时，日照百分率53.7%。年平均蒸发量1980.9毫米，相当于年平均降水量的3.7倍。年平均相对湿度60%，其中7—9三个月最大，均为73%；1月最小，仅51%。

受地理位置和地形影响，年均风速1.9米/秒，4月最大，为2.3米/秒，9月最小，为1.6米/秒。年内最多风向东北偏东，占22%；其次东北风，占13%。观测到的最大风速20米/秒，分别出现在1961年2月20日、1973年4月20日和1974年3月31日，风向西北和北风。出现8级或以上大风的日数年均6.1天。

本县主要气象灾害有干旱、大风、冰雹、局地暴雨、霜冻等，以干旱最为多见。由于地势的原因，县气象资料代表本县中部大部地区气候，东部地势高、山区有成片人工林，气温比中部偏低2~3℃，降水略偏多；西部沿黄河河畔地势低，气温比县城略偏高。

2.7.6 汾西县（气象资料：1972—2021年）

汾西县位于临汾市北部，汾河西侧，吕梁山南麓。南接洪洞，北连灵石，东临霍州，西靠蒲县，西北方向通隰县、交口县，全县东西宽39千米，南北长37千米，面积879.67平方千米。地势呈西北高、东南低，依山临水，丘陵起伏，沟多、梁多、坡多、山多、沟壑纵横。姑射山位于县城西30千米，海拔1890.8米，为汾西县的西侧屏障；南部团柏地势最低，海拔538米。河流有关子爷河，发端于西北部隰县，经勍香、大不掌、团柏小河流入汾河，长70千米，是县境内最长的涧河；佃坪河由姑射山东南麓起，经佃坪、大不掌与关子爷河汇合；对竹河起源于吉王沟向东转南，经冯村、加楼等入汾河。此外，还有南庄河、轰轰涧等5条涧河，其中只有对竹河常年有些清水，可供种植蔬菜等，其他均为季节性涧河。

本县属暖温带大陆性半干旱气候，年内四季分明，冬季干燥寒冷，春季少雨多风，夏季雨量集中，秋季凉爽晴朗，偶尔也有连绵阴雨。县气象观测场现址位于永安镇贯里村，海拔1126.1米。根据最近50年连续的气象资料统计，年平均气温11.1℃，气温年较差平均

27.1℃，气温日较差平均9.3℃。年内1月最冷，气温-3.4℃，极端最低气温-21.8℃，出现在2021年1月7日。日最低气温≤-10.0℃的寒冷天气，年均10.7天，最多36天，出现在1976—1977年度冬季。7月最热，气温23.7℃，累年极端最高气温38.1℃，出现在2005年6月23日，日最高气温≥35.0℃的高温天气，年均0.5，最多年5天（2005年、2010年）。一般10月下旬，日最低气温降到0℃或以下，次年4月上旬升到0℃以上，间隔160天左右；日平均气温稳定≥0.0℃的起止日期，3月6日到11月23日，间隔264天，积温3993.7℃·天；日平均气温稳定≥10.0℃的日期4月7日—10月21日，间隔197天，积温3467.0℃·天。按气候学划分四季的一般标准，春季（日平均气温10.0~22.0℃）始于4月8日终于6月5日，历时58天，夏季（日平均气温≥22.0℃）始于6月6日，终于8月20日，历时75天，秋季（日平均气温10.0~22.0℃）始于8月21日，终于10月20日，历时60天，冬季（日平均气温<10.0℃）始于10月21日，终于次年4月7日，历时168天。冬季为一年中延续时间最长的季节，气候干燥寒冷，风多雨雪少。

按白霜统计，初霜出现的平均日期为10月15日，终霜出现的平均日期为4月5日，全年无霜期192天。但是，霜期很不稳定，最早的初霜出现在9月15日（1974年），比平均日期提前一个月；最晚的终霜出现在5月5日（1976年）比平均日期推迟一个月，霜期相差甚大。

地面温度年均11.8℃，比年平均气温高出0.7℃，累年极端最高地面温度67.0℃（2004年6月26日），极端最低地面温度-32.1℃（2002年12月25日）。累年10厘米地下冻结日期平均在12月14日（最早12月4日，最晚12月24日）；解冻日期平均在2月26日（最早2月15日，最晚3月8日）。累年最大冻土深度79厘米（1977年2月上旬）。

年平均降水量520.2毫米，降水量的年际变幅较大，多雨年最大905.1毫米（2021年），少雨年最小288.1毫米，相差617.0毫米，相当年平均降水量的118.6%。年内降水主要集中在7—8月，其次是6月、

9月。1日内最大降水量160.3毫米（1992年8月31日）。日降水量≥25.0毫米的降水天数，年均4.7天，日降水量≥50.0毫米的暴雨天气，年均1.0天，日降水量≥100.0毫米的大暴雨天气，累年共出现过4次，分别出现在1981年8月15日、1992年8月31日、2011年7月29日和2016年7月9日。年内最长连续降水日数16天，出现在2007年9月26日—10月11日，累计降水量136.5毫米。降水量按季节分配，夏季最多，占56.4%；秋季次多，占24.5%；冬季最少，占3.6%；春季次少，占7.4%。日平均气温稳定≥10.0℃，其间的累积降水量438.4毫米，占年降水量的82.9%。

年平均晴天日数98.9天，年平均阴天日数110.0天。年平均日照时数2453.0小时，日照百分率55.4%。年平均蒸发量1773.4毫米，是年平均降水量的3.4倍。年平均相对湿度54%（为全市最小），其中以7月、8月最大，均为72%，12月至次年2月最小，都是45%，冬季干燥。

受所处地理位置和地形影响，汾西县冬半年刮偏北风，夏半年刮偏南风。年平均风速2.2米/秒，以4月风速最大，为3.6米/秒，其次是5月，为3.4米/秒；12月风速最小，为1.8米/秒。曾观测记录到的最大风速19米/秒（1979年11月4日），风向西北偏北风。出现8级或以上大风的日数，年均13.6天，最多25天（1980年）。

本县气象灾害主要有干旱、大风、冰雹、霜冻和局地大暴雨，尤其是干旱最为常见。由于本县地处吕梁山大背斜，岩层自西向东斜坡较大，地下水大部排出境外，全县虽有340处小泉小水，但仅有0.198m^3/s流量，稍有干旱，有些地方人畜吃水就困难。另外，本县地势西高东低，本气象观测纪录资料代表本县中东部地区，西部山区气温比东部偏低2~3℃，风力也比东部大，而且是本县冰雹的多发地区。

2.7.7 蒲县（气象资料：1957—2021年）

蒲县位于临汾市西部山区的中心，属吕梁山脉南端。北接隰县，西靠大宁，西南与吉县接壤，东北和东南方向，分别与汾西县、洪洞县和尧都区毗邻。土地面积1510平方千米，县境北、东、南三面群山环绕，西部和中部一般海拔800~1200米；东部的泰山、猴娃山和石门山，南部的瞿山、石头山，北部的老爷岭等，海拔都在1700米左右。县境内地势东高西低，昕水河发源于黑龙关镇的火石山凹豹子梁东侧，为县境最大河流，自东向西横穿本县中部，流长84千米，经大宁县注入黄河。

本县属暖温带大陆性半干旱气候，冬季干燥寒冷又漫长，夏季降雨集中而短促，春季多风常干旱，秋季偶尔有连阴雨。县气象观测场在1976年及以前，置于西平垣公社堡子村，海拔1144.0米，1977年迁移至城关荆坡村，海拔1039.8米。根据最近65年气象资料统计，年平均气温9.1℃，平均气温年较差29.1℃，气温日较差平均11.8℃。年内1月最冷，气温-6.2℃，极端最低气温-23.9℃（1998年1月19日），日最低气温≤-10.0℃的寒冷天气，年均40.1天，最多63天，出现在1967—1968年度冬季；7月最热，气温21.9℃，累年极端最高气温38.5℃（2002年7月16日），日最高气温≥35.0℃的高温天气，年均1.2天，最多11天（2005年），夏季不太炎热。一般在10月下旬初日最低气温降到0℃以下，次年4月中旬上升至0℃以上，间隔180天左右。日平均气温稳定≥0.0℃的起止日期分别为3月22日和11月17日，间隔240天，积温3700.3℃·天；日平均气温稳定≥10.0℃起止日期分别为4月25日和10月4日，间隔162天，积温3060.7℃·天。按气候学划分四季一般标准，春季（日平均气温10.0~22.0℃）始于4月17日，终于6月11日，历时55天；夏季（日平均气温≥22.0℃）始于6月12日，终于8月10日，历时59天；秋季（日平均气温10.0~22.0℃）始于8月11日，终于10月8日，历时58天；冬季（日平均气温<10.0℃）始于10月9日，终于次年4月16日，历时187天，占全年总天数51%。冬季干燥寒冷多风，长达半年有余。

按白霜统计，初霜出现的平均日期为10月9日，终霜出现的平均日期为4月6日，无霜期186天。霜期稳定性很差，最早的初霜出现在9月3日（1972年），距平均日期提前37天；最晚的终霜出现在5月6日（1971年），距平均日期推迟30天。

地面温度年均11.5℃，比年平均气温高2.4℃，累年极端最高地面温度71.7℃（2010年6月21日），极端最低地面温度-36.1℃（1971年1月22日）。累年10厘米地下深度冻结日期平均在12月1日（最早11月11日，最晚12月16日）；解冻日期平均在3月4日（最早2月11日，最晚3月25日）。累年最大冻土深度107厘米（1968年2月3日）。

年平均降水量536.2毫米，降水量的年际变化幅度比较大，多雨年最大899.5毫米（1958年），少雨年最小285.3毫米（1986年），相差614.2毫米，相当于年平均降水量的115%。年内降水主要集中在7月，占年平均降水量的23.4%，其次是8月和9月，分别占年平均降水量的20.1%和14.7%。1日内最大降水量115.1毫米（1972年8月25日），日降水量≥25.0毫米的降水天气，年均4.7天；日降水量≥50.0毫米的暴雨天气，年均0.8天；日降水量≥100.0毫米的大暴雨天气，累年共出现过1次，出现在1972年8月25日。年内最长连续降水日数16天，出现在2007年9月26日—10月11日，累计降水量125.9毫米。年降水量按季分配，夏季（6—8月）最多，占55.4%。秋季（9—11月）次多，占25.9%，冬季（12月至次年2月）最少，占2.0%，春季（3—5月）次少，占16.0%。日平均气温稳定≥10.0℃期间累积降水量427.6毫米，占年降水的72.4%。

年平均晴天日数252.3天，年平均阴天日数112.9天。年平均日照时数2373.5小时，日照百分率54%。年平均蒸发量1576.3毫米（1957—2014年），是年平均降水量的2.9倍。年平均相对湿度60%，其中以7月、8月最大，平均68.5%，4月最小，为45.7%。

本县受所处地理位置及地形影响，常年最多风向东南偏南风。年内季风特征非常清楚，5—10月刮东南偏南风居多，11月至次年4月以刮西北风为主。1976年迁站以前，风速年均2.4米/秒，1977年迁站后，年均3.1米/秒；年内以4月最大，为3.8米/秒；其次是3月，为3.6米/秒；最小是7月，为2.8米/秒。本站测得的瞬间最大风速25.3米/秒相当雨10级狂风，分别出现在1988年4月11日和1996年9月12日。年内出现8级或以上大风的日数为19.3天（荆坡村测站），最多42天（1979年）。

本县气象灾害，主要有干旱、冰雹、大风、寒潮、霜冻，其次是大到暴雨、山洪及水土流失等，其中以干旱、霜冻、大风灾害最常见，危害最严重。

县内地形复杂，东西间气候差异大，东部克城镇—太林乡—乔家湾镇—曹村镇—黑龙关镇一带山区，气候较冷，气温比西部地区偏低2~3℃，春霜迟秋霜早、无霜期130~157天，十年九霜，农作物晚种早熟，畏霜如同畏虎，产量低而不稳。

2.7.8 乡宁县（气象资料：1973—2021年）

乡宁县，位于吕梁山南端，北靠吉县，东邻尧都、襄汾，西与陕西省韩城隔河相望，南与河津、稷山、新绛接壤。县境内山峦起伏，沟壑纵横，最高的高天山海拔1820.5米，最低的师家滩海拔385.1米。县内最长的鄂河71.1千米，发源于管头乡东北，自东向西横贯北境，西注黄河。豁都峪全长42.5千米，东入汾河。全县境东北高而西南低，总面积2029平方千米，其中石山区414平方千米，土石山区986平方千米，丘陵区389平方千米，黄土残垣区238平方千米，所占面积比例分别为20%、49%、19%、12%。

本县属暖温带大陆性半干旱气候，四季分明，冬季寒冷干燥，春季干旱多风，夏季雨量集中，秋季晴朗凉爽，偶尔阴雨连绵。县气象观测场在1980年及以前设在城关南山腰，海拔1081.8米，1981年迁入城关镇幸福湾村，海拔964.3米。1989年1月，乡宁县气象站更名为乡宁县气象局。由于《乡宁县城总体规划（2013—2030）》的实施，气象探测环境破坏严重，2015年实施了观测站迁站工作，新址位于乡宁县尉庄乡吉家原村，海拔高度1290.0米，2017年1月1日乡宁国家气象观测站正式运行。乡宁县气象局办公地所在区域由于县政府规划，2019年开始局搬迁项目，新办公楼于2020年10月竣工，2021年5月正式投入使用。

根据最近50年气象资料统计，年平均气温10.8℃，气温年较差平均27.9℃，气温日较差平均11.7℃。年内1月最冷，气温-4.4℃，极端最低气温-21.6℃（2002年1月26日），冬季日最低气温≤-10.0℃的寒冷天气，年均18.1天，最多45天（出现在1983—1984年度的冬季）。7月最热，平均气温23.3℃，累年极端最高气温37.7℃（2002年7月15日），日最高气温≥35.0℃的高温天气，年均1.3天，最多7天（2002年、2005年）；一般10月下旬日最低气温降至0℃或以下，次年4月上旬升至0℃以上，间隔160天左右。日平均气温稳定≥0.0℃的起止日期，3月6日至11月23日，间隔263天，积温3915.9℃·天。日平均气温稳定≥10.0℃的起止日期，分别为4月5日和10月21日，间隔202天，积温3326.9℃·天。按气候学划分四季的一般标准，春季（日平均气温10.0~22.0℃）始于4月6日，历时61天，终于6月6日；夏季（日平均气温≥22.0℃）始于6月7日，历时74天，终于8月20日；秋季（日平均气温10.0~22.0℃）始于8月21日，终于10月20日，历时60天；冬季（日平均气温＜10.0℃）始于10月21日，终于次年4月5日，历时163天。冬季寒冷、干燥、多风而漫长。

按白霜统计，初霜出现的平均日期为10月18日，终霜出现的平均日期为3月27日，全年无霜期198天。但是，最早的初霜出现在10月9日（1975年），最晚的终霜出现在4月25日（1980年），比平均日期的初霜提前9天、终霜推迟29天。

年平均地面温度12.9℃，比年平均气温偏高2.4℃，累年极端最高地面温度68.0℃（2014年6月11日），极端最低地面温度-28.6℃（1984年12月18日）。累年10厘米地下深度冻结日期平均在12月13日（最早11月14日，最晚1月12日）；解冻日期平均在2月20日（最早2月9日，最晚3月6日）。累年最大冻土深度63厘米（1977年1月连续8天）。

年平均降水量536.5毫米，降水量的年际变幅比较大。多雨年最大767.4毫米（2003年），少雨年只有310.9毫米（1997年），两者相差456.5毫米，占年降水的85.1%。年内雨量主要集中在7月，占年平均降水24.0%，其次是8月，占21.0%。1日内最大降水量136.6毫米（2020年8月6日），日降水量≥25.0毫米的降水天气，年均4.3次；日降水量≥50.0毫米的暴雨天气，年均1.0次；日降水量≥100.0毫米的大暴雨天气，累年中出现过5次，分别出现在1977年7月6日、1999年8月9日、2003年8月24日、2012年8月18日和2020年8月6日。年内最长连续降水日数12天，出现在1976年8月19日—8月30日，累计降水量259.4毫米。年降水量按季节分配，夏季降水最多，占56.5%，秋季次多，占23.9%，冬季最少，占1.3%，春季次少，占16.7%。日平均气温稳定≥10.0℃期间累积降水量458.0毫米，占年降水量的85.6%。

年平均晴天日数91.8天，年平均阴天日数110.8天。年平均日照时数2421.7小时，日照百分率54.6%。年平均蒸发量1689.0毫米，相当于年平均降水量的3.2倍。年平均相对湿度59%，其中7月、8月最大，均为72%，1月最小，47%，12月和2月次小，均为48%。

受地理位置和地形影响，乡宁县最多风向东北偏北风，占17%，其次是东风，占13%，西风只占11%。年平均风速2.1米/秒，其中1980年以前2.4米/秒，1980年以后2.0米/秒，这和气候变迁有关外，也和气象观测场地从山腰搬迁到山下有关。风速以4月最大，为2.3米/秒；5月次之，为2.2米/秒；12和1月最小，都是1.8米/秒。曾观测到过的最大风速为30.1米/秒的短时暴风（1996年7月9日），风向东南偏东。出现8级或以上大风的日数，1980年以前年均5.1天，1980年以后年均2.0天，最多8.0天（1975年），年均4.1天。

本县主要气象灾害有干旱、大风、冰雹、局地暴雨、霜冻及由暴雨引发的山洪、泥石流等。其中以干旱灾害最为频繁、严重，其次是大风、冰雹。

由于县境内地势东高西低差异大，县气象观测场所测气象资料，表征县中部气候状况。东部地区山高坡陡，有成片人工林，森林覆盖率大，气温偏低1~2℃，风力要比中部大；西部地势低，气温偏高1~2℃，东西部间气候约相差一个节令。

2.7.9 霍州市（气象资料:1972—2021年）

霍州市，位于临汾市北端，北隔韩信岭与晋中市灵石县交界，东依霍山，和沁源县、古县毗邻，西连汾西县，南接洪洞县，南北长30千米，东西宽36千米，面积765平方千米，其中丘陵山地527平方千米，占总面积的68.9%，河谷平川238平方千米，占31.1%。由于地处霍山背斜和吕梁隆折带之间，地层出露较为完整。受地层地质影响，县境内山高岭峻，丘陵起伏，总的地势是东北高而西南低，汾河从石林镇北端顺势南下，在辛置镇南端出境，将县境分成东大西小两部分。

本县属暖温带大陆性半干旱气候，一年四季分明，冬季寒冷干燥；春季少雨多风；夏季雨量集中、平川谷地炎热；秋季凉爽、偶尔阴雨连绵。市气象观测场位于白龙镇白龙村北，海拔550.0米。根据最近30年气象资料统计，年平均气温12.6℃，气温年较差平均28.9℃。年内1月最冷，气温-1.5℃，极端最低气温-20.1℃（2021年1月7日），日最低气温≤-10.0℃的寒冷天气，年均13.1天，最多38天，出现在2010—2011年度冬季。7月最热，平均气温27.2℃，累年极端最高气温42.0℃（2005年6月23日），日最高气温≥35.0℃的高温天气，年均15.7天，最多54天（1997年）。一般10月底至11月初最低气温降至0℃

或以下，次年4月上旬升至0℃或以上，间隔158天。日平均气温稳定≥0.0℃的起止日期2月19日至11月25日，间隔280天，积温4664.4℃·天；日平均气温稳定≥10.0℃的平均日期4月26日至10月28日，间隔216天，积温4176.6℃·天。按气候学划分四季的一般标准。春季（日平均气温10.0~22.0℃）始于3月27日，终于5月28日，历时62天；夏季（日平均气温≥22.0℃）始于5月29日，终于8月31日，历时94天；秋季（日平均气温10.0~22.0℃）始于9月1日，终于10月27日，历时57天；冬季（日平均气温<10.0℃）始于10月28日，终于次年3月26日，历时149天。冬季寒冷、干燥而漫长。

按白霜统计，初霜出现的日期为10月20日，终霜出现的日期为4月1日，年无霜期200天。但是霜期很不稳定，最早的初霜出现于10月4日（1972年），最晚的终霜出现在4月17日（1973年），分别比平均日期初霜提前16天，终霜推迟16天。

地面温度年平均13.8℃，比年平均气温偏高1.5℃，累年极端最高地面温度71.0℃（2010年6月22日），极端最低地面温度-26.1℃（1978年2月12日）。累年10厘米地下深度冻结日期平均在12月14日（最早12月4日，最晚12月26日）；解冻日期平均在2月16日（最早1月28日，最晚2月27日）。累年最大冻土深度74厘米，分别出现在1977年2月和1993年2月。

年平均降水量447.8毫米，降水量年际变化幅度较大，多雨年最大783.2毫米（2021年），少雨年最小242.0毫米（1986年），相差541.2毫米，相当于年平均降水量的120.9%。年内降雨主要集中在7月、8月，占年平均降水量45.6%。1日内最大降水量137.5毫米（1981年8月15日），日降水量≥100.0毫米的大暴雨天气，累年中仅此一次，出现在1981年8月15日；日降水量≥50.0毫米的暴雨天气，年均0.8天；日降水量≥25.0毫米的降水年均3.6天。年内最长连续降水日数11天，出现在1981年8月15日—8月25日，累计降水量195.9毫米。年内降水量按季节分配，夏季（6—8月）最多，占57.4%；秋季（9—11月）次多，占24.6%；冬季（12月至次年2月）最少，占3.1%；春季（3—5月）次少，占14.9%。日平均气温稳定≥10.0℃期间累积降水量450.9毫米，占年降水量88.2%。

年平均晴天日数101.0天，年平均阴天日数104.3天。年平均日照时数2248.1小时，日照百分率50.7%。年平均蒸发量1749.5毫米，是年平均降水量的3.9倍。年平均相对湿度59%，其中以7—9月最大（70%~71%），5月最小，为48%。

受地理位置及地形的影响，本县5—12月主要刮西南和南风，1—4月刮北和西北风。年平均风速1.7米/秒，以4~6月最大，为2.5~2.6米/秒，12月最小，为1.3米/秒。曾观测到过最大风速为25.3米/秒的烈风（1986年5月28日），风向偏东。出现8级或以上大风的日数，年均6.2次（天），最多8次（1977年）。

本市主要气象灾害有干旱、大风，东部地区冰雹、霜冻，平川地区高温灾害也经常出现。此外因短时暴雨造成的山洪灾害也时有发生。县境内地势东北高、西南低，县气象观测场所测气象记录资料，代表县内海拔600米以下的广大平川地区气候，至于市东部海拔800米的丘陵和海拔1200米以上的山区，气温要比中部偏低1~3℃，降水偏多30~50毫米，风速偏大1~2米/秒。

2.7.10 洪洞县（气象资料：1958—2021年）

洪洞县，地处临汾市中部，北连霍州市、汾西县，西挨蒲县，南和尧都区接壤，东和古县毗邻，面积1563平方千米。由于地质构造影响，全境东、北、西三面环山，汾河由北而南贯穿中部南、北两端，中、南部地势低平，形成了东、西高中间低、北窄南宽的河谷盆地。东北端的霍山，山峦重叠，森林茂密，最高峰老爷顶海拔2347米。东、西两山区占总面积的20.4%，东、西丘陵区占总面积37.6%，中部阶梯性的河谷平原，占总面积的42%。县境内主要河流除汾河外，还有洪安河、曲亭河、三交河、午阳河等，均属汾河水系，注入汾河。洪洞河谷平原，土地肥沃，水源充足，水利便利，是本县麦、棉主要产区。

本县属暖温带大陆性半干旱气候，年内四季分明，冬季少雪，春季多风，夏季降水集中，秋季或晴朗凉爽或阴雨连绵。县气象观测场1978年以前设在赵城镇东门外，海拔507.1米；自1979年至今，设在冯张乡王村，海拔462.8米。根据最近64年连续的气象观测记录资料整理，年平均气温12.5℃，气温年较差平均29.0℃，气温日较差平均12.1℃。年内1月最冷，气温-2.9℃，极端最低气温-18.9℃（1984年12月24日），日最低气温≤-10.0℃的寒冷天气，年均15天（1980年以前，年均19.7天），最多38天，出现在1967—1968年度的冬季。7月最热，气温26.1℃，累年极端最高气温41.6℃（2005年6月23日），日最高气温≥35.0℃的高温炎热天气，年均15.5天，最多56天（1997年）。一般在10月下旬或11月初日最低气温降至0℃或以下，翌年4月上旬升至0℃以上，间隔158天。日平均气温稳定≥0.0℃的起止日期分别为2月18日和11月28日，间隔284天，积温4608.9℃·天，日平均气温稳定≥10.0℃的起止日期为3月26日和10月28日，间隔216天，积温4073.2℃·天。按气候学划分四季的一般标准，春季（日平均气温10.0~22.0℃）始于3月27日，历时62天，于5月28日结束；夏季（日平均气温≥22.0℃）始于5月29日，历时94天，于8月31日结束；秋季（日平均气温10.0~22.0℃）始于9月1日，历时57天，于10月27日结束；冬季（日平均气温<10.0℃）始于10月28日，历时149天，于次年3月26日结束。冬季干燥、寒冷、多风而漫长，秋季凉爽宜人而短暂。

按白霜统计，初霜出现的平均日期为10月23日，终霜出现的平均日期为3月30日，年无霜期206天。但是，初、终霜期均很不稳定，最早的初霜出现在9月28日（1958年），最晚的终霜出现在5月5日（1976年），比平均日期初霜提前25天、终霜推后36天。

地面温度年均15.2℃，比年平均气温偏高2.8℃，累年极端最高地面温度71.6℃（2019年6月3日），累年最低地面温度-25.6℃（1971年1月22日）。累年10厘米地下深度冻结日期12月19日（最早11月30日，最晚12月31日）；解冻日期2月12日（最早1月10日，最晚3月3日）。累年最大冻土深度61厘米（1971年2月初的5天）。

年平均降水量474.90毫米，降水量的年际变化比较大，多雨年最大759.5毫米（2021年），少雨年最小262.2毫米（1997年），相差497.3毫米，相当于年平均降水量的104.9%。年内降水7月最多（占年降水量的24.7%），其次8月，占年平均降水量的18.8%。1日内最大降水量141.7毫米（1960年8月2日），日降水量≥25.0毫米的降水天气，年均4.0次，日降水量≥50.0毫米的暴雨日数，年均0.8次，日降水量≥100.0毫米的大暴雨天气，累年共出现过4天，分别出现在1960年8月2日、1966年7月26日、2003年8月26日和2005年9月20日。年内最长连续降水日数12天，出现在1975年9月24日—10月5日，累计降水量81.7毫米。年降水量按季分配，夏季占54.6%，最多；秋季占25.7%，次多；冬季占2.7%，最少；春季占17.1%，次少。日平均气温稳定≥10.0℃期间的累积降水量418.4毫米，占年降水量88.1%。

年平均晴天日数100.0天，年平均阴天日数104.9天。年平均日照时数2258.5小时，日照百分率51.1%。年平均蒸发量1633.1毫米，是年平均降水量的3.4倍。年平均相对湿度62%，其中8月最大（75%），1月最小（51%）。

受所在地理位置及地形影响，本县除5月以南风居多外，其他月份均以北风居多，年均风速1.7米/秒，以3月、4月风速最大，为2.9米/秒和2.8米/秒；8月、9月风速最小，均为1.9米/秒。曾观测到过的最大风速16.3米/秒、西风（1985年4月15日）。出现8级或以上大风的日数，年均5.9天，最多17天（1977年）。

县气象观测场设在大槐树镇王村，属平川，所测气象要素数据代表广大平川地区气候，而县境东西两侧山区丘陵区，由于地势较高，山区又有森林分布，和中部平川相比，气候偏凉，降水偏多。丘陵区年平均气温偏低1~2℃，无霜期180天左右。山区气温比丘陵区还要偏低1~2℃，无霜期160天左右。

本县每年都有不同程度的干旱、冰雹、大风、霜冻、高温和局地大到暴雨及由暴雨引发的山洪等气象灾害，其中干旱最为常见，危害程度最严重，受灾面积最大，尤其是东、西部无地下水源灌溉的丘陵区和低山区，干旱灾害最频繁。冰雹危害以西部山区、丘陵区居多，尤其是刘家垣镇—万安镇—左木镇一线，几乎每年都有。霜冻对西部山区的山目及东部山区的兴唐寺、明姜等乡镇危害较重。高温天气主要危及平川城镇居民身心健康和加重干旱天气对农作物的危害。

2.7.11 襄汾县（气象资料：1974—2021年）

襄汾县位于临汾盆地中南部，北与尧都区相连，西北与乡宁县毗邻，西南与运城市的新绛县接壤，东、东南和南方向，分别与浮山县、翼城县、曲沃县及侯马市交界。东西宽33千米，南北长40千米，面积1031平方千米。西有姑射山，东有塔儿山（海拔1493米），汾河穿越南北，县境内山、坡、垣、岭、川、滩多种地形均有，其中平地面积占70%以上，水资源和水利条件都较好。全县盛产小麦、棉花，素有“金襄陵”“银太平”之称。

本县属暖温带大陆性半干旱气候，一年四季分明，冬季寒冷干燥；春季少雨多风；夏季炎热，雨量集中；秋季晴朗凉爽，有时阴雨连绵。县气象观测场设于贾罕乡湖李村汾河西岸，海拔426.9米。根据最近48年连续观测纪录的气象资料统计，襄汾县年平均气温13.0℃，气温年较差平均28.8℃，气温日较差平均12.4℃。年内1月最冷，平均气温-2.2℃，极端最低气温-22.0℃（1990年2月1日），日最低气温≤-10.0℃的寒冷天气，年均13.2天，最多36天，出现在1976—1977年度的冬季。7月最热，平均气温26.3℃，累年极端最高气温40.9℃

（2002年7月12日），累年日最高气温≥35.0℃的高温天气，年均19.5天，最多54天（1997年）。一般在10月下旬末至11月初日最低气温降至0℃或以下，次年4月初升至0℃以上，间隔156天。日平均气温≥0.0℃的起止日期为2月15日和11月29日，间隔289天，积温4897.0℃·天；日平均气温稳定≥10.0℃的起止日期为3月25日和10月28日，间隔217天，积温4607.0℃·天。按气候学划分四季的一般标准，春季（日平均气温10.0~22.0℃）始于3月26日，终于5月25日，历时60天；夏季（日平均气温≥22.0℃）始于5月26日，终于9月1日，历时98天；秋季（日平均气温10.0~22.0℃）始于9月2日，终于10月27日，历时56天；冬季（日平均气温＜10.0℃）始于10月28日，终于次年3月25日，历时150天。冬季寒冷、干燥、少雪而漫长。

按白霜统计，初霜出现的平均日期为10月25日，终霜出现的平均日期为3月31日，年无霜期208天，霜期不稳定，最早的初霜出现在10月8日，最晚的终霜出现在4月22日，分别比平均日期的初霜提前17天、终霜推后18天。

地面温度年平均15.2℃，比年平均气温偏高2.2℃，累年极端最高地面温度70.3℃（2010年6月20日），极端最低地面温度-26.3℃（1990年2月1日）。累年10厘米地下深度冻结日期平均在12月21日（最早12月9日，最晚次年1月13日）；解冻日期平均在2月14日（最早2月6日，最晚2月24日）。累年最大冻土深度58厘米（1977年1月19—20日）。

年平均降水量511.6毫米，降水量年际变幅比较大，多雨年最大1087.5毫米（2021年），少雨年最小266.3毫米（1997年），相差821.2毫米，相当于年平均降水量的160.5%。年内降水主要集中在7—8月，占年平均降水量的45%。1日内最大降水量136.2毫米（1984年7月17日），日降水量≥25.0毫米的降水天数年均4.8天；日降水量≥50.0毫米的暴雨年均1.0天；日降水量≥100.0毫米的大暴雨天气，累年共出现2次，除1984年7月17日外，另一次出现在2003年8月26日，降水量101.5毫米。年最长连续降水日数12天，出现在1985年9月8日—9月19日，累计降水量125.5毫米。降水量按季节分配：夏季（6—8月）最多，占54.7%；秋季（9—11月）次多，占24.3%；冬季（12月至次年2月）最少，占3.2%；春季（3—5月）次少，占17.8%。日平均气温稳定≥10.0℃期间的累积降水量446.5毫米，占年降水量87.3%。

年平均晴天日数86.7天，年平均阴天日数111.1天。年平均日照时数2175.8小时，日照百分率49.1%。年平均蒸发量1671.3毫米，是年平均降水量的3.3倍。年平均相对湿度63%，其中以8月、9月最大，均为76%；1月、2月最小，均为57%。

受地理位置和地形影响，本县冬半年刮偏北风，夏半年刮偏南风，全年主导风向南风。年平均风速1.9米/秒（1980年以前年均2.3米/秒），曾观测到过的最大风速17.7米/秒，分别出现在1997年6月21日和2003年3月2日，风向西北偏北。出现8级或以上大风的日数，年均3.7天。

本县气象灾害主要有干旱、高温、大风、小麦干热风、局地冰雹、暴雨、霜冻等，其中以干旱最为常见和严重。高温天气年年有，主要伴随干旱天气出现，加剧干旱对农业的危害，同时危及城乡人们身心健康。

县气象站设在县城西郊，观测到的气象资料代表襄汾县70%以上平川地区的气候。至于塔儿山和姑射山上的气候，随着地势每增高100米，气温下降0.6℃，降水略有增多。

2.7.12 侯马市（气象资料：1957—2021年）

侯马市位于山西南部临汾盆地和运城盆地之间，东邻曲沃县，西接新绛县，南屏紫金山与闻喜县、绛县毗邻，北隔汾河，与襄汾县相望。市域面积220平方千米，其中平原面积占89%，低山和丘陵占11%，南部紫金山海拔1055米，成为天然屏障，隘口铁刹关地势险要，雄踞其间，非常壮观。浍河、汾河从南北两侧蜿蜒西去，形成自然环带。县境内地势平坦，地形单一，海拔420～457米，北侧略高、南侧略低，平均坡度在1%左右。全市土质肥沃，水源充足，适宜作物生长，盛产小麦、棉花。

本市属暖温带大陆性半干旱气候，四季分明，冬季较冷，雨雪稀少；春季风多，干燥少雨；夏季炎热，降水集中；秋季凉爽，天高云淡。市气象观测场位于市区北部张村办，海拔433.8米。根据最近65年气象观测记录资料统计整理，年平均气温13.0℃，气温年较差平均29.2℃，气温日较差平均12.2℃。年内1月最冷，平均气温-2.4℃，极端最低气温-21.4℃（1991年12月28日），日最低气温≤-10.0℃的寒冷天气，年均14.8天（1980年以前年均21.6天），最多53天，出现在1967—1968年度的冬季。7月最热，气温26.4℃，累年极端最高气温42.0℃（1966年6月21日），日最高气温≥35.0℃的高温炎热天气，年均19天，最多54天（1997年）。一般10月下旬日最低气温降至0℃或以下，翌年4月上旬升至0℃以上，间隔159天。日平均气温≥0.0℃的起止日期分别为2月12日和12月3日，间隔296天，积温4881.8℃·天；日平均气温稳定≥10.0℃的起止日期分别为3月4日和10月25日，间隔235天，积温4356.5℃·天。按气候学划分四季的一般标准，春季（日平均气温10.0~22.0℃）始于3月27日，终于5月28日，历时63天；夏季（日平均气温≥22.0℃）始于5月29日，终于9月2日，历时97天；秋季（日平均气温10.0~22.0℃）始于9月3日，终于10月30日，历时58天；冬季（日平均气温<10.0℃）始于10月31日，终于次年3月26日，历时147天。夏热冬冷且漫长，春秋宜人但短暂。

按白霜统计，初霜出现的平均日期为10月21日，终霜出现的平均日期为4月6日，平均无霜期199天，最多年241天（2019年），最少年169天（1957年）。霜期不稳定，最早的初霜出现在9月30日（1970年），最晚的终霜出现在4月26日（1968年），比平均日期的初霜提前22天、终霜推迟21天。

地面温度年平均15.1℃，比年平均气温偏高2.1℃，累年极端最高地面温度72.4℃（2010年6月22日），极端最低地面温度-25.5℃（1991年12月28日）。累年10厘米地下深度冻结日期平均在12月24日（最早12月3日，最晚翌年1月20日），解冻日期平均在2月7日（最早1月10日，最晚3月3日）。累年最大冻土深度56厘米（分别出现在1961年1月和1971年2月初）。

年平均降水量517.3毫米，降水量的年际变化幅度较大，多雨年最大946.9毫米（1958年），少雨年最小277.3毫米（1997年）。年内降水主要集中在7—8月，占年降水量的39.6%，其次9月，占14.5%。1日内最大降水量158.4毫米（1998年7月8日），日降水量≥25.0毫米的降水天气，年均4.3天，日降水量≥50.0毫米的暴雨天气，年均0.8天，日降水量≥100.0毫米的大暴雨天气，累年共出现过3次，分别出现在1981年8月19日（日降水量106.8毫米）、1996年7月31日（日降水量149.0毫米）、1998年7月8日（日降水量158.4毫米）。年最长连续降水日数12天，出现在1985年9月8日—9月19日，累计降水量112.5毫米。连续最长无降水日数143天，出现在1998年10月26日-1999年3月17日。年降水量按季分配：夏季（6—8月）最多，占49.6%；秋季（9—11月）次多，占27.5%；冬季（12月至次年2月）最少，占4.4%；春季（3—5月）次少，占19.0%。日平均气温稳定≥10.0℃其间积降水量425.1毫米，占年降水量的82.2%。

年平均晴天日数121天，年平均阴天日数109天。年平均日照时数2229.3小时，日照百分率49.6%，日照时数在1980年以前（1957—1980年）年平均2493.6小时，1980年以后渐趋减少，特别是秋冬季节减少非常明显，2000—2010年的年平均日照时数已减少至1979.1小时，这和侯马市从20世纪末期开始空气污染加重关系密切；年蒸发量1523.1毫米，是年降水量的2.94倍，年相对湿度64%，其中8月、9月最大，均为86%，2月、3月最小，均为37%。

受地理位置和环境影响，本市4—6月最多风向是南和西南风，其他月份均以北风为主。年平均风速1.8米/秒，以6月最大，为2.7米/秒；12月最小，为1.4米/秒。2004年6月1日，曾观测到过的最大风速22.4米/秒，风向西北，属9级烈风。出现8级或以上大风的日数年均3.8天，最多19天（1957年）。

本市主要气象灾害有干旱、高温、大风、小麦干热风、暴雨、霜冻、连阴雨等，偶尔也有冰雹，其中最常见、危害最严重的是干旱、高温和干热风。

本市地势平坦，市气象观测场所测气象要素资料，代表性大，基本上代表全市气候状况。

2.7.13 曲沃县（气象资料：1977—2021年）

曲沃县位于临汾市和临汾盆地南端，地处汾河、浍河三角地带，是浍河、滏河冲击中的曲沃盆地，东临翼城县，西接侯马市，北于塔儿山与襄汾县为邻，南到紫金山和绛县相连，浍河自翼城县横贯本县南部，至新绛县注入汾河；滏河发源于翼城县流经曲沃县北部向西注入汾河。县境南北长29.5千米，东西宽15.4千米，面积430平方千米，其中土石山区43平方千米，黄土丘陵区90平方千米，冲积平原区297平方千米，分别占总面积的10%、21%和69%。县境内南、北两山对峙，东部绵岭延亘，构成北、东、南高，西南低的地势，其状像坐东朝西摆放的簸箕。

本县属暖温带大陆性半干旱气候，一年四季分明，冬季寒冷干燥；春季多风少雨；夏季炎热多雨；秋季晴朗凉爽，有时阴雨连绵。县气象观测场位于县城东北棉毯厂旧址，海拔472.6米。根据最近44年气象观测记录资料统计，年平均气温13.3℃，气温年较差平均28.9℃，气温日较差平均12.3℃。年内1月最冷，平均气温-2.3℃，极端最低气温-22.0℃（1991年12月28日）；日最低气温≤-10.0℃的寒冷天气，年均8.6天，最多27天（1976年、2010年）；7月最热，气温26.4℃，累年极端最高气温41.3℃（2005年6月23日），日最高气温≥35.0℃的高温天气，年均18.2天，最多56天（1997年）。一般在10月底至11月初日最低气温降至0℃或以下，翌年4月上旬升至0℃以上，间隔158天。日平均气温稳定≥0.0℃的起止日期分别为2月15日和11月28日，间隔288天，积温4828.0℃·天；日平均气温稳定≥10.0℃的起止日期分别为3月25日和10月29日，间隔218天，积温4395℃·天。按气候学划分四季的一般标准，春季（日平均气温10.0~22.0℃）始于3月26日，终于5月26日，历时61天；夏季（日平均气温≥22.0℃）始于5月27日，终于8月31日，历时97天；秋季（日平均气温10.0~22.0℃）始于9月1日，终于10月28日，历时58天；冬季（日平均气温<10.0℃）始于10月29日，终于翌年3月25日，历时147天，冬季漫长，秋季短暂。

按白霜统计，初霜出现的平均日期为10月26日，终霜出现的平均日期为3月28日，年无霜期210天。霜期不稳定，最早的初霜出现在10月21日，最晚的终霜出现在4月23日，比平均日期的初霜提前5天、终霜推迟26天。

地面温度年均15.5℃，比年平均气温偏高2.2℃，累年极端最高地面温度73.5℃（2019年7月28日），极端最低地面温度-25.4℃（1990年2月1日）。累年10厘米地下深度冻结日期平均在12月26日（最早12月13日，最晚次年1月12日）；解冻日期平均在2月14日（最早2月6日，最晚2月24日）。累年最大冻土深度52厘米（1977年1月底至2月初共8天）。

年平均降水量503.6毫米，降水量年际变化幅度较大，多雨年最大830.3毫米（2021年），少雨年最小266.0毫米（1997年），相差564毫米，相当于年平均降水量的112.0%。年内降水主要集在7—8月，占年平均降水量的39.0%；12月和1月的降水量分别只有8毫米左右，约占年平均降水量的3.2%。1日内最大降水量166.3毫米（1996年7月31日），日降水量≥25.0毫米的降水天气，年均4.3天；日降水量≥50.0毫米的暴雨天气，年均0.7天；日降水量≥100.0毫米的大暴雨天气，累年只出现过2次，除1996年7月31日外，另1次出现在1998年7月8日，日降水量126.4毫米。年内最长连续降水日数12天，出现在1985年9月8日—9月19日，累计降水量124.4毫米。年降水量按季节分配：夏季最多，占50.0%；秋季次多，占26.4%；冬季最少，占4.0%；春季次少，占19.6%。日平均气温稳定≥10.0℃其间的累积降水量430.6毫米，占年降水量的85.8%。

年平均晴天日数108.1天，年平均阴天日数101.7天；年平均日照时数2289.0小时，日照百分率64%，年平均蒸发量1633.0毫米，是年平均降水量的3.2倍。年平均相对湿度63%，其中以8月最大（74%），3月最小（54.6%）。

受地理位置和地形影响，本县最多风向东南，年频率12%，年平均风速1.7米/秒（1980年以前为2.0米/秒），以3—4月最大，为2.0米/秒，9—12月最小，为1.4米/秒。曾观测到过的瞬间最大风速21.7米/秒，风向东北（2011年7月24日）。出现8级或以上大风的日数，年均3.9天。

本县主要气象灾害有干旱、局地短时暴雨、高温、小麦干热风、冰雹、霜冻等。以干旱、高温灾害最常见，干旱灾害最严重。

2022年1月1日以前本县气象观测场设在县城东北侧，由于探测环境遭到破坏，从2022年1月1日开始，本县气象观测场迁至县城东南，海拔503.2，地形开阔，探测环境优良，所测气象数据更具有代表意义。但由于县境内地貌类型多样，山、川、塬、坡、沟、滩俱全，其相对高度差为1000米左右，山区气温要比平原偏低2~3℃，降水量略有增多。

2.7.14 翼城县（气象资料：1957—2021年）

翼城县位于临汾市的东南端，处于太岳、中条两山之间，面积

1170平方千米，县境内山河交错，沟壑纵横，全县北、东、南三面环山，西部为平原。东部属高山、丘陵区，东南部的历山最高，峰顶海拔2358米，其余为山区、丘陵区；西部和县城附近的平原区，海拔在600米以下。浍河由县东部佛山发源，自东北向西南贯穿县境中部流向曲沃，经侯马市注入汾河。全县山区面积697.3平方千米，丘陵面积149.1平方千米，平川面积323.6平方千米，分别占总面积的59.6%，12.7%和27.7%。本县主产小麦，也种植棉花，水资源匮乏，人均水资源不及全省人均占有量的1/3。

本县属暖温带大陆性半干旱气候，一年四季分明，冬季寒冷，春季多风，夏季多雨、炎热，秋季晴朗凉爽、有时连绵阴雨。县气象观测场设在县城西关村，海拔584.5米。根据最近60年气象观测记录资料统计，年平均气温12.6℃，气温年较差平均28.8℃，气温日较差平均11.0℃。年内1月最冷，气温-2.5℃，极端最低气温-19.6℃（1991年11月28日），日最低气温≤-10.0℃的寒冷天气，年均11.2天（1980年以前17.8天），最多37天，出现在1967—1968年度的冬季。7月最热，气温26.1℃，累年极端最高气温41.3℃（1966年6月21日）；日最高气温≥35.0℃的高温炎热天气，年均13.4天，最多年40天（2002年）。一般11月初日最低气温降至0℃或以下，次年4月初上升至0℃以上，间隔151天。日平均气温稳定≥0.0℃的起止日期为2月21日和11月30日，间隔284天，积温4705.8℃·天；日平均气温稳定≥10.0℃平均起止日期为3月26日和10月27日，间隔216天，积温4150.0℃·天。按气候学划分四季的一般标准，春季（日平均气温10.0~22.0℃），始于3月27日，终于5月28日，历时62天；夏季（日平均气温≥22.0℃）始于5月29日，终于8月31日，历时94天；秋季（日平均气温10.0~22.0℃）始于9月1日，终于10月26日，历时56天；冬季（日平均气温<10℃）始于10月27日，终于次年3月26日，历时150天。冬季干燥寒冷而漫长，秋季气候宜人却短暂。

按白霜统计，初霜出现的平均日期为10月25日，终霜出现的平均日期为3月24日，年无霜期214天。初、终霜出现日期很不稳定，最早的初霜出现在9月30日（1977年），最晚的终霜出现在4月21日（1978年），比平均日期的初霜提前25天、终霜推迟28天。

地面温度年均15.0℃，比年平均气温高2.4℃，累年极端最高地面温度70.3℃（2012年6月22日），极端最低地面温度-25.4℃（1971年1月29日）。累年10厘米地下深度冻结日期平均在12月28日（最早12月2日，最晚次年1月31日）；解冻日期平均在2月10日（最早1月10日；最晚3月4日），累年最大冻土深度60厘米（1968年1月）。

年平均降水量518.3毫米，降水量年际变率较大，多雨年最大908.0毫米（1958年），少雨年最小315.3毫米（1986年），相差597.2毫米，相当于年平均降水量114.4%。年内降水主要集中在7—8月，占年平均降水量的42.8%，其次是9月，再次是1月。1日内最大降水量122.1毫米（1958年7月16日），日降水量≥25.0毫米的降水天气，年均4.5天；日降水量≥50.0毫米的暴雨天气，年均0.8天；日降水量≥100.0毫米的大暴雨天气，累年共出现过4次，分别出现在1958、1959、1971和1982年。年最长连续降水日数12天，出现在1985年9月8日—9月19日，累计降水量104.9毫米。年降水量按季节分配：夏季（6—8月）最多，占年降水量53.7%；秋季（9—11月）次多，占24.8%；冬季（12月至次年2月）最少，占3.6%；春季（3—5月）次少，占17.9%。日平均气温稳定≥10.0℃期间累积降水量446.9毫米，占年降水量85.8%。

年平均晴天日数96.6天，年平均阴天日数111.1天，年平均日照时数2382.3小时，日照百分率53.8%，年平均蒸发量1745.9毫米，相当于年平均降水量的3.4倍，年平均相对湿度61%，其中以8月最大，为73%，2月最小，为54%。

受地理位置和地形影响，年内各月最多风向都是东北风。年平均风速1.7米/秒（1980年以前2.0米/秒），4月和6月最大，为2.5米/秒，9月最小，为1.6米/秒。曾观测到过的瞬间最大风速21.0米/秒，相当于9级烈风，风向西北偏西（1992年7月28日）。出现8级或以上大风的日数年均2.5天，1980年以前年均6.2天，最多曾出现18天（1962年）。

本县主要气象灾害有干旱、高温、局地暴雨、大风、冰雹、小麦干热风等，其中以干旱、冰雹和小麦干热风最常见，危害最大。1970年7月两次冰雹侵袭，农作物受损严重；20世纪末期至21世纪初连年发生干旱和干热风灾害，使农业减产严重。

县气象观测场设在县城西关村北，位于县境偏西部，所测气象要素值代表海拔700米以下县境西中部广大平川和丘陵气候，至于县境北、东、南海拔1000米及以上的太岳山和中条山区，气温偏低，降水略偏多，海拔1000米处气温偏低2~3℃，无霜期180天左右。

2.7.15 浮山县（气象资料：1972—2021年）

浮山县地处太岳山南麓，临汾盆地东缘。西靠尧都区、襄汾市，南临翼城县，东南毗邻沁水，东连安泽县，北接古县，东西宽40千米，南北长30千米，面积940平方千米，县境内沟壑纵横，山水相依，丘陵起伏，地形复杂。地势东高西低，中部较平。东部大疙瘩山海拔1484米，是全县的最高点，西部最低处海拔690米；横岭纵贯南北，蜿蜒起伏，长达40千米，是全县的分水岭；潏河东出浮山（巢山），涝河又名黑水，于尧都区相汇，西注汾河；东河流入沁河。土壤以褐土和草甸土为主，自然植被较少。

本县属暖温带大陆性半干旱气候，一年四季分明，冬季寒冷干燥，春季少雨多风，夏季降水集中，秋季晴朗凉爽，有时连绵阴雨。县气象观测场位于县城西门外，海拔817.2米。根据最近45年气象观测资料，年平均气温11.8℃，气温年较差平均27.9℃，气温日较差平均10.7℃。年内1月最冷，气温−3.0℃，极端最低气温−19.2℃

（1984年12月24日），日最低气温≤-10.0℃的寒冷天气，年均9.4天（1980年前，年均19.3天），最多38天，出现在1976—1977年度的冬季。7月最热，平均24.6℃，累年极端最高气温38.7℃（2005年6月23日），日最高气温≥35.0℃的高温天气，年均4.2天，最多15天（1972年），一般10月下旬日最低气温降至0℃或以下，次年4月上旬升至0℃以上，间隔159天；日平均气温稳定≥0.0℃的起止日期分别为2月24日和11月24日，间隔274天，积温4375.7℃·天；日平均气温稳定≥10.0℃的起止日期分别为4月2日和10月21日，间隔202天，积温3902.1℃·天。按气候学划分四季的一般标准，春季（日平均气温10.0~22.0℃）始于4月3日，历时61天，终于6月3日；夏季（日平均气温≥22.0℃）始于6月4日，历时83天，终于8月26日；秋季（日平均气温10.0~22.0℃）始于8月27日，历时54天，终于10月20日；冬季（日平均气温<10.0℃）始于10月21日，历时163天，终于次年4月2日。冬季寒冷、多风、干燥而漫长，秋季气候宜人却短暂。

按白霜统计，初霜出现的平均日期为10月20日，终霜出现的平均日期为4月5日，年无霜期197天。霜期的不确定性很大，最早的初霜出现在10月7日（1975年）；最晚的终霜出现在5月2日（1979年），比平均日期的初霜提前13天、终霜推迟26天。

地面温度年平均13.6℃，比年平均气温偏高1.8℃，累年极端最高地面温度68.9℃（2009年7月5日），极端最低地面温度-26.4℃（1978年2月16日）。累年10厘米地下深度开始冻结日期平均在12月19日（最早12月4日，最迟12月26日）；解冻日期平均在2月19日（最早2月12日；最晚3月5日）。累年最大冻土深度67厘米（1977年2月上旬）。

年平均降水量533.5毫米，降水量年际变率大，多雨年最大降水量925.4毫米（2003年），少雨年最小281.6毫米（1986年），相差643.8毫米，是年平均降水量的1.2倍。年内降水主要集中在7月，占年平均降水量24.5%，其次是8月，占年降水量的19.5%；1日内最大降水量108.9毫米（1982年7月30日），这是本观测场有气象记录以来唯一的一次日降水量≥100毫米的暴雨天气；日降水量≥50.0毫米的暴雨天气，年均0.8天；日降水量≥25.0毫米的降水天气，年均4.6天。年内最长连续降水日数12天，出现在1985年9月8—19日，累计降水量139.4毫米。年降水量按季节分配：夏季（6—8月）最多，占年降水量55.2%，秋季（9—11）次多，占24.6%；冬季（12月至次年2月）最少，占3.1%；春季（3—5月）次少，占17.1%；日平均气温≥10.0℃期间的累积降水量459.7毫米，占年降水的85.9%。

年平均晴天日数73.6天，年平均阴天日数125.7天，年平均日照时数2208.2小时，日照百分率49.8%，年平均蒸发量1814.9毫米，是年平均降水量的3.4倍，年平均相对湿度58%，其中以8月最大，为73%，4月、5月最小，均为50%。

受地理位置地形影响，年最多风向是东南风，其频率占8.35%。年内夏半年4—10月以偏南风最多，冬半年11月至次年3月以偏北风最多。年平均风速1.8米/秒（1980年以前2.3米/秒），以4月风速最大，为2.6米/秒，12月至次年1月最小，为1.5米/秒，曾观测到过最大风速18米/秒，风向偏东（1992年7月4日）。出现8级或以上大风的日数，年均5天，最多12天（1972年）。

本县主要气象灾害有干旱、冰雹、大风、暴雨、低温、霜冻等。县境内地下水资源匮乏，95%以上是旱地，干旱对本县农业威胁甚大，旱灾频繁严重，受灾面积最广；其次是冰雹，特别是东部山区，冰雹灾害几乎年年有。

本县气象观测场所测气象资料，代表本县中西部丘陵区气候，至于东部山区气候，气温要偏低2~3℃，降水偏多1~2成，无霜期170天左右。

2.7.16 古县（气象资料：1977—2021年）

古县位于临汾市东北侧，地处太岳山南麓，东与安泽县为邻，西与洪洞县接壤，南与浮山县相连，北与霍州市、沁源县交界，全县面积1220平方千米，地势西北高，东南低，中间低凹，呈倾斜状，西北—东—东南三面环山，西北部霍山雄居，最高峰老爷顶海拔2347米，山高石厚，土薄林密；东部为土石山区，山岭多砂岩、页岩，表浮黄土，植被较好；东南丘陵区，林草少，水土流失严重；整个山区山脉重叠，沟深谷远，道路崎岖；县内唯一的涧河，发源于县境古阳东北山区，一路向西南流经县城、至洪洞县境内注入汾河。

本县属暖温带大陆性半干旱气候，一年四季分明，冬季干燥寒冷，春季风多雨少，夏季雨水集中，秋季晴朗凉爽，有时阴雨连绵。县气象观测场设置在岳阳镇张庄村，海拔648.7米。据最近45年气象观测资料统计，年平均气温11.9℃，气温年较差平均28.5℃，气温日较差平均11.9℃。年内1月最冷，气温-3.4℃，极端最低气温-20.1℃（2008年12月22日），日最低气温≤-10.0℃的寒冷天气，年均11.8天，最多38天（2010年）；7月最热，气温25.1℃，累年极端最高气温40.8℃（2019年7月28日），日最高气温≥35.0℃的高温天气，年均7.4天，最多25天（1997年）。一般10月下旬末至11月初，日最低气温降至0℃或以下，次年4月上旬上升至0℃以上，间隔157天。日平均气温稳定≥0.0℃的起止日期为2月22日和11月27日，间隔280天，积温4525.3℃·天；日平均气温稳定≥10.0℃的起止日期分别为4月1日和10月25日，间隔207天，积温4024.8℃·天。

按气候学划分四季一般标准，春季（日平均气温10.0~22.0℃）始于4月2日，历时60天，终于6月1日；夏季（日平均气温≥22.0℃）始于6月2日，历时87天，终于8月28日；秋季（日平均气温10.0~22.0℃；）始于8月29日，历时56天，终于10月24日；冬季（日平均气温<10.0℃）始于10月25日，历时158天，终于次年4月1日。冬季最长，秋季短暂。

按白霜统计，初霜出现的平均日期为10月20日，终霜出现的平均日期为4月2日，全年无霜期200天左右，霜期比较稳定。

地面温度年平均13.9℃，比年平均气温偏高2.0℃，累年极端最高地面温度70.8℃（2019年7月28日），极端地面最低温度-26.1℃（1978年2月12日）。累年10厘米地下深度开始冻结日期平均在12月26日（最早12月10日，最晚次年1月12日）；解冻日期平均在2月12日（最早2月6日，最晚2月28日）。累年最大冻土深度61厘米（2011年2月3日至6日共4天）。

年平均降水量520.3毫米，降水量年际变化幅度较大，多雨年最大887.0毫米（2003年）；少雨年最小322.1毫米（1986年），相差564.9毫米，相当于年平均降水量的1.08倍。年内降水主要集中在7—8月，占年平均降水量的46.2%；其次是9月和6月，分别为70.0和58.7毫米。1日最大降水128.8毫米（1989年8月16日）；日降水量≥25.0毫米的降水天气，年均4.5天；日降水量≥50.0毫米的暴雨天气，年均0.8天；日降水量≥100.0毫米的大暴雨天气，累年共出现过3次，分别出现在1989年8月16日、2003年8月26日和2009年7月20日。年内最长连续降水日数11天，出现在1981年8月15日—8月25日，累计降水量111.9毫米。降水量按季节分配：夏季（6—8月）最大，占年降水量的57.5%；秋季（9—11月）次大，占23.2%；冬季最少，占2.9%；春季次少，占16.4%。日平均气温稳定≥10.0℃其间的累积降水量436.8毫米，占年降水量的88.0%。

年平均晴天日数100.4天，年平均阴天日数106.5天，年平均日照时数2028.0小时，日照百分率45.6%；年平均蒸发量1607.5毫米，相当年平均降水量的3.1倍。年平均相对湿度61%，其中以8月最大（74%），1月、2月最小，均为46%。

受地理位置和地形影响，年内最多风向除12月和1月是西南偏南风外，其他各月均以东北风向最多。年平均风速1.7米/秒（1980年以前2.5米/秒），以3月、4月最大，都是2.1米/秒；9月最小，为1.5米/

秒。曾观测到过的最大风速15.0米/秒，风向西北（分别出现在1977年2月20日和1979年2月16日）。出现8级或以上大风的日数，年均3.1天，最多年6天。

本县主要气象灾害有干旱、冰雹、暴雨、霜冻、大风等，危害最频繁、严重的是干旱。另外，霜冻及冰雹天气经常出现在古阳、下冶等北部山区和郭店等东南山区。

县气象观测场所测气象要素，代表县中南部的西部地区气候，至于北部山区及东部、中南部的低山丘陵区气候，地形复杂，山多坡多，塬高沟深，高差悬殊，与县城附近的气候差异较大，一般海拔提升100米，气温下降0.6℃左右，若有森林覆盖，气温还要更低一些。

2.7.17 安泽县（气象资料1957—2021年）

安泽县位于临汾市东部，太岳山的东南麓，东与长治市屯留区、长子县为邻，西与古县、浮山县接壤，北同沁源接界，南与沁水相连，东西宽36千米，南北长64千米，全境面积1967平方千米。县境内山峦起伏，沟壑纵横，东西两翼崛起，中间低凹，沁河由北流入，一路向南贯穿全县，流入沁水县。县境东南部安太山最高，海拔1592.4米；沁河南端出口处最低，海拔780米。地势北高南低，山地占总面积的90%，其中成片林面积占总面积25%左右，比全省平均高出10个百分点，森林覆盖较好。

本县降水稍多，属暖温带大陆性半湿润气候，一年四季分明，冬季寒冷少雪，春季多风，夏季降水集中，秋季或晴朗凉爽或阴雨连绵。县气象观测场1996年及以前设在县城北高必村，海拔857.1米，1997年至今设在城关镇二里半，海拔860.1米。根据60年来气象资料统计，年平均气温9.5℃，气温年较差平均29.2℃，气温日较差平均13.9℃。1月最冷，气温-6.0℃，极端最低气温-26.6℃（分别出现在1990年2月1日和1998年1月19日），最低气温≤-10.0℃的寒冷天气，年平均46.6天，最多83天，出现在1967—1968年度的冬季；7月最热，平均22.9℃，极端最高气温38.7℃（2002年7月15日），日最高气温≥35.0℃的高温天气，年均1.9天，最多12天（1997年）。一般10月中旬日最低气温降至0℃或以下，翌年4月中旬升至0℃以上，间隔190天。日平均气温稳定≥0℃的起止日期为3月6日和11月21日，间隔261天，积温3860.3℃·天。日平均气温稳定≥10℃的起止日期为4月10日和10月16日，间隔189天，积温3306.6℃·天。

按白霜统计，初霜出现的平均日期为10月9日，终霜出现的平均日期为4月19日，年无霜期171天。累最早的初霜出现在9月23日（1972年）；最晚的终霜出现在5月16日（1972年），比平均日期的初霜提前16天、终霜推迟27天。

地面温度年平均12.6℃，比年平均气温偏高3.1℃，累年极端最高地面温度69.4℃（2010年6月29日），极端最低地面温度-31.6℃（2000年1月30日）。累年10厘米地下深度开始冻结日期12月10日（最早11月25日，最晚12月22日）；解冻日期平均2月22日（最早2月10日，最晚3月6日）。累年冻土最大深度81厘米（1980年2月初3天）。

年平均降水量575.7毫米，降水量年际变率比较大，多雨年最大937.8毫米（1971年），少雨年最小289.5毫米（1997年），相差648.3毫米，相当于年平均降水量的112.6%。年内降水主要集中在7—8月，占年降水量的44.3%，其次9月，再次6月。日降水量≥25.0毫米的降水天气，年均5.0天；日降水量≥50.0毫米的暴雨天气，年均0.9天；日降水量≥100.0毫米的大暴雨天气，累年共出现过7次，分别为1996年7月31日、2001年7月27日、2003年8月26日、2005年9月20日、2007年7月30日、2009年7月20日和2017年7月26日，其中1996年7月31日降水量178.8毫米，为累年中最大。年最长连续降水日数12天，出现在1985年9月8—9月19日，累计降水量140.2毫米。降水量按季节分配：春季（3—5月）占年降水量的16.5%；夏季（6—8月）占

55.2%；秋季（9—11月）占25.1%；冬季（12月至次年2月）占3.0%。日平均气温稳定≥10.0℃期间的累积降水量474.4毫米，占年降水量的82.3%。

年平均晴天日数77.3天，年平均阴天日数131.1天。年平均日照时数2173.80小时（1990年以前2246.1小时），年日照百分率49%。年平均蒸发量1479.7毫米，是年平均降水量的2.6倍。年平均相对湿度66%，其中以7—9月最大，平均78%；1月和4—5月最小，平均57%。

受地理位置和地形影响，本县从春至秋初（3—9月）主导风向南风，从秋至冬（10月至次年2月）主导风向西风。年平均风速1.6米/秒，4—5月风速稍大，为1.9～2.1米/秒，9月风速最小，为1.1米/秒；每年出现8级或以上大风的日数，平均1.7天，最多4天。曾观测到的极大风速26.0米/秒，相当于10级狂风（1977年3月3日），风向西北偏西。

由于县境内地形复杂，各地气候差异较大，气象观测场资料代表县境中部府城、良马两个镇的气候状况；西北部的三交镇山多地势高，且有成片森林分布，气候偏凉，年平均气温比中部偏低2~3℃，无霜期150天左右；北部唐城、和川等镇气候稍凉，年平均气温比中部偏低1~2℃；而南部的冀氏、马壁等地处沁河河谷的乡镇，气候稍暖，年平均气温比中部偏高约1℃，无霜期可达190天上下，可种植高粱、红薯等喜温作物，马壁乡的局地可种植棉花，但面积很少。

全县常出现的气象灾害有春旱、暴雨、秋季连阴雨、冰雹、大风等，其中以冰雹灾害最多，良马、和川、唐城3个镇，几乎年年都出现，尤以良马镇的小关道到郭家坡一带最为频繁、严重。其次，春旱对本县危害也较大，每年5—6月雨季来到之前，往往旱情显露，影响适时春播和秋作物的出苗率、成活率。另外，有的年份出现秋季连绵阴雨，既影响收秋，也耽误秋种，最终将影响粮食产量。

2.8 物候

物候是指自然界中动、植物或非生物受气候和外界环境因素的影响，而以年为周期性发生的各种现象。如植物的萌芽、发叶、开花、结实、叶黄和叶落；动物的蛰眠、复苏、始鸣、换毛和迁移等；非生物现象有凝霜、降雪、结冰、河流封冻和解冻、雷声、闪电等，这些景物随气候的变异，在农村可作为农事活动的依据，例如枣树发芽种棉花等。临汾市气象部门，从1985年开始将隰县（代表西山北部）、吉县（代表西山南部）、尧都区（代表临汾盆地）和安泽县（代表东山地区）4个气象台站，作为农业气象观测站，把物候观测列为必须观测记录项目，常年进行物候观测记录。所以，以上4个气象台站，持有1985—2021年连续观测记录的物候资料；同时还持有临汾市主要农作物小麦、棉花、玉米、谷子的农业物候观测资料。这些资料准确无误和连续不间断，非常珍贵；它是临汾农业科学研究和产量预测的基础，是为临汾农业现代化服务的基础数据。

2.8.1 木本植物物候现象

临汾市木本植物种类很多，品种也很杂，随着林业科技发展，品种更新换代也很快。为使年与年之间的气候差异能在木本植物的物候现象中得以体现和观测记录，而且具有比较性。气象部门规定：用于进行物候观测的树木，其种类和生长地点一旦被选中确定，就维持不变，年复一年、日复一日进行观测记录。所以，各气象台站所观测记录到的木本植物物候现象，具有很好的比较性，能准确地体现当年当地气候的基本状况。目前，各气象台站所选的观测树种有旱柳、杨树、刺槐、法国梧桐4种。这些树种在临汾市城乡都很普通、常见，具有较好的代表性。临汾市木本植物物候观测记录统计，详见表2.50。

表2.50 1985—2021年临汾市木本植物物候现象统计

种类	植物名称	物候现象名称		物候现象平均日期/（日/月）			
				隰县	吉县	尧都	安泽
木本植物（一）	旱柳	芽膨大期		1/4	20/3		
		展叶期	始期	4/4	6/4		
			盛期	12/4	16/4		
		开花期	始期	14/4	12/4		
			盛期	17/4	21/4		
			末期	14/4	1/5		
		果实成熟期		14/5			
		秋叶变色	始变	14/10	22/10		
			全变	4/11	12/11		
		落叶期	始期	22/10	24/10		
			末期	9/11	20/11		
	杨树	芽膨大期		8/4	26/3		16/3
		展叶期	始期	12/4	18/4		12/4
			盛期	17/4	24/4		15/4
		开花期	始期		2/4		22/3
			盛期		7/4		26/3
			末期		11/4		30/3
		果实成熟期					4/4
		秋叶变色	始变	23/9	28/9		16/9
			全变	7/10	8/10		30/9
		落叶期	始期	2/10	10/10		24/9
			末期	15/10	8/11		1/11

续表

种类	植物名称	物候现象名称		物候现象平均日期/（日/月）			
				隰县	吉县	尧都	安泽
木本植物（二）	刺槐	芽膨大期		20/4	16/4		
		展叶期	始期	27/4	20/4		
			盛期	8/5	6/5		
		开花期	始期	16/5	12/5		
			盛期	20/5	18/5		
			末期	22/5	21/5		
		果实成熟期		29/8	4/9		
		秋叶变色	始变	12/10	14/10		
			全变	25/10	28/10		
		落叶期	始期	15/10	17/10		
			末期	2/11	2/11		
	法国梧桐	芽膨大期				6/4	
		展叶期	始期			8/4	
			盛期			12/4	
		开花期	始期			16/4	
			盛期			25/4	
			末期			12/5	
		果实成熟期				28/9	
		秋叶变色	始变			28/9	
			全变			25/10	
		落叶期	始期			3/10	
			末期			27/11	

资料：以隰县、吉县、尧都区、安泽县数据为代表。

分析表2.50可知：临汾市西山北部和南部气候差异明显，春天旱柳的树芽膨大期，吉县比隰县平均提前12天；展叶、开花期平均提前2~4天，叶变色期和落叶期却推迟8~11天。可见，西山南部气候比北部暖和得多，柳树的生育期，吉县比隰县要延长1个节令左右。

西山吉县和东山安泽县的地面气象观测场所处地理位置、海拔高度基本相同（吉县：北纬36° 06′，海拔851米；安泽县：北纬36° 10′，海拔860米）。但是，物候差异明显：杨树的自树芽膨大、展叶、开花至秋叶变色、落叶，各个生育期，吉县比安泽县均推迟10天左右。

2.8.2 草本植物物候现象

临汾市草本植物很多，总种类百余种。气象部门在选择观测对象时，会尽量选择全市各县（市、区）都有的、公众熟悉的、生长地貌不易被改变的作为观测记录对象。经反复考察讨论，最后选取车前子、蒲公英、苍耳子3种草本植物作为临汾市农业气象物候观测的物种。表2.51是1985—2021年临汾市各农业气候观测站的草本植物物候现象观测记录统计。

表2.51 1985—2021年临汾市草本植物物候现象统计

种类	植物名称	物候现象名称		物候现象平均日期/（日/月）			
				隰县	吉县	尧都	安泽
草本植物	车前子	芽膨大期		23/3	18/3	16/3	21/3
		展叶期	始期	2/4	27/3	20/3	25/3
			盛期	6/4	4/4	25/3	30/3
		开花期	始期	14/5	24/4	14/4	9/5
			盛期	17/5	12/5	28/4	14/5
			末期	20/5	20/5	24/5	20/5
		果实成熟期	始期	26/5	18/5	15/5	25/5
			全熟期	25/6	18/6	4/6	19/6
		果实脱落期		5/6	28/5	25/5	30/5

续表

种类	植物名称	物候现象名称		物候现象平均日期/（日/月）			
				隰县	吉县	尧都	安泽
草本植物	车前子	黄枯期	始期	3/10	18/10	3/11	14/10
			普通期	7/10	8/11	23/11	18/10
			全枯期	28/10	16/11	27/11	30/10
草本植物	蒲公英	萌芽期			16/3	10/3	20/3
		展叶期	始期		20/3	18/3	26/3
			盛期		31/3	27/3	1/4
		开花期	始期		10/4	5/4	26/4
			盛期		22/4	19/4	2/5
			末期		2/5	25/4	6/5
		果实成熟期	始期		14/5	28/4	11/5
			全熟期		28/5	5/5	14/5
		果实脱落期			2/6	10/5	18/5
		黄枯期	始期		16/6	3/11	24/5
			普通期		26/6	23/11	28/5
			全枯期		3/7	1/12	6/6
	苍耳	芽膨大期			26/4	9/4	
		展叶期	始期		1/5	13/4	
			盛期		8/5	18/4	
		开花期	始期		20/7	18/7	
			盛期		8/8	27/7	
			末期		22/8	12/8	
		果实成熟期	始期		18/9	13/9	
			全熟期		18/10	4/10	
		果实脱落期			22/10	7/10	

续表

种类	植物名称	物候现象名称		物候现象平均日期/（日/月）			
				隰县	吉县	尧都	安泽
草本植物	苍耳	黄枯期	始期		18/10	24/10	
			普通期		8/11	14/11	
			全枯期		16/11	29/11	

资料：以隰县、吉县、尧都区、安泽县数据为代表。

车前子 平均3月中旬中首先在尧都区开始萌芽，接着3月中旬后期至下旬初在吉县、安泽县、隰县依次先后萌芽。往后开花、果实成熟、果实脱落等生育期的时间次位依然不变，于5月下旬至6月上旬中果实完全脱落。但是，车前子籽粒脱落脱落后，茎叶并不随之黄枯，到10月底至11月底期间按安泽、吉县、尧都次序先后才渐渐叶黄茎枯。它是多年生草本植物，来年进入3月春回大地，将又渐渐开始萌芽。车前子是一味中药材，具有利尿止泻等作用。

蒲公英 平均3月上旬末在尧都区开始萌芽，3月中旬在吉县、安泽县开始萌芽，前后相差7~11天，它们的萌芽期都比车前子偏晚。3月下旬在尧都区展叶，4月上、中旬开花，4月下旬至5月上旬果实成熟脱落；在安泽县和吉县，蒲公英各生育期要比尧都区偏晚10~20天。蒲公英根茎都可以入药，有解热功效，若要将其收藏药用，待其果实成熟脱落后，将茎根挖出晒干即可。因为它是多年生草本植物，若当年没有把根挖出来，来年3月它又开始萌芽。

苍耳 苍耳的萌芽期比车前子、蒲公英都来得迟，平均4月上旬在尧都区萌芽，4月下旬在吉县萌芽。苍耳展叶、开花到果实成熟脱落的日期，吉县比尧都区均偏迟半个月左右；但是，到了黄枯期，吉县却比尧都区提前半个月，这是两地气候差异所致。苍耳是一年生草本植物，种子叫苍耳子，中医入药，有消炎、镇痛、祛湿、发汗的功效；同时苍耳也是油料，可以榨油，只是出油率不大。要收获苍耳子，可在10月中下旬苍耳果实脱落期进行。

2.8.3 主要农作物物候现象

临汾市主要农作物种植品种的分布，受热量条件制约，地域性很强，全市各县（市、区）都种小麦，但小麦、棉花主要产量在临汾盆地；全市各县（市、区）都种玉米，但玉米、谷子主要产量在东、西部的丘陵和半山区。不同的地域，有不同气候，所以，各地主要农作物的物候期也各不相同。

小麦 东、西部丘陵和半山区，9月中旬播种，9月下旬出苗，10月上、中旬初三叶，10月下旬冬前分蘖，11月下旬停止生长进入冬眠期。平川地区小麦从播种—冬眠期，比丘陵和半山区要推迟10—15天；但是，第二年小麦返青、起身、拔节、孕穗、开花直至成熟收获的日期，平川地区比丘陵和半山区要提前8~12天（详见表2.52）。

棉花 尧都区“枣发芽种棉花”，种植的大致时间是4月下旬（注：当前应用地膜覆盖技术，可提前5~7天），5月上旬末进入出苗期，6月上旬进入三叶、五叶期，6月下旬现蕾，8月中旬开花，9月下旬裂铃吐絮进入收获期，10月中旬后期拔株，回茬棉田于10月上旬末拔株。棉花全生育期160~170天，临汾盆地从北到南棉花各生育期内物候现象都很接近，前后之间差异在5~7天（详见表3—7—3）。

玉米 吉县和安泽玉米各生育期物候现象很接近，5月上旬出苗，5月中旬至下旬进入三叶、七叶期，6月中旬末拔节，6月底孕穗，7月中旬抽雄，7月中旬末开花、下旬初吐丝，8月上旬末乳熟，9月上旬末成熟。隰县由于地势偏高地理位置偏北，气候稍凉，玉米从出苗—成熟各生育期的物候现象，比吉县、安泽县均偏迟8~20天。

谷子 隰县谷子出苗期在5月中旬中，5月下旬中进入三叶期，7月上旬拔节，8月上旬末至中旬初抽穗开花，9月下旬成熟进入收获期。

表2.52 1985—2016年临汾市主要农作物物候现象统计/（日/月）

物种	物候现象	隰县	吉县	尧都	安泽
小麦	出苗		23/9	9/10	27/9
	三叶		7/10	25/10	12/10
	分蘖		18/10	8/11	28/10
	停止生长		2/12	17/12	24/11
	返青		14/3	18/2	13/3
	起身		4/4	14/3	5/4
	拔节		20/4	8/4	16/4
	孕穗		28/4	27/4	30/4
	抽穗		9/5	4/5	8/5
	开花		16/5	8/5	16/5
	乳熟		28/5	23/5	27/5
	黄熟		16/6	6/6	16/6
	成熟		18/6	10/6	19/6
棉花	出苗			10/5	
	三叶			2/6	
	五叶			10/6	
	现蕾			26/6	
	开花			11/8	
	开花盛期			20/8	
	裂铃			27/9	
	吐絮			27/9	
	吐絮盛期			2/10	
	拔株			16/10	

续表

物种	物候现象	隰县	吉县	尧都	安泽
玉米	出苗	14/5	6/5		9/5
	三叶	19/5	12/5		13/5
	七叶	7/6	30/5		31/5
	拔节	7/7	19/6		18/6
	孕穗	17/7	30/6		30/6
	抽雄	26/7	17/7		16/7
	开花	29/7	20/7		17/7
	吐丝	6/8	21/7		20/7
	乳熟	30/8	10/8		7/8
	成熟	27/9	10/9		6/9
谷子	出苗	16/5			
	三叶	26/5			
	拔节	5/7			
	抽穗	9/8			
	开花	12/8			
	成熟	22/9			

资料：以隰县、吉县、尧都区、安泽县数据为代表。

2.8.4 候鸟、昆虫物候现象

有些鸟类，如家燕、布谷鸟、大雁等，它们每年随季节的变化而迁徙；一些昆虫，如青蛙、蚱蝉、蟋蟀等，它们顺应季节而生。它们的来去不仅标志着季节的转换和更替，它们的某些活动，也常常预示着天气的变化，例如：燕子低飞、烟扑地；青蛙猛叫、蝉作哑，往往是大雨、暴雨来临前的征兆。现将隰县、吉县、尧都区、安泽县4台站观测记录到的候鸟、昆虫类物候现象统计于表2.53。

表2.53 临汾市候鸟、昆虫类物候现象统计/（日/月）

种类	动物名称	始见平均日期				终见平均日期			
		隰县	吉县	尧都	安泽	隰县	吉县	尧都	安泽
候鸟、昆虫、两栖动物	青 蛙	2/4			3/5	27/9			18/9
	家 燕	7/4	14/4		11/4	12/8	17/9		14/8
	布谷鸟	19/5	13/4		30/4	16/7	2/9		26/7
	大 雁	18/3	26/4		4/4	24/9	21/10		20/9
	蚱 蝉			18/7				27/9	
	蟋 蟀				6/7				8/10

资料：以隰县、吉县、尧都区、安泽县数据为代表。

表2.53显示：青蛙、家燕，吉县初见于4月中旬，终见于9月中旬，比安泽县初见提前4~5天，终见推迟1个月左右。大雁，隰县于9月下旬中初见，至次年4月中旬末终见；吉县于10月下旬初初见，至次年4月中旬中终见。吉县初见大雁比隰县迟，终见大雁比隰县早。

2.8.5 气象、水文类物候现象

气象、水文类物候现象，有的是预示着天气的变化，有的是预示着气候节气的更换。例如：早霞不出门，晚霞行千里；人黄有病，天黄有风。这些都是天气变化的前兆，早霞的出现，预示着天要下雨，不便于出门；晚霞的出现，说明未来天气晴好；天空发黄是有大风的征兆。这些都是劳动人民在长年生产实践中累积和总结出来的天气变化规律。另外，也有表征气候季节变化规律的，如数九歌：头九冻得不伸手，二九门缝内唤狗，三九、四九冻破石头，五九冰凌上走，六九是春的头，七九河开、岸边看柳，八九雁来，九九加一九，黄牛遍地走。

以隰县、吉县、尧都区、安泽县为代表对临汾市对气象水文物候现象进行观测记录，表2.54是1985—2016年上述4县台站的观测资料整理统计。

表2.54 1985—2016临汾市气象、水文物候现象统计/（日/月）

种类	物候现象名称		始见平均日期				终见平均日期			
			隰县	吉县	尧都	安泽	隰县	吉县	尧都	安泽
气象	霜		9/10	16/10	19/10	9/10	12/4	5/4	3/4	19/4
	雪	降雪	15/11	22/11	9/12	20/11	30/3	18/3	13/4	25/3
		积雪	15/12	18/12	25/12	12/12	18/3	13/3	21/2	15/3
	雷声		19/4	18/4	16/4	1/5	28/9	13/10	23/10	4/10
	闪电		24/4	18/4	16/4	1/5	28/9	13/10	23/10	4/10
	寒冷开始		12/10	19/10	18/11	13/10				
	水面结冰		17/10			17/10				
水文	河上薄冰出现		31/10			29/11				
	土壤表面	开始结冰	14/11	27/11	11/12	18/11				
		春季解冰	13/3	10/3	27/2	12/3				
	河流封冻	开始结冰块	30/11			17/12				
		完全封冻	15/12			30/12				
	河流解冻	开始解冻	16/2			7/2				
		完全解冻	3/3			19/2				
	河流春季流水		18/2			14/2	5/3			21/2

资料：以隰县、吉县、尧都区、安泽县数据为代表。

从表2.54可以看到，临汾市主要气象物候现象有：秋季白霜，平均于10月上旬末首先在西山北部和东山地区出现，后延7天左右，西山南部出现；再后延10~15天，临汾盆地各县（市、区）出现。春季的终霜，平均于4月上旬初在临汾盆地首先出现；然后，西山南部、西山北部、东山地区才相继出现，其间隔时间分别为3天、9天和16天。临汾市冬季降雪现象，东、西山区开始于11月中旬，终止于3月底；平川地区开始于12月上旬末，终止于2月中旬末、下旬初。雷声、闪电，平川地区平均开始于4月中旬，结束于10月中旬；东、西山区平均开始于4月下旬至5月初，结束于9月底10月初，平川比山区来得早、结束得迟。

临汾市主要水文物候现象有：阴暗处能见到结冰的寒冷开始期，西山北部和东山地区出现在10月中旬初，西山南部出现在10月中旬末，平川地区要比东、西山区迟延30~40天，出现在11月中旬末。土壤表面开始结冰期，西山北部和东山地区，出现在11月中旬，西山南部出现在11月下旬，平川地区出现在12月中旬初。河流封冻，西山北部开始于11月下旬末，12月中旬河流完全封冻；东山地区，河流封冻开始于12月中旬，比西山北部后延10天左右，于12月底完全封冻，也比西山北部后延10天左右。河流解冻，西山北部开始于2月中旬，到了3月初完全解冻；东山地区于2月上旬开始解冻，2月下旬完全解冻，相比西山北部，均提前10天左右。河流春季流水，西山北部和东部山区均开始于2月中旬，但东部山区要比西山北部提前4~5天；河流春季完全流水，河床再无冰块，东山地区要比西山北部提前半月左右。

第3章
临汾气象灾害

气候是自然环境的一个组成部分，气候的变化对自然环境和人类活动既有有利影响，也有负面影响。当某气候要素值在演变过程中超过人们生产、生活设置和作物种群所能承受的程度时，便产生了气象灾害，人类受损，设施被毁，作物遭受灾害，带来经济上的损失，甚至威胁到人们生命财产安全。临汾市地处黄土高原，县境内山、川、丘陵并存，地形复杂，生态环境脆弱，受大陆性季风气候影响，气象灾害年年都有，年与年之间，不存在“有、无”之别，只有灾害种类及遭灾严重程度之差异。据统计：1990—1995年，气象灾害造成的损失占全市农、林、牧、渔业总产值的14.6%。临汾市气象灾害种类多，最常见的有干旱、暴雨（含洪涝）、大风、冰雹、寒潮、低温、霜冻、雪灾、雾灾、小麦干热风、龙卷、连阴雨、雷电、沙尘暴、高温酷热等。此外，还有由于气象灾害衍生的次生气象灾害，如由暴雨引发的山洪、山体滑坡、泥石流、城市渍涝；由雷暴引发的火灾；由高温引发的农业病虫害以及由大气污染引发的酸雨等。经统计，几种主要气象灾害平均每年受灾面积，在20世纪80年代及以前，占总耕地面积比例：干旱25.8%，冰雹2.5%，暴雨（含洪涝）3.0%，霜冻3.7%，大风1.0%。进入20世纪90年代以后，随着时间的推移，环境条件和气候本身的演变，一些气象灾害明显增多、加重，特别是干旱灾害，平均每年受灾面积占耕地面积比例，比20世纪80年代以前几乎增加1倍，达到46.8%；城市的高温（日最高气温≥35.0℃）酷暑天气，增多1.6倍。

3.1 干旱

干旱，是由于降水长时间偏少或者长时间不下雨，土地墒情极差，造成农作物卷叶、发黄、凋萎、枯蔫甚至死亡，农业减产，以致绝收，同时造成农村人畜饮水困难。干旱是临汾市诸项气象灾害中出现频次最多、受灾面积最广、遭受损失最严重的气象灾害，平均每年因干旱造成的损失是其他气象灾害总和的2倍。在中华人民共和国成立以前的临汾市各县（市、区）志中，“干旱灾情严重，人民逃荒流移”“赤地千里，饿殍遍野”“天旱无禾，饥者相枕，死者枕藉，乃诸县之惨状”等记载甚多。

3.1.1 干旱指标

给干旱划个统一的标准定出统一的指标是困难的，因为干旱属多学科问题。农业上称干旱，是依据本时段降水量、前期土壤含水量和作物生长需水量等3项因素来确定的，不同的物种和不同的生长期，均有不同的干旱指标。此类指标由于资料的原因，除在农业科学研究中应用之外，对于历史和现今的干旱，常常还是依据降水量多少来确认的，也就是气象干旱。气候上对于干旱至今也尚无统一精确的定义。气象工作者经常采用的是降水量距平百分率的方法来划分，即（$Rx/\overline{R}$）×100%来确认干旱的程度，Rx为某年（或季、月）降水量，$\overline{R}$为同一时段的累年平均降水量。《山西气候》一书中，以$Rx/\overline{R}\leqslant 50\%$为大旱，$Rx/\overline{R}\leqslant 51\%\sim70\%$为旱；山西省水文部门以$Rx/\overline{R}\leqslant 40\%$为大旱，$Rx/\overline{R}\leqslant 41\%\sim80\%$为旱。应用这一指标，虽然可以按降水量偏离平均值的大小，客观的划分出干旱、大旱和不旱，但是却反映不出平均降水量相同或接近情况下，降水量年际变差大的地方干旱要比变差小的地方干旱严重的这一特性，而且临汾市年（季）

降水量的变率很大，其值各县（市、区）也不尽一致，所以，本书采用降水量负距平法来划分和定义干旱。其计算公式为：

$$-\Delta\bar{R}=\frac{1}{N}\sum_{1}^{n}(Rx/\bar{R}) \tag{3.1}$$

式中，$-\Delta\bar{R}$：为降水负距平的均值；

N：年数；

Rx：某年（季、月）降水量；

$\bar{R}$：累年平均降水量。

按照负距平大小划分干旱等级为：

$2\times(-\Delta\bar{R})<(Rx-\bar{R})\leqslant-\Delta\bar{R}$，为干旱；

$(Rx-\bar{R})\leqslant2\times(-\Delta\bar{R})$，为大旱。

这样，既考虑了降水量的距平，也考虑了降水量系列变率，对气象干旱及干旱严重程度的表达将更接近实际。表3.1是根据负距平公式计算的临汾市及隰县、吉县、尧都、安泽等4代表站气候旱、大旱的指标。

表3.1 临汾市干旱、大旱的降水量指标/毫米

降水量	春		夏		秋		年	
县（市、区）	大旱	旱	大旱	旱	大旱	旱	大旱	旱
隰县	<18	18~47	<138	138~218	<31	31~81	<332	332~427
吉县	<33	33~62	<142	142~215	<44	44~92	<361	361~447
尧都	<30	30~56	<123	123~196	<38	38~80	<327	327~405
安泽	<60	60~92	<164	164~273	<56	56~104	<391	391~485
全市*	<25	25~54	<177	177~237	<50	50~92	<358	358~444

资料：以隰县、吉县、尧都区、安泽县数据为代表。

表3.1所划分出的仅仅是气候意义上的干旱指标，从降水量的多寡和负距平率的离散程度中区分出气候是旱还是大旱。至于干旱是否造成灾害及灾害的严重程度，还必须参照水利设施条件，作物种类及其生育期需水量等才能确定。这里，确定这样一个具有气候意义上的干旱、大旱指标，仅仅是为了分析年、季降水量对气候是否构成干旱、大旱，提供一个客观的判别依据，它和农业干旱、大旱有一定的联系，但不是一回事。例如春旱，临汾市春季（3—5月）平均降水量75毫米，若增加45%的正距平，达108毫米，按气候意义的旱涝指标判断，应属春季大涝年；但是，3—5月是小麦拔节、抽穗至腊熟的关键生育期，也是大秋作物和棉花播种、出苗期，此时段临汾市农业生产的最佳需水量150毫米，降水108毫米，还差28%，属干旱。从这个意义上讲，临汾气候的确存在“十年九春旱”的特征，因为临汾3—5月累计降水量≤108毫米的平均频率是59/65，恰约90%。

3.1.2 干旱种类和发生规律

干旱，按受旱地域大小区分，有局部（1~2个代表台站）干旱、大部（2~3个代表台站）干旱和全市（4个代表台站）干旱。

按干旱的强度区分，有干旱（降水量在20%～40%的负距平平均值）和大旱（降水量≤40%的负距平平均值）。

按干旱出现季节区分，有春（3—5月）旱，夏（6—8月）旱，秋（9—11月）旱，及春夏连旱，夏秋连旱，整年（1—12月）旱，连年旱。至于冬季是否干旱、如何划分？因为冬季寒冷、雪少，冰天冻地，植物停止生长。所以冬季气候是否干旱对农业意义不大，这里未做专门分析。

用1957—2021年实测降水量资料，按干旱、大旱指标，分春、夏、秋、年四类时段和局部、大部、全市3类地域进行统计分析。结果表明，临汾市在最近65年中，出现各类干旱、大旱的有54年，占83%，未出现干旱的有11年，占17%，干旱成了临汾市气候主要特征之一，也是临汾市最主要、最常见、危害最严重的气象灾害。

3.1.2.1 **春旱**

春季（3—5月），临汾市出现干旱的频率为67%，出现大旱的频率为4%，全市出现春季干旱的频率为37%，春季出现大旱的频率为5%，合计有37%的年份出现春旱，平均三年一遇。从隰县、尧都区、安泽县3个台站逐旬平均降水量曲线图中可以看到春旱出现时间。

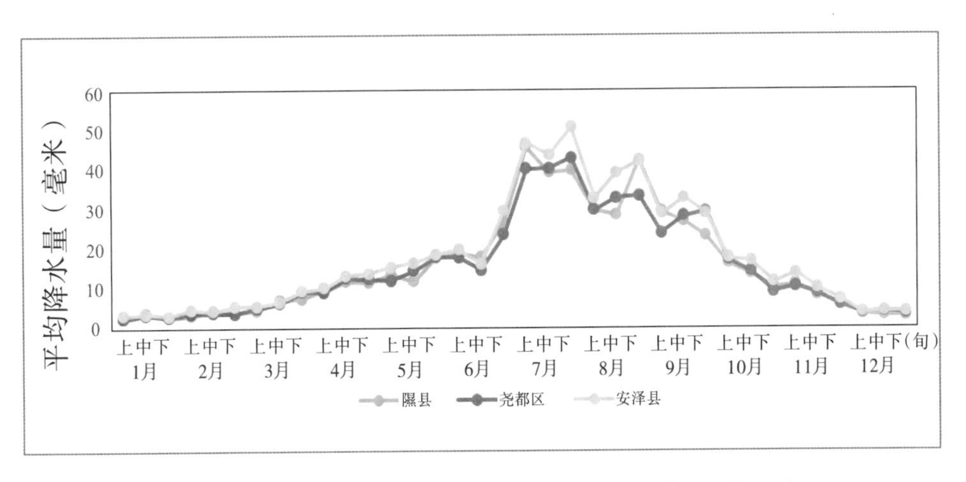

图3.1 隰县、尧都区、安泽县逐旬平均降水量曲线

由图3.1可知，大多在3月和5月中旬前后。3月降水少，平均降水量不足20毫米，但3月气温低，小麦才开始返青拔节，大秋作物尚未播种，降水量少，对农业影响不是太大。所以，春季的干旱灾害主要出现在5月中旬前后，此段正值小麦抽穗、孕穗至灌浆初期，是小麦需水量比较多的时期；同时，此段也是大秋作物和棉花等的播种、出苗期，同样需要充足降水，遇上少雨干旱对小麦、大秋生产都非常不利，对它们的产量都有负面影响。1962年、2000年、2001年这三年，临汾市遇上全市春季大旱，尤以2000年严重。这年，2月18日—6月18日持续121天没有一场透雨，全市平均降水不足40毫米，而且风

多、风大，先后3次出现沙尘暴，扬沙、风沙天气8天，土壤严重失墒，干土层达11厘米，蒸发大，干旱严重。这一年，隰县4.2万亩小麦减产80%，21.92万亩大秋作物田，只播种了10万亩，出苗的仅有2.8万亩，而且缺苗断垄严重；97个自然村、3.6万人、9000头大牲畜吃水困难。洪洞县，小麦减产3.5成，部分旱地绝收；尧都区、襄汾县小麦减产23%~44%。安泽县6.5万亩小麦，受灾面积5.4万亩，其中3.07万亩绝收，减产约70%；全县13.44万亩大秋田，其中，2.8万亩无法下种，2.1万亩秋苗不足50%，全县13条小泉小河断流干涸，16个自然村、近2万人、1万头大牲畜饮水出现危机。这一年春季大旱，给其他各县带来的灾害，与上述几县情况基本相同无水源灌溉的旱作农田灾情都非常严重。

3.1.2.2 **夏旱**

夏季（6—8月）临汾市出现局地干旱的频率18%，出现大部干旱的频率为20%，出现全市夏旱的频率11%，出现全市夏季大旱的频率3%，合计有51%的年份临汾出现夏旱，平均约两年一遇。从图3.1中可知，临汾市的夏季干旱，往往出现在6月和7月中旬，以及8月上旬。6月中旬正值临汾市小麦收获和大秋蹲苗时节，天旱对农业影响不是太大，农谚说“五月（农历）旱不算旱，六月（农历）连阴吃饱饭”，就是这个含义。此段天旱墒差，只对回茬、复播的小秋作物不利，稍有影响。而对临汾农业最具危害的夏旱是出现在7月中旬和8月上旬的伏旱，也有群众称之为“卡脖子旱”。因为7—8月，太阳照射最强烈、气温最高、蒸发蒸腾极旺盛，同时又是回茬玉米拔节抽雄、正茬玉米抽雄成熟、瓜果蔬菜生长最快、最需要水分的时节，遇上少雨干旱，大秋作物不仅因缺水分抽雄受阻，而且许多大秋、小秋作物将因高温少雨而干枯死亡，严重影响秋季农业产量、品质，农业遭灾损失严重。例如1997年，是典型的夏季大旱。这一年，永和县从3月中旬至7月中旬，120多天没有下过一场大于10毫米的降水，全县29万亩秋田，有6.5万亩未下种，有3.5万亩种后未出苗，有6万亩出了苗但缺苗断垄严重，而且后来难抵高温干旱危害，局部青苗干枯死亡。入秋后，地里的庄稼未熟先干，有的连种子都收不回来，全县秋粮减产32%，蔬菜、油料减产41%，300万株干鲜果树枝叶枯萎、落叶落果，使水果、红枣减产50%，同时果质差不易出售；因干旱牧草大面积干枯死亡，河流断水，造成牲畜、家禽的饲料和饮水不足，体质下降，抗病能力减弱，个别出现瘟疫，死亡大牲畜28头，羊26只，猪2826头，鸡6681只，给农民带来巨大经济损失。洪洞县，盛夏50天无降水，干土层达40厘米，全县复播面积减少35万亩，夏菜减产3成，秋作物10万亩绝收，减产5~8成，农业直接经济损失在1000万元以上。尧都区，7—8月连续无降水36天，夏旱严重，大秋有10%绝收，减产4成；棉花减产16%。安泽县，从4月开始，长达5个月降水连续偏少，总降水量比历年同期减少7成，干旱之重、持续时间之长、面积之广，历史罕见，全县秋粮受灾面积11.5万亩，成灾9.2万亩，减产3~5成的4.72万亩，减产6~8成的3.36万亩，绝收的1.12万亩；另外，还有1.5万亩复播作物无法下种，7万亩麦田无法伏耕；玉米单产减少23%。

3.1.2.3 秋旱

秋季（9—11月）出现局地干旱的频率为18%，出现大部干旱的频率为9%，出现全市秋旱的频率为12%，出现全市秋季大旱的频率5%，合计有40%的年份出现秋旱，大致三年一遇。秋旱出现时段东、西山区和平川地区不同步，东、西山区的秋旱主要出现在9月中旬。秋旱影响秋作物的颗粒饱满和正常成熟，影响秋粮产量和品质，同时，此时段正逢山区小麦最佳播种时期，遇上秋旱，特别是夏秋连旱或者是春、夏、秋连旱，干土层厚，小麦无法适时下种，势必影响山区小麦的播种率、出苗率和冬前分蘖，影响来年小麦产量；平川地区秋旱要比东、西山区偏迟一旬，常常出现在9月下旬，它对农业的负面影响和山区是一致的，影响秋作物颗粒饱满和正常成熟，影响秋粮产量和品质，影响小麦最佳播种时机。由于临汾市的小麦产量主要在平川，所以，秋旱影响小麦正常播种带来的危害后果，平川比山区严重得多。1957、1988、1998年，是临汾市当代秋旱最严重的3年。以1998年为例，夏秋连旱，灾情严重，永和县8—10月降水126.5毫米，只有历年同期降水的55%，全县5.92万亩小麦，有1.3万亩因干旱无法下种，2.8万亩缺苗、断垄，无苗、死苗现象严重。霍州市，自9月至次年5月降水30毫米，秋、冬、春连旱严重，18万亩小麦减产3成，其中师庄乡12500亩小麦总产量25万千克，亩产20千克，农民除去种子，所剩无几。吉县，9月20日至10月底降水6.8毫米，是历年同期降水量的1/6，11月又滴雨未下；气温却居高不下，9月平均气温19.2℃，较常年偏高2.9℃，10月偏高1.9℃，11月偏高2.8℃。土地墒情严重不足，据12月8日测定，正茬麦田10~20厘米土壤湿度仅36%~40%，回茬麦田墒情更差。严重秋旱使大量回茬麦无法下种，勉强种上也是缺苗断垄，掺杂不齐，悬根断根多，次生根少，冬前分蘖难以形成，给小麦越冬造成极大隐患，将严重影响来年小麦产量。

3.1.2.4 **年度干旱**

按年降水量计算出现局部年度干旱的频率17%，出现大部年度干旱的频率20%，出现全市年度干旱的频率14%，出现全市年度大旱的频率3%，合计年度出现干旱的频率46%（此频率与前面分季统计的频率部分有重复），接近两年一遇。若按春、夏、秋三季每季≥1个代表站出现干旱为整年旱的标准进行统计，临汾市从1957—2016年‘整年旱’共出现6次，分别是1957年、1965年、1986年、1991年、1997年和1999年。

临汾市连年旱也不少见，1986—1987年、1982—1983年、2007—2008年连续2年；1978—1980连续3年；1999—2002年连续4年都是连年出现全市干旱、大旱或者大部、局部干旱、大旱。详见表3.2。

表3.2 1957—2021年临汾市春、夏、秋、全年遭旱年份情况

年份	春季（3—5月）					夏季（6—8月）					秋季（9—11月）					全年				
	隰县	吉县	尧都区	安泽县	全市	隰县	吉县	尧都区	安泽县	全市	隰县	吉县	尧都区	安泽县	全市	隰县	吉县	尧都区	安泽县	全市
1957年				旱	局部旱			旱		局部旱	旱	大旱	大旱	大旱	大旱	旱	旱	大旱	旱	旱
1958年																				
1959年		旱	旱		大部旱							旱	旱	旱	大部旱					
1960年			旱		局部旱							旱			大部旱			旱	旱	大部旱
1961年																				
1962年	大旱	大旱	大旱	旱	大旱															
1963年							旱	旱		大部旱										
1964年																				
1965年						旱	旱	旱	大旱	旱	旱	旱	旱	旱	旱	旱	旱	大旱	大旱	大旱
1966年			旱		局部旱															
1967年																				
1968年			旱		局部旱	大旱		旱	旱	大部旱						旱				局部旱

续表

年份	春季（3—5月）					夏季（6—8月）					秋季（9—11月）					全年				
	隰县	吉县	尧都区	安泽县	全市	隰县	吉县	尧都区	安泽县	全市	隰县	吉县	尧都区	安泽县	全市	隰县	吉县	尧都区	安泽县	全市
1969年							旱		旱	大部旱										
1970年						旱	旱		旱	大部旱	旱	旱	旱	旱	旱		旱		旱	大部旱
1971年	旱	旱			大部旱															
1972年	旱		旱	旱	大部旱	旱	旱			大部旱	旱			旱	大部旱	旱	旱	旱		大部旱
1973年	旱	旱			大部旱															
1974年	旱				局部旱	旱	旱	旱	旱	旱						旱		旱	旱	大部旱
1975年																				
1976年																				
1977年												旱		旱	大部旱					
1978年									旱	局部旱									旱	局部旱
1979年		旱			局部旱						旱	旱	旱	旱	旱			旱	旱	大部旱
1980年														旱	局部旱				旱	局部旱

续表

年份	春季（3—5月）					夏季（6—8月）					秋季（9—11月）					全年				
	隰县	吉县	尧都区	安泽县	全市	隰县	吉县	尧都区	安泽县	全市	隰县	吉县	尧都区	安泽县	全市	隰县	吉县	尧都区	安泽县	全市
1981年	旱	旱	旱	旱	旱						旱				局部旱					
1982年		旱		旱	大部旱	旱				局部旱				旱	局部旱	旱	旱			大部旱
1983年								旱		局部旱			旱		局部旱	旱	旱			大部旱
1984年									旱	局部旱										
1985年									旱	局部旱										
1986年		旱			局部旱			旱	旱	大部旱						旱	旱	旱	大旱	旱
1987年								旱		局部旱						旱				局部旱
1988年											大旱	旱	旱	大旱	大旱					
1989年	旱				局部旱	旱	旱			大部旱						旱				局部旱
1990年						旱			旱	大部旱										
1991年						旱	旱	旱	旱	旱						旱	旱	旱	旱	旱
1992年												旱			局部旱					

续表

年份	春季（3—5月）					夏季（6—8月）					秋季（9—11月）					全年				
	隰县	吉县	尧都区	安泽县	全市	隰县	吉县	尧都区	安泽县	全市	隰县	吉县	尧都区	安泽县	全市	隰县	吉县	尧都区	安泽县	全市
1993年																				
1994年																				
1995年	旱	旱	旱	旱	旱						旱	旱	旱		大部旱			旱		局部旱
1996年			旱		局部旱															
1997年						大旱	大旱	大旱	大旱	大旱		旱			局部旱	大旱	大旱	大旱	大旱	大旱
1998年						旱				局部旱	旱	大旱	大旱	大旱	大旱					
1999年						旱	旱	旱	旱	旱						旱	旱	旱	旱	旱
2000年	大旱	大旱	大旱	旱	大旱											旱	旱			大部旱
2001年	旱	大旱	大旱	旱	大旱		旱	旱		大部旱								大旱	旱	大部旱
2002年							旱	旱		大部旱								旱		局部旱
2003年																				
2004年	旱	旱		旱	大部旱		旱			局部旱	旱	旱	旱	旱	旱	旱	旱		旱	大部旱

续表

年份	春季（3—5月）					夏季（6—8月）					秋季（9—11月）					全年				
	隰县	吉县	尧都区	安泽县	全市	隰县	吉县	尧都区	安泽县	全市	隰县	吉县	尧都区	安泽县	全市	隰县	吉县	尧都区	安泽县	全市
2005年																				
2006年														旱	局部旱					
2007年			旱	旱	大部旱													旱		局部旱
2008年						旱		旱	旱	大部旱				旱	局部旱	旱		旱	大旱	大部旱
2009年								旱	旱	大部旱										
2010年				旱	局部旱	旱	旱		旱	大部旱	旱	旱	旱	旱	旱	旱	旱		大旱	大部旱
2011年									旱	局部旱										
2012年							旱			局部旱				旱	局部旱		旱			局部旱
2013年													旱	旱	大部旱					
2014年																				
2015年				旱	局部旱	大旱	大旱	大旱	旱	大旱						旱	旱	旱		大部旱
2016年													旱		局部旱					

续表

年份	春季（3—5月）					夏季（6—8月）					秋季（9—11月）					全年				
	隰县	吉县	尧都区	安泽县	全市	隰县	吉县	尧都区	安泽县	全市	隰县	吉县	尧都区	安泽县	全市	隰县	吉县	尧都区	安泽县	全市
2017年																				
2018年									旱	局部旱	旱				局部旱				旱	局部旱
2019年	旱	旱	旱	旱	旱	旱	旱	旱		旱						旱				局部旱
2020年													旱	大旱	局部旱					
2021年																				
干旱频率/%	19	21	21	21	38	25	27	27	29	51	19	22	24	29	41	29	24	27	27	48
大旱/次	2	3	3		3	3	2	2	2	2	1	2	1	4	3	1	1	4	5	2
局部干旱/次					11					12					12					11
大部干旱/次					7					13					6					13
全市干旱/次					6					7					8					6
全市干旱频率/%					9					11					13					9
合计/次	12	13	13	13	24	16	17	17	18	32	12	14	15	18	26	18	15	17	17	30

资料：以隰县、吉县、尧都区、安泽县数据平均值为代表。

自1954年有气象记录以来，临汾市旱情、旱灾最严重的是1965年，全市年平均降水量278.5毫米，是历年平均降水量的20%，特别是秋季，降水量只有57.9毫米，只是历年同期平均降水量的34%，秋季农作物干枯遭灾严重，有农民描述这年农作物遭旱情景时说："只要划根火柴，就能将满地的庄稼点着。"

3.1.3 干旱时空分布

干旱的时空分布和降水量、气温的时空分布关系密切。降水量少、气温高，则干旱频繁、严重；反之干旱轻微。

受地理位置和地形影响，临汾市年降水量的分布是山区多，平川少；东山区又比西山区多；年平均气温的分布是平川高、山区低，西山区又比东山区低。所以，临汾市年度干旱以平川最严重，西山区次之，东山区相对轻微。但是，平川地区有比较丰富的地下水资源，水利设施完备，有近200万亩水浇地，抗旱条件好，抗旱能力强。所以临汾市遭受干旱灾害最严重的是平川的旱作农田，其次是西部丘陵区，东部山区最轻微。

按季节分布：临汾市以夏季出现各类（局部、大部、全市）干旱的频率最大，达51%，属两年一遇；其次是春季和秋季干旱，它们出现各类干旱的频率分别是37%和40%，属五年两遇或三年一遇。群众中流传的"十年九春旱"的谚语，是指农业意义上的春旱，意思是说：十个春季的降水量有九年是不能满足临汾春季农业正常生产所需的降水量，出现干旱（详见前面第三节气候资源内季降水量）。

3.1.4 干旱成因

临汾市地处黄土高原，海拔多在430～1000米，东、北、西三侧是山，南侧是川，离最近的海洋（黄海）相距800多千米。黄海在临汾市东侧，属临汾市主导风向的下风方，它与临汾市之间阻隔着海拔1500多米高的太行山，东部洋面上的湿润气流要进入临汾市上空，必须翻越太行山；临汾市的东南方向有海拔1200多米的中条山阻隔。这样的地理位置和地形，决定了临汾市的降水不能有同纬度的山东平原那么多，更不能像东南沿海那样丰富。年平均降水量530毫米左右（隰县、吉县、尧都区、安泽县平均值），当年降水量少于440毫米，就出现气象干旱，当年降水量少于360毫米就出现气候大旱。旱与大旱出现或不出现，主要取决于当年（季、月）的大气环流特征。冬季，蒙古经常维持一个强大的冷高压，它向东南伸展的高压脊，常常控制着我国华北、华中，有时甚至控制整个中国。临汾市常处在此高压脊内，气候寒冷干燥。随着春季的到来，蒙古的冷高压渐渐减弱，暖气流渐渐北抬，冷空气渐渐北撤。但是，有的年份虽然进入春季，气温升高快，但冷空气活动依然频繁，阿留申南伸的低压槽在我国东北平原停留形成一个冷低压，它南伸的低压槽常常比较稳定的位于华北东部至长江口一线，一股股干冷空气从东北低压后部顺华北低压槽一次次南下，临汾市受它影响，天气晴朗多风多风沙，气温回升快，蒸发、蒸腾大，形成了春季干旱。到了夏季，对临汾市夏季天气有直接影响的是横“躺”在长江流域的太平洋向西伸展的副热带高压脊和青藏高压。当海洋上暖空气势力强盛时，太平洋副热带高压脊西伸、北抬，位置偏北、偏西，临汾市受它影响或控制，虽然空气湿润，也是偏南气流，但是得不到冷空气南下配合，天气晴朗，高温闷热，不下雨，形成夏旱。进入秋季，大气环流朝向冬季过渡。遇到秋季冷空气活动势力弱、南侵迟，太平洋副热带高压西伸脊迟迟不南撤东退，或者青藏高压常常分裂小高压东移与其合并加强，临汾市受它影响，常常出现“秋老虎”天气，气温居高不下，天气久旱不雨。历年最常见的9月中旬前后的秋季干旱，就是在这种大气环流背景下产生的。

3.1.5 干旱对策

临汾市有耕地1000万亩，其中无灌溉设施靠天然降水生长作物的有800多万亩，占总耕地面积的80%以上。可见，临汾市粮食生产以旱地作物为主，而且农业高产稳产的潜力，也主要在旱地农业。农作物对需水量是比较敏感的，行之有效的抗旱对策，对缓解干旱、减少农业损失将起到积极作用。

第一，提倡大力植树造林、种草绿化山岭，进行林、草、牧综合改造，改善生态环境；治理水土流失，增加土壤含水量，涵养水源，提升地下水，以提高土壤耐旱抗旱能力。

第二，动员社会树立节水意识，建立节水机制，发展节水技术和节水农业，强化渠道防渗和管道化建设，改造自流灌溉和满地灌溉，推行喷灌、滴灌、渗灌，将有限的水资源，灌溉更多农田；同时要推行地膜覆盖等新技术，逐步建立节水型农业。

第三，因地制宜，因自然降水量制宜，大力发展临汾旱作农业。通过改土、增肥、选种、覆盖等技术，来提高旱地的生产水平和抗灾能力。据中国科学院水土保持所试验，当耕作层土壤有机质含量为0.5%时，每毫米降水只生产小麦0.26千克/亩；当耕作土层土壤有机质含量为1.0%时，每毫米降水生产小麦0.65千克/亩；当耕作土层土壤有机质含量为2.0%时，每毫米降水生产小麦0.9千克/亩。可见，大面积旱地增施有机肥，是提高有限降水量有效利用率的主要途径之一。

第四，开发空中水资源，开展人工增雨作业。它既可以应急于抗旱，缓解以致消除旱情；也可以常年伺机作业，增加水资源，增加土壤含水量和水库容量，以备旱时浇灌。临汾市气象部门自1993年重新开展人工增雨作业以来，年均增雨5000万~1亿立方米，在多次春旱、秋旱严重，影响大秋、棉花或小麦适时播种的关键时刻，人工增雨作业起到了关键作用，缓解甚至消除干旱，使春播或秋播得以顺利进行，收到很好的经济效益和社会效益。

3.2 暴雨（洪涝）

暴雨是指强度大的降水，气象部门规定：1小时降水量达到或超越16.0毫米、12小时降水达到或超越30.0毫米、24小时降水达到或超越50.0毫米，都称之暴雨。日降水量≥50.0毫米的一次暴雨过程，称之暴雨日。暴雨日降水量在100.0~249.9毫米的称为大暴雨；暴雨日降水量≥250.0毫米的称为特大暴雨。

3.2.1 暴雨成因

形成暴雨要有两个条件，一是要有源源不断地水汽输送；二是要有使水汽抬升凝结的动力。因为下暴雨的云和下小雨、中雨的云不一样，下暴雨的云是冰粒和水的混合物，这种云的形成和保持必须要有足够多水汽的补充和造成水汽凝结的动力，缺一不可。一般水汽的补充须持续强劲的偏南暖湿气流，造成水汽凝结的动力来自北方冷空气的活动。所以，北南冷暖气流的交汇常常是产生暴雨的最基本条件，而且这两个条件越充分，形成暴雨的可能性就越大。临汾市同时具备这两个条件产生暴雨天气多半出现在7月、8月。因为每年进入7月，随着太平洋副热带高压一年中最强盛时期的到来，它西伸脊后部水汽充沛的偏南气流也随之西伸北进，7—8月正控制或影响着临汾市，使临汾市空气中具有了丰富的水汽；这时若遇有冷空气南下，插入暖湿气流之下作为动力，强迫暖湿空气向上抬升产生冷却凝结，并可产生暴雨。另外，遇有强辐合上升气流，或者因地面受热不均、暖空气产生上升扰动等，均可产生暴雨，但是其强度、范围，一般都比较小。临汾市内由于地势差异大、地形复杂，暴雨具有明显的地域性，以范围小、强度大的局地性暴雨居多，全市17个县（市、区）任何一处都可能出现暴雨，但17县（市、区）同时出现暴雨的情况迄今暂无观测记录。

3.2.2 暴雨种类和特性

临汾市暴雨主要有两种类型，即局地性暴雨和区域性暴雨。盛夏季节，霎时乌云密布，狂风大起，雷电交加，阵雨将至甚至还夹有冰雹，随后雨势加大，几十分钟或一两个小时降水几十毫米，形成暴雨。这类暴雨的特性是降水时间集中，降水地点集中，暴雨范围小，时间短，来势猛，去得快，过后天空放晴一切如故。这类属局地性暴雨，在6—7月最常见，一般不形成严重灾害，即使有农田被冲毁、庄稼受损，也不致太严重。若遇上干旱年份，有这样一场局地暴雨，对缓解旱情很有好处，对于农业生产往往利大于弊。还有一类暴雨，开始的时候也往往是雷电交加，雨势强猛，但随后雨强时大时缓，降雨时间持续较长，一般在10来个小时甚至以上。此类暴雨常出现在夏末至秋初的8—9月，最迟可在10月上旬出现，特点是，雨强时大时缓，降水时间长，累计降水量大、暴雨范围比较广，常常几个县（市、区）同时出现，属区域性暴雨。此类暴雨对农业的灾害往往比较大，常常冲毁梯田、沟坝，冲刷庄稼、道路，而且容易引起山洪暴发，山体滑坡、泥石流等次生气象灾害；在平川容易破坏河道坝防，淹没农田，倒塌房屋、围墙，中断通信交通运输等，给人民生命财产带来严重损失。

3.2.3 暴雨强度

暴雨强度就是单位时间内的降水量，通常以几分钟内降水多少毫米来表征，例如：60分钟内降水达到或超过16.0毫米，就称之暴雨。暴雨强度的大小和暴雨灾害的严重程度息息相关，所以在农村，规划计算农田水利工程设施，如建造水库、桥梁、涵洞、堤坝及城市，规划溢洪、下水道等，都需要当地暴雨强度资料作为重要依据。

临汾市17个县（市、区）气象台站，自建站至2021年，以分钟为单位的各时段最大降水量（即降水强度），统计于表3.3。

表3.3 临汾市各县（市、区）各时段降水量极大值/毫米

地域	县（市、区）	5分钟	10分钟	15分钟	20分钟	30分钟	45分钟	1小时	1.5小时	2小时	3小时	4小时	6小时	9小时	12小时	24小时
西部山区	永和	10.0	14.6	21.1	24.3	30.2	35.2	40.2	44.1	48.2	55.4	70.3	91.7	110.9	125.6	187.5
	隰县	14.1	28.7	30.5	33.3	42.3	48.3	58.5	70.1	70.3	70.3	73.1	81.3	103.3	110.8	140.2
	大宁	18.1	28.9	33.4	40.1	51.3	65.7	73.0	78.0	78.9	82.8	83.7	83.7	90.0	91.0	127.2
	吉县*	13.8	21.6	26.5	29.1	31.1	42.1	49.9	54.8	59.2	70.2	80.9	102.0	107.6	109.3	151.3
	汾西*	16.6	26.0	34.9	42.9	59.1	80.4	88.3	88.9	88.9	88.9	88.9	88.9	88.9	104.6	160.0
	蒲县	14.0	20.2	24.6	26.7	29.1	32.5	40.1	51.3	54.5	59.8	63.5	65.8	76.3	79.4	128.9
	乡宁*	10.4	19.4	29.1	38.8	54.8	75.9	84.5	97.7	103.4	103.7	103.7	103.7	108.8	111.2	190.3
中部平川	霍州	12.2	18.7	21.4	27.4	33.1	35.7	38.4	40.0	40.0	49.1	64.8	88.3	112.1	129.0	138.4
	洪洞	13.1	23.9	29.6	33.9	39.0	41.5	42.7	44.0	49.3	53.4	60.2	78.9	84.4	84.4	141.7
	尧都	18.4	33.0	44.3	50.7	67.2	83.0	89.9	93.5	94.9	97.0	97.9	98.0	98.0	98.0	105.7
	襄汾*	15.9	27.7	34.9	42.2	52.0	63.9	74.6	83.7	86.0	87.9	101.7	123.1	127.5	129.5	134.4
	侯马*	11.5	17.9	25.3	30.4	31.5	38.6	49.1	67.8	74.0	93.7	105.5	118.4	123.5	136.2	158.4
	曲沃	20.4	30.4	35.0	37.0	46.3	47.1	51.5	55.1	63.8	93.5	101.8	126.8	139.9	157.3	167.5
	翼城	11.016	16.0	25.3	28.8	34.4	40.0	42.5	44.4	44.4	45.0	48.7	51.8	73.9	92.2	122.1
东部山区	浮山	14.0	20.2	24.6	26.7	29.1	32.5	40.1	51.3	54.5	59.8	63.5	65.8	76.3	79.4	128.9
	古县*	21.0	29.1	39.6	42.6	52.9	59.9	60.2	60.7	61.0	62.3	63.0	64.5	77.7	96.9	128.8
	安泽	9.8	16.2	23.3	30.1	39.1	53.5	56.9	67.3	80.9	96.7	106.6	114.8	166.4	169.1	178.8
全市		21.0	30.4	39.6	42.6	54.8	75.9	84.5	97.7	103.4	103.7	106.6	126.6	166.4	169.1	187.5

注：*表示降水自记资料有短缺。

表3.3的降水强度资料，取自各气象台站累年降水自记记录，表中显示，临汾市极大暴雨强度很大，5分钟的最大降水量可达21.0毫米（古县，2003年7月18日22时30分至22时34分），超过1小时降水量16毫米达暴雨标准的31%；2小时的最大降水量可达103.4毫米（乡宁

县，2003年8月24日13时43分至15时42分），超过日降水量≥100.0毫米的大暴雨标准。暴雨强度越大，造成水土流失、农田、庄稼被冲毁越严重，造成的灾害和损失也越大。

3.2.4 暴雨时空分布

暴雨是季节性气象灾害，它多产生在夏季至初秋空气潮湿、气温较高的季节；它常需要有冷空气活动相配合，但平时气温又不能过低，过低的气温不利暖湿气流爬升冷却；同时暴雨也受地理位置和地形环境影响，在相同的纬度距海洋近处比远处暴雨多，地势高处比低处多，相向暖湿气流处比背向处多。所以，临汾市的暴雨分布具有明显的季节差异和地域差异。

临汾市属内陆半干旱季风气候，每年出现暴雨的次数不多，大暴雨就更少了，特大暴雨未有观测记录。经暴雨资料统计，各县（市、区）平均每年出现暴雨0.9天。累年中出现暴雨次数最多的是1958年，该年6—8月，尧都、安泽、侯马、蒲县等4县（市、区），先后各出现暴雨（含大暴雨）达5次之多，该年7月16日，尧都区降水104.4毫米，达到大暴雨标准，此记录，至今还保持着尧都区累年中日降水量的最大值。

临汾市各县（市、区）除1955年没有出现暴雨外，其他年份均有暴雨出现。大暴雨的次数非常少，64年来只出现了56次，平均每年不到一次。

临汾市以局地暴雨居多，1~2县（市、区）出现暴雨的频率达81%，3县（市、区）及以上同时出现的区域性暴雨只占19%。1983年5月14日一次区域性暴雨，吉县、乡宁、蒲县、汾西、霍州、洪洞、尧都、襄汾、侯马、曲沃、翼城、浮山、古县、安泽等14个县（市、区）日降水量51.8~72.1毫米，是临汾市累年中暴雨面积最广、波及县（市、区）最多的一次。此次暴雨造成平川小麦成片倒伏，尤其是浇灌过水的麦田，倒伏更加严重；山区小麦正逢扬花灌浆期，影响严重，该年全市小麦受损2~3成。

临汾市暴雨的强度一般都不大，日降水量在50.0~99.9毫米的一般暴雨占暴雨总次数的93%；日降水量在100.0~249.9毫米的大暴雨，只占暴雨总次数的7%。这类大暴雨全市累只有56天，在过去的63年中，安泽县出现过6次，隰县、汾西出现过5次，其他14个县（市、区）多数为2~4次（天）；日降水量≥250.0毫米的特大暴雨，全市各县（市、区）气象台站迄今尚无观测记录。1981年8月15日永和县降大暴雨16小时，降水量187.5毫米，是迄今为止观测记录到的全市累年暴雨强度最大的一次。其他各县（市、区）累年暴雨强度最大值及其出现时间，详见表3.4。

表3.4 临汾市各县（市、区）最大暴雨及大暴雨天数

地域	县（市、区）	最大暴雨		累计大暴雨天数/天	资料年限/年
		日降水量/毫米	出现日期/年.月.日		
西部山区	永和	187.5	1981.8.15	3	1974—2021
	隰县	140.2	1963.8.29	5	1957—2021
	大宁	111.8	1981.8.15	3	1973—2021
	吉县	151.3	1971.8.20	3	1957—2021
	汾西	160.0	1992.8.31	4	1972—2021
	蒲县	115.1	1972.8.25	1	1957—2021
	乡宁	138.6	2020.8.6	5	1972—2021
	霍州	137.5	1981.8.15	1	1972—2021
	洪洞	141.7	1960.8.2	4	1958—2021
中部平川	尧都	104.4	1958.7.16	2	1954—2021
	襄汾	136.2	1984.7.17	2	1974—2021
	侯马	158.4	1998.7.8	4	1957—2021
	曲沃	166.3	1996.7.31	2	1977—2021

续表

地 域	县（市、区）	最大暴雨		累计大暴雨天数/天	资料年限/年
		日降水量/毫米	出现日期/年.月.日		
	翼 城	122.1	1958.7.16	4	1957—2021
东部山区	浮 山	139.9	2017.7.27	2	1972—2021
	古 县	128.8	1989.8.16	3	1977—2021
	安 泽	178.8	1996.7.31	6	1957—2021
全 市 平 均				3.2	

分析表3.4可知，临汾市各县（市、区）暴雨强度最大值出现的时间，存在明显地域差异，西部山区和中、东部的北部（洪洞县、霍州市、古县）累年暴雨强度最大值均出现在8月，而尧都区—浮山县—安泽县一线及其以南的县（市、区）则都出现在7月。

临汾市暴雨以7月出现最多，占年暴雨总次数的44%，其次是8月，占32%，再次是9月和6月，分别占12%和7%；除此之外，4月和10月都曾出现过暴雨，其中侯马市1993年4月30日降水58.5毫米，是全市累年暴雨中出现时间最早的1次；2021年10月6日隰县、大宁县、蒲县、汾西县、霍州市5县（市、区）分别降水59.8、68.9、68.7、77.2、65.5毫米，是临汾市累年中最晚的暴雨。临汾市各县（市、区）累年各月出现暴雨日（次）数和出现暴雨最早、最晚日期及其降水，分别列表于3.5和表3.6。

表3.5 临汾市各县（市、区）各月暴雨日数/（天/年）

地域	县（市、区）	4月	5月	6月	7月	8月	9月	10月	合计
西部山区	永和		1	2	20	11	5	2	41
	隰县		1	3	22	15	3	2	46
西部山区	大宁			5	16	14	2	4	41
	吉县		2	2	21	23	10		58
	汾西		3	4	22	15	6	2	52
	蒲县		2	2	27	19	2	2	54
	乡宁		3	1	16	24	6		50
中部平川	霍州		1	2	17	16	2	2	40
	洪洞		2	4	28	15	5		54
	尧都		2	7	26	14	10	1	60
	襄汾		2	4	14	18	6	1	45
	侯马	1	4	5	20	17	9	1	57
	曲沃	1	2	1	16	7	5		32
	翼城		1	4	26	18	6		55
东部山区	浮山		2	1	18	14	6	1	42
	古县		1	2	23	5	5		36
	安泽		1	5	27	16	11	2	62
全市合计		2	30	54	359	261	99	20	825

表3.6 临汾市各县（市、区）暴雨最早、最晚日期

地域	县（市、区）	最早暴雨		最晚暴雨	
		出现日期/年.月.日	日降水量/毫米	出现日期/年.月.日	日降水量/毫米
西部山区	永和	1974.7.31	55.4	2021.10.5	76.4
	隰县	2021.6.14	57.4	2021.10.6	59.8
	大宁	2021.7.13	55.4	2021.10.6	68.9
	吉县	1958.7.16	87.4	2021.9.18	59.1
	汾西	2021.6.14	54.2	2021.10.6	77.2
	蒲县	1957.7.18	66.6	2021.10.6	77.2
	乡宁	1972.9.1	56.8	2021.9.26	52.3
中部平川	霍州	1972.7.8	51.1	2021.10.6	65.5
	洪洞	1958.7.16	52.7	2021.9.18	57.5
	尧都	1954.8.3	60.1	2021.9.26	53.3
	襄汾	2021.7.22	93.7	2021.9.26	61.1
	侯马	1958.5.31	61.5	2021.9.26	57.2
	曲沃	1980.7.28	88.1	2021.9.26	52.2
	翼城	1958.6.30	60.4	2021.9.26	54.9
东部山区	浮山	2021.7.11	56.3	2021.9.26	57.2
	古县	1977.7.30	79.1	2021.9.18	56.6
	安泽	2021.7.11	66.3	2021.9.26	50.3

3.2.5 暴雨地域分布

暴雨日（次）数多少的地域分布，和地理位置、海拔高度、山脉走向等关系密切。图3.2是临汾市各县（市、区）1954—2021年的年平均暴雨日（次）分布。

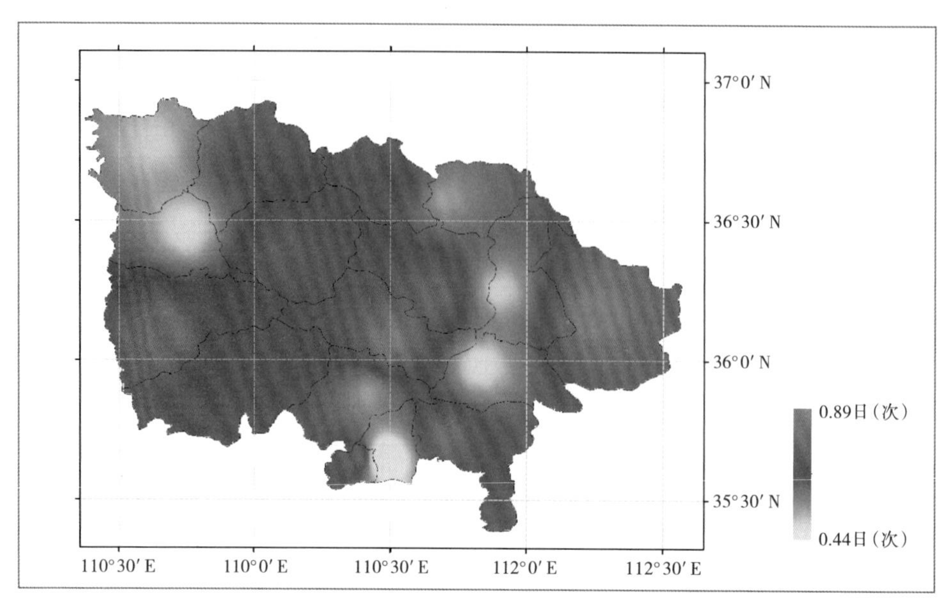

图3.2 临汾市各县（市、区）年平均暴雨日（次）分布

由图3.2可以看到，临汾市暴雨天气的多发区，呈现东北—西南走向，出现在从汾西经蒲县中、东部至乡宁县一线。因为这里属吕梁山南段余脉，海拔多在1000~1200米，山势呈北、南走向，东侧陡峭，西侧平缓，中间隆起属大背斜中轴区。因此，无论是从东侧或者东南侧进入临汾市的暖湿气流，到了这里，都有被抬升的效应，使暖湿气流向上爬升加强加快冷却凝结加剧，雨量增加雨强增大，所以这一带成了临汾市暴雨天气的高发区。而霍州至侯马、曲沃的临汾盆地中部，海拔多在430~570米，是临汾地势最低位置，无论从东侧、东南侧进来的暖湿气流，或者从西侧、西北侧进来的冷空气，在到达这里前的都曾作翻越大山（吕梁山，或太行山，或中条山）后的下沉运动。因此，这里增温、蒸发、除湿效应应运而生，对水汽凝结不利，对形成暴雨不利。所以，这一带是临汾市暴雨日（次）的低发区；同样道理，西山西部（隰县、大宁、永和、吉县）处在东和东南方向暖湿气流的背风坡，对降水不利。因此，暴雨日（次）要比西山东部迎

风坡明显减少。

3.2.6 暴雨灾害

临汾市地形复杂，山区、丘陵占总面积的80%，土质松软，植被覆盖率差，遇到骤急暴雨，容易引发山洪，冲毁农田、庄稼，毁坏道路、田坝；遇到连续性的区域暴雨，降水时间长、雨量大，容易形成雨涝，淹没农田，冲刷作物，毁坏公路桥梁，阻碍通信交通，倒塌房屋、围墙，甚至引发山体滑坡、造成严重损失。近年来随着城市工业和城市建设的发展，暴雨也常常造成城市渍涝，堵塞交通，水进库房、民宅等，损失很严重。

临汾市因暴雨、洪涝造成的受灾面积，平均占耕地总面积的2%。自20世纪50年代以来，比较严重的暴雨洪涝灾害主要发生在1958年、1961—1962年、1964年、1966年、1971—1973年、1975—1976年、1978—1979年、1981年、2002—2003年、2005—2007年、2011—2014年、2016年、2021年，平均十年一遇，以20世纪70年代、21世纪00年代和21世纪10年代最为频繁。

1956年，6月23—26日，翼城连降大雨、暴雨，麦堆出芽寸余，麦垛腐烂。7月24日—25日，大宁县11个乡48个农业社遭受暴雨袭击，2.5万亩农田受灾。8月4—6日，襄汾县陶寺、大邓、夏梁、赵康、永固等20多个村受暴雨和冰雹袭击，714间房窑倒塌，6人死亡，3人受伤，冲走大牲口两头，猪10头，羊43只；冲毁水井2眼、水利工程31处、乡间道路10处、铁路桥梁一座，15620亩秋田无收成；翼城县降水129毫米，淹没房屋852间，窑洞894孔，砸伤8人，死伤牲口20余头；浮山、临汾（今尧都区）等县降水100毫米以上，淹没秋田1.97万亩，棉田0.21万亩，冲坏坝堰2844处；蒲县，昕水河、北川河洪水冲毁耕地21万亩，房屋60余间，淹死7人，伤8人，砸死牛22头，羊48只，冲走粮食2630千克；隰县大雨成灾。

1958年，7月1日乡宁县台头暴雨，降水量135毫米，洪水泛上街道，冲入商店、民房，有十几间民房倒塌；7月16日襄汾县、尧都区降暴雨，雨量（尧都区）104.4毫米，汾河洪峰达2450立方米/秒，滩地庄稼全部被淹，曹家公社焦彭村西门口和东门口水深1尺，冲坏围墙，少数房屋倒塌，土地冲毁，庄稼倒伏，秋粮减产4成左右。

1964年，6月11日，吉县暴雨，毁田6万亩，死16人，死大牲口39头，损坏房窑115间（孔）。7月4日暴雨，洪洞县农田被冲毁1万余亩。7月12日，大宁县3小时降水84.5毫米，有8个公社、38个大队、57个生产队共30131亩棉田、秋作物遭受损失。13日洪洞县、侯马市降暴雨，使侯马市北王庄玉米、棉花、谷子大范围被淹死，收获甚微。16日，曲沃县降暴雨，县北山山洪暴发，下坞村东沙沟堤溃，洪水进村，冲毁民房。17日侯马市暴雨，6个公社47个大队300个生产队连受暴雨、洪水灾害，塌房549间，窑洞56孔，围墙2599堵，淹没苗禾7471亩，冲毁休闲地600余亩，冲走粮食11325千克，农具588件，家具743件，霉烂出芽粮食75205千克，死亡4人，死亡猪羊119只。8月2日，霍州市暴雨、洪水成灾，谷子、荞麦被淹没，李曹、闫家庄、上乐坪三个公社受灾面积2587亩，其中棉田743亩，减产2万千克；秋粮遭灾面积1844亩，减产35万千克，塌窑25孔，压死猪3头，鸡50只，冲毁粮食500余千克。9月3日洪洞县暴雨，引发洪水，将刚刚建起的洪洞四清桥的两端桥毁路断，交通受阻。该年汛期，汾河水猛涨，襄汾段河堤崩溃，襄陵东村、李村等粮棉田被冲毁1031亩，损失6万元；蒲县北川河洪水高出河堤桥面1米多，洪水冲进县城内，糖业、饮食、百货、交电、医院等单位被淹，房屋倒塌，交通电信中断，直接经济损失20多万元。

1975年，7月20日夜至21日，永和、隰县、霍州、吉县、大宁、蒲县、尧都等7县（市、区）遭暴雨、洪水袭击，尧都区的吴村公社冲毁稻田610亩、毁房10余间，毁棉田1178亩、豆子地1170亩、谷子地21亩、树苗404亩；另外，土门、大阳、东郭等公社也暴雨成灾。

永和县因暴雨洪水，署益、桑壁、城关、坡头等4个公社20多个生产队的4900余亩农作物受灾，52孔窑洞倒塌，冲走大牲畜3头，羊209只，小麦2万余千克。霍州地面积水1尺余，山洪暴发，房屋倒塌79间，2人死亡，1人失踪，5人重伤；冲走压死猪羊185只、冲毁土地1900亩，有2000余亩高杆作物折断倒伏；县城内最低处水深2米，11个单位被淹，什林、陈村、师庄大队等部分社员住宅进水；大沟煤矿冲走马车一辆，骡子4头，原煤21000吨，焦炭6400吨，坑木460立方米，水泥98吨。20日20时汾河大水猛涨，洪峰达2350立方米/秒，太仙河水力冲填实验坝被冲毁，石城电站、自来水厂被淹，全县冲走柴油机7台，水泵10台，冲毁堤坝24条，水渠244米，畜圈倒塌压死羊68只，猪21头，冲毁桥梁2座，县城交通受阻，停供水电，直接经济损失60余万元。吉县冲垮公路桥梁2座，县级公路11千米，冲走2人，牛2头，羊200只。汾西20、21日降暴雨101.3毫米，受灾面积5.4万亩，冲毁石坝810条，倒塌房屋26间。隰县暴雨、洪水成灾，5670亩大秋作物被毁，冲坏公路、桥梁、堤坝、水库、房窑多处，投资百万元的黄土公社改河工程被冲毁，全县6个公社、40个大队、124个生产队损失严重，总受灾面积2566亩，水库2座，渠道4条，石坝11条（计12300米），土坝68条（计2720米），人畜饮水工程3处，桥梁3座，房屋窑洞倒塌68间（孔），冲走小麦7250千克，平板车10辆，牲畜74头，76户民房进水被淹。蒲县中山公社因暴雨，引发康峪生产队山体滑坡，30余间土窑倒塌。8月17、18日，蒲县、吉县相继出现暴雨，蒲县克城、公峪公社遭受洪灾，冲毁河堤7条；吉县损坏房屋500余间（孔）。

2003年，造成严重灾害的暴雨，主要出现在8月23—26日，过程降水量全市平均160.9毫米，接近年均降水量的三分之一。强暴雨位置主要在西部山区，日降水量最大之所在县，开始在平川北部，后三天在西部山区：23日，全市出现大暴雨，其中蒲县、汾西、古县、霍州暴雨，霍州市日降水量77.5毫米，是当日最大；24日，全市出现大到暴雨，其中乡宁县日降水量106.7毫米，全市最大；25日，全市出现大到暴雨，永和、大宁、隰县、蒲县、吉县、汾西、古县、安泽、浮山、霍州、洪洞、尧都、襄汾等13个县（市、区）暴雨，蒲县日降水量97.9毫米，为当日最大；26日全市继续出现大到暴雨，其中隰县、蒲县、吉县、安泽暴雨，蒲县日降水量90.3毫米，继续为全市最大。

这次全市性连续4天暴雨，强度之大、范围之广、持续时间之长，累年罕见，造成经济损失非常严重：洪洞县房屋、围墙倒塌，农田淹没，道路冲毁；蒲县引发山体滑坡，窑洞、房屋被淹，人员死亡，民宅进水，公路裂缝下陷，桥梁、涵洞被毁，交通、电信设施被毁严重；霍州市受灾人口45740人，成灾28312人，受伤21人，死亡8人，房屋、窑洞倒塌472间（孔），被损1557间，农作物受灾68100亩，绝收16200亩，直接经济损失3370余万元；吉县，房屋坍塌多处，人员伤亡4人，财产损失百万元以上，国道309线山体滑坡，阻塞公路交通，县、乡间公路被毁更惨，苹果园房屋、围墙倒塌无数；隰县8个乡镇冲毁大秋田2900亩，其中2610亩大秋绝收，冲毁各种经济林5000余株，死牛40头，羊130只，冲毁骨干坝300米，城南12户居民家进水，3户房屋地基下沉，倒塌围墙108米；尧都区45380亩农田受灾，其中农作物受灾面积35980亩，经济作物9400亩，日光室倒塌1542栋，房屋倒塌3800多间，造成危房4386间，冲毁村级公路70多处，50余千米，冲毁桥梁8座，直接经济损失超过1000万元；襄汾县古城镇东侯村山洪进村，50多户村民庭院进水，15间房屋倒塌，25间裂缝成危房，冲毁农田5500亩，直接经济损失超过50万元。

临汾市除了区域性暴雨灾害，更多的是局地性暴雨灾害，不仅雨水比较多的年份发生局地性暴雨比较多，即使雨水比较少的干旱年份，也是“旱中有涝”，会出现局地性暴雨灾害。比较严重的有

1976、1977、1981、1987和1997年，其中，1981年8月15日永和县暴雨灾情非常严重。这一天，永和县下暴雨、大雨16个小时，降水量达187.5毫米，全县倒塌房屋、窑洞450间（孔），畜圈160间，被水冲走、死亡2人，伤亡牛13头，羊364只，冲毁道路40条；全县11个公社中的10个交通中断，冲毁树木450株，淹没林苗88亩，冲毁秋庄稼和沟坝地4600亩，其中绝收的3300亩；冲毁桥梁一座，冲走水泵1个。暴雨给永和县带来摧毁性的破坏，经济损失严重。

1987年，全市降水458毫米，比历年平均值少73毫米，属略旱年景。9月1日浮山县东北部的北王、柏寺、乔家垣、城关、东腰、米家垣、史演河等村遭受大风暴雨袭击，7个乡镇大秋作物受灾面积17450亩，晚秋作物受灾面积16100亩，其中高粱、谷子、豆类减产6成以上，无收成面积12000亩；淹死牲口2头，猪羊158头（只），兔1200只，鸡1560只；冲毁耕地5800亩，其中庄稼地9.5亩，冲毁麦田4100亩，损失小麦7.5万千克；倒塌房窑33间（孔），损坏房窑435间（孔），冲走树木15300株，冲倒电杆147根，冲毁公路187千米，直接经济损失逾百万元。

1997年是中华人民共和国成立以来临汾市降水量最少、干旱最严重的一年。汾西县年降水量288.1毫米，是历年平均值的54%。但是局地性暴雨灾害依旧很严重，5月6日，它支、勍香、康和、对竹4个乡镇遭受暴雨袭击，降水半小时，平均降水量80毫米，它支乡超过100毫米。4个乡镇32个村、52个自然村遭灾，冲毁、淤积和淹没农田11598亩，其中冲毁漫没秋田、苗田8800亩，冲毁地膜覆盖玉米823亩，毁坏各种水渠9900米、各类堤坝160条计8670米，冲坏改河造田工程260亩，冲毁公路15处计30千米，造成直接经济损失230余万元。

2010年7月31日，汾西暴雨，造成许多地方道路损坏，村民房屋进水。僧念镇逯双庆万只养鸡厂552平方米的鸡舍倒塌，仅此一项就损失20万元。8月1日，尧都区降雨96.4毫米，伴随着雷电、大风天气，造成850多户人家进水，房屋倒塌194间，农田受损14400多亩，40多条供电线路停电，变压器遭雷击，道路冲垮，2000余米防渗渠冲毁，汾河加油站积水达50厘米，无法正常运营。

2011年7月16日，永和县局地出现大风、暴雨、冰雹极端天气。暴雨造成围墙倒塌、房屋进水、淤泥漫路；冰雹造成农作物光杆现象；大风造成经济林折枝、标语牌脱落、苹果和枣等落果、农作物倒伏。根据民政局资料，全县受灾人口1.37万人，农作物受灾面积4.42万亩，成灾40.2万亩，绝收1.37万亩；经济林受灾1.49万亩，成灾1.36万亩；雨水进房屋157户，冲毁房间20户；损坏乡村和田间道路70千米，桥涵洞4座，生产坝87座；死亡羊123只，大牲畜2只，造成直接经济损失3645.36万元，其中农业损失2177万元，基础设施损失1468.36万元。

2012年5月8日，隰县阳头升乡下崖底村突降特大暴雨，暴雨持续1小时，期间夹杂冰雹，冰雹直径2厘米，持续十几分钟，1小时降雨量达62.8毫米，平地起水最深处1.7米，平均水深15厘米，受灾面积1557亩，绝收面积500亩，受灾户260户，受灾人口980人，直接经济损失50万元。7月8日，永和县多个乡镇出现大于200毫米的降水量，全县受灾人口达6700人，农作物受灾面积达1340公顷，成灾面积580公顷；房屋倒损392间，其中倒塌162间，损坏230间，涉及347户，直接经济损失达1455万元，集中安置448人。7月13日，隰县出现雷阵雨天气，局地出现强对流天气，洪水冲入苇子坪60户家中，受灾人口210人，损坏房屋50间，经济损失总计180万元。

2013年7月8—15日，大宁县连续出现降水天气过程，过程总降水量达200毫米以上，倒塌房屋0.0052万间，转移人口879人，直接经济损失0.07178亿元；作物受灾面积2.07公顷，成灾面积0.6公顷，经济损失0.031亿元；公路中断105条，损失0.0521亿元。7月8—14日，永和县多个乡镇出现大于200毫米的降水量，多地出现暴雨。全县受灾人口达19653人，农作物受灾面积达2339公顷，成灾面积1000公顷；房屋倒损2903间，涉及1858户，其中倒塌380间，涉及280户；损坏2523间，涉及1578户。直接经济损失9044.4万元，其中农业损失1520万元，基础设施4770.4万，家庭财产2202万元。公益设施损失552万元。7月8—15日，隰县8个乡镇均遭受多年不遇的连续降雨，18427.7亩农作物受灾，16706亩农作物绝收。道路损坏140余千米，冲毁大小桥梁8座、堤坝20余处、鱼塘2个、水塔1座、损坏大棚21座、淹没吃水井7眼（龙泉镇、下李乡、阳头升乡共造成1000余人饮水困难。倒塌房屋145间，损坏房屋1626间。全县受灾人口达36200人，成灾人口达19997人。灾害造成直接农业经济损失达3397.14万元，房屋、基础设施、财产等其他损失3118.96万元，共计造成直接经济损失6516.1万元。7月18日，霍州市境内出现了暴雨天气过程，倒塌损坏房屋248间、损坏桥梁涵洞7座、冲毁农田1500亩。7月25—26日，隰县出现了强降雨过程，大部分地区累积降水量已经达到50毫米以上。全县农作物受灾面积29198亩，其中农作物成灾面积15803亩，农作物绝收面积13395亩。倒塌房屋478间，倒塌房屋户数318户；损坏房屋3329间,损坏房屋户数1010户，紧急转移安置人口4786人，其中，分散安置4481人，集中安置305人。此次灾害造成全县受灾人口达29015人。灾害造成直接经济损失达8992万元，其中农业经济损失3530万元，基础设施、公益设施等共计5462万元。

2015年8月2日，永和县出现强降水天气，全县受灾人口达14897人，造成直接经济损失2906.7万元。其中，农业损失1145万元，农作物受灾面积18830亩，成灾面积7800亩，绝收面积2850亩。家庭财产损失111万元，3户4间房屋倒毁，7户17间房屋不同程度损坏。基础设施损失1333.2万元，骨干坝、中型坝坝体多处冲毁、冲坑严重，受损石方达600立方米，土方达5万立方米；县、乡、村公路及田间路冲洞、塌陷、挡土墙决裂、边沟冲毁等114处，路面泥石流约

12万平方米。市政公益设施损失318万元：街巷钻空、冲毁、塌陷320米，城区供水管网损毁150米、集中井10个，城区明排水管网全部堵塞，其他公用设施多处受损。

2016年6月15日，隰县947亩玉米地被淹没(包括石村95亩、黑桑村500亩、习美村192亩、陡坡村160亩)，经济损失达66.2万元。田间道路冲毁38千米（包括石村20千米、黑桑10千米、陡坡村8千米），石村、班家庄通村道路出现三处坍塌，给村民生产生活带来极大不便。陡坡村内排水渠冲毁，雨水没入十余户农户家中，造成直接经济损失3万元，其中一家为养猪而储存在仓库的2吨饲料、25吨玉米受水浸泡，直接经济损失达2万余元。

2016年7月19日，受强降雨天气影响，隰县8个乡镇农作物不同程度受灾。沿川河道附近农田冲毁，沟坝地淹没，农作物淤漫，受灾农作物主要有玉米、西瓜、大豆等大秋作物。初步统计，全县受灾面积12000亩，成灾面积9000亩，绝收面积3000亩，受灾人口660户、2500人，经济损失达420万元。

2017年7月25日，安泽县局部地区陆续强降水并伴有大风天气，发生暴雨洪涝灾害。造成良马乡文上村、郭都村、劳井村计玉米受灾4560亩，辣椒受灾面积50亩，受灾人口817余人，直接经济损失76万元；杜村乡桑曲村、陈家沟村、小李村、魏家湾村、郭庄村玉米受灾4650亩，小杂粮受灾400亩，西瓜受灾2亩，油用牡丹3亩，烟叶400亩，受灾人口1145余人，直接经济损失139万元。府城镇高壁村、原木村、上掌村、三交村、寺村、神南村、小黄村、大黄村、第五村玉米受灾5237余亩，受灾人口1634人，直接经济损失78.6万元，和川镇西洪驿村计玉米受灾512亩，受灾人口320人，直接经济损失7.7万元。

2017年7月26日，汾西县各乡镇道路损坏35处，直接经济损失60万元。各乡镇受灾人口情况：永安镇9户26人，僧念镇9户27人，团柏乡12户38人，邢家要乡82户244人，社区79户238人，合计191户

572人。农作物受灾减产面积：永安镇180亩，和平220亩，团柏乡310亩，邢家要乡200亩，社区70亩，合计980亩。房屋一般性损毁：永安镇10间，邢家要乡28间，社区31间，合计69间，以上直接经济损失210万元。

2017年7月27—29日，洪洞县洪洞洪涝灾共受灾3914人，转移安置85人，倒塌房屋22户44间，严重损坏房屋50户144间，一般损坏111户364间。农作物受灾146.8公顷，成灾135.2公顷，绝收17.9公顷。本次灾害直接经济损失1171万元（其中农业163.6万元，基础设施395万元，家庭财产612.4万元）。

2017年7月2—28日，蒲县黑龙关镇、薛关镇、古县乡、蒲城镇山中乡遭受强降水、雷暴大风等强对流天气，发生洪涝灾害，灾情共造成全县受灾人口4008人，农作物受灾面积11620亩，34座大棚进水，道路冲毁3615米，冲毁河坝2处，部分房屋倒塌进水，紧急转移12户村民，直接经济损失358.4万元。截至7月29日15时，蒲县红道乡发生洪涝灾害，灾情共造成受灾人口106户530人，农作物受灾面积5000亩，道路路基塌陷损毁5处，房屋进水13间4户21人，直接经济损失94万元。截至7月30日15时，蒲县古县乡、黑龙关镇发生洪涝灾害，灾情共造成受灾人口30户122人，农作物受灾面积136亩，35间房屋受损，直接经济损失26万元。

2017年7月26—27日，尧都区发生洪涝灾害，灾情涉及贺家庄、金殿、尧庙、刘村、枕头、魏村、河底、汾河办、段店、县底共10个乡镇。农作物内涝受灾面积3000亩，以金殿镇、贺家庄乡为主，经济损失120万元。遭受内涝的村子45个，涉及农户950户约3200人，以金殿镇和贺家庄乡为主，经济损失760万元。公路及田间路损毁约30千米环乡公路路基遭水毁，经济损失60万元。仙洞沟水库工程建设施工道路1800米冲毁，跨河桥1座冲毁，地埋油罐3个冲失，模板部分冲失，经济损失50万元；枕头乡苍上村自建河坝有损坏，枕头行洪河道坝失毁2处，经济损失15万元；豁都峪上游河道河底沟段河坝损毁3处，50余米，经济损失20万元；仙洞沟涧河金殿镇西麻册村段左岸25米堤防（村民一事一议所建）损毁，损失15万元。以上直接经济损失共计1040万元。

2017年7月27日，襄汾县遭雷电、大风和暴雨袭击，27日03时至11时许雨势极为猛烈。由于持续时间长、强度大、来势猛，邓庄镇贾庄村因积水导致部分房屋裂缝严重受损；3户7间房屋严重损坏；2户4间房屋一般损坏；造成23人受灾，直接经济损失达9万元。

2018年7月16日，安泽县马必乡发生强降水天气过程，荆村、辛庄村玉米受灾2800亩，减产5成，受灾人口752人，直接损失113.4万元。霍州市开元街道受灾，受灾人口47人，农作物受灾面积0.013公顷（玉米倒伏，房屋严重损坏16户16间，直接经济损失50万元。

2018年7月31日，安泽县局部地区强降雨，发生风雹灾害。风雹灾害造成玉米受灾1666.5亩，受灾人口1256人，直接经济损失40.9万元。具体情况如下：良马乡上寨村、曹家沟村、英寨村玉米受灾1200亩，减产3成，亩均损失245元，受灾人口800人，直接经济损失29.4万元；府城镇上梯村村玉米受灾68亩，减产3成，亩均损失245元，受灾人口80人，直接经济损失1.7万元；冀氏镇白村、和平村玉米受灾398.5亩，减产3成，亩均损失245元，受灾人口376人，直接经济损失9.8万元。

2019年8月1日，汾西县对竹镇发生洪涝灾害，受灾人口986户，3500人。共计损坏房屋24户42间，毁坏耕地面积330亩。因灾死亡大牲畜10头，死亡羊50只，经济损失共计320万。永安镇受灾人口11户，41人，共计损坏房屋11户18间，道路损坏80千米，共计经济损失92万。社区居委会，受灾人口60户，200人，共计损坏房屋5户14间，毁坏耕地面积600亩，经济损失共计210万。以上经济损失合计622万元。

2020年8月6日，大宁县三多乡发生洪涝灾害，导致三多乡前楼底村、川庄村玉米、国槐、大棚遭受洪水袭击，农作物受灾面积0.46公顷，直接经济损失1.45万元。

2021年9月22日，大宁县发生洪涝灾害，受灾人口35940人，农作物受灾面积7400公顷，绝收面积2656.66公顷；房屋倒塌401间、损坏3563间，转移安置群众3834人；受损公路523千米，受损通信线路长达401.7千米，受损电力线路4.1千米，堤防受损0.265千米、塘坝受损35座，市政供水管网受损0.6千米，排水管网受损15千米，供气供热管网受损5千米，广播电视传输线路2.45千米受损，广播电视设施160处受损；关停非煤矿山1座，关闭危险化学品厂1家。

同日翼城县也发生严重洪涝灾害，受灾人口42130人；农作物受灾面积3188.57公顷，其中粮食作物成灾面积3101.13公顷，绝收545.6公顷；严重损坏房屋98户191间；一般损坏房屋195户381间；直接经济损失5952.75万元，其中房屋及居民家庭财产损失1088.5万元，农林牧渔业损失3275.35万元，基础设施损失1588.9万元。

2021年9月22—28日，安泽县受连续降水影响，发生暴雨洪涝灾害。造成全县转移搬迁群众653户1279人，房屋倒塌197间，冲毁沁河漫水桥2座、支流漫水桥32座；农作物受灾49513.2亩，受灾人口21356人，直接经济损失2770.45万元。

2021年10月2日，安泽县受连续降水影响，发生暴雨洪涝灾害。造成全县转移搬迁群众1505户3476人，房屋倒塌294间、窑洞84孔，冲毁沁河漫水桥32座、支流漫水桥81座；农作物受灾51334亩，受灾人口22135人，直接经济损失2837.55万元。

永和县发生暴雨洪涝灾害，受灾人口23013人，农作物受灾面积3211公顷；房屋倒塌86间、严重损坏6间、一般损坏80间；水利工程受损47处，道路受损380余千米、16000余平方米，道路两侧塌方、落石、泥石流等小型地质灾害505处。直接经济损失5108万元。

蒲县因连日降水影响，蒲县柏山林区突发山洪灾害，导致蒲县城关交警中队房屋倒塌，5人被困，至10月6日9时20分救援结束，5名被困人员全部救出，其中一人生命体征平稳，4人抢救无效死亡。自9月22日开始，蒲县遭受持续性强降水天气过程，引发洪水，泥石流，山体坍塌等自然灾害，城市内涝，道路损坏，房屋倒塌，农田被淹，企业停产等严重灾情，给人民群众生命安全和财产造成严重损失。受灾人口55164人，直接经济损失44493.3万元，目前撤离4651人，1734户。房屋倒塌1090间、严重损坏2033间、一般损坏5188间，水电暖气通信基础设施受损372处，修复191处。水利工程受损145处，道路损害257.6余千米，160万余平方米，农作物受灾面积9667.9公顷，绝收面积3351.7公顷。

2021年10月3—6日，襄汾县出现了持续性降雨天气过程，部分地区出现了暴雨天气过程，襄汾县受灾人口17.6804万人，农作物受灾面积15607.96公顷，绝收面积863.38公顷；房屋倒塌555间、严重损坏2534间、一般损坏3227间。直接经济损失46429.61万元。

2021年10月2—6日受连续强降雨影响，尧都区的大阳镇、县底镇、贾得乡、段店乡、乔李镇、屯里镇、吴村镇、魏村镇、土门镇、金殿镇、刘村镇、尧庙镇、一平垣乡、枕头乡、汾河办事处和路东办事处发生灾情，受灾人口80879人，撤避人口1368人，无人员伤亡；农作物受灾面积96447.47亩，绝收面积20506亩，经济作物受灾面积12044.32亩；养殖圈舍倒塌196间，受灾牲畜1679头；房屋倒塌2264间，损坏4551间；水利工程损坏3050（处、米）；道路损坏578处；地质灾害高风险及塌方、沉陷264（处、米）；建筑工地受损14处；城市内涝22处。

2021年10月6日，浮山县天坛镇、张庄镇、北王镇、响水河镇、槐埝乡、东张乡、寨圪塔乡受到洪涝灾害。自9月开始，浮山县连续遭受强降雨天气影响，各乡镇农作物无法秋收，导致东张乡区域内的桃子全部无法采收，导致桃子在树上就开始溃烂，张庄镇、北王镇玉米、高粱农作物开始发霉，高粱已经全部发霉，玉米也开始出现溃烂现象。各乡镇受到了强降雨影响，农作物收到严重的损坏，受灾农作物主要为玉米、高粱、桃子、苹果等农作物。

3.2.7 暴雨效益

暴雨袭来，地表来不及渗透，往往酿成山洪暴发，农田被冲、被淹、被淤，农作物被毁，甚至房屋倒塌，人畜伤亡等，这是暴雨带来灾害的一面。但是，临汾市也常因暴雨增加农田墒情，缓解以致解除农业干旱，给农业生产带来好的效益。临汾市属半干旱气候，年降水量490.3毫米，距临汾农业生产正常需水量670毫米，相差180毫米。按照降水量距平百分率划分干旱的标准，年降水量358~444毫米，属干旱；年降水量＜358毫米属大旱。按此标准统计：临汾市出现干旱年的频率是47%。干旱两年一遇，大旱九年一遇。干旱如此频繁，遇上一场暴雨，降水几十毫米，对农业生产十分有利。而且临汾市有95%以上的暴雨，日降水量在50.0~100毫米，降水量和强度都不是很大，相对而言，因暴雨引发的灾情也比较轻；强度特别大，日降水量≥250.0毫米的特大暴雨，临汾市尚无气象观测记录；日降水量100~200毫米的大暴雨，临汾市绝大多数县（市、区）累年中仅出现过1~2次，属罕见。正因如此，暴雨有利于水分的渗透和减缓地表径流。一年中若能遇上1~2次暴雨，年降水就可能增加100多毫米，占到年降水的20%~25%；而且暴雨多发生在气温最高的7—8月，正是大秋作物生长最需水分的农事季节；即使暴雨出现在9月，也是播种小麦需要降水的时候。所以一年中有1~2场暴雨，就意味着农业干旱的缓解甚至解除，或者意味着小麦可以适时足墒下种，给农业带来效益。总之，暴雨对临汾市农业生产常常是灾害、效益并存，孰重孰轻，具体年景需做具体分析比较。

3.3 霜冻

霜冻是作物在生长期间，受冷空气入侵影响，植物表面或地表面温度由0℃以上急剧下降到0℃或以下，作物被冻受害致伤致死的一种气象灾害，发生在春季和秋季，对农业生产危害甚大。经统计，临汾市每年因霜冻成灾的面积平均占总耕地面积的2%左右，是仅次于干旱、暴雨的一种气象灾害。

霜冻分白霜和黑霜，当地面或近地面物体和空气温度降至0℃或以下时，空气中水汽达到饱和而凝华于地面或靠近地面物体上，出现白色松脆冰晶，就是霜，一般称白霜；若地表面和靠近地面物体表面温度虽已降至0℃或以下，但因空气中水汽不足，没有出现白霜，而农作物已受低温影响出现冻害死伤，这种农业气象现象称为黑霜。所以，霜和霜冻在气象定义上是有区别的，霜是大气中水汽凝华的一种物理现象，它不一定和农作物受伤害及受伤害程度相联系，只是一种物候现象；而霜冻是一种农业气象灾害，必须和农作物受伤害情况连带分析。一般当地面温度降至0℃或以下时，多数作物已遭冻害，由于临汾属半干旱气候，水汽不足，常常不见“白霜”。即使是水汽比较多的年份，春季最后一次“白霜”后也还会出现黑霜；秋季第一次白霜出现前，也可能先出现黑霜。所以，本节所介绍的霜冻，是指地面最低温度降至0℃或以下为指标。

3.3.1 初霜冻

秋季第一次出现的霜冻，称为初霜冻，也称秋霜冻和早霜冻。临汾市各县（市、区）初霜冻出现时间的早迟，与当年冷空气活动强弱、早迟有关，与地形地理位置关系密切，就平均情况而言，临汾市初霜冻出现时间山区比平川早、平川北部比平川南部早。永和、隰县、蒲县、安泽4县，地势比较高，地理位置偏北，是临汾市秋霜冻出现最早的地域，平均于10月中旬初出现；东、西山区出现在10月中旬末；临汾盆地地形有利受热，热量资源比较丰富，秋霜冻来得比较晚，盆地的大部地区出现在10月中旬末。但是，由于秋季冷空气活动强度的年际变化大，同一地点最早初霜冻和最晚初霜冻出现日期差异甚大，全市平均相差48.4天，最大可差67天，详见表3.7。

表3.7 临汾市各县（市、区）初霜冻（白霜）日期

地域	县（市、区）	平均初霜日/（日/月）	最早初霜日/（日/月）	最迟初霜日/（日/月）	最早、最迟差/天
西部山区	永和	16/10	24/9	29/10	36
	隰县	2/10	3/9	29/10	57
	大宁	14/10	26/9	1/11	37
	吉县	18/10	24/9	10/11	48
	汾西	18/10	15/9	5/11	53
	蒲县	4/10	3/9	8/11	67
	乡宁	16/10	24/9	9/11	47
中部平川	霍州	17/10	29/9	5/11	38
	洪洞	19/10	28/9	13/11	47
	尧都	19/10	24/9	14/11	52
	襄汾	24/10	2/10	14/11	44
	侯马	21/10	30/9	11/11	43
	曲沃	29/10	2/10	25/11	55
	翼城	25/10	24/9	26/11	64
东部山区	浮山	22/10	2/10	11/11	41
	古县	19/10	28/9	11/11	45
	安泽	6/10	12/9	30/10	49
全市平均					48.4

3.3.2 终霜冻

春季最后一次出现的霜冻称为终霜冻，也称春霜冻和晚霜冻。临汾市各县（市、区）终霜冻出现日期迟早差异比秋霜冻大：大部最早终霜冻出现在3月上中旬；安泽县出现最迟，在3月下旬。由于春季冷空气活动强度很不稳定，气候乍寒乍暖，变化多端，各县（市、区）终霜冻出现日期的年际变化很大，加上冬、春季节气候干燥，空气中水汽少，有时气温虽已降至0℃以下，但白霜不是每次都能见到。例如乡宁县白霜最早可在2月9日终止（1977年，但当年4月28日清晨地面最低温度-1.5℃，有黑霜）、最晚在4月26日才终止，最早和最晚间相差85天，接近3个月。全市终霜冻出现最早和最晚之差58.8天，比出现最早和最晚初霜冻间隔天数多10天以上，终霜冻的稳定性比初霜冻更差，详见表3.8临汾市各县（市、区）终霜冻日期统计。

表3.8 临汾市各县（市、区）终霜（白霜）冻日期

地域	县（市、区）	平均初霜日/（日/月）	最早初霜日/（日/月）	最迟初霜日/（日/月）	最早、最迟差/天
西部山区	永和	6/4	7/3	5/5	60
	隰县	22/4	22/3	22/5	62
	大宁	12/3	2/3	21/4	51
	吉县	5/4	5/3	4/5	61
	汾西	5/4	4/3	5/5	63
	蒲县	5/4	4/3	6/5	64
	乡宁	14/4	2/3	25/4	85
中部平川	霍州	5/4	4/3	5/5	63
	洪洞	6/4	6/3	5/5	55
	尧都	16/3	7/3	25/4	50
	襄汾	3/4	4/3	2/5	60

续表

地域	县（市、区）	平均初霜日/（日/月）	最早初霜日/（日/月）	最迟初霜日/（日/月）	最早、最迟差/天
	侯马	20/3	14/3	26/4	54
	曲沃	10/3	1/3	18/4	49
	翼城	11/4	1/3	21/4	49
东部山区	浮山	2/4	1/3	2/5	63
	古县	4/4	5/3	2/5	58
	安泽	20/4	25/3	16/5	52
全市平均					58.8

3.3.3 霜冻灾害

霜冻是一种因气温低造成作物被冻致伤致死的灾害性天气，对农业生产危害甚大。秋季农作物玉米、谷子、荞麦及棉花等常因遭遇秋霜冻的出现被冻伤冻死，停止生长，造成产量低下，品级下降；秋霜冻来得越早，强度越强，危害越重，损失就越大。临汾市东、西部山区地势高、气候凉，农作物生育期紧张。秋初时节，山区农作物还处在成熟期，庄稼还在生长，若遇到霜冻，作物被冻，生长期提前结束，影响产量和品级。秋霜冻对山区、丘陵区农业生产威胁甚大；平川地区气温较高，无霜期长，一般秋霜冻出现前，秋粮、棉花都已收获，秋霜冻对平川地区农业生产威胁较小。

临汾市的春霜冻出现在4月，此时正是临汾市小麦拔节、抽穗、孕穗和果树开花、现蕾期，也是棉花、大秋等作物的出苗期，若遇到霜冻，小麦和秋棉小苗将被冻受到伤害，果树花芽、花蕾将被冻掉，影响小麦、果业，及秋粮、棉花产量。春霜冻对临汾农业生产威胁甚大，霜冻来得越迟，势力越强，农业受害就越严重。例如1954年4月19日夜至20日凌晨，临汾全市出现强霜冻，当天临汾县（今尧都区）最低气温-6.8℃，使正处孕穗至露苞的小麦和刚出土的瓜、豆、蔬菜、棉花、烟叶以及出芽、开花的果树大量被冻伤冻死，这一年临汾因遭春霜冻灾害小麦减产5~7成，许多桃、杏、李树绝收。

春霜冻对临汾农业带来的灾害比秋霜冻严重。秋霜冻往往只影响山区，而且山区农业一般都是一年一熟制，秋粮成熟都比较早，躲过秋霜冻灾害的年份较多；而春霜期与山区、丘陵小麦拔节抽穗、平川小麦抽穗孕穗及棉秋出苗、果树开花期基本同步，一旦春霜冻来得迟，强度大，农业遭灾就严重。

2010年4月13日，侯马市近12万亩农作物受冻。小麦10.5万亩，有4.5万亩受冻，1500亩绝收；杏、梨、桃共4200亩全部绝收；苹果5500亩，减产60%；葡萄1000亩，其中700亩绝收，减产50%，；西瓜1300亩，其中80%绝收；草莓150亩，减产30%；大田菜530亩，减产10%；黄瓜150亩，减产40%；芦笋880亩，减产10%。

2013年4月19日，受西南暖湿气流和冷空气共同影响，隰县境内出现分布不均的雨和雨夹雪天气，局部地区达到中雪。梨花、苹果花、桃花、杏花共计18600公顷受灾，绝收面积17333.3公顷，直接经济损失3.75亿元。

2014年4月下旬，安泽县大部地区春播作物开始播种，部分地区春玉米、马铃薯等春播作物已经处于出苗期。由于4月上中旬气温偏高，核桃等经济作物开花期提前，至5月上旬初，部分地区已经坐果。此次霜冻过程造成部分苗期春玉米、核桃树遭受不同程度冻害。

2018年4月7日的霜冻天气，使襄汾县大面积受灾。据统计，受灾人口81994人，农作物受灾面积8955.4公顷，其中成灾面积4600公顷，绝收面积992.4公顷，造成直接经济损失6605.68万元。

2020年4月22日00时至25日08时，安泽县出现大风降温天气，最低气温达到了苹果花期、幼果期冻害的临界指标，对安泽县车城乡、东城乡、中垛乡、柏山寺乡、屯里镇、吉昌镇正处于开花末期和幼果期的苹果造成严重影响，致使苹果花蕾、花粉、幼果受冻，影响果花授粉及苹果幼果生长发育。全县各乡镇受灾较轻面积为32670亩，较重面积为36723亩，损失1.1亿元。

3.3.4 霜冻防御

在考虑霜冻防御的时候，既要考虑防御效果也要考虑防御成本。为了避免和减少霜冻带来的损失，应选择那些成本低廉、效果好的防御措施，通常选用以下方法。

熏烟法 在霜冻来临前的夜晚，点燃杂草、树叶或发烟少毒的化学药剂，使近地层笼罩一层烟幕，以减少地面有效辐射冷却，提高贴地层空气温度，使霜冻减轻或者不出现，达到防霜目的。

浇水法 对有条件实施灌溉的麦田、果树，可进行适时合理灌溉，增大土壤热容量和导热率，使土壤和贴地层空气温度下降缓慢，从而相对提高了土壤和近地层温度，达到减轻或防御霜冻的目的。当然，如果条件允许，在霜冻出现前灌溉法和熏烟法一起使用，效果会更好。

覆盖法 对于经济价值高的植物和苗床，被保护面积也不太大的，可采用塑料薄膜或苇草加以覆盖的方法进行防御霜冻，使被覆盖保护的作物与外界冷空气隔绝，不受冷空气直接侵袭，本身的温度也不直接流传外界，使温度不致降得太低，从而起到保温防霜冻目的。该方法防霜效果最好，只是成本高，应慎用。

小麦、秋苗等农作物，万一遭受霜冻灾害，有条件的应及时进行浇水、追肥等抢救措施，使其尽快恢复生长，把霜冻造成的灾害损失降到最低限度。

3.4 大风

空气流动便是风，流动速度越快，风力就越大，流动速度达到17.2米/秒或以上，风声呼啸，人向风而行感到阻力甚大，即达8级或以上的风，全国统称之“大风”。气象部门对风力等级的划分是很严格的，曾经一直采用13级（0~12级）风力等级标准制，并规定，凡风力达到或超过12级（风速32.7~36.9米/秒），都称为12级大风，不再具体划分13~17级风力。后来经过世界上许多国家的补充订正，才把蒲福创立的风力等级扩大到18个，其中大风（风力≥8级）就有10个等级，详见表3.9。

表3.9 大风等级表/（米/秒）

大风等级	8级	9级	10级	11级	12级	13级	14级	15级	16级	17级
风速	17.2~20.7	20.8~24.4	24.5~28.4	28.5~32.6	32.7~36.9	37.0~41.4	41.5~46.1	46.2~50.9	51.0~56.0	56.1~61.2
名称	大风	烈风	狂风	暴风	飓风					

山西省农业盛产小麦、玉米、谷子、高粱，属中、高秆作物，一般平均风速达到或超过10.8米/秒，瞬间风速≥17.2米/秒，电线呼呼有声，大树树枝摇动，小麦、谷子将被风刮倒伏，玉米、高粱将被风刮拦腰折断，风对农业的灾害已经形成，所以山西省气象局将瞬间风速≥16米/秒、平均风力达到或超过6级（风速10.8~13.8米/秒）就称为大风。由大风直接引起的损、伤、坏，统称为大风灾害。

3.4.1 大风种类

按大风形成原因区分，影响临汾市的有寒潮大风、雷雨大风、低压大风和龙卷等4种类型。

3.4.1.1 **寒潮大风**

每年9月至次年5月，临汾市随时都可能有强劲冷空气入侵，袭来时狂风大作，尘土飞扬，甚至出现扬沙、沙尘暴，过后气温骤降，24~48小时降温8~10℃，日最低气温在5℃以下，秋季容易出现初霜冻，春季容易出现终霜冻，冬季将带来日最低气温≤-10℃的寒冷天气。这类大风便是寒潮大风，以春季特别是4月最多，平均风力大，刮风时间长，有时连续刮好几天，风向多为西北，或者偏北。谚语说“清明吹掉坟头土，哩哩啦啦四十五”，清明前后风多风大是临汾市的气候特点，基本上年年如此，原因在于临汾市春季冷空气活动频繁，前一次受冷空气活动的影响尚未消失殆尽，第二次冷空气又接踵入侵，造成大风连连。其实，临汾市每年6—8月的雷雨大风，大多也是受冷空气活动所致。只是，夏季气温高、日最低气温在5℃以上。所以，就不称之寒潮大风，而归类于雷雨大风。

3.4.1.2 **雷雨大风**

夏季，因地面受热不均，或者受冷空气入侵影响，临汾市各县（市、区）常常有雷雨云形成发展，或者有雷雨云移动经过，在它移向的正前方，气流作强烈下沉运动，所到之处狂风四起，拔树掀瓦，随之而来的是狂风、雷雨交加，有时甚至还夹有冰雹。这类大风每年5—9月都可以出现，以6—8月盛夏季节居多，特点是来势凶猛，风力强劲，持续时间不长，破坏性极大，常使正在生长的夏秋作物成片倒伏、折断，毁房折树，破坏建筑、交通，破坏城市设施装饰。

3.4.1.3 **低压大风**

随着季节转换，每年春末夏初是蒙古气压场由高气压区向低气压区转变的后期，当临汾市处在蒙古到我国河套的低压区前部和华北高压区后部气压梯度值最大位置时，便出现此类低压偏南大风，加上临汾市北南向条带状地形的狭管效应，有助于风力加大。这类大风，风力日变化十分明显，接近中午风力加大，下午2—4时最大，可达

5~7级；随着太阳西沉，风力渐渐减小。这类大风多半出现在5月中下旬至6月上中旬，常常伴随高温（日最高气温≥32.0℃）、低湿（相对湿度≤30%）天气一起出现。多半连续1~3天，最长一次曾连续出现11天。此时段正逢临汾小麦灌浆、腊熟，使小麦不能正常成熟而被风干，灌浆提前结束，小麦千粒重下降，影响产量。

3.4.1.4 龙卷

盛夏季节，在雷雨云底部向下伸出一个像象鼻子模样的“漏斗云”，有的就这样吊在半空中，在移动中消失；有的一下子伸到地面，左右摆动，犹如发怒的巨蟒，奋力狂吼，地上顿时狂风四起、暴雨倾盆，这就是龙卷。龙卷是一种剧烈天气现象，是一种严重的气象灾害，它的直径范围一般只有50~200米或者更小，它从生成至消失往往只有几分钟至十几分钟，但是风力很大，对一般的砖瓦房都有很大的破坏力。1930年的农历四月初四，临汾市（今尧都区）龙卷袭扰了尧庙古会。1974年，临汾县（今尧都区）枕头公社下西沟村突起旋风，旋风中心直径15~20米，将村内尤家新盖房屋揭顶，缸中粮食全部刮走，随着风速增大、旋风所经之处，小树连根拔起，大树断枝脱皮，地表松土如水冲走一样，尤家碾盘上碾轴竟被拔去。2002年7月2日，尧庙乡乔村—沙丘—尧庙村一带出现龙卷，有房屋刮倒，房顶被掀，葡萄架、蔬菜大棚被卷乱作一团；在尧庙景区广场有一冰箱被卷起，落地时砸死一名男孩。

3.4.2 大风地域分布

临汾市各县（市、区）由于地理位置和地形地势的差异，出现大风的日数也存在很大差异：大致呈西山多、东山少；北部多、南部少的分布。临汾市年均大风（风力≥8级）日数分布图见图3.3。

从图3.3中可以看到，临汾市西部吕梁山区的蒲县—隰县—大宁县的西部是大风日数最多的地方，年均达50天以上，平川地区的大风日数，比西部山区明显减少，年均11天左右；东山地区大风日次更

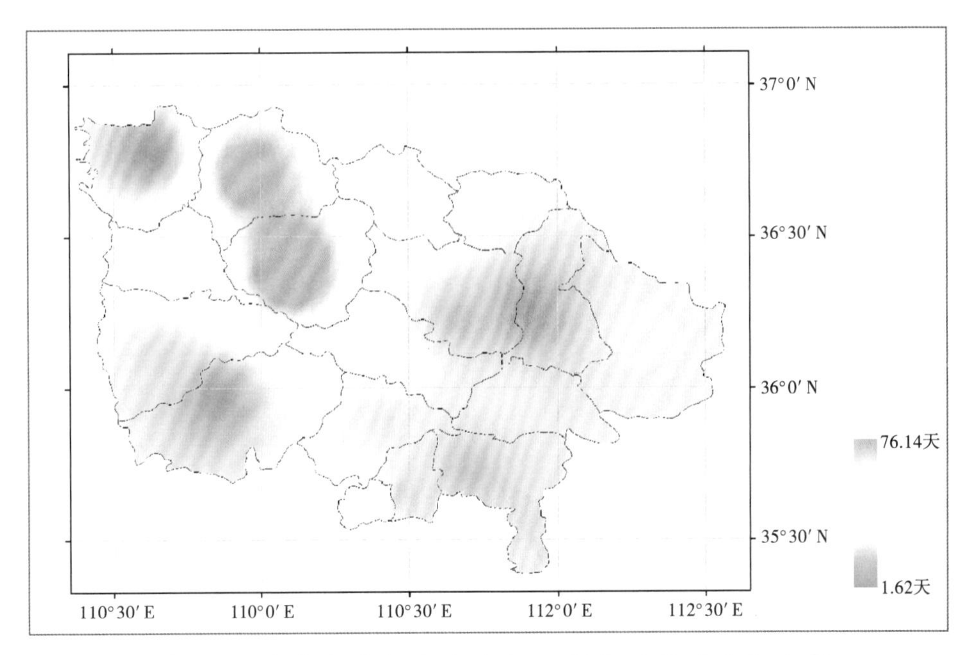

图3.3 临汾市年均大风（风力≥8级）日数（天）分布

少，不及平川地区多。蒲县是临汾市出现大风日次最多的中心，年均18.6天，其中2009年达20天，为累年最多；2018年大风日数最少，也达8天；其次是隰县，年均大风11.8天，其中2021年22天，为全市各县累年最多；汾西、大宁属大风日次较多区域。全市大风日数以古县最少，年均0.3天；次少是曲沃、永和2县，年均大风0.5天；平川的霍州、洪洞、尧都、襄汾、侯马、曲沃、翼城及黄河沿岸的吉县、乡宁，年均大风日数均在0.6~4.6天。

3.4.3 大风年、季、月分布

山西省在全国来说，属多风、多大风省份，但是临汾市在山西省内属大风天气少发区。而且，临汾市和长治市都属于山西省的大风少区，但临汾市尧都区的大风日数要比长治市区少40%，可见，临汾市是全省大风日数最少的地域，年均大风只有17天。

按季节划分，临汾市以春季（3—5月）出现大风的日数最多，季均10.82天，占全年49%；夏季次之，季均5.98天，占27%；秋季和冬季分别为2.88天和2.35天，占13%和11%。按月划分，4月最多，年均0.63天；其次是5月，年均0.55天；再次是6月，为0.44天，其他月出现大风的天都差不多，年均在0.08~0.33天，详细情况见表3.10。

表3.10 2004—2021年临汾市各县（市、区）各月大风（风力≥8级）日数/（天/年）

地域	县（市、区）	1月	2月	3月	4月	5月	6月	7月	8月	9月	10月	11月	12月	全年
西部山区	永和				3	1	2		1		1			8
	隰县	5	7	29	42	34	29	20	9	4	3	13	6	201
	大宁	4	1	18	36	32	15	17	6	3	6	9	4	151
	吉县				6	4	4	1	1	1	1	1	1	20
	汾西	4	3	7	14	15	10	5	2	3	4	6	5	78
	蒲县	18	17	38	61	59	20	13	7	7	22	29	26	317
	乡宁	3	3	6	17	15	8	7	3	3	1	5	1	72
中部平川	霍州			2	1		3	2	2				1	11
	洪洞			2	8	5	8	3	3	1		2		32
	尧都			1	3	5	7	3	2		1	2	1	25
	襄汾	2		6	16	13	18	5	5	2		3	2	72
	侯马			1	2	4	10	3	1		2			23
	曲沃			1	2	1	2	1		1				8
	翼城			1	2	1	10	4	1			1		20
东部山区	浮山			7	7	5	10	4	3	1	1	2		40
	古县						2	2		1				5
	安泽	3	1	2	10	7	4	4	3	1		4	2	41
合计		39	32	121	230	201	162	94	49	28	42	77	49	1124

临汾市大风日数的季节分布，呈现春夏多，秋冬少的特点，这和影响临汾市天气的大气环流季节变化息息相关。寒潮大风虽然春、秋、冬三季都出现，但是，临汾市春季冷空气的活动，比秋、冬季节活跃、频繁。因为进入春季，在我国东北平原常常滞留一个强度大、层次深厚的冷低涡，它的垂直高度从地面可上伸至7千米以上，由于它不停地做反时针旋转，使盘踞在蒙古东部至我国东北平原的冷空气，常常顺着它后部的偏北气流，分股南侵，临汾市受它影响，出现一次次寒潮大风天气。这一环流特征，秋冬季节都不具备，唯独春季才有，这便是春季多风多大风的最主要原因。雷雨大风虽然5—9月都可以出现，但是雷雨天气需要高温、高湿的气象条件，7—8月条件具备，雷雨大风便比其他月份多；5月气温是由低向高的演变趋向，而9月气温是由高向低演变，对雷雨大风天气的形成，5月比9月更有利，所以5月的雷雨大风要略多于9月；另外，5—6月的低压大风，本身就是黄土高原上每年春、夏大气环流季节转换的特征，它就出现在每年的春夏之交。以上这些便是临汾市春夏大风比秋冬多的主要原因。

3.4.4 大风灾害

大风是破坏性很大的气象灾害，一年四季都可以出现。冬季，寒冷干燥，大风使麦田跑墒加快，干旱加重，对三类麦苗的安全越冬构成严重威胁，一些弱差小麦，常因难耐大风带来的寒冷干旱而死去；同时，大风对塑料大棚常常带来摧毁性破坏，揭顶掀棚，毁坏棚架棚顶，冻伤冻死蔬菜、幼苗、花卉时有发生，造成经济损失。进入春季，大风、沙尘、沙尘暴多发，进一步加重干旱，对小麦生长非常不利，容易造成春播困难；同时污染空气，影响公路交通。到了后春，小麦孕穗灌浆，遇到大风天气，常常造成小麦成片倒伏，籽粒干瘪、脱落，使小麦品级下降产量减少。夏季，大风常常造成大片玉米、高粱、谷子倒伏甚至拦腰折断；秋季，大风常使成熟的糜谷作物颗粒掉落，甚至倒伏，严重影响产量。在城市，大风常常摧毁通信、电力等设施，摧毁城市街道室外广告、装饰等，中断通信、交通，中断电力供应，影响工业生产和城市居民生活，严重的时候也损坏工厂设施。1989年6月3日，尧都区一场大风将临汾造纸厂一台价值38万元的龙门吊刮倒损毁。

临汾市以局地大风灾害居多。大风来势凶猛，拔树揭房，顷刻成灾。

1957年7月21日、28日，隰县两次受狂风袭击，午城、黄土两乡镇6000多株大树被刮倒；9月28日隰县又起大风，禾叶落地，小秋作物颗粒刮散，大秋作物拦腰刮折、穗头倒挂，减产严重。

1963年5月22—23日，临汾县（今尧都区）东北大风瞬间9级，小麦倒伏甚多；襄汾县古城大风持续5小时，使未收割的200亩小麦颗粒脱落，减产5成；8月乡宁县尉庄大风，谷黍受灾严重。

1982年5月1日、2日、4日大风，隰县小麦受损减产2成；大宁县刮折电话线杆122根，刮断直径12厘米以上的树65棵；临汾市（今尧都区）瞬间风速23米/秒，造成小麦成片倒伏，果树花落，影响产量；5月23日下午襄汾县8级大风，县第二钢厂轧钢车间厂房被刮倒，景毛乡万余亩小麦倒伏减产。

1993年7月31日晚8时，安泽县石槽、冀氏等乡镇，大风暴雨20分钟，大片玉米倒地，受灾面积5000亩，其中减产7成以上的800亩，5成以上的300亩，4成的500亩，3成的1200亩；谷子受灾350亩，减产6成以上的200亩；减产5成以上的烟叶350亩，折断大树20余株。

1994年6月25日，霍州市遭受大风袭击，新建霍州邮电大楼通信铁塔被刮倒。

1996年6月26日，临汾市（今尧都区）大风，16条供电线路全部中断，停止供电10个小时。

1998年9月8日夜间吉县大风，城关3000亩苹果树断枝、折枝，落果率达30%，损失严重。

2011年7月16日，隰县大风，4个乡镇、30个村委受灾面积为

1917公顷。

2014年6月16日，大宁县4个乡镇39个村遭受大风袭击，其中苹果受灾6286亩，桃树受灾1200亩，核桃受灾1750亩，蔬菜大棚受灾304座，直接经济损失1566.4万元。

2016年6月13日，霍州大风，师庄乡、三教乡、陶唐峪乡、李曹镇苹果、核桃经济林落果程度达3成，造成经济损失4000万元，受灾人数为3.12万。

2017年7月11日，隰县出现大范围大风天气，最大风速每秒23.6米，最大风级达到9级。全县8个乡镇都不同程度地受到大风的侵袭，此次灾情风力大、来势猛，时值隰县果品套袋的尾声，95%的果农套袋已经结束，由于套袋后加大了风的阻力，致使果树受灾严重，25%~35%的果品及果袋一同被大风刮落。其中，龙泉镇9个村受灾，受灾面积9877亩，其中苹果面积1560亩，梨树6827亩（玉露香梨1352亩，酥梨5475亩），干果1490亩，经济损失约1200万元。受灾户1823户，受灾人口7186人，其中，受灾贫困户387户，1136人；受灾面积3577亩，其中苹果785.5亩，酥梨1689.5亩，玉露香梨461亩，干果641亩，经济损失400余万元。城南乡16个村受灾，受灾面积14747亩，其中苹果面积4644亩，梨树7643亩（玉露香梨765亩，酥梨6878亩），核桃2460亩，经济损失约2900万元。受灾人口4919人，其中贫困户631户；受灾面积2706亩，其中苹果713亩、酥梨1226亩，玉露香梨165亩，核桃602亩，经济损失122.27万元。黄土镇9个村受灾，受灾面积10249.6亩，其中苹果面积4488.6亩，梨树2257亩，核桃2564亩，农作物940亩，经济损失约220.74万元。受灾人口8000人，其中，受灾贫困户873户、2392人；受灾面积3797亩，其中苹果1093亩，梨1049亩，核桃1225亩，其他农作物430亩，经济损失约70.25万元。午城镇13个村受灾，受灾面积20823亩，其中苹果面积8443亩，梨树7020亩（玉露香梨3550亩，酥梨3470亩），核桃2325亩，玉米2835亩，谷子200亩，经济损失约4126万元。受灾人口8000人，其中，贫困户500户、1400人；受灾面积4830亩，经济损失722万元。寨子乡11个村受灾，受灾面积17430亩，其中苹果面积10205亩，梨树6575亩（玉露香梨915亩，酥梨5660亩），核桃650亩，经济损失约2000万元。受灾人口5080人，其中贫困户192户；受灾面积1204亩，其中苹果651亩，酥梨339亩，玉露香梨135亩，核桃79亩，经济损失57.1万元。阳头升乡14个村委受灾，受灾面积17377亩，其中苹果面积6385亩，梨树4820亩，核桃2272亩，玉米3900亩，直接经济损失约993万元，直接农业经济损失903万元。受灾人口6000人，其中贫困户293户；受灾面积848亩，其中苹果367亩，梨161亩，核桃75亩，玉米245亩。经济损失9.6万元。下李乡6个村受灾，受灾面积759.6亩，其中苹果面积201.8亩，梨树557.8亩（玉露香梨88.8亩，酥梨469亩），经济损失约244.87万元。受灾人口294户、948人，其中贫困户154户、355人；受灾面积366.9亩，其中苹果100.3亩，酥梨243亩，玉露香梨23.6亩，经济损失121.96万元。陡坡乡6个村受灾，受灾面积6040亩，其中苹果面积4075亩，梨树1965亩，经济损失约162万元。受灾人口2285人，其中贫困户284户；受灾面积1886亩，其中苹果1271亩，梨615亩，经济损失50.4万元。经各乡镇核查，全县8个乡镇共84个村委受灾，受灾面积约97135.2亩，受灾人口约42418人，直接经济损失约11846.61万元。其中，直接农业经济损失约11756.61万元，基础设施损失90万元；受灾贫困户3314户，受灾面积19214.9亩，经济损失1553.58万元。

2017年7月27日，襄汾县遭雷电、大风和暴雨袭击，27日03时至11时许雨势极为猛烈。由于持续时间长、强度大、来势猛，新城镇赵曲村新红种植专业合作社70亩毛白杨及国槐树苗遭受大风袭击，直径10厘米以上、高度12米以上的毛白杨从中间几乎全部刮倒。其中直径

8～12厘米的毛白杨被刮断850多棵、刮倒4000多棵，国槐被刮倒5000多颗，造成直接经济损失20万元。

2017年9月21日，吉县大风天气对吉昌镇、文城乡、东城乡、车城乡、柏山寺乡、中垛乡、屯里镇的苹果及设施农业造成影响，造成苹果大面积落果，大棚损毁严重，苹果受灾面积3300公顷，经济损失3000万元。

3.5 冰雹

炎热的夏天，随着积雨云层的快速发展，云层越来越厚，云底越来越低，天空变成乌黑，白天犹如傍晚；雷声沉闷，像远处传来的推磨声，一阵紧似一阵；狂风四起，闪电肆虐，这时常会伴随大雨滴、下起像豆粒、红枣样大小透明乳色的坚硬结晶体，这就是冰雹。据临汾市各气象台站观测，大部分冰雹直径在1厘米以内，直径2～3厘米的非常少见；下雹时间多半1～5分钟，长一点的6～9分钟，下雹时间超过10分钟的十分罕见。在一个县的范围内，连续1～2天遭受冰雹灾害的情况，民政部门曾收到过此类灾情报告。但是，各县（市、区）气象台站观测到的全部是“单日”冰雹，尚无“连日”出现冰雹记录；冰雹绝大多数出现在下午至傍晚，经统计出现在12—19时的约占65%；出现在10—12时和19—20时的约占25%；其他时段占10%。冰雹天气常伴随雷暴、大风、暴雨等灾害性天气一起出现，更加大了灾害的严重程度。

3.5.1 冰雹的地域分布

冰雹日数多少和所处地理位置地形关系密切。因为冰雹产生在积雨云中，而这种云的起源，据天气雷达跟踪监测，大多起源于山腰或者坡地，而不是山的顶峰。临汾市西、北、东方向的山区是形成临汾各县（市、区）冰雹云系的主要发源地，而冰雹的多发区就在离山脊

（峰）不远的冰雹云引导气流的下风向。因为冰雹云形成之后，要受到上层气流的操纵和引导向前移动；在移动过程中冰雹云受重力作用，逢山口而入，择谷地而行，遇迎风面加强，遇背风坡减弱，其总的移动方向，和当时上空5～6千米处引导气流方向基本一致。经统计，起源于临汾市西北部山区的冰雹云常常向东南方向移动；起源于临汾市东部山区的冰雹云常常向东北方向移动，并且遇到马蹄形、喇叭口形山地，冰雹云强度增加，冰雹次数增多，雹灾加重。临汾市年均冰雹日数分布见图3.4。

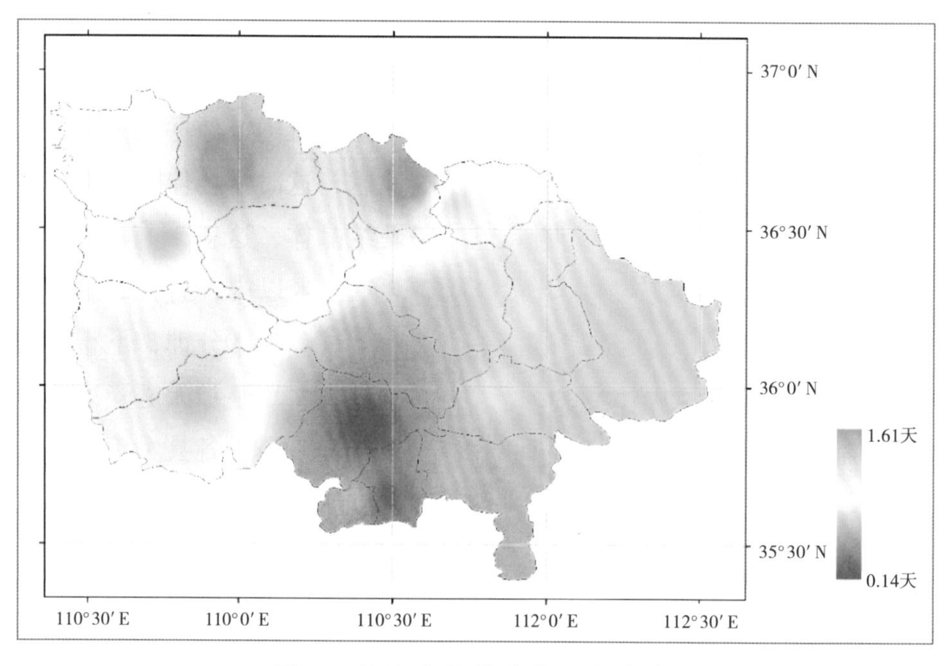

图3.4 临汾市年均冰雹日数分布

图3.4表明，临汾市冰雹天气山区多于平川，西山区多于东山区，平川北部多于平川南部。汾西县年均2.0天，乡宁县年均1.9天，为全市最多和次多；平川地区南部襄汾市—曲沃县一带是全市冰雹天气最少的地方。冰雹天气的特点是范围小、时间短，这是因为冰雹云的单体一般都比较小，它的直径通常只有10～20千米，单体内部能够

形成降雹的上升气流直径就更小了；冰雹云的生命期比较短，一般只有二三十分钟，但冰雹云移动速度很快，可达40~50千米/时。所以，在冰雹云经过的地方，往往形成一条长长的冰雹带，宽度一般5千米左右，长度20~30千米，这就是群众所讲的“雹打一条线”。正由于冰雹天气和冰雹灾害都是局地性的、范围比较小。所以，各县（市、区）气象观测场所观测记录到的年均冰雹次数，比各县（市、区）实际冰雹次数要少。因为气象部门提供的冰雹资料，其中不含该县(市、区)在县气象观测场地以外地方下的冰雹次数。

3.5.2 冰雹年、季、月分布

经统计，累年中出现冰雹最多的是1959年、1965年、1970年、1995年、2020年，市均出现冰雹2.0次（年），其中1959年、1965年和2020年，隰县、汾西县年降雹均为6天，为临汾市累年出现冰雹次数并列最多；其次是2021年，市均降冰雹1.6天，其中大宁县、汾西县降雹5天。临汾市累年降雹次数最少的是1991年、1995年、2012年，市均降雹都是0.4天，分别有65%（11个）的县（市、区）没有出现冰雹。临汾市冰雹日数的年际变率，从20世纪50年代至21世纪初，呈现减少趋势。2000年以前（不含2000年），全市出现冰雹年均1.4天；2000—2021年，年均出现冰雹0.4天，减幅达71%。但是，临汾市的冰雹灾害还是年年都有，有的年份局地灾害还很严重（如1959年、1965年和2020年）。在临汾市累年气象资料中，1年内全市17县（市、区）全部不出现冰雹的记录，迄今尚无有过，冰雹天气属临汾市多发的气象灾害之一。

由于地理和地形的原因，各县（市、区）间出现冰雹的几率是不一样的，西部山区的汾西县、乡宁县、隰县、蒲县、吉县和东部山区的安泽县、古县是临汾市冰雹天气的多发区，年出现冰雹的几率在79%~88%，属五年四遇至十年九遇；中部平川尧都、襄汾、曲沃一线，是临汾市冰雹天气少发区，年出现冰雹几率29%~52%，属三年一遇至两年一遇；其他县（市）的年出现冰雹几率53%～78%，介于多发区和少发区之间。属两年一遇至四年三遇。表3.11是临汾市各县（市、区）各月出现冰雹次数统计。

表3.11 1954—2021年临汾市各县（市、区）各月累计冰雹日数/（天/年）

地域	县（市、区）	3月	4月	5月	6月	7月	8月	9月	10月	11月	全年	最多年及当年日数（日数/年份）
西部山区	永和		3	4	6	11	10	5	3		42	5/2020
	隰县	4	6	7	19	17	13	10	2		78	6/1959、1965
	大宁		2	4	8	14	6	1	7		42	4/1976、1982，6/2000，5/2021
	吉县		5	6	13	18	7	7	3		59	4/1967、1970、1976、2016
	汾西	1	3	8	22	23	14	6	2		79	5/1976、1985、2021，6/2020
	蒲县		4	13	11	22	9	9	1		69	5/1965、2019、2020
	乡宁		5	7	15	21	12	5	2	1	68	4/1974、1976、1985、2020
中部平川	霍州		2	3	10	13	7	4	1		40	3/1991
	洪洞		1	4	14	5	5	3	1		33	2/1963、1971、1975、1981、1988、1991、1992、1995
	尧都		2	3	7	7	6	2	2		29	2/1965、1971、1980、2008、2020、2021
	襄汾		3	1	3	4	2	1	2		14	3/2020
	侯马		3	4	6	8	3	3	1		29	3/1959、1986
	曲沃		1	4	8	2	1	1	1		18	2/1982、2001、2009
	翼城		4	7	8	9	3	4	2	1	37	4/2020
东部山区	浮山			5	7	10	11	5		1	41	3/1979、1980
	古县			11	10	6	9	3			39	3/1985、1987、2003

续表

地域	县（市、区）	3月	4月	5月	6月	7月	8月	9月	10月	11月	全年	最多年及当年日数（日数/年份）
	安泽			7	11	8	5	2			33	3/1992、1995
全市平均		0.3	2.6	5.8	10.5	11.6	7.2	4.2	2.1	0.1	44.1	

表3.11资料显示：临汾市冰雹天气在3—11月均可出现，以夏季6—8月出现最多，占冰雹总日数的66%，4月、5月、9月、10月这4个月的冰雹日数各占33%，3月、11月虽然也出现过冰雹，但月平均冰雹日数≤0.1（天/月）按0.0处理。每年6月、7月是一年中冰雹天数最多的月，月均11天/月，占全年冰雹日数的50%。这是因为6月、7月是一年中温度最高、水汽最充沛、空气垂直对流最强烈，非常有利于雹云和冰雹天气的产生；5月和9月的气象条件就不如6月、7月有利，月均冰雹天数是4~5天/月，均比6月、7月偏少50%。

3.5.3 冰雹灾害

冰雹呈白色固体状，一般大小如纽扣、樟脑球模样，重量十几克，最大的像核桃、鸡蛋，可达几十克。由于它是突然从数千米的高空掉下来，虽然它本身的重量并不大，但加上重力加速度和下沉气流的相助，下冲力很大，常把玉米叶打成丝条状，把葵花、棉花、烟叶等叶子打得精光，把成熟了的小麦、谷子打落在地，严重的时候大冰雹能砸掉树叶、树枝、树皮，甚至砸坏房屋设施，击毙人畜，造成严重灾害和巨大损失。

1984年冰雹日次多，雹灾非常严重，5月11日隰县（寨子、水堤、午城），26日永和县、汾西县、大宁县，27日永和县、汾西县、大宁县、蒲县、吉县、乡宁县，28日乡宁县，29日隰县、蒲县、吉县、乡宁、临汾县（今尧都区）、襄汾市、浮山县，均遭受冰雹袭击，各县灾情严重。永和县雹大如鸡蛋，小如樟脑球，一般的如核桃，全县9个公社38个大队，170多个生产队，3827户遭灾，经调查，有的村雹后地上堆积冰雹一寸多厚，第二天在背阴处还能见到白白一层未融化的残雹；小麦拦腰打断，玉米、棉花、葵花被打倒在稀泥里，受灾面积60634亩，成灾33678亩，其中小麦11918亩，减产90万千克，玉米毁种11318亩。

隰县城关、后墕等公社遭冰雹袭击，大雹如核桃，一般的如玉米粒，积雹1～2寸，雹后1小时没有完全融化，全县17个大队受灾面积12529亩，其中大秋7192亩，小麦5279亩，灾重的地方农作物叶片全部击落，成了光秆，小麦被齐腰打断，只好毁掉改种。

汾西县主要是团柏公社受雹灾严重。

蒲县12个公社，50个生产大队，120个生产队遭受雹灾，受灾面积4800公顷，其中小麦1733.3公顷，大秋作物3066.7公顷，减产粮食195万千克，死羊89只。

吉县曹井、屯里、明珠3个公社，15个生产大队，44个生产队暴雨夹冰雹20分钟，受灾面积1.6万亩，减产粮食70万千克，冲垮河坝20条计291米，毁田2691亩。

临汾县（今尧都区）遭受冰雹袭击，雹的最大直径1.7厘米，尧庙—贾德—大苏一线灾害严重，1.52万亩棉苗被打成光秆。

浮山县15个乡镇，172个生产大队遭受冰雹袭击，小麦成灾面积14万亩，其中重灾面积7500亩，减产1935千克。

乡宁县双凤滱、崖下、张马、吉家垣4个公社受冰雹袭击，233亩小麦因雹减产2.5万千克，1.5万亩秋田减产30%。全县因遭雹灾小麦减产70万千克，大秋减产175万千克。

襄汾县邓庄、张礼、大邓、土地殿4个公社遭受冰雹和暴雨，冰雹大如杏核，降雹15分钟，使小麦、棉花、大秋等36850亩作物受灾。

这一年年6月4日、18日；7月3日和9月2日又下冰雹。

6月4日，霍县闫家庄公社的王海坪、成家庄、茹村，上乐坪公社的驹沟、观堆、上乐坪，李曹镇的源头、鸭底、柏乐、杜苏沟、小涧、南壁、关家崖、张家楼、罗涧、东村、上王、下王、韩比、窑底这21个大队遭雹击，雹大如核桃，小如杏核，受灾面积50730亩，其中受灾严重的12700亩，小麦，减产136.5万千克，棉花遭灾3000亩，西瓜1500亩，蔬菜430亩，果园800亩，造成经济损失117万元。

7月3日下午2时许，隰县城关、北庄、下李等公社遭大风冰雹袭击，降雹15分钟，积雹4厘米，大的如杏，小的如玉米粒，最大的如鸡蛋。北庄公社乐安大队的井宣生产队，麦、秋两项共513亩庄稼，除30亩葵花幸免外，其余全部被打，减产严重。全县4个公社，13个大队，33个生产队，受灾面积4480亩，成灾3470亩，毁种135亩。

9月2日下午，蒲县山中、古县、红道、乔家湾、曹村、太林等6个公社遭冰雹袭击，受灾面积19990亩，重灾12595亩，损失粮食215.5千克，死羊12只。2010年9月3日，襄汾县汾城镇太常村、北高一村、三公村出现一次雷雨和冰雹天气。冰雹持续时间约12分钟，最大的直径有1.5厘米左右，小的有黄豆大小，使作物受到不同程度损失，玉米叶子打成条，谷子叶子被打烂，三个村受灾最严重的太常村，受灾面积达700余亩，其中玉米120亩，谷子400亩，绿豆150亩，其次是北高一村，玉米120亩，谷子400亩，豆类70亩，三公村玉米60亩，谷子30亩，造成农作物减产30%。

2012年7月29日，蒲县乔家湾乡部分区域遭受严重冰雹灾害。总计受灾人口约600户2600余人，农作物受灾面积2800余亩，直接经济损失300万元左右。

2013年8月11日，曲沃县里村镇部分地区出现大风、冰雹、降水等强对流天气过程。瞬时极大风速18.7米/秒，每小时最大降水量达到35.2毫米，造成里村镇11个自然村812公顷农作物受灾。

8月11日，大宁县昕水镇上马束和下马束村出现了冰雹、大雨天气过程，冰雹持续时间为18分钟，最大直径为2厘米。受灾最严重的为玉米和苹果，苹果受灾面积为140亩，玉米受灾面积为2700亩。

2016年6月7日，隰县午城镇所属的午城村、川口村、上司徒村、下司徒村、寺坡村、龙化村遭受冰雹灾害侵袭，损失较为严重。午城镇此次灾害的受灾人口达到707户、2801人，受灾农业作物多为挂果期果树以及玉米等农作物，受灾面积达8000余亩、总价值820万元，其中：受灾苹果2810亩，价值364万元；梨1770亩，价值240万元；核桃700亩，价值100万元；玉米和谷子2790亩，价值110万元；西瓜10亩，价值3万元；葡萄10亩，价值3万元。寨子乡受灾面积3730亩，其中：苹果2300亩，梨900亩，杏桃220亩，玉米310亩，成灾面积共计3730亩；受灾人口373人，直接农业经济损失500余万元。

2017年5月15日，霍州市师庄乡发生大范围大风、冰雹灾害，受灾人口约0.45万人。小麦倒伏7185亩，造成经济损失143.7万元；核桃林受灾严重面积130亩，经济损失4.08万元，两项共计147.78万元。陶唐峪乡受灾人口初计0.36万人，小麦受灾面积1250亩，经济损失25万元；玉米受灾面积1500亩，经济损失15万元；苹果受灾面积625亩，经济损失18.75万元；核桃林受灾面积1000亩，经济损失30万元；蔬菜受灾面积30亩，经济损失0.9万元；彩钢房两间，经济损失6万元，共计经济损失95.65万元。

隰县两个乡镇6个村委受灾人口670人，910亩果树受灾，其中梨树697亩、苹果213亩，幼果被打伤，成灾面积730亩，农业经济损失约150万元。

2017年6月8日下午6点，隰县突降冰雹，冰雹区域涉及6个乡镇（下李乡、城南乡、龙泉镇、陡坡乡、黄土镇、寨子乡），时间约40分钟。经初步核查，龙泉镇王家塌村，陡坡乡三交村、环珠村、贺家庄村，黄土镇谙正村、石坡村，城南乡柴家村、路家峪村，遭受到冰雹灾害袭击，受灾农作物主要是果树（梨、苹果、核桃），受灾面积715公顷，成灾面积609公顷，受灾人口3000人，直接农业经济损失

2730万元。

2017年6月21日，尧都区大面积的果树、蔬菜及大棚因冰雹造成不同程度的受灾。涉及乡镇有段店乡、吴村镇、贾得乡、金殿镇、乔李镇、县底镇。其中：桃受灾面积128亩，葡萄400亩，苹果500亩，春玉米5100亩，蔬菜（豆角）10亩，大田蔬菜150亩，设施蔬菜大棚44个、75亩，食用菌大棚27个、40亩，直接经济损失500多万元。

2017年7月1日，尧都区大阳镇官雀村梁家坡7月1日17时左右遇冰雹，持续20分钟，玉米和核桃受灾面积约200亩，直接经济损失20万元。

2017年7月14日，吉县降冰雹，造成东城乡苹果受灾面积12000万亩，重灾面积5000亩，造成经济损失3000万元。

2017年8月8日，隰县陡坡乡贺家庄村、三交村、环珠村、曲池垣村、冯家庄村、辛庄村、王家山、西岭村、新农村、聂家渠村、庞派村遭受冰雹灾害袭击，受灾的农作物主要有玉米、谷子、小杂粮等大秋作物；果树主要有苹果、梨以及蔬菜，受灾面积14000余亩，成灾面积12000亩，绝收面积1600亩，直接农业经济损失达420万元；受灾人口1500人。

2018年5月15日，尧都区遭受冰雹灾害。贾得乡李家庄村、亢垣村、东风村、杨村、大苏村的受灾作物主要是小麦，受灾面积1391亩；大阳镇兰里村、官雀村、北遆村、遆庄村、上村、岳壁村、太平村、上阳村、张村、乔村的受灾作物有小麦2000亩、核桃2000亩、桃200亩、红薯300亩、西瓜200亩、苹果400亩、中药材100亩；贺家庄乡全乡14个村的受灾农作物有小麦6120亩、桃1853、西瓜378亩、苹果505亩、樱桃120亩、中药材5亩；以上直接经济损失共计5000余万元。

2018年8月9日，安泽县局部地区发生强降雨大风天气，发生风雹灾害。造成玉米倒伏受灾4690亩，受灾人口2660余人，直接经济损失114.9万元。其中良马乡宋店村、小寨村、良马村玉米受灾2300亩，减产3成，亩均损失245元，受灾人口1400人，直接经济损失56.35万元；

杜村乡桑曲村、魏家湾村、小李村、陈家沟村玉米受灾2390亩，减产3成，亩均损失245元，受灾人口1260人，直接经济损失58.55万元。

2019年7月12日，受冰雹天气影响，隰县龙泉镇北庄村、上留村、乐安村的果树、玉米、谷子等农作物受灾，受灾总面积5600亩，其中成灾面积5540亩，含玉露香梨成灾面积825亩（北庄村150亩、上留村210亩、乐安村465亩），直接经济损失约176万元，受灾人口1029人。

2019年8月1日，风雹灾害造成蒲县古县乡8个村的苹果、梨、烟叶、核桃等经济作物受灾，受灾人口6330人，经济作物受灾面积1185.4公顷，成灾面积1185.4公顷，绝收面积1185.4公顷，其中苹果352公顷、梨93.2公顷、烟叶150.2公顷、核桃590公顷。红道乡5个自然村的苹果、烟叶、核桃、玉米等经济作物受灾，受灾人口1383人，经济作物受灾面积390公顷，成灾面积390公顷，绝收面积90公顷。经统计，灾害造成农业经济损失6890.634万元。

2020年7月12日，吉县遭受冰雹灾害共涉及车城乡5个村（赵村、桃村、窑科村、兰家河村、朱家堡村），吉昌镇11个村（祖师庙村、林雨村、东关村、兰古庄村、学背后村、西关村、马家河村等受灾严重），总计受灾面积30212亩，果树受灾面积27254亩（其中绝收5640亩，成灾21614亩），其他农作物面积2958亩。受灾人口16279人，受灾群众5691户。直接经济损失约10709.8万元。

2020年7月30日，蒲县山中乡南岭村农作物玉米遭受风雹灾害，受灾人口48人，受灾面积30.6公顷，成灾面积3.06公顷，经济损失30万元。

2021年7月13日，大宁县遭受短时强降雨影响，全县5个乡镇遭受短时大风和强降雨影响，其中太德乡、曲峨镇、昕水镇、太古镇出现雷暴大风并伴有冰雹。

2021年7月13日，大宁县昕水镇4个村、三多乡10个村遭受雹灾，受灾农作物有苹果、梨、西瓜、玉米、高粱等，受灾面积565.53公顷，其中：粮食作物受灾面积502.8公顷，农作物绝收面积48.3公顷，直接经济损失388.65万元，受灾人口3105人。

安泽县马壁镇荆村玉米受灾1300余亩，减产5成，亩均损失405元，直接经济损失52.7万元，受灾人口355人；良马镇小寨村、曹家沟村、上寨村、桑区村、陈家沟村玉米受灾8650余亩，减产5成，亩均损失405元，直接经济损失约350.3万元，受灾人口1690人；冀氏镇兰村、和平村、冀氏村、南孔滩村、马寨村玉米受灾10000余亩，减产5成，亩均损失405元，直接经济损失约405万元，受灾人口2693人；和川镇车道村、上田村、安上村玉米受灾4880余亩，减产5成，亩均损失405元，直接经济损失约197.6万元，受灾人口570人。

3.5.4 冰雹防御

冰雹天气常常带来严重灾害，甚至人畜伤亡，造成重大经济损失。采取一些防范措施，能减少损失。

对大范围冰雹的防御，应着眼于当地气候环境的改善。多种树种草，绿化荒山荒坡，种植防雹林带，增加植被覆盖面积，增大蒸发耗热，减弱因受热不均引起的温度水平差异，使空气垂直对流强度减小，让冰雹难以形成，从而减少（弱）冰雹天气。

对小范围（如果园、菜园、苗圃、烟叶园等）局地冰雹的防御，可采取布设三七高炮等，在雹云形成（或移来）的时候，用“炮轰”的方式来防雹消雹，效果不错。所用的炮弹装有大量碘化银粉末的，打入冰雹云内爆炸后，碘化银粉末洒落在冰雹云层中形成大量冰晶，成了大量冰胚，作为云内过冷水汽的凝结核，与原有冰晶竞“食”水分，让有限的水分分散到大量冰晶上去，使雹核数目大量增加，而单一雹体体积减小，在下落过程中又因增温融化而成雨，起到化雹为雨，或者化大雹为小雹，达到人工防雹消雹的目的。这种“炮轰”人工防雹措施，临汾市自20世纪90年代初期开始试验作业以来，已经取得明显的防雹效果和防雹经济效益。

另外，为免遭冰雹灾害确保人畜安全，经常收听天气预报和增添个人防雹小常识也是必要的。临汾市气象台科技人员以临汾市冰雹资料为线索，对形成冰雹的天气形势和影响系统，及其发生、发展规律和临汾冰雹的移动路线、规律、分布等都进行了深入研究探讨，并取得一些成果，找到了一些规律和做准冰雹天气预报的依据，使冰雹天气预报的准确程度有了很大提高。尤其从2004年开始，临汾市气象台启用了当前最先进的多普勒天气雷达，它具有精确的远距离探测和对目标特性进行测量的能力，能跟踪监测冰雹云系发生、发展及移向、移速，对提高市气象台作准短时冰雹天气预报帮助极大。所以，经常收听收看天气预报，做到防范冰雹天气心中有数，对确保人畜安全作用很大。

冰雹天气虽然来去匆匆，瞬息万变。但是，它来之前总是有些征兆和规律的，人们利用这些规律，采取自我保护，也可免受或者减少其害：夏天，早晚两头凉、中午又闷又热，就得提防下午是否有冰雹云系出现。若到了中午或下午见到顶上白、底下黑，或黑中带暗红、土黄色云层在周围快速发展，云层越来越厚，天色越来越暗；雷声沉闷，连绵不断，像是推磨一样一声紧似一声，闪电在云层内横闪不断，一道道电光几乎都与地面平行，这时人畜应赶快转移至冰雹打不到的地方躲避，因为再有十分、八分钟的时间，只要狂风起，大雨滴开始下，常常冰雹便接踵而至。

3.6 干热风

干热风是指在小麦灌浆至腊熟阶段，遇到气温高、干燥、风力比较大的天气，小麦因根部吸水功能有限或者土壤干旱水分不足，小麦的水分平衡和光合作用遭到破坏，使小麦植株水分供需失调，出现干尖、卷叶、炸芒，破坏其养分输送和正常干物质合成，灌浆提前结束，小麦颗粒干秕，造成减产。所以，干热风又称小麦干热风，是一种危害小麦生产的气象灾害。

3.6.1 干热风指标

在小麦生育后期，根据气温高、干燥及风力大的天气状况，比对小麦炸芒、枯熟、秕粒（千粒重少）情况，农业气象工作者经多年试验观测，总结出了干热风危害小麦生产的具体指标是：

当日最高气温≥35.0℃，14时相对湿度≤25%，14时平均风速≥3米/秒，即为重度干热风日；当日最高气温在32.0~35.0℃，14时相对湿度在25%~30%，14时平均风速2~3米/秒，为干热风日。连续2天或以上出现重度干热风日，称为重度干热风过程；连续2天或以上出现干热风日，称为干热风过程。

3.6.2 干热风时间分布

干热风对小麦的危害，主要出现在小麦灌浆至乳熟期。临汾市小麦播种面积350万亩，其中1/6分布在海拔1000米以上的山区；1/6分布在海拔600~1000米的丘陵区，4/6分布在海拔600米以下的平川地区。由于小麦播种面积上存在地势、地理和气候的差异，小麦灌浆、成熟的时间参差不齐，干热风危害小麦生产的时间也各有早迟。经调查，小麦受干热风危害的时间：侯马、襄汾、曲沃在5月上旬至6月上旬初；洪洞中南部、尧都区—乡宁县南部、翼城，在5月中旬至6月上旬；永和、大宁、吉县、乡宁等县西部黄河沿岸，洪洞北部、霍州平川、浮山中西部等在5月中旬后期至6月中旬；其他丘陵区在5月下旬至6月中旬后期；海拔超过1000米的山区无干热风灾害。

经统计，临汾市平川地区干热风有两段集中多发时段，一段在5月下旬初；另一段在5月末至6月上旬中。对于丘陵地区，6月中旬后期也是干热风出现较多的时段。

临汾市小麦干热风天气连续出现天数的多少，各地差异甚大，海拔600～1000米的丘陵地区，持续不超过5天（不含5天）；海拔400～600米的临汾盆地，最长可持续8天。全市平均持续1～3天的干热风占总干热风日数70%；临汾盆地以持续2天干热风最多，占25%；单天的占23%；3天的占19%；4天的占16%；5天的占9%；6天、7天、8天的均占2%～3%。1968年5月30日—6月6日的一次干热风天气过程，尧都区最高气温达37.4℃，14时相对湿度9%，平均风速维持在3～8米/秒，持续天数，尧都区8天，侯马、洪洞（赵城）7天，翼城5天，是临汾市累年中干热风最严重的一年。小麦叶面卷缩枯黄，甚至干枯死亡，灌浆普遍非正常提前结束，麦粒颗粒小而干瘪，全市小麦亩产平均减少22.4%。

3.6.3 干热风地域分布

临汾盆地是全市干热风的较多中心，干热风天气年均6.2天，尤以洪洞、尧都、襄汾三县（区）平川干热风最多，最严重，年均达7.8天，最多年达19天。相比之下，东、西部丘陵区干热风少得多，海拔1000米及以上山区（如隰县、蒲县），虽有符合干热风气象条件的天气年均1.1天，但持续时间短、强度小，对小麦生长无大碍，而且不出现重度干热风天气，属无干热风区。海拔600～1000米的丘陵地区，干热风天气年均2.9天，重度干热风天气年均0.5天，这些地方地势高、散热快，即使出现重度干热风，持续时间都比较短，强度小，对小麦危害较轻，属干热风危害轻微区。襄汾县的汾城、襄陵镇—尧都区金殿、吴村—洪洞县龙马村、堤村这一汾河以西小麦产区，大部水利条件好属水地小麦，生育期长。但是这里地势低，气温高，离西山近，西南气流越山后下沉增温效应很明显，是全市干热风灾害最严重地带。

干热风是区域性气象灾害，往往几个县（市、区）同步出现，同时受害。现将洪洞、尧都、侯马、翼城4县（市、区）台站作为整个临汾盆地的代表。经统计临汾盆地单站（即25%的面积）出现干热风的频率11%；二台站（即50%面积）同时出现干热风的频率是23%；三台站（即75%面积）同时出现干热风的频率是32%；四台站（即盆地全部）同时出现干热风的频率达34%，以盆地内各县（市、区）同步出现干热风的频率最大。所以临汾盆地往往是出现一次干热风天气，盆地半数以上县（市、区）小麦同时遭受灾害。

对山西全省来说，忻州盆地及以南地区均生产小麦，也均有干热风天气出现。但是，干热风天气以临汾盆地出现次数最多，强度最大，危害最重。因为运城盆地在临汾盆地以南，气温比临汾盆地偏高，小麦生育期比临汾盆地短，成熟期早。当运城市、临汾市5月下旬同步进入高温期（旬内日最高气温≥32.0℃日数≥5天）时，运城市小麦已基本成熟，6月上旬正是干热风天气的多发时段，此时运城市小麦已开镰收割，干热风灾害基本“躲”过去了，即使有重度干热风出现，也已无大碍。但是，此时段正是临汾盆地小麦生育处于灌浆中、后期，最惧怕受干热风危害。所以，小麦灌浆盛期和干热风天气多发期在时间上的重叠，临汾盆地就成了为山西省小麦干热风最严重的地域。至于晋城、长治、晋中、太原、忻州等市的平川小麦，虽然也都出现小麦干热风，但因地势偏高，位置偏北，出现次数少，强度弱，持续时间短，都不及临汾盆地严重。

3.6.4 干热风灾害和防御

干热风是影响小麦高产稳产的主要气象灾害之一，危害轻时可使小麦减产5%左右；危害严重时可使小麦减产10%～20%，甚至更多。对干热风采取防御措施，可减轻干热风对小麦生产的危害，目前，防御干热风危害的措施，主要有综合农业技术措施和喷洒化学药剂两类，具体有以下5种方法。

第一，培育早熟或中早熟小麦品种，避开干热风危害。临汾盆地干热风灾害严重的一个重要原因，就在于临汾每年入夏高温期的来临和小麦进入普遍灌浆期在时间上重叠，若能培育出比现在提前10～

12天成熟的小麦新品种，临汾盆地基本上就可以避开干热风危害了。

第二，改善麦田耕作条件，进行麦田林网化建设，进一步改变田间小气候，使气温下降，湿度增加，干热风日次减少，强度减弱。据测定，麦田林网化后，可使最高气温下降2～3℃，相对湿度升高5%左右。例如尧都区的乔村、曲沃县的东马庄村、翼城县的武池村，他们把麦田搞成果粮间作、桐粮间作或林网化，干热风对小麦的危害大为减少，水、土、肥等条件也配合得较好，小麦生产基本上达到高产稳产。

第三，合理施肥。相同生长环境的小麦，受干热风危害轻重不一的原因，往往是土壤肥力差异的不同所致。由于麦田缺肥，植株长得不健壮，抗逆性能差，到后期容易早衰，即使遇到轻干热风也出现干尖、炸芒等现象，对小麦生长产生负面影响。但是，肥力好的麦田植株壮实，遇到轻干热风就往往不见这一现象，抗御干热风能力比较强。

第四，在小麦扬花、灌浆期喷洒石油助长剂。石油助长剂是一种新型的生物刺激素，在小麦扬花期喷洒，有利于增强光合作用，减少小麦败育。据测定，喷后12天内能使小麦叶片含水量增加6%～18%，特别是束缚水含量能增加26%（与自由水比），起到抗干抗灾的效果；在小麦灌浆期喷洒，能提高小麦灌浆速度，据测定，喷洒石油助长剂后，在半个月内，小麦灌浆速度平均增加0.14克/千粒·日，可使小麦灌浆提前结束，以避开（或少受）干热风危害。

第五，用氯化钙浸种（或闷种），防御干热风。小麦种子经氯化钙处理后，小麦植株细胞内钙离子浓度增加，从而提高了叶片细胞的渗透压和吸水力，增加了叶片的保水能力，提高了对土壤水分的吸收和利用；同时，经氯化钙处理的小麦植株细胞原生质凝固变性的温度界限提高了，就增强了植株抗高温的性能。据测验，经处理的小麦植株离体叶片在38℃高温下，10分钟细胞死亡率为15%，而对照植株死亡率则达55%。可见，小麦种子经氯化钙溶液浸泡5～6小时（溶液浓度为0.1%）后下种，对抵御、防御气温高、空气干燥的干热风灾害具有一定效果。

3.7 其他气象灾害

临汾气象灾害除了以上6类外，还有一些经常有害于临汾工农业正常生产，甚至危及人们生命财产安全的气象灾害、次生气象灾害。

3.7.1 寒潮

气象部门规定：在日最低气温≤4℃的前提下，24小时内降温≥8℃，或48小时内降温≥10℃，称之为寒潮。临汾市年平均寒潮3～4次，多为一般寒潮，强寒潮很少出现。寒潮是一种灾害性天气，入侵时常伴随大风、强降温、霜冻、沙尘甚至沙尘暴等恶劣天气一并出现，届时北风呼啸、尘沙飞扬、简陋房屋容易被吹倒，塑料大棚被摧毁坏、气温骤降，严寒、霜冻接踵而至。临汾市年内第1场寒潮常出现在10月上、中旬（最早可在9月下旬），寒潮过后，东西山区出现初霜冻，一些贪青作物被冻伤冻死，影响产量；年内最强的寒潮出现在1月上、中旬，对小麦和牛羊群的安全越冬常常构成威胁，一些三类麦苗和病老牲口在强寒潮入侵时常被冻死、冻伤；年内最后一次寒潮，常常发生在4月上、中旬，正逢临汾盆地各县（市、区）小麦拔节抽穗和一些果树现蕾开花时节。寒潮带来的气温骤降、霜冻，使一些小麦停止生长，甚至被冻伤冻死；让果树花蕾受冻掉落，麦果减产、农民减收。

2010年4月12日，浮山县农作物受损严重，冬小麦受灾16.5万亩；果树（包括桃树、梨树、苹果树，以苹果树为主）受灾7500亩，蔬菜、西瓜受灾1500亩，经济损失3842.1万元；核桃受灾28800亩，全部绝收，经济损失8640.0万元。

2013年4月8—9日，大宁县桃、杏、梨、苹果、核桃等果树大部分正处于花蕾期或开花期。以上两次强降温天气，造成花芽、花瓣受冻，雄蕊、雌蕊受冻无法授粉，导致坐果率降低，影响果实产量。受灾面积5932亩，造成经济损失达1492.4万元。

3.7.2 低温

低温是一种气象灾害，它是指受冷空气活动影响，出现连续性降雨、降雪、天阴、寡照；或者云多、风多，气温持续偏低的现象。它若出现在春、秋季节，常使农作物、蔬菜、瓜果正常生育受阻，遭到危害，产量受损；若出现在隆冬季节，对小麦和牲畜安全越冬构成威胁，并常因低温冰雪造成交通事故和给人民生活带来不利影响和损害。临汾市的低温灾害，多发生在春季和秋季。春季4—5月，正是临汾盆地小麦拔节、抽穗、灌浆和棉花、大秋播种出苗期，也是多种果树开花期，需要充足的阳光、热量。若遇上冷空气活动频繁，阴雨、北风过多、气温持续偏低，将使小麦生育迟缓，棉花、大秋苗弱甚至烂籽，果树花蕾减少，且容易脱落，农作物、果树都将受到损失。临汾市秋季的低温灾害，主要出现在9月初至10月上旬，此时秋作物进入灌浆成熟期，棉花进入吐絮采摘期，都需要充盈的阳光、温度，若遇上冷空气活动频繁，造成阴雨过多、光照不足、气温过低，则严重影响秋粮、棉花的产量和质量。

2018年4月6—8日，永和县低温冷害造成果木类花、初果等受冻严重。

2018年4月7日，大宁县遭遇了罕见的低温冷冻，造成果树大面积冻花，受灾面积58338亩；受灾人口8391户、27251人，直接经济损失11128.5万元。

2018年4月6日晚开始，安泽县气温降低，发生低温冷冻气象灾害。受灾核桃树8139.9亩、苹果树172.5亩、连翘794亩、花椒树30亩、油用牡丹3039.2亩、桃树30亩、梨树20亩，受灾人口2237人、造成直接经济损失925.95万元。

2018年4月6–8日，隰县由于大风强降温，时值全县梨果树开花之际，气温骤降，果树花蕾、花瓣受到严重冻害，给农业生产带来严重影响。

2020年4月10日，蒲县克城镇因雪灾导致低温冷冻经济作物连翘遭受损失，据实地核查统计，克城镇东辛庄村、连捷山村共计受灾513户、1881人；连翘受灾面积1210亩，由于此次灾情减产约60%，共造成经济损失200万元。

2020年4月22日，蒲县8个乡镇受灾面积55193.4亩，成灾面积55193.4，绝收面积40946.4亩。

2021年4月14—16日，蒲县境内遭受了低温冻害，风力一度达到6级以上，尤其是凌晨，部分乡镇温度低至–8～–4℃，致6个乡镇的梨树、核桃树、苹果树等经济农作物严重受灾，据统计：蒲县受灾群众16788人，受灾面积2765.17公顷，经济损失共计3863.4万元。

3.7.3 雪灾

雪灾出现在冬季，降雪天数多、积雪时间长的山区，雪灾相对较重。安泽、隰县、蒲县、永和4县地势高位置偏北，冬季气候比较寒冷，年降雪20～24天，积雪27～30天；大雪封山、中断交通，几乎年年都会出现；东西山区的其他县（市、区）降雪16～19天，积雪21～23天，大雪封山，损坏电力、通信设施，中断交通等灾害也时有发生；临汾市平川地区得强降雪天气出现次数较少，但一旦出现，也是风雪交加、能见度小、地面积雪路滑，影响交通甚至阻塞交通，影响蔬菜大棚光照，甚至压坏棚架，同时，积雪覆盖草场，造成牲畜缺食冻饿。总的来说，临汾市的雪灾山区比平川多而严重，尤其是临汾盆地各县（市、区）雪灾比较轻微。

2021年2月24—25日，降雪共造成曲沃县4个乡镇26个村受灾，灾害造成养鸡棚、猪舍和部分蔬菜大棚受损。灾害共导致206人受灾，农作物（大棚蔬菜）受灾面积约3.79公顷，成灾面积约2.99公顷，绝收面积约1公顷，直接经济损失合计约302万元。

3.7.4 雾灾

雾是悬浮在近地层空气中的小水珠或小冰晶组成。气象部门规定：水平能见度在1000~10000米的称为轻雾，500~1000米的称为大雾，200~500米的称为浓雾，50~200米的称为强浓雾，50米以下的称为特强浓雾。临汾市年均雾日18.4天，进入20世纪80年代以后雾日有明显增多加重趋向。雾的危害主要有二个方面：一是雾影响交通，引发交通事故，尤其是能见度小于100米的大雾，不论在城市乡村，都影响车辆行驶，容易造成交通堵塞，甚至出现追尾相撞事故。二是大雾容易引发“污闪”停电事故，尤其是进入冬季，空气污染严重，电力设备的绝缘子堆积灰尘很厚，遇有水汽大的浓雾，绝缘子污秽受潮，沿表面会出现被击穿现象，电业上称之“污闪”，造成跳闸停电，对工农业生产和人民生活都造成影响。

3.7.5 连阴雨

临汾市阴雨连绵危害农业生产的天气，上半年主要出现在6月上、中旬，称之麦收连阴雨；下半年常发生在9月，称之秋季连阴雨。临汾市小麦6月上旬成熟，中旬开镰收获，若在6月上、中旬出现连阴雨天气，收获了的小麦不能及时打碾晾晒，时间一长就变质发芽；长在地里未收割的小麦，也经受不住长时间的阴雨天气，气温高、水汽大，立在地里的麦穗照样会变质发芽，造成不能丰收。例如1989年6月6—14日，连续9天阴雨连绵，总降水量91.6毫米，已经收割没有打碾和来不及收割长在地里的小麦，大量变质发芽，损失严重。

下半年的连阴雨灾害主要出现在9月至10月上旬，也称秋季连阴雨。该时段正是临汾市棉花、秋粮成熟收获期，也是冬小麦播种期，若出现连阴雨天气，将造成秋粮成熟不足，秋禾霉烂、棉花烂桃，既影响棉粮收成，也耽误小麦下种，还造成红枣等干鲜果霉烂变质。例如2003年秋季，9月17—10月12日，25天当中出现连阴雨过程3次，阴天下雨总共19天，平均降水量254.7毫米，相当于年降水的50%，是近年来最严重的一次秋季连阴雨灾害，大秋作物贪青成熟差、霉变重，尤其是豆科类，沤荚霉籽相当严重，部分地块绝收，秋粮减产4~5成，葵花霉变烂掉近4成，棉花烂桃僵棉多，产量减少1/3，品级严重下滑；瓜果蔬菜多雨缺光，产量低，霉烂多，落果率大、着色差，红枣霉变严重烂掉7~8成；玉米收获期普遍推迟15~20天，小麦不能适时下种，影响冬前分蘖，影响小麦来年产量。同时，城市乡村房屋围墙雨漏倒塌严重，洪洞一个县就倒塌房屋17900余间，灾害非常严重。

2021年9月1日—10月15日，曲沃县倒塌农村居民住房24户、64间、1121平方米，严重损坏住房61户、147间、3132平方米，一般损坏住房192户、378间、5660.2平方米，经济损失267.95万元，城镇居民住房严重损坏36户、80间、2000平方米、一般损坏66户、152间、5423.25平方米，经济损失297万元，房屋及居民家庭财产合计损失564.95万元。总受灾人口49004人。农业农作物受灾面积4542.74公顷，其中粮食作物受灾4130.46公顷、成灾2172公顷其中粮食作物成灾1820.85公顷、绝收1257.5公顷其中粮食作物绝收1156.75公顷、受损大棚面积173.24公顷，农业经济损失3417.13万元。林业林地受灾3.3公顷损失2.75万元。畜牧养殖业因灾死亡大牲畜3头、小牲畜173头、死亡家禽8632只、倒塌损毁圈舍面积13426平方米、饲料损失1457.75吨，畜牧养殖业损失519.62万元。损坏村道0.05千米、供水管网13.7千米，农村生活设施损失430万元，农林牧渔合计损失4369.5万元。受损公路1.5千米，损失750万元。损坏通信线路29.8千米、基站18个，经济损失31.89万元。损坏电力线路2.5千米、变电设备5台，经济损失90.33万元。损坏水库4座、堤防1.33千米、水闸2座，经济损失201.7万元。损坏市政道路4.1千米、供水管网0.1千米、排水管网0.7千米、供气供热管网10.65千米，经济损失3624.8万元。基础损失合计损失4698.72万元。2所学校受损，经济损失73万元；2个文化体育机构受损，损失1361万元；1个社会服务机构受损，损失5万元；2个广播机构广受损，损坏广播电视传输线6.5千米，损失2.5万元。公共服务损失合计1463.9万元。合计经济损失11097.07万元。

2021年10月2—6日，隰县受灾人口54967人，灾害造成直接经济损失约4.98亿元。农业方面：农作物受灾面积15966.5公顷，绝收面积2069.03公顷；牲畜死亡341只（头）；家禽死亡6451只。住房方面：全县累计受损房屋2019户，其中房屋倒塌135户、严重损坏1094户、一般损坏790户。交通方面：道路受损312.66千米150.3738万平方米，道路两侧塌方、落石、泥石流等小型地质灾害1225处。水利方面：水利工程受损271处。基础设施方面：水、电、暖、气、通讯基础设施受损358处。生产建设方面：关停非煤矿山7座、企业6个、景区2个；在建工程停工11个，复工2个；封闭、管控涉水公路路段、桥梁39处。

2021年9月22—28日，曲沃县受连续强降雨天气影响，造成史村、乐昌、曲村、里村、北董、杨谈、高显7个乡镇的108个村农作物（玉米等粮食作物，葵花、蔬菜等经济作物）受灾。

3.7.6 雷电灾害

一旦被雷电击中，危害非常严重。击中人体牲畜，轻则受伤、重则死亡；击中建筑物或其他设施，一般都被毁坏，或者引起火灾，烧毁房屋家具；在深山老林，因雷击引起森林火灾，烧毁大片森林树木，时有发生。另外，一些电子设施，如卫星通信设备、计算机网络系统、电讯供电设备、电子设备以及电视机等家用电器，即使不是被雷电直接击中，也很容易被强雷电产生的很高的静电感应电压所损坏，造成损失。2002年8月25日中午12时许，洪洞县雷鸣闪电，狂风四起，强雷电袭击县城，击坏电话小交换机十余部、电视机三十余台、卫星接收天线6座、变压器2台，明姜镇南社村一位70多岁老太太被雷击倒在地，幸好她当时脚穿绝缘胶底鞋，并未危及生命。

临汾市雷暴天气最早可在4月中、下旬，首先在山区县出现，最晚9月底10月初结束，以7—8月雷暴多、强度大，容易形成雷电灾害。雷暴的地域分布山区多于平川，东西山区年均29～35天，平川地区22～28天。雷电灾害带来的损失，城市大于农村。

3.7.7 沙尘暴

气象部门将沙尘天气明确分成浮尘、扬沙、沙尘暴、强沙尘暴、特强沙尘暴5类。浮尘是指尘土、细沙均匀地浮漂在空中，水平能见度<10千米；沙尘是指风将尘沙吹起，使空气相当混浊，水平能见度在1～10千米；沙尘暴是指强风将地面大量尘沙吹起，使空气很混浊，水平能见度在500～1000米；强沙尘暴是指大风将地面大量尘沙吹起，使空气非常混浊，水平能见度<500米；特强沙尘暴是指狂风将地面大量尘沙吹起，使空气特别混浊，水平能见度<50米。临汾市地处黄土高原，土壤松软，冬季地表封冻，开春后地表解冻，空气干燥，土壤水分少，地表浮土层厚，春季风多风大，常常造成扬沙和沙尘暴天气。

临汾市沙尘暴天气以4月、5月最多，占年沙尘暴天气的72%，其次是3月，再次是冬季1月、2月。临汾市单独出现沙尘暴天气的几率很少，多数沙尘暴天气是从河西走廊飘移过来的。临汾市沙尘暴天气以西部山区较多，年均1.3天；平川和东部山区较少，年均0.9～1.0天。年沙尘暴天数虽然不多，但沙尘暴天气年变率却很大。例如1955年2—6月，尧都区每个月都出现1～2次沙尘暴天气，当年共计8天；但有很多年份却1天都不出现。又如1975年4月，隰县一个月就出现沙尘暴天气5天，但也有许多年份1天也不出现。沙尘暴天气出现时，狂风呼啸，尘沙飞扬，天昏地暗，昼晦如夜，人咫尺难辨；还会影响交通、污染环境、有损人体健康；同时使麦田失墒过快，棉、秋幼苗受损严重，果树花蕾掉落，简陋房舍、蔬菜大棚被毁，给交通、生活、生态、农业都造成严重不利影响。

3.7.8 高温灾害

通常把日最高气温达到或超过35℃，称为高温天气；日最高气温达到或超过37℃，称为酷热天气。高温酷热会伤害动、植物的正常生育；容易发生中暑等疾病，有损人体身心健康；影响室内外工农业生产，引发交通、水电及高温作业事故，诱发农业病虫灾害发生发展。

临汾市高温酷热天气及其灾害，主要发生在6月下旬至8月底，以平川各县（市、区）严重，大宁县次之，其他丘陵、山区的县（市、区）此类灾害则非常罕见。临汾市平川7县（市、区）地处临汾盆地，东、西高中间低的地形造成风力小、风向乱的特点，使暖空气不易散去，促使这里高温酷热天气的出现。这里年最高气温，一般40～41℃，极端最高气温40.8～42.3℃，高温天气年均14.9～18.5天，高温酷热灾害往往数天连续出现。2005年6月下旬至7月上旬，临汾市平川各县（市、区）持续高温，小河断流、无水灌溉，回茬作物无法下种，农业受损严重；7月，侯马市酷热难当，部分工厂停产、学校停课、单位调整工作时间，对生产生活和人体健康，都造成不利影响。大宁县位于昕水河谷地，海拔766米，年最高气温一般39～40℃，极端最高41.3℃（2005年6月22日），高温天气13.2天，有时也出现高温酷热天气，对农业和人体健康也产生不利影响；但由于这里地势相对比较高，空气中水汽少、高热酷热强度小、持续时间短，不利影响比较轻。

3.7.9 雨凇、雾凇

雨凇是指过冷却水滴或者过冷却毛毛雨，下落在温度0℃以下的地面、树枝或者地面物体上冻结成透明的或毛玻璃状的紧密冰层，常见于物体的迎风面上或上表层，形成后不易铲除，电力线、电话线和城市装饰设施，遇风力摇晃容易被折断，破坏力很大；雾凇是在寒冷冬季有雾的情况下，过冷却雾滴遇到表面温度在0℃以下的树枝或其他地面物体，立即附着冻结在上面，便形成雾凇，呈银白色结晶，毛茸茸状，很像冻霜花。电线上的雾凇严重时，电线会被折断，造成停电、中断通信等事故，酿成经济损失。临汾市冬季寒冷，又比较干燥，雨凇天气及其灾害非常罕见。在初冬和晚冬最常见的是先下小雨，接着下霰（白色不透明的圆球形或圆锥形冰粒，性脆，着地反弹并破碎），再接着就下雪了，很少观测到雨凇天气。但是，临汾市雾凇天气，几乎年年都有，雾凇压断电线等事故灾害也时有发生。

3.7.10 泥石流

在山区，暴雨夹带泥水、泥沙、石块沿陡坡汹涌滚流而下，就是泥石流，它因下暴雨引起，属次生气象灾害。在泥石流中泥沙、石块体积一般在15%以上，前锋含量可高达60%～80%。泥石流爆发时山鸣地动、来势汹猛，淹没农田、堵塞河道公路、破坏路基桥涵，具有极大破坏力，造成严重灾害。临汾市乡宁县1999和2000年，两次发生泥石流灾害。1999年8月8日22时至次日03时，乡宁县城区下暴雨109.3毫米，雨势强、雨量大，县城西北侧爆发泥石流，堵塞了鄂河河道和城区桥涵、下水道，洪水、河水一齐涌向街道，涌入部分商店机关，冲走两辆汽车，直接经济损失在20万元以上；2000年7月6日12—13时，乡宁县城出现强暴雨，约1.5小时降水47.4毫米，又一次引发县城西侧山坡泥石流灾害，泥水、泥沙、石块伴随山洪一齐冲向街道、商店、机关，严重影响居民生活和机关工作秩序，造成严重经济损失。

2019年3月15日，乡宁县枣岭乡卫生院北侧发生山体滑坡，致卫生院一栋家属楼（6户）、信用社一栋家属楼（8户）和一座小型洗浴中心垮塌。据现场救援指挥部通报，本次事故共造成20人遇难。

2021年10月2—7日，吉县出现连续性强降雨天气，全县共发生小型坍塌共280处，其中吉昌镇91处，壶口18处，屯里20处，中垛20处，文城25处，柏山寺22处，车城14处，交通局范围内15处，公路段范围内55处；水利工程受损51处，其中水库2座，淤地坝15座，泵站

8处，供水工程25处，堤防50米；农作物受灾面积6085.8公顷，绝收面积162公顷，抢险（收）面积501.723公顷，恢复面积24.993公顷；苹果受灾面积1000公顷，直接经济损失1500万元。

3.7.11 森林火灾

森林火灾分自然火灾和人为火灾两种。自然火灾由雷击自然起火，属次生气象灾害；人为火灾由生产用火和非生产用火引起，虽不属次生气象灾害，但与当地当时气象条件关系密切，长时间不下雨，气候干燥、气温高、风多风大是引发森林火灾的高火险条件，此时若对火源管理稍有疏漏，最容易发生森林火灾。临汾市森林火灾集中出现在春季，其次是冬季，夏秋季节不发生森林火灾。这和临汾市春季气候干燥风多风大、气温回升快的气候特征关系密切。例如1985年发生森林火灾7次，火场总面积96.2公顷，损失成材林62.5立方米，全都发生在1月至6月初的冬春季节。2007年4月12日15时32分，北纬36°17′50″，东经112°8′14″，安泽县三交乡岔口村东北东1.9千米,出现10个像元（相当于1000公顷）火情，对林业造成极大的损失。气象卫星遥感技术对森林火灾的监测和人工增雨作业在扑灭森林火灾中的应用，对减少临汾市森林火灾次数和森林火灾损失，都已经发挥了很好的积极作用。

3.7.12 大气污染

大气污染是指大气中被排入大量有害气体、烟尘、粉尘，其浓度超过世界卫生组织规定的标准，导致大气对人体健康构成伤害。虽然向大气排放污染物的种类和数量与气象没有直接关系，但是污染物在空中滞留时间的长短和被污染严重程度的大小却和气象关系密切。所以，大气污染灾害属污染物和气象条件共同产生的共生气象灾害。改革开放以来，临汾市以煤炭、焦炭、钢铁为主线的城市工业发展很快，并带动了加工、制造、运输业紧跟发展。在这同时，对大气排放的废气、烟尘也迅速增多，高发展带来高污染。由于治理的滞后，空中主要污染物、颗粒物经常超标，尤其二氧化硫超标严重。进入秋冬季节，地面渐渐变冷，近地层空气层结稳定，长期无雨无雪、风小，滞留在空中的污染物很难飘移离去或随雨雪降落地面，被污染的空气经常（特别是清晨）笼罩着临汾市的城市和乡村，对人们的身体健康非常不利。

3.7.13 酸雨

指pH值小于5.6的降水，是目前重大的环境问题之一，它与大气被污染程度密切相关，是由于化石燃料燃烧后排放出硫和氮的氧化物到大气中，随后在大气中转化为硫酸（盐）和硝酸（盐），遇到自然降水一起下落到地面成了酸雨。所以，酸雨是严重的大气污染和自然降水结合共同产生的共生气象灾害。酸雨污染土壤，影响瓜果蔬菜、牧业生产；它淋在石质建筑物，铜、铁塑像模型，外露金属材料、器物等表面，都会产生侵蚀作用；对人体健康也有影响，刺激人的皮肤、眼睛。临汾市侯马市气象局于1992年1月1日起对自然降水采集，pH值测量和电导率测量，结果表明：1992—2005年每年都观测到酸雨，其中比较严重的是1996年11月—1997年1月，3个月内6次观测到pH值为3.13～3.18的强酸雨。这也是临汾市新增的一类气象灾害，应引起有关方面的关注，及时采取措施进行防治，以优化环境确保人体健康。

第4章

气象业务发展

4.1 气象观测

4.1.1 地面气象观测

为了获取当地气候资料，每个国家气象台站都要按中国气象局统一制定的《地面气象观测规范》的要求，每天进行定时和不定时的地面气象观测、记录，月（年）终要编制月（年）气象报表。

4.1.1.1 观测项目

气象站地面气象观测记录的项目分国家统一规定开展的与省气象局布点观测的两类。按国家规定均需观测的项目有：大气压力，测定单位百帕，最大允许误差不得超过±0.3百帕；气温及最高、最低气温，以℃为单位，取小数1位，仪器允许误差一般要小于0.2℃；通过干、湿球温度的观测计算，求出水汽压、相对湿度和露点温度。水汽压，测定单位百帕，取小数1位；相对湿度用百分数（%）表示，取整数；风向风速，风向测定以16方位法表示，风速以米/秒为单位，风的自记记录取小数1位；能见度，以米为单位；云（含总云量、低云量、低云高度）；各种天气现象（如雨、雪、雾、雷暴等）；降水量，以毫米为单位，取小数1位；日照时数，以小时为单位，取小数1位；蒸发量（小型），以毫米为单位，取小数1位；地面温度地面温度（含草温）、浅层地温、深层地温，以℃为单位，取小数1位。辐射，辐照度单位为瓦·米$^{-2}$，取整数。冻土深度（以厘米为单位，取小数1位）。

按山西省气象局规定的方法和要求开展的观测项目有：雨凇、雾凇、积雪、电线积冰、雪深、小型蒸发、最大冰雹的最大直径和平均重量（省气象局自定观测项目），这8项维持现有人工观测方式不变；还有雪压、蒸发（E-601型，以“毫米”为单位取小数1位）、浅层地温（离地表面5、10、15、20厘米，以℃为单位取小数一位）、深层地温（离地表面40、80、160、320厘米，以℃为单位取小数1位）、冻土深度（以厘米为单位，取小数1位）和电线积冰。隰县气象局为国家基本站，观测时次：（1）国家级地面气象观测站自动观测项目每天24小时连续观测。（2）基准站、基本站定时人工观测次数为每日5次（08、11、14、17、20时），一般站定时人工观测次数为每日3次（08、14、20时）。每天4次（02、08、14、20时）基本绘图天气观测发报，内容有现在天气、过去天气、风向、风速、云状、云量、低云云底高度、能见度、温度、露点温度、气压、气压变量、气压倾向、极端最高最低温度、降水量以及重要天气现象等；还有每天4次（05、11、17、23时）辅助绘图天气观测发报，内容和基本绘图报相同。隰县气象站的天气观测报拍发到中央气象台后，参加国内和世界气象信息资料交流。隰县气象站还承担航空气象观测报告和航空危险天气电报的拍发任务，观测内容有云（云状、云量、云高）、水平能见度、现在天气、过去天气、地面风速风向，以及部分重要天气现象等，航空气象观测发报每小时1次；航空危险天气通报，在有危险天气出现并达到发报标准时进行观测发报。市气象局观测站，也是国家基本气象站，每天进行4次（02、08、14、20时）基本绘图天气观测发报，观测内容和发报时间与隰县气象站一致。永和、大宁、吉县、蒲县、汾西、乡宁、霍州、洪洞、襄汾、曲沃、翼城、浮山、古县、安泽14个县（市）气象局承担气候观测任务，每天3次（08、14、20时）定时进行气象观测记录，每日14时气象观测记录后，向省、市气象台拍发小天气图报，其观测和发报项目内容，同国家基本气象站拍发基本绘图天气报。侯马市气象局为国家基准气候站，每小时正点都要进行地面气象观测记录，每天观测24次，14时向省、市气象台拍发小天气图报。

自2020年4月1日起，按照《全国地面气象观测自动化改革业务运行方案》，地面气象观测自动化改革正式业务运行。国务院气象主管机构统一布局的观测项目包括：气温、气压、湿度、风向、风速、降水、能见度、地面温度（含草面温度）、浅层地温、深层地温、大型蒸发、日照、辐射、毛毛雨、雨、雪、雨夹雪、冰雹、大风19项已实现仪器自动观测的项目，以及总云量、云高、冻土、露、霜、雾、轻雾、霾、浮尘、扬沙、沙尘暴、结冰、雷暴13项可通过综合判识或图像识别实现自动观测的项目。省级气象主管机构自定观测项目包括：雨凇、雾凇、积雪、电线积冰、雪深、最大冰雹的最大直径和最大平均重量等7项观测项目。此次改革取消地面状态、低云量、雪压、小型蒸发、辐射作用层状态、大气浑浊度6项观测项目。降水现象仪单轨业务运行。雾、轻雾、霾、浮尘、扬沙、沙尘暴6项，继续按现行观测方式，采用台站ISOS地面综合观测业务软件软件自动判识。除应急观测期间和特殊工作状态外，总云量、云高、露、霜、结冰、雷暴6项，由国家级业务单位采用自动综合判识开展观测，并传输至省级数据环境。省气象局自定观测项目雨凇、雾凇、积雪3项由国家级业务单位采用自动综合判识开展观测，雪深、最大冰雹的最大直径和平均重量3项采用台站人工观测。天气现象视频智能观测仪、冻土自动观测仪目前处于试点建设和研发考核阶段，待建设完成并通过业务化评估后，相关项目观测方式再行调整。冻土继续采用台站人工观测。取消每天的人工定时观测（国家气候观象台、国家基准气候站、国家基本气象站每天08、11、14、17、20时，国家气象观测站每天08、14、20时）、人工连续观测天气现象、日常守班、重要天气报编发、地面观测记录簿记录、值班日记填写、人工数据质量控制（含质控疑误信息反馈）等工作任务。

4.1.1.2 站级划分

根据气象观测站分类及命名基本原则，气象观测站按观测层、类别和通用站名划分为3层、7类、18种。按管理层级划分为国家和省两级，详见表4.1。

观测层：按观测目标所在主要空间层次分为地面观测（陆地和海洋表面至10米）、高空观测（10米～30千米）和空间观测（30千米以上）三层。

类别：地面层包括综合观测站、观测站和观测试验基地三类；高空层和空间层均包括观测平台和观测站各两类。

通用站名：地面层9种，高空层5种，空间层4种。其中，7种为保留或规范现有通用站名，4种为整合现有通用站名，新增通用站名7种。

管理层级：按气象观测站的布局设计及所承担的观测项目的归口管理分为国家和省两级。

表4.1 气象观测站分类及命名架构表

观测层	类别	通用站名	管理层级	说明
地面	综合观测站	1.大气本底站	国家级	现有通用站名
		2.气候观象台	国家级	规范现有通用站名
	观测站	3.基准气候站	国家级	现有通用站名
		4.基本气象站	国家级	现有通用站名
		5.（常规）气象观测站	国家或省级	整合通用站名
		6.应用气象观测站	国家或省级	整合通用站名
		7.志愿观测站	国家或省级	新划分通用站名
	观测试验基地	8.综合气象观测（科学）试验基地	国家或省级	新划分通用站名
		9.综合气象观测专项试验外场	国家或省级	新划分通用站名
	观测平台	10.气象飞机	国家或省级	新划分通用站名

续表

观测层	类别	通用站名	管理层级	说明
高空		11.气象飞艇	国家或省级	新划分通用站名
	观测站	12.高空气象观测站	国家级	规范现有通用站名
		13.天气雷达站	国家或省级	现有通用站名
		14.飞机（飞艇）气象观测基地	国家或省级	新划分通用站名
空间	观测平台	15.气象卫星	国家级	现有通用站名
	观测站	16.空间天气观测站	国家级	整合通用站名
		17.气象卫星地面站	国家或省级	整合通用站名
		18.卫星遥感校验站	国家级	新划分通用站名

侯马市气象站经调整充实扩建，于1990年建成国家基准气候站，经中国气象局和山西省气象局相关单位验收合格，于1991年1月1日起正式按基准气候站标准要求进行气候观测记录。国家基本气象站为二级气象观测站网，是国家天气、气候观测的骨干，由中国气象局定点，观测站周围的观测环境条件要有较好的代表性。地面气象观测任务是积累气候资料和向国内、外提供实时气象情报进行交换，每天有4次（02、08、14、20时）基本绘图天气观测发报，还有4次（05、11、17、23时）辅助绘图天气观测、发报。临汾市、隰县、吉县和安泽县4个台站是国家基本气象站，属二级气象站网，按二级气象站网要求进行地面气象观测、记录、发报。大宁、永和、蒲县、汾西、霍州、洪洞、襄汾、曲沃、翼城、古县、浮山、乡宁12县（市、区）台站均为国家气象观测站，属三级气象站网，要求地面气象观测环境周围有代表性，地面气象观测任务是积累气候资料和向省、市气象台和有关部门提供实时气象情报，每天进行3次（08、14、20时）定时气候观测和上级指定的其他气象观测、发报，以上12个台站均按国家三级气象站网要求进行地面气象观测、记录和发报。2020年4月1日起，各台站取消每天的人工定时观测，

按照新的地面气象自动观测规范执行。

4.1.2 高空气象探测

高空气象探测是利用气球携带无线电探空仪升空，用雷达或经纬仪跟踪，根据回收探空仪发来的数据和信号来测定自由大气各高度上的温度、湿度、气压、风向、风速等气象要素值。这些空中气象资料是制作天气预报、保证航空飞行安全和进行气象科学研究不可缺少的重要资料情报。隰县气象站1959年10月15日—1989年12月31日承担的高空风观测任务，是经纬仪单点小球测风，每日07时和19时两次定时施放氢气球，随后用经纬仪进行跟踪观测，获取观测数据后，在计算板上推算求得各规定等压面和各规定高度及对流层顶上的风向风速以及最大风速层出现的高度及其风向、风速，向有关气象部门拍发高空风报告。同时，妥善保存高空风观测资料。截至目前，隰县气象站依然完整地保存着1959—1989年连续30年的隰县高空风观测记录资料，非常宝贵。

4.1.3 天气雷达探测

天气雷达又称“测雨雷达”，是利用雨滴、云滴、冰晶、雪花对电磁波的散射作用，来探测大气中降水现象和监测暴雨、冰雹和龙卷风等强对流天气。在其探测距离范围内，可测定其降水强度、云的发展高度及其含水量；能清楚地显示出灾害性天气发生所在地、范围及其强度。因此，雷达所获信息，及其目标移动的速度、方向、路径，可作为当地降水强度和灾害性天气短时预报的可靠依据，在天气预报、警报和航空保障，以及减少国家和人民生命财产损失等方面都有重要作用。临汾地区气象台于1988年6月首次配置有711型天气雷达，并参加省内天气雷达联防探测网。以临汾市（今尧都区）为中心200千米半径以内范围，均属临汾711型天气雷达责任监测区，每年5月1日—9月30日，每天进行定时和加密（非定时）观测。定时观测时间是每天10、14、16、18时正点进行；加密观测是随天气预报工作的需要，可随时开机进行观测。不同年份、不同时段，由于天气和服务工作的不同需要，定时观测次数和时间也略有变动或增减。加密观测是在有重大的天气系统影响或将要影响本监测区域时，根据天气预报人员或上级气象台发布的指令，随时进行的观测。加密观测的时间间隔一般不超过1小时，遇有强的回波（强对流天气），还进行跟踪观测，不间断的观测记录回波范围、强度、高度、性质、移向、移速等，采样时间间隔不超过10分钟，为短时灾害性天气预报提供可靠依据。

为对全省强对流灾害性天气实行联测联防，临汾市气象台711型天气雷达参加省内天气雷达联防探测网，在雷达定时观测时测有回波，便立即按专用电码格式编报，将探测到回波的强度、移向、移速等情报编成电码发往省气象台，由省气象台将各站情报资料组织上网，供其他台、站共享调用。

为进一步提高雷达探测的精度，国家“九五”规划期间，中国气象局提出了《我国新一代天气雷达监测网建设计划》，引进当今世界上最先进的第三代多普勒天气雷达技术，要在全国高起点、高水平地建设126部新一代多普勒天气雷达系统。这一计划经国务院批准，自1998年起在全国全面启动。临汾市气象台被纳入全国新一代多普勒天气雷达监测站网，2002年在原临汾市气象站旧址开始建设多普勒天气雷达楼，2003年完成大楼建设和雷达的安装调试，2004年元旦开始投入试运行，2005年经国家气象局验收合格，正式投入日常业务使用。每当进入汛期，新一代多普勒天气雷达会24小时不间断开机监测，并安装trad2005软件，每小时正点向国家气象中心编发雷达信息报1次。同时，按照山西省气象局要求，每小时把所有体扫资料传送山西省气象台，由省气象台整理汇总组织上网，供其他兄弟单位调用。雷达资料的保存整编工作，也在2005年同时展开，临汾市气象台设计了一套形式新颖、内容丰富的雷达综合信息管理和资料保存系统，同年已正式投入使用。

新一代多普勒天气雷达性能优越，具有抗同频干扰能力，实现了数字化、模块化，整体性能精确，能自动跟踪，自动数据处理，对暴雨等大范围强降水天气的监测距离超过300千米，尤其对中、小尺度的灾害性天气（如局地强暴雨、冰雹、龙卷风、雷暴、大风等）能进行有效监测，能够明显改善和显著提高短期、短时天气预报能力。2004年新一代多普勒天气雷达投入试运行期间，6月16日15时，在雷达屏幕上首次观测到临汾市西部山区上空有强回波产生，呈加强趋势；15时30分回波中心强度增加至50 dBz，垂直高度达8千米左右，并有多单体风暴特征，这预示着它移动经过的下方（汾西县、霍州市、洪洞县、古县、尧都区等）将产生强对流天气。据地面气象观测报告，16—18时临汾市大部分地方出现短时雷阵雨，汾西县1小时降雨20毫米，且出现短时冰雹，霍州市、古县、洪洞县、尧都区都出现冰雹，直径大多10毫米左右，最大20毫米。降雹前后测站最大风速19米/秒。通过此项实例，证明了新一代多普勒天气雷达对强对流天气的监测和预先警示能力的确比711型天气雷达有了很大提高。另外，通过对多普勒天气雷达屏幕上速度图、强度图的分析，还能较准确判断出中、小天气系统的演变特征，这是711型雷达难以做到的，这对提高临汾市气象台短时、短期天气预报质量，为防灾减灾赢得时间有着十分重要的意义。

随着临汾城市的快速发展，临汾雷达的探测环境保护工作压力越来越大，为了改善雷达探测环境，2015年，临汾市政府成立了“临汾新一代天气雷达迁移项目建设领导组”，准备雷达搬迁工作，经过比选，雷达新址确定在浮山县天坛镇十里垣村，该处海拔高，地形开阔，生活便利，探测环境十分优越。2019年底，新址的征地工作完成，雷达搬迁进入实施阶段。此时临汾市雷达已经运行多年，中国气象局计划在2019年对雷达实施大修，为了节省资金，局领导决定把雷达搬迁和大修结合进行，2020年7月日，临汾市新一代天气雷达搬迁工程奠基仪式在浮山县隆重举行。2021年11月22日，塔楼封顶，2021年12月12日，雷达的天线和天线罩吊装完毕，预计新雷达将在2022年汛期投入使用。雷达搬迁升级后，增加了双偏振功能，雷达的探测能力将会大幅度提高。

除了中国气象局统一布点的新一代多普勒天气雷达外，2019—2021年，市局还争取地方支持，以政府购买气象服务的方式在隰县、蒲县和吉县布设了三部X波段双极化相控阵雷达。

X波段双极化相控阵雷达采用极化相控阵体制，是下一代天气雷达技术的重要发展方向，与传统雷达相比，它具有更高的时空分辨率、更精细的垂直探测能力和极化粒子形态辨别能力（体扫时间60秒，垂直扫描0° ~60° 不少于68层仰角，探测距离60千米）在生消变化迅速、致灾性极强的中小尺度强对流天气（冰雹、短时强降水、局地大风等）的监测预警和降水估计上有明显优势，相比传统设备，智能化观测预警提前量效果尤为明显。2019年隰县首次引进，2020年、2021年蒲县、吉县相继引进。凭借双极化相控阵雷达，当地气象部门在应对强降雨、大风、冰雹等强天气灾害时更有底气，?强天气的预警精准度和提前量都有明显提升。2020年8月17日，隰县气象局基于双极化相控阵雷达的降雨评估产品，提前60~120分钟进行山洪预警，政府相关部门快速联动，提前做好防灾应对部署。

4.1.4 特种观测

特种观测是指大气探测常规项目之外，为获取某种气象信息或与某种气象信息关系密切的信息，而专门设置的观测项目，临汾市进行特种观测的项目，有太阳辐射观测和酸雨观测。

4.1.4.1 太阳辐射观测

太阳辐射也称日射，太阳辐射观测也称日射观测，是大气探测常规项目以外为拓宽气象服务而增加的一项特种观测，专门为研究太阳辐射和开发利用太阳能资源提供和积累资料。全国太阳辐射观测站网的建设是根据不同气候区，考虑地理纬度、海拔高度及其他影响太阳辐射分布的因子而均匀布点的，合理站距为250~300千米。山西省参加全国组网的太阳辐射观测站共有3个，分布在大同市气象局观测站（大同市），山西省观象台（太原市）和侯马市气象局，均于1959年开始工作，属国家甲种太阳辐射观测站。

侯马市太阳辐射观测站初期配有的仪器，是苏联的太阳辐射观测仪器及整套观测方法，有微安表（FCA-1型）1台（相对型）、直接辐射表（沙维诺夫-扬尼舍夫斯基式）1台，天空辐射表（沙维诺夫热电型）1台。这些观测仪表以后逐步由国产化取代。侯马市气象站于1959年6月1日正式观测记录天空辐射、直接辐射和短波反射辐射。观测时次，白天每小时1次，其中06时30分、09时30分、12时30分、15时30分、18时30分为定时观测，其余正点为辅助观测（观测时间在正点后35分钟）。年内白天最长时，观测时段为05时35分至18时30分，观测14次。白天最短时，观测时段为08时35分至15时30分，观测8次。观测时制：1959年6月1日—1960年7月13日采用地方平均太阳时；1960年8月1日—1963年12月31日改用北京时；1964年1月1日起，又恢复地方平均太阳时。1991年1月1日，国家气象局将侯马市甲种太阳辐射观测站调整为国家三级太阳辐射观测站，观测项目为太阳总辐射，观测时间为每天从日出至日落，无专人守班，观测仪器更换为TBQ-2型总辐射表和RYJ-4型全自动辐射记录仪。

4.1.4.2 酸雨观测

侯马市气象局参加了全国组网的酸雨监测，从1992年1月1日起正式开始对酸雨进行观测记录，常规观测项目有水样采集、pH值测量、K值（电导率）测量，并编制报表，起测标准为过程降水量1毫米以上。资料报告给中国气象科学研究院大气化学所，使用设备为8904（国内型号pHs-3c）型pH计，DDS-ⅡA型电导仪和JS-A型降水自动采样器。自开始观测至2005年底共14年的资料显示，侯马市每年都观测到酸雨，其中较为严重的是1996年11月—1997年1月，3个月内观测到6次酸雨，它们的pH在3.13~3.18，平均电导率101.3 μS/㎝，属强酸雨。2020年安装酸雨自动观测仪，从2021年2月1日起按照《酸雨自动观测规范（试行）》和《酸雨自动观测系统平行观测方案》开展平行观测，完成酸雨平行观测软件安装，执行平行观测。

洪洞县气象局于2012年7月1日参加酸雨监测全国组网，开展酸雨观测业务。

4.1.5 农业气象观测

农业气象观测是对当地主要农作物、林木、果树、禽畜生长发育动态及当时有关气象要素和农业气象要素所进行的同步平行观测，其观测记录资料是分析当地农业气象条件的基础。

4.1.5.1 农业气象观测网建设

1955年3月，国家农业部和中央气象局联合下文，要求各省必须逐步开展农业气象观测工作。1956年，隰县、翼城县气候站最先开展农业气象观测。1957年蒲县、吉县、安泽县、侯马市，1959年又增加洪洞、临汾（今尧都区）县，截至1959年底，共有8个县（市、区）气象站开展农业气象观测工作。1960年还新建了晋南农业气象观测试验站，展开对晋南地区的小麦、棉花等农作物生长气象条件进行观测、试验，积累农业气象观测资料。

1960年，国家遇到暂时困难，气象系统进行调整，机构精简人员。

自1962年起，只保留临汾、隰县两个气象站继续进行农业气象观测，其他各县（市、区）气象（候）站的农业气象观测任务全部撤销，晋南农业气象试验站移交山西省小麦研究所合并工作。1963年，安泽县气象站又增加农业气象观测，1964年被撤销。1966—1976年“文化大革命”及1977—1979年，全部（含临汾县（今尧都区）、隰县两气象站）中止农业气象观测。1980年，临汾、隰县两个国家级基本气象站（也是国家级农业气象观测站）恢复了农业气象观测记录；1982年安泽县、吉县两个国家一般气象站（也是省级农业气象观测站）相继恢复农业气象观测记录。截至2021年，全市共有4个县级气象局承担农业气象观测、记录任务，保存自1980年（安泽县、吉县为1982年）以来完整的农业气象观测资料。

4.1.5.2 农业气象观测项目

农业气象观测包含三部分内容：

第一，农业物候观测。它包括作物发育期观测，生长高度测量，植株密度测定和生长状况目测。临汾市农业物候观测物种的选定，是以农业气象观测站所在地主要农作物做出相应安排的。尧都区观测冬小麦、玉米；隰县观测玉米、玉露香梨；吉县观测苹果、玉米；安泽县观测冬小麦、玉米。

第二，土壤水分观测。此项观测是用专门取土钻取土，用天平秤重量（准确到0.1克），烘土箱烘烤，通过计算求出各所需深度占干土重的土壤湿度百分率。所测深度为0~5厘米、10厘米、20厘米……直至100厘米共11层次，4个重复。每年从10厘米土壤层消冻后（约在2月）至10厘米土壤层冻结（约在11月）止，全市17个气象站，每旬逢8（日）进行测墒，每旬逢1（日）向上级业务部门编发墒情报，其中尧都、隰县、吉县、安泽四县（区）农业气象观测站，每旬3日增测一次墒情观测，每旬6日增加拍发一次墒情报，供上级鉴定土壤水分给作物的满足程度，为采取相应措施提供依据。从2010年7月开始至2017年11月，临汾市气象部门陆续开展自动土壤水分观测站网的建设和观测工作，完成临汾自动土壤水分观测站全覆盖。自动土壤水分观测仪是一种利用频域反射法原理来测定土壤体积含水量的自动化测量仪器，从传感器安装方法上区分为插管和探针两种。自动土壤水分观测仪可以方便、快速地在同一地点进行不同层次土壤水分观测，获取具有代表性、准确性和可比较性的土壤水分连续观测资料，可减轻人工观测劳动量、提高观测数据的时空密度，为干旱监测、农业气象预报和服务提供高质量的土壤水分监测资料。

第三，自然物候观测。自然物候观测是对自然界因气候年际变化的影响而产生有周期性的现象及发生发展的规律进行观测，找出它们之间的关系。自然界的物候现象是天气、气候、水文、土壤等自然因素的综合反映，是受气候和外界环境因素的影响而出现的现象，是季节转换和进行农事活动的标志，如："枣树发芽种棉花"就是临汾平川地区老农流传下来的，观看枣树生长发育，知晓该适时下种棉花的宝贵经验。自然物候观测的种类很多，有木本植物、草本植物、候鸟、昆虫、气象、水文现象等。尧都区、隰县、吉县、安泽县等4个农业气象观测站观测物候的项目很多，其中木本植物有毛白杨、加拿大杨、枣树、红果树、核桃树、刺槐、旱柳、小叶杨、龙絮柳、合欢树等；草本植物有车前草、蒲公英、藜、野菊花、苍耳等；两栖动物有豆燕、家燕、蜜蜂、炸蝉、大杜鹃、布谷鸟、青蛙、蟋蟀、大雁等；气象水文现象有霜、雪、雷声、闪电、虹、严寒开始（阴暗处结冰）、河上薄冰出现、土壤表面的冬季开始冻结和春季开始解冻、河流封冻、河流解冻等。

为使农业气象观测资料在农业气象业务、服务和科研工作中发挥更大作用，省气象局于1987和1991年分别安排部署了5年、10年的农业气象观测资料整编工作。1988年和1992年对整编成果进行验收。临汾市尧都区、隰县、吉县、安泽县等4个农业气象基本观测站的整编资料全部达到质量标准，省气象局准予投入业务、服务和科研使用。

4.1.6 自动气象站

自动气象站是一种无人操作，能定时观测，自动发报的地面综合气象装置。它一般安装在高山、海洋、湖泊、草原等人员稀少的地方，或者专门为执行某项特殊任务的需要而设置。临汾市地处黄土高原，有两万多平方千米面积，县境内地势呈“凹”字形，地貌复杂，各地小气候差异明显，在县和乡镇设置自动气象站观测记录气象要素，拍发气象情报，在时间和空间上都增加了气象情报资料的密度，对临汾市、县两级气象台站掌握实时气象资料，分析中、小尺度天气系统，提高短期、短时重大天气预报质量，具有十分重要的作用；同时，有了乡镇一级自动气象站的气象观测资料，进一步细化了气象情报，提高了各气象要素的监测精度，对分析当地小气候特点，合理利用气候资源和指挥当地防御气象灾害提供了更具体的依据。所以，建设和加密自动气象站，是进一步提高临汾市气象服务能力的重要举措。自动气象站能测量温度、气压、湿度、风向、风速、降水等基本气象要素；有的还能测量大气水平能见度、云高、雷暴活动、日照时数、太阳总辐射等气象要素（或现象）。临汾市气象部门第一台自动气象站设备是意大利援助的SM3820型自动气象站，于1993年3月安装在安泽县气象局地面气象观测场内，后因机件损坏，于2001年停止工作。2003—2021年，临汾市17个县（市、区）气象局共安装了249个国产的自动气象站。这些自动气象站按功能的不同，可分为四类：第一类是二要素观测自动气象站，它只观测气温和降水两个要素；第二类是四要素自动站，观测气温、降水、风向、风速四个要素；第三类是六要素自动气象站，观测气温、气压、降水、风向、风速、相对湿度六个气象要素；第四类是国家气象观测站，它可以测量气温、露点温度、气压、相对湿度、风向、风速、累计液态降水，浅层（0～20厘米）地面温度、深层（40～320厘米）地中温度、能见度、蒸发量，其标称测量精度：气压±0.5百帕、气温±1℃、相对湿度±10%、平均风速1米/秒±0.5×实测值，此类自动气象站，分别安装在各县气象局的地面气象观测场内，同时称它为该县（区）中心自动气象站，它承担对当地气象要素值的观测、发报任务。自动气象站全天守候着“风云”变化，每分钟上传一次探测数据，上传到国家气象信息中心。自动气象站采取太阳能电池供电，工作电压12V，标称功率50W，在阴雨天气条件下可连续30天保证自动站和无线电发射装置（OCP）系统能正常工作，自动化程度高。

由于自动气象站每天24小时连续观测记录，诸如大风、高温等重要天气能及时准确地监测到，弥补了人工观测次数少、夜间不守班造成的资料不完整的缺陷；同时也可弥补气象站点少、资料少等缺点。过去一次降水之后，全市只能提供17个县（市、区）气象站点的降雨量资料。如今，一次全市性的普通降水后，最多时可以提供254个测站的雨量数据。近年来，每个乡镇都装上了自动气象站，气象资料数据细化到乡镇一级，也为县级气象部门开展“乡镇天气预报”创造了条件。

表4.2 临汾市部分自动气象站网一览表

县（市、区）	站名	海拔高度/米	所测气象要素
尧都区	国家基本气象站	449.5	气温、露点温度、气压、湿度、风向、风速、能见度、降水、浅层地温、深层地温
	汾水污水厂	476.0	气温、降水
	南外环桥	448.0	气温、降水
	锣鼓大桥	443.0	气温、降水
	解放路立交桥	495.0	气温、降水
	市政府院	441.0	气温、降水
	开发区	467.0	气温、降水
	土门	594.0	气温、降水
	枕头	1156.0	气温、降水
	县底	502.0	气温、降水
	屯里	475.0	气温、降水
	吴村	496.0	气温、降水、风向、风速

续表

县（市、区）	站名	海拔高度/米	所测气象要素
	乔李	479.0	气温、降水、风向、风速
	金殿	438.0	气温、降水、风向、风速
	贾得	462.0	气温、降水、风向、风速
	贺家庄	903.0	气温、降水、风向、风速
	一平垣	955.0	气温、降水、风向、风速
	魏村	583.0	气温、降水
	刘村	446.0	气温、降水、风向、风速
	尧庙	436.0	气温、降水、风向、风速
永和	国家气象观测站	916.6	气温、露点温度、气压、湿度、风向、风速、能见度、降水、浅层地温、深层地温
	阁底	1014.0	气温、降水
	坡头	987.0	气温、降水
	打石腰	1025.0	气温、降水
隰县	国家基本气象站	1052.7	气温、露点温度、气压、湿度、风向、风速、能见度、降水、浅层地温、深层地温
	南唐户	1184.0	气温、降水、风向、风速
	均庄	1233.0	气温、降水、风向、风速
	桑梓	831.0	气温、降水、风向、风速
	黄土	1048.0	气温、降水、风向、风速
	寨子	948.0	气温、降水、风向、风速
	龙泉	981.0	气温、降水、风向、风速
	午城	781.0	气温、气压、降水、风向、风速、相对湿度
	下李	1140.0	气温、气压、降水、风向、风速、相对湿度
	国家气象观测站	765.9	气温、露点温度、气压、湿度、风向、风速、能见度、降水、浅层地温、深层地温

续表

县（市、区）	站名	海拔高度/米	所测气象要素
大宁	南堡	1107.0	气温、降水
	曲峨	657.0	气温、降水
	安古	989.0	气温、降水、风向、风速
	太德林场	1055.0	气温、气压、降水、风向、风速、相对湿度
吉县	国家基本气象站	851.3	气温、露点温度、气压、湿度、风向、风速、能见度、降水、浅层地温、深层地温
	兰家河	922.0	气温、气压、降水、风向、风速、相对湿度
	柏山寺	1168.0	气温、气压、降水、风向、风速、相对湿度
	壶口	447.0	气温、气压、降水、风向、风速、相对湿度
	窑曲	940.0	气温、降水
	东城	1003.0	气温、降水、风向、风速
	中垛	1043.0	气温、降水、风向、风速
	文城	869.0	气温、气压、降水、风向、风速、相对湿度
襄汾	国家气象观测站	463.5	气温、露点温度、气压、湿度、风向、风速、能见度、降水、浅层地温、深层地温
	邓庄	482.0	气温、降水
	南辛店	483.0	气温、降水
	赵康	466.0	气温、气压、降水、风向、风速、相对湿度
	陶寺	504.0	气温、降水、风向、风速
	大邓	535.0	气温、降水、风向、风速
	襄陵	436.0	气温、降水、风向、风速
	汾城	550.0	气温、降水、风向、风速
	南贾	520.0	气温、降水、风向、风速
	永固	449.0	气温、降水、风向、风速

续表

县（市、区）	站名	海拔高度/米	所测气象要素
蒲县	国家气象观测站	1030.6	气温、露点温度、气压、湿度、风向、风速、能见度、降水、浅层地温、深层地温
	西开府	1276.0	气温、降水
	黑龙关	1153.0	气温、降水
	红道	1100.0	气温、降水
	克城	1327.0	气温、降水、风向、风速
	古驿	866.0	气温、降水
汾西	国家气象观测站	1126.1	气温、露点温度、气压、湿度、风向、风速、能见度、降水、浅层地温、深层地温
	团柏	610.0	气温、降水、风向、风速
	僧念	898.9	气温、降水
	和平	1023.0	气温、降水、风向、风速
	太阳山	794.0	气温、降水、风向、风速
	对竹	962.0	气温、降水、风向、风速
	勍香	1062.0	气温、降水、风向、风速
	佃坪	1165.0	气温、降水、风向、风速
洪洞	国家气象观测站	462.8	气温、露点温度、气压、湿度、风向、风速、能见度、降水、浅层地温、深层地温
	西龙马	492.0	气温、降水
	南社	533.0	气温、降水
	吉恒	568.0	气温、降水
	侯村	527.0	气温、降水、风向、风速
	淹底	527.0	气温、降水、风向、风速
	甘亭	453.0	气温、降水、风向、风速
	刘家垣	819.0	气温、降水、风向、风速

续表

县（市、区）	站名	海拔高度/米	所测气象要素
洪洞	古县	500.0	气温、降水、风向、风速
	贾村	472.0	气温、降水、风向、风速
	曹家庄	520.0	气温、降水、风向、风速
	好义	514.0	气温、降水
	山头	1228.0	气温、降水
	万安	559.0	气温、降水
	马三	466.0	气温、降水
霍州	国家气象观测站	550	气温、露点温度、气压、湿度、风向、风速、能见度、降水、浅层地温、深层地温
	范村	742.0	气温、降水
	师庄	804.0	气温、降水、风向、风速
	茹村	960.0	气温、降水、风向、风速
	南下庄	549.0	气温、降水、风向、风速
	西张	626.0	气温、降水、风向、风速
古县	国家气象观测站	648.7	气温、露点温度、气压、湿度、风向、风速、能见度、降水、浅层地温、深层地温
	东池	906.1	气温、降水、风向、风速
	永乐	978.2	气温、降水、风向、风速
	圪台	1396.1	气温、降水、风向、风速
	高庄	812.1	气温、降水、风向、风速
	并侯	927.1	气温、降水、风向、风速
	董必庵	1030.1	气温、降水、风向、风速
	上哲才	1027.1	气温、降水、风向、风速
	国家基本气象站	1011.3	气温、露点温度、气压、湿度、风向、风速、能见度、降水、浅层地温、深层地温

续表

县（市、区）	站名	海拔高度/米	所测气象要素
安泽	下场	908.0	气温、降水
	朱家湾	880.5	气温、降水
	河阳	946.8	气温、降水、风向、风速
	卫寨	827.9	气温、降水、风向、风速
乡宁	国家气象观测站	1290	气温、露点温度、气压、湿度、风向、风速、能见度、降水、浅层地温、深层地温
	崖下	1141.0	气温、降水、风向、风速
	尉庄	1469.0	气温、降水、风向、风速
	枣岭	796.0	气温、降水、风向、风速
	沙坪	1168.0	气温、降水、风向、风速
	管头	1235.0	气温、气压、降水、风向、风速、相对湿度
	光华	725.0	气温、降水、风向、风速
	西坡	747.0	气温、降水、风向、风速
	西廒	1317.0	气温、气压、降水、风向、风速、相对湿度
	下善	1240.0	气温、气压、降水、风向、风速、相对湿度
曲沃	国家气象观测站	503.2	气温、露点温度、气压、湿度、风向、风速、能见度、降水、浅层地温、深层地温
	东周	500.0	气温、降水、风向、风速
	下坞	480.0	气温、降水、风向、风速
	义合庄	680.0	气温、降水、风向、风速
	高显	445.0	气温、降水、风向、风速
	文敬	525.0	气温、降水、风向、风速
	景明	540.0	气温、降水、风向、风速
	王村	480.0	气温、降水、风向、风速

续表

县（市、区）	站名	海拔高度/米	所测气象要素
翼城	国家气象观测站	577.3	气温、露点温度、气压、湿度、风向、风速、能见度、降水、浅层地温、深层地温
	里砦	580.0	气温、降水
	赵庄	630.0	气温、降水
	故城	631.0	气温、降水
	小河口	692.0	气温、气压、降水、风向、风速、相对湿度
	上吴	1125.0	气温、降水、风向、风速
	符册	609.0	气温、降水、风向、风速
	西阎	1084.0	气温、降水、风向、风速
	浇底	880.0	气温、降水、风向、风速
	翼钢	651.0	气温、降水、风向、风速
侯马	国家基准气候站	433.8	气温、露点温度、气压、湿度、风向、风速、能见度、降水、浅层地温、深层地温
	高村	428.0	气温、降水、风向、风速
	上马	436.4	气温、降水、风向、风速
	凤城	421.0	气温、降水、风向、风速
	新田	411.3	气温、降水、风向、风速
浮山	国家气象观测站	1039.9	气温、露点温度、气压、湿度、风向、风速、能见度、降水、浅层地温、深层地温
	北王	805.0	气温、降水
	东张	797.0	气温、降水
	陈家疙瘩	1107.0	气温、降水
	南坂	837.0	气温、降水
	槐埝	895.8	气温、降水、风向、风速
	响水河	747.2	气温、降水、风向、风速

4.2 气候资料

气候资料是对构成气候的各气象要素观测记录（含原始和整理后）长年累积的统称。其中包括气温、雨量、湿度、风、云、天气现象及日照等，十分重要珍贵。它对动、植物的分布、成长，农事活动及农业结构的布局调整，人类生活活动等都有重大影响。它是划分和应用气候区划的依据；也是分析利用气候资源的基础；城市规划、污染治理、优化环境及一些重大工程建设等也都离不开它。目前临汾市的气候资料分为地面气象观测记录、特种观测记录及天气探测资料3大类7个项目。

4.2.1 地面气象观测记录资料

地面气象观测记录资料，是对当地气候特征和气候演变的真实记录，非常珍贵。据中央气象局、中国科学院地球物理研究所1954年5月编印出版的《中国气温资料》和《中国降水资料》载，临汾市民国年间有气温和降水观测记录资料的站点有隰县、汾西、霍县、大宁、赵城、洪洞、蒲县、安泽、吉县、临汾、浮山、襄汾、汾城、翼城、曲沃、乡宁等县。但这些资料大部分连续观测时间比较短，时断时续，记录资料残缺不全，实用价值不大，只有临汾站资料在1939—1943年是连续的，必要时可谨慎参考使用。

中华人民共和国成立后，随着气象台站网的建设，晋南专区各县（市、区）气象台站先后建立，各县才有了完整的、连续的、气象观测时次和项目全国统一的地面气象观测资料及其他各类气象资料，并按照统一规范收集、整理、统计、编报和整编。截至2005年，全市17个县级气象局（站）形成的气象记录资料种类主要有：地面气象观测记录簿（气簿-1）、天气报告观测记录簿（气簿-2）、航空危险天气报告观测记录簿（气簿-2）；气压自记纸、温度自记纸、湿度自记纸、日照自记纸、雨量自记纸、风向风速自记纸；地面气象观测记录月报表（气表-1），地面气象观测年报表（气表-21）等。这些气象记录资料中，各种记录簿和自记纸，由各县气象局（站）留存保管，市气象局只收存各县气象局（站）复制的各种气象记录月报表和年报表；其中侯马市气象局为国家基准气候站，它的各种气象记录月报表和年报表，在报送市气象局存档的同时，还分别报送省气候资料室和中国气象局国家气象中心存档；尧都区、隰县、安泽、吉县气象局是国家基本气象站，它的各种气象记录月报表和年报表，在报送市气象局存档的同时，也报送省气象局气候资料室存档，2020年取消。

4.2.2 高空风观测记录资料

临汾县气象站1958年7月—1962年5月；隰县气象站1959年10月—1989年12月底分别设立为高空风观测站，每天07时、19时两次进行高空风放球观测，积累有高空风观测资料。这些资料主要有高空风观测记录表（高表-11）和高空风记录月报表（高表-1）。临汾县和隰县气象站将高空风观测原始记录资料留存，将高空风月报表除底本留存外，分别上报省气象局气候资料室和中国气象局国家气象中心。

4.2.3 太阳辐射观测记录资料

自1959年6月1日起，侯马市气象台开始有太阳辐射观测记录资料，一直延续至今，其资料项目主要有：太阳辐射观测簿（气簿-33甲）、日总量计算簿（气簿-33乙）；太阳辐射观测记录月报表（气表-33甲、气表-33乙）。侯马市气象台将这些记录簿和太阳辐射日总量计算簿收存保管，将太阳辐射观测记录月报表复制后分别报送省气象局和中国气象局，底本自留。

4.2.4 农业气象观测记录资料

1980年，临汾、隰县两个国家级基本气象站（也是国家级农业气象观测站）恢复了农业气象观测记录；1982年吉县气象站和安泽县气象站恢复了农业气象观测记录，并成为省级农业气象观测站。以上4台站均保存了自恢复农业气象观测以来每年的农作物生育状况、土壤水分状况、农业自然灾害及物候状况等观测记录。形成的资料主要有：农业气象观测簿（农气簿-1），农业气象观测记录年报表（农气表-1）等。各类记录簿存于各自测站，年报表除自留底本外，复制报送省气候资料室，经审核合格后存省气候资料室。隰县和临汾气象观测站的农业气象年报表除抄录报送省气候资料室存档外，同时复制上报中国气象局资料保管部门存档。

4.2.5 天气雷达探测资料

1988年6月，市气象台配备有711型天气雷达，2004年元旦又更替成新一代多普勒天气雷达。雷达探测所形成的雷达回波底片和雷达回波素描图等探测资料，存于临汾市气象台。

4.2.6 酸雨观测记录资料

1992年1月1日开始至今，侯马市气象局（站）开展酸雨观测记录，记录底本由本站自存，月报表复制后向省气候资料室和中国气象科学研究院报送。2012年7月1日开始至今，洪洞县气象局开展酸雨观测记录，记录底本由本站自存，月报表复制后向省气候资料室和中国气象科学研究院报送。

4.2.7 卫星云图资料

2005年5月，临汾市气象台气象卫星云图地面接收站建立，每天接收我国定点在105° E赤道上空的“风云二号”C星上发回的实时云图，除供天气预报人员在制作天气预报时参考应用外，并将云图资料收存于市气象台。

4.2.8 气候资料管理

对于县级气象局（站）编制的各种气象观测记录月（年）报表，

实行分级审核制度。侯马市基准气候站、临汾市气象局观测站和隰县气象站编制的各种气象观测记录月（年）报表，按照规定时限直接上报山西省气象局气候资料室进行审核；洪洞等14县（市）气象站编制的各种气象观测记录月（年）报表，按规定时限上报市气象局业务科负责审核。各种气象观测记录报表，必须经过资料审核人员审核、查询订正、认定合格后，方能正式归纳入库保管并提供服务使用。

临汾市气象局设有气候资料室，配有专职气象资料管理人员和专门的气象资料库房，对全市各县（市、区）气象局（站）在气象观测业务活动中形成的并经审核后的各种气象记录报表实行有序管理，并负责各类气象资料的对外咨询和服务。配备了2台微型计算机，用于气象资料的储存、加工处理和检索系统，使气象资料纳入了规范化的管理和服务。

1995年，市气象局建成档案室，负责集中统一管理临汾市气象局在气象业务、技术、服务、管理、科研、基建、装备等项工作中形成的需要永久保存的气象科技档案。配有专职档案管理人员和专门的档案库房。因管理规范有效，1997年被评为机关档案管理省级先进标准，1998年提升为国家二级先进标准。

全市各县气象局（站）均设有专门档案库房和档案柜架，保存了建站以来在气象观(探)测业务活动中形成的各种气象记录、报表、自记记录及科研、服务、技术、装备等档案，配有兼职档案管理人员。

4.3 气象通信

气象通信是联结气象观测发报、天气预报、气象服务和气象科学研究工作的纽带，其主要任务是传输各类气象信息，编辑和分发各类天气分析预报图表和数据资料，开展气象台站之间天气情报资料的交流、重要天气的会商和灾害性天气的联防。各项气象业务服务活动也都离不开气象通信。

4.3.1 专用电话

临汾市的气象通信是随着我国气象事业的发展和我国电子技术及邮电通信的发展而逐步发展起来的。最初是1953年底临汾县气象站与临汾县邮电局之间架设了专供拍发气象电报用的市内电话线路，称为“气象专线”。这是临汾市气象通信首条专用线，线路的设计、施工以及产权均属气象部门所有。1955年7月21日，山西省邮电管理局下发《关于接管气象台站专用线的规定》，规定：将全省气象台站其原来线路产权属气象台站的一律于下半年度移交给邮电部门管理，今后气象台站需新架设专线时，由省气象局提出架设任务，邮电局负责设计架设，并负责线路畅通。按此，临汾县气象站气象专用线于1955年后半年将产权移交临汾县邮电局。此后，临汾县气象站和后来建成的隰县气象站等的气象业务通信都依靠租用当地邮电部门的线路来解决的。

4.3.2 莫尔斯收报

1957年9月，新建的侯马气象台开始开展天气预报工作，台内建立无线收报业务，使用7512-B、7512-C、137七灯直流收报机抄收中央气象台广播的莫尔斯气象电报，填绘天气图，制作晋南专区天气预报。此类气象通信方式一直延续至1975年。1975—1976年，先后配备62甲、62丙型单边带收信机和28型、73型电子打印机，接收北京、东京的气象无线电传广播（需要补报时，收无线莫尔斯气象广播），代替手抄无线莫尔斯气象电报。气象报务人员开始逐步从繁重的脑力劳动和体力劳动中解脱出来。

4.3.3 无线电传和传真接收

1976年后半年，地区气象台建立了无线接收台，使用国产DCY28型和73型电传机，配备移频收信机，接收北京、西安的气象报资料移频广播，正式结束了人工抄收收莫尔斯气象电报的工作；同时，随着电子技术的迅速发展，传真通信业务开始在临汾地面气象台业务中得到应用。1978年初，临汾地区气象台配备了短波收信机，它与117型气象传真收片机配套，采用平面扫描、电化学纸记录方式，接收我国北京气象中心和日本东京气象传真广播台播发的气象图表资料，供天气预报人员分析使用，使临汾地区气象台具有更多的天气预报工具和依据。其中包括欧洲气象中心编发的中期数值天气预报图和东京日本气象卫星中心转发的卫星云图等气象资料。

4.3.4 有线电传和传真接收

1978年6月，为进一步提高临汾地区气象台气象通信质量，将无线电传接收气象报文改为太原—临汾有线电传收报，通信方式为单工传入，速率为50波特。这一气象有线报路的开通，收报质量和出图时间都得到进一步提高，基本上满足了天气预报工作的需要。1985年7月，临汾地区气象台随着气象业务和气象信息的不断增长，将单工报路改为双工通信方式。1986年还配备了德国西门子公司生产的T-1000型电传机。该机属全电子结构，故障少、噪声低、速度可变。从1986年5月10日08时起，临汾地区气象台的有线电传通信速率由50波特提高到75波特，收到很好的业务效益和经济效益。此种通信方式，直至延续到1996年“气象卫星综合应用业务系统”（简称“9210工程”）临汾站的建成。

4.3.5 气象卫星综合应用业务系统

随着现代科学技术的发展，尤其是数值天气预报、天气雷达等技术的广泛应用，需要经由网络传送的信息量急剧增加，原有的基于数据通信方式进行传输的全国性通信网络已不能满足需求，经反复讨论，国家计划委员会于1992年10月正式批准建设气象卫星综合应用业务系统。它集数据、文字、话音、图像和视频交换传输为一体，有力地支持了气象部门各种信息网的日夜运行，其中有对内的气象数据及产品交换的业务信息系统，有气象灾害情报系统，有气象管理信息系统，还有对外服务的政府气象信息网等。由国家级主站、省级站、地（市）级站联网组成。主站设在中国气象局，与国家气象中心的大型计算机系统联网。山西省级站设在山西省气象台大楼（太原），它包括卫星通信系统和计算机管理系统。临汾地级站设在临汾地区气象台，基本配置和省级站近似，信息管理系统由两台微型计算机组成，其存贮量可达上千兆字节；话音网根据话务量大小配置一定数量的话音端口，以保证省、县气象部门及地区气象局内部各科、室、站之间的通话。

“9210工程”是以卫星和地面通信为手段，采取先进的计算机网络和现代通信技术，增加气象部门的业务、服务能力。“9210工程”临汾站的建成，使临汾市气象台具备了中高速数据传输能力和一定话音通信能力，实现了数据、图形、图像、文字等气象信息的卫星通信传输，以及自动接收北京主站定时分发的各种气象信息，使气象情报预报更加快速准确，为市、县两级政府组织防灾抗灾、指挥生产更加及时有效。

4.3.6 县级气象业务通信

20世纪80年代中叶以前，临汾市县级气象情报都是依托地县邮电部门用公益（加急）电报的方式传输的。随着气象事业的发展，天气预报、气象服务等对气象信息的传输时效和气象资料的时空密度都有很高的要求，邮电部门的通信能力越来越难以满足气象部门的业务需要。山西省气象局于1984年7月着手组建超短波气象辅助通信网，经过设计、试验，先易后难不断优化的方式，于1985年7月首先在临汾地区气象台和隰县气象站使用国家气象局无线电管理委员会分配的141兆和143兆气象专用频率，采用同频单工通信方式，配备国产301-Ⅱ型超短波无线电话，先投入试用后转入使用。1986年底前，又有4个县气象站使用301-Ⅱ、Ⅲ型超短波无线电话，投入业务运行。但由于临汾地区地形复杂，山区和丘陵的面积占总面积的80%，对视距通信的超短波组网有一定困难。于是1990年5月在霍县的霍山328电视差转台设立了高山中转站，开通了太原至临汾的超短波信道。采用异频道单工方式，上与山西省气象台、下与各县（市、区）气象站进行天气会商、天气联防、和常规气象资料的传输。事后证实，通过超短波气象辅助通信网传输气象情报，比用邮电部门公益（加急）电报的传输时效，一般提高40~60分钟，且节约各县气象站不少话费开支，更重要的是使临汾地区气象台对接收山西省气象台的业务指导和指导各县（市、区）气象站的业务、服务工作更加便捷及时，有力促进了临汾市气象业务和服务工作的开展。

4.3.7 县级气象传真和“9210”终端

随着电子技术的迅速发展，传真通信不仅在临汾地区气象台的天气预报业务中得到广泛应用，而且在各县（市）气象站也先后得以普及。1982—1985年，全地区16个县（市）级气象站先后安装有源环形天线和适合气象广播频率基本固定的短波定频率收信机。传真收片机主要使用CZ-80和ZSQ-1B型，定频机使用79型，气象传真接收采用滚筒扫描和普通纸、圆珠笔记录。每日定时接收北京、东京气象传真广播发送的各类传真图表资料，使县级气象站天气预报人员也能查阅和分析天气图制作天气预报，县级气象站的天气预报工具有了质的改进，对提高县级气象站天气预报准确率起到积极作用。

1996年，临汾地区气象台气象卫星综合应用业务系统（“9210工程”）逐步向县级气象站延伸，带动了临汾地、县两级气象部门计算机网络的开通，各县级气象站先后配备了微型计算机，并和“9210工程”临汾工作站（临汾地区气象台）相联网，建成了省—地—县的气象信息终端，解决了基层县级气象站实时气象资料情报的上行传输和对天气图、云图、气象资料及上级业务指导等的及时接收，使临汾地、县两级气象通信实现了网络化、数字化。

为进一步提高临汾地县两级气象通信质量，加强地级通信管理，临汾地区气象台薛双青等同志对各县（市）气象报文实行自动转发和对报文质量实行客观化管理进行研制，并于2001年7月获得成功，经有关专家鉴定合格投入业务运行后，极大地提高了临汾市气象台转报效率，同时实行了对各县气象局气象情报拍发质量的客观化管理，使临汾市、县两级气象通信业务初步实现现代化。2005年，临汾市气象局积极筹措资金对局域网进行升级改造，同时进行市、县气象宽带业务系统建设和天气预报可视化会商系统建设。这“三大”工程于2005年底前建成并投入业务使用。市气象台2兆宽带的SDH光纤专线和可视化天气会商系统的如期建成，给市、县两级气象局之间搭建了一条信息高速路，使市、县两级网络的通信能力大大提升，也为部门内部的资源共享提供了条件，同时也解决了省、市、县三级气象台站的电视天气预报会商问题，对提高市、县两级气象台站天气预报质量，起到了重要作用。

4.3.8 气象卫星云图接收

气象卫星云图是指气象卫星从太空对地球大气进行立体观测，把大气中的云系和地面上各种不同下垫面形成的图像反映在遥感仪器上再传回地面的图像。气象人员通过卫星云图图像，可以获取比天气图更多、更小和难以发现的天气系统，以及这些天气系统的强度、位置和移动路径，从而为天气预报提供大量有价值的气象情报资料。1978年6月，地区气象台配置了短波收信机和117型气象传真收片机，从而具备了接收极轨气象卫星云图资料的条件，每日定时接收北京、东京气象传真广播台播发的各类传真图表资料，其播发目录中还包含由日本东京气象传真广播台播发的日本葵花气象卫星东京地面接收站接收的云图资料，地区气象台在制作天气预报中需要查看云图时，就按它编排的播送时间，及时打开短波收信机和传真收片机便能接收到低分辨率黑白模拟云图照片资料，可供分析应用。

1996年，气象卫星综合应用业务系统临汾站的开通，为临汾地区气象台及时接收由北京气象中心分发的高分辨率数字化彩色卫星云图提供了条件，天气预报值班人员通过气象信息综合分析处理系统（MICAPS）工作平台随时可以查看每小时一张滚动传送的可见光、红外两种卫星云图，以及水汽展宽数字云图，供天气预报分析应用。

为使临汾地区气象台在日常天气预报业务工作中应用卫星云图更加快速便捷，组织研制开发的AWX格式卫星云图处理系统，于1997年10月通过鉴定并投入日常业务使用。该系统软件采用Pascal和汇编语言混合编程，在DOS环境的图形模式下，采用建立窗口、汉字显示、内存管理、直接写屏和菜单管理等技术方法，使查看卫星云图更为便捷，投入业务使用后，在日常天气预报服务中发挥了重要作用。

2005年5月，随着临汾气象事业的进一步发展，经上级主管部门批准，在临汾市气象台建立了气象卫星云图临汾地面接收站，安装了由中国华云技术开发公司提供的华云静止气象卫星资料地面接收处理系统，该系统由两台微型计算机组成，分别用于云图数据接收和云图显示。并在微机内，分别安装有FY-2C接收微机软件和FY-2C显示微机软件。系统运行之后，便直接接收定点在东经105° E赤道上空的我国风云二号C星上发送来的高分辨率云图数据资料，图像清晰，彩色分辨率高，每半个小时实时滚动传送一张，非常及时。

常规的气象观测都是利用工具或者肉眼直接与大气接触来进行气象要素的测量。气象卫星云图的探测是气象卫星在高空以遥感的方式自上而下测量得到的，这样观测到的资料范围大，传输快，观测频度高，很适合天气预报工作的要求。

临汾市气象台建立了卫星云图接收站后，实时卫星云图资料成了气象台每天制作天气预报离不开的依据和工具。根据云图云系特征分析天气系统的发展、移向、移速，并在实践中总结出了一些应用卫星云图预报天气的经验指标，如用云图分析降水原因，利用云带中的强盛云团预报强降水等，都取得满意效果。

气象卫星资料的接收应用，在天气分析预报，特别是灾害性天气的监测、警报方面发挥了很好作用。另外，在监测预报森林火灾、大范围监测土壤墒情、进行农作物产量预报等方面都得到了广泛应用，取得丰硕成果。据2019年03月30日15时24分过境的“风云三号”B星可见光红外扫描辐射计（VIRR）监测显示：临汾市襄汾县陶寺乡青杨村东南方向1.36千米处发现热点，像元个数为2个，主要地物类型为农田；洪洞县左木乡吉家山村西南方向1.35千米处发现热点，像元个数为4个，主要地物类型为草地。热点监测信息表见表4.3。2019年3月30日15时24分热点遥感监测全景专题图见图4.1，热点遥感监测二值专题图见图4.2。

表4.3 热点监测信息表

热点	经度/°E	纬度/°N	区域	最近村庄	方位	距离/千米	像元/个	地物
1	111.54	35.84	临汾市襄汾县陶寺乡	青杨	东南	1.36	2	农田
2	111.38	36.36	临汾市洪洞县左木乡	吉家山	西南	1.35	4	草地

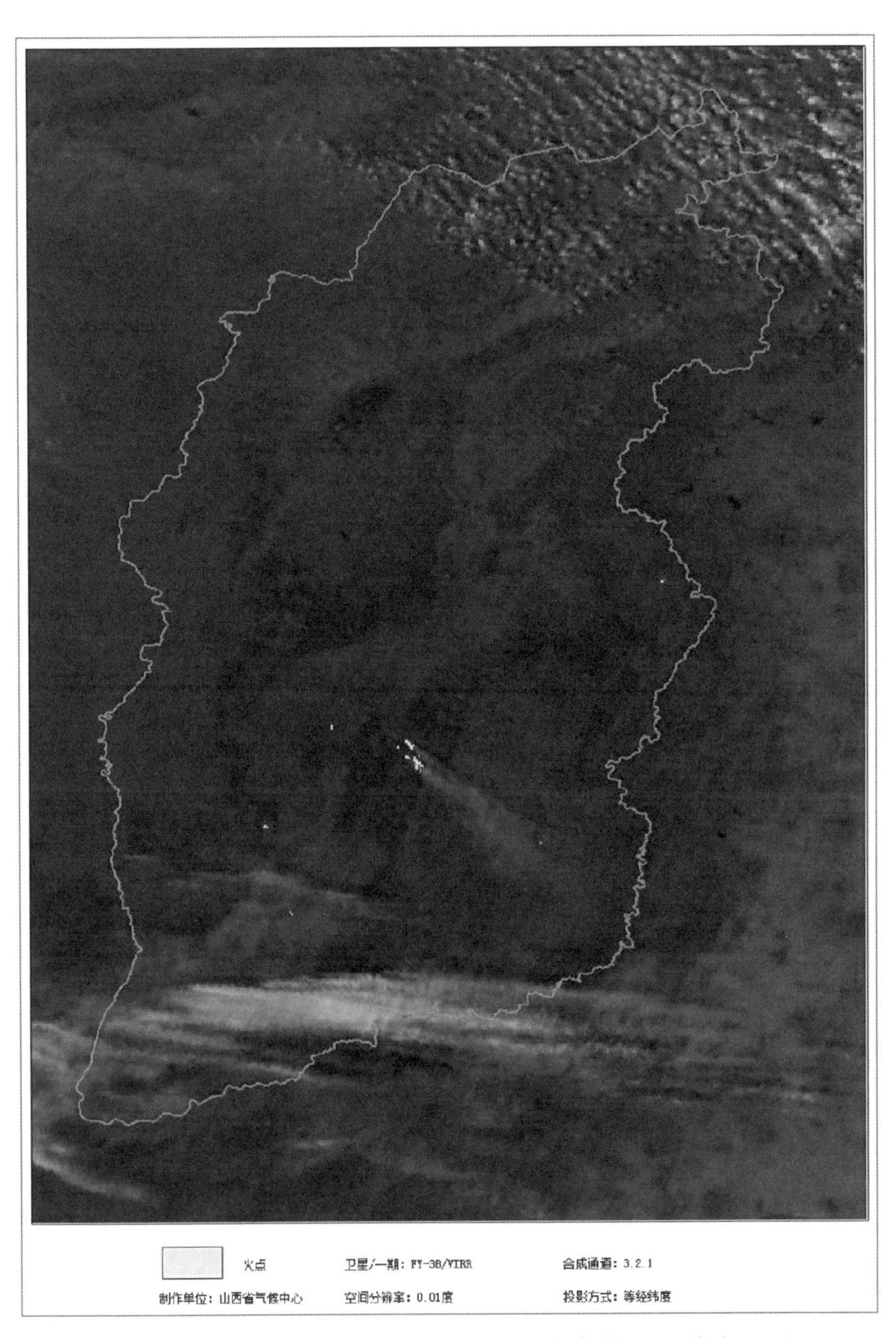

图4.1 2019年3月30日15时24分热点遥感监测全景专题图

图4.2 2019年3月30日15时24分热点遥感监测二值专题图

临汾市气象局接此警报后，除及时向有关领导汇报和有关单位通报外，立即通知古县气象局，要求局长迅速赶往火灾现场进行灭火气象服务。

4.4 天气预报

善用天气预报是人们在生产活动中、特别是在农业生产活动中趋利避害获取最大效益的手段之一，也是政府领导在安排指挥生产和防御气象灾害中的重要参谋。准确及时的天气预报，通过人们利用或者积极防范，无论是增加生产，或者减少损失，都将获取可观的经济效益。天气预报已经成为地方领导和广大群众天天关注的热点之一。在气象部门内部，气象台站网的建设，气象仪器、设施的增添更新，及气象通信的快速发展，都是为了进一步做好天气预报，为了更好地为国家经济建设、人民生命财产安全服务。临汾市当前的天气预报，内容已经不是单一的预报天气，而是把森林火险、泥石流、城市渍涝等灾害及人体舒适度、空气污染及紫外线等与人体健康息息相关的信息结合在一起公开发布，服务于大众，服务于社会，很受群众欢迎和好评；天气预报的地域范围，既有全市、分区域和分县的，也有乡镇和单点的；天气预报的时效也不局限于短时、短期、中期和长期，可以跨旬、跨月甚至跨年度制作。总之，市气象台本着“一年四季不放松、每一次过程不放过”的预报理念和“以人为本，无微不至，无处不在”的服务理念，群众在生产、生活中需要什么内容、时效、范围的天气预报，总能千方百计地去满足被服务者的需求。

4.4.1 市气象台天气预报

临汾市气象台（前身是侯马气象台）1957年9月正式开展天气预报业务。当时接收的天气图表、资料比较简单，天气预报人员也少，天气分析预报的技术方法一般，每天制作的是晋南专区范围未来24小时具体的天气预报和未来2~3天的天气趋势滚动预报。服务对象主要是晋南地委、专署领导和农业管理部门。预报项目有天空状况、雨雪等天气现象、最高气温、最低气温、风向、风力以及寒潮大风、降温、霜冻、雷暴、暴雨等灾害性天气。由于天气预报人员具有较好素质、有较高的工作积极性和强烈的事业心责任感，勤奋好学，钻研业务，并经常总结成败经验教训，使天气预报质量和服务效果都比较好。

1959年，侯马气象台的晋南专区天气预报方法改革获得成功，把晋南专区的天气预报分为东山、西山、北部汾河平川、南部涑水河流域及中条山区五片制作和发布，比原来"晋南天气预报"具体多了，同时还增加了预报降水的"二因子""三因子"及过滤法点聚图等辅助工具，使天气预报增加客观性，预报准确率有明显提高。

20世纪60年代初期，在学习推广四川模式配套预报方法中，晋南专区气象台建立起天气档案卡片，内容包括日期、大台天气形势分型、中图（高空、地面）环流分型、小天气图分型、本专区天气概况、县站气象要素曲线分型、和本县天气概况等，并且通过编制天气档案，建立起灾害性天气过程模式，寻找各种客观的天气预报指标，初步摸索到一套"大、中、小"相结合的天气预报方法和制作档案、建立模式、找相似、用指标制作天气预报的经验；同时还建立起高原波动型与影响系统相关模式，以及应用自动调整方式建立700百帕中图过程模式，并在小天气图上改进和提高了流场分析的技术方法，总结出一些与降水天气有密切联系的特殊流场，使预报人员对一些重要天气发生发展规律有了进一步的认识。对提高晋南专区分片天气预报质量有很大帮助。

1973年4月，临汾地区气象台派员赴南京气象学院（现南京信息工程大学）进修学习数理统计预报方法，学习内容主要是：概率统计基础、线性代数、判别分析、回归分析、方差分析、时间序列分析、自然正交函数、相关法、预报集成、统计决策等。学成回台后，结合临汾地区各县（市）气象站地面气象观测资料，运用数理统计与天气、动力学方法相结合，建立起一套临汾地区气象台短期（48小时以内）、中期、长期（月、季、年）天气预报模式，从而使临汾地区气象台的天气预报业务得以长足发展，天气预报质量，特别是中、长期天气预报质量有了很大提高。

1978年，随着临汾地区气象台的气象通信从无线接收改成有线电传通信，后来又更改成有线双工通信，同时配备117、123型传真机；1985年又增加711型天气雷达观测，使临汾地区气象台，增加了很多气象信息量，能够直接接收国家和二级传真广播的诊断分析、数值天气预报产品和其他加工产品，更加迅速地掌握上级气象台比较客观的分析预报成果和指导产品，也能从雷达屏幕上直接掌握实时云层回波。为了更加有效的应用这些产品和信息，临汾地区气象台曾组织技术人员进行短期、中期、长期模式输出统计预报方法（MOS）和完全预报方法（PPM）的“会战”，将数值预报中的客观分析图、天气形势预报图、降水量预报图和各种物理量诊断场图等，结合临汾地区的实时气象资料，进行数理统计技术处理，建立起《临汾中期模式输出统计预报方法》等。进入20世纪90年代中后期，临汾地区气象台作为全省气象部门试点，率先开通了气象卫星综合业务系统远程工作站，安装了卫星云图地面接收设备和新一代多普勒天气雷达，实现了现代化数据通信和数据处理的计算机联网系统，开展了新一代天气预报业务体制改革。

21世纪初，建立以数值预报产品为基础、以MICAPS为预报业务平台、综合应用各种气象信息和各种预报技术方法、以提高灾害性天气预报准确率为宗旨的新一代预报业务技术体制和业务流程。取消图纸作业，预报员在MICAPS平台上完成数据检索、信息分析、预报制作一体化，减少预报人员劳动强度，提高了工作效率。

根据山西省气象局科技与预报处安排，2017年9月11日起，开展智能网格气象预报业务工作。2017年9月11日—11月30日，智能网格预报与原城镇预报业务并轨运行。2017年12月1日起，实现全省智能网格气象预报业务单轨运行，取消市气象台城镇天气预报的制作、订正和上传，取消县级原乡镇站点预报订正工作，可直接利用由智能网格预报转换生成的城镇和乡镇站点指导产品开展订正、应用服务；实现了0~24小时逐小时间隔、1~10天逐3小时间隔、水平分辨率为5千米气象要素和灾害性天气（暴雨、寒潮、高温、大风等）网格预报业务，形成滚动制作、实时同步、协同一致的业务流程。

当前，临汾市气象台发布天气预报有以下种类和传播媒体。

4.4.1.1 短时天气预报

短时天气预报是指0~12小时的天气预报，临近天气预报是指0~2小时的天气预报。灾害性天气短时临近预报，在“12121”全国通用气象咨询电话中滚动播出，也通过移动、联通和电信短信、APP、微信、微博等手段播出。若发现有重大灾害性天气时，经有关领导批准，在临汾电视台（LF-1、LF-2、LF-3）飘字滚动播出，以及在临汾人民广播电台临时插播播出。

4.4.1.2 短期天气预报

短期天气预报是指时效为24~72小时内的天气预报，项目有天空状况、降水等天气现象、最高气温、最低气温、风向、风力以及寒潮、大风、降温、霜冻、雷暴、暴雨、冰雹等灾害性天气预报、警报。每天下午由市气象局影视中心制作，每晚“黄金时段”在临汾电视台播出，第二天中午再滚动播出一次；在临汾人民广播电台每天早、晚8时整点各播出一次；在《临汾日报》《临汾晚报》上刊登；通过“12121”气象咨询电话和短信、APP、微信、微博等途径播出。

4.4.1.3 旬和延伸期天气预报

旬天气预报是指时效为10天以内的天气预报，延伸期预报是指时效为10~30天的天气预报，其主要内容是对时段内天气过程、降水和气温趋势进行预报。以电子邮件或微信的方式向临汾市有关领导及相关单位发送。

4.4.1.4 短期气候预测

短期气候预测是指时效为月、季、年的天气预报，内容包括气温、降水、春季第一场好雨、小麦灌浆期有无干热风、麦收时有无连阴雨、夏季旱涝趋势、秋季有无连阴雨等。短期气候预测在2004年以前是以信函形式发往市、县党政领导及经济、计划、农业、水利等管理单位和县级气象局的，供他们在指挥安排工、农业生产和各项经济建设中参考使用；也供县级气象局在为当地提供长期天气预报服务中参考，但不向社会公开发布。2004年以后，短期气候预测以电子邮件或微信的方式向市有关领导及相关单位发送。

4.4.1.5 节假期天气预报

节假期天气预报是指每年“劳动节”“国庆节”“春节”期间的长假期逐日天气预报，其发布内容和短期天气预报相同，有天空状况、天气现象、最高最低气温及风向风速等。除以电子邮件或微信的方式向市有关领导及相关单位发送外，在临汾市人民广播电台、临汾市电视台、《临汾日报》、《临汾晚报》、“12121”气象咨询电话中公开提前发布。

4.4.1.6 重大天气气候事件新闻发布会

气象事业是公益性事业，与人民群众生产生活密切相关。为了进一步增加气象（特别是天气预报和情报）为社会、为公众服务的透明度，临汾市气象局制定了重大天气气候事件新闻发布会制度。召开气象新闻发布会的基本条件是：在全市范围内有3个县以上出现严重灾害性天气（如暴雨、冰雹、沙尘暴等），或者出现历史罕见（超极值）的天气现象，或者出现社会关注的气象方面的热点问题及与重大突发性事件有关的气象问题时，经市气象台向上级业务主管单位申请批准后，可以召开临汾气象新闻发布会；也可以由新闻单位根据其自身掌握的人民群众关注的热点问题提出要求，经市气象台报批准后召开。新闻发布会一般每季度召开一次，也可根据重大天气、气候事件发生情况随时召开。新闻发布会发言人由熟悉天气气候业务，具有较高专业理论和政策水平和较强口语表达能力的专家担任，地点一般在市气象台天气预报会商室。

4.4.2 县级气象局（站）天气预报

县级气象局（站）天气预报业务、服务工作开始于1954年秋。当时为了配合农业部门做好秋季防御霜冻，临汾县气象站开展了单点霜冻预报工作。后来随着工农业生产发展的需要，1958年翼城县、洪洞县等气象（候）站在收听省气象台大范围天气形势分析预报，和接收侯马气象台分片预报的基础上，综合分析本站气压、气温、湿度、风向风力、云等气象要素变化的趋势，结合农歌、农谚、群众看天经验及本县地理地形特点，制作并发布了本县未来24小时天气预报，内容和山西省、侯马市气象台短期24小时预报内容一致，有天气现象、天空状况、气温、风向风速等。随后，临汾、隰县、吉县、安泽县等气象（候）站，都开展此项业务服务工作，当时称“单站补充预报”，后来改为“补充订正预报”。由于县级天气预报具体、针对性强、及时，安装有县级有线广播的公社、大队、生产队及城镇居民每天都可以按时收听到本地天气预报广播，很受当地党政领导和广大群众、特别是农民群众的欢迎和好评。

20世纪60年代前期，县级气象（候）站对补充订正预报方法进行了改革。各县气象站首先对本县灾害性天气进行调查，并绘制出本县灾害性天气气候区划图，然后从普查本县历史上（有气象记录以来）的重要天气现象出发，着重分析灾害性天气和重要天气出现前1~5天的单站综合气象要素时间剖面图，建立起灾害性天气和重要天气过程个例档案，然后进行综合归类，得出本站灾害性天气和重要天气过程模式指标，并与侯马气象台制作的灾害性和重要天气过程模式配套。经过改革县气象站在补充订正预报业务中，除了注意了单站气象要素变化外，还综合分析了各种预报工具，使本地天气预报质量有明显提高。

县级气象站制作的天气预报，先后称单站补充预报、补充订正预报、单站天气预报，1966年统称为气象站天气预报。

20世纪70年代初期，数理统计天气预报方法在临汾地区各县级气象站得到广泛应用，给各县级气象站天气预报增添了比较有效的预报工具和方法，提高了县级气象站天气预报的能力和水平，特别是对中、长期天气预报技术的发展是一个很大促进。后来，各县级气象站按照省、地气象局的统一要求，对县级气象站天气预报工具进行了基本资料、基本图标、基本方法和基本档案（简称“四个基本”）的建设，各县级气象站投入了大量技术力量，于20世纪70年代末期基本完成。“四个基本”完成之后，对县站天气预报准确率的提高是一大促进，使县级气象站天气预报服务的社会效益和经济效益都有了明显提高。

1981年，各县级气象站相继配备了传真接收机，接收北京气象中心传真广播播发的各类天气图表资料，使县级气象站能够获得更多的空间气象资料，如：各层次的天气图表和数值天气预报产品等都能接收到，为县级气象站增加了预报工具和气象信息，弥补了县级气象站只有单站气象资料的不足，使气象资料在时间上和空间上更好地结合起来，提高了级气象站天气预报的时效和能力。

1996年，“9210工程”临汾工作站开通，随后临汾地县两级气象通信实现了网络化、数字化，各级气象站建成了连通北京气象中心—省级气象台—地级气象台—县级气象局的气象通信终端。各县气象局可以通过微机远程终端获得北京气象中心、省气象台和地区气象台向下分发的各种通用的大尺度天气分析诊断图、预报资料图表和数值天气预报指导产品等，从而具备了把单站要素模式与天气形势、天气系统相结合，来制作本地要素预报和灾害性、关键性天气预报的客观条件。并且随着县级天气预报人员专业水平的提高，天气图方法、统计学方法和动力—统计预报方法（如模式输出统计方法，即MOS）在县级天气预报业务中得到不同程度的应用，使预报时效和预报准确率都有了进一步提高，县级天气预报水平取得比较显著的进步。并且，随着临汾市乡镇自动气象站网建设的进一步发展，争取每个乡镇建有一个自动气象站，那么县级气象局（站）也就具备了开展分乡（镇）发布天气预报的基础，在其他条件成熟的时候可以开展分乡镇天气预报的制作和播发。

县级短时、短期、中期、长期天气预报，和突发性气象灾害警报的发送，最初是通过各县级有线广播和电话传送，后来又增加县级气象无线警报系统传送，目前是通过县级广播站和县级电视台每日定时播发；同时也通过大喇叭、电子屏、“12121”气象咨询电话、短信、微信和微博等方式进行发送。

4.4.3 气象灾害预警信号

临汾市、县两级气象台站都建立有灾害性天气预报、警报业务系统。根据卫星云图、雷达资料和加密观测的地面气象资料等信息判断，若影响本市（县）的灾害性天气将在3个小时以后出现，对外发布时就称灾害性天气预报。对内要利用卫星云图、雷达回波对它的强度、落区和移动方向进行跟踪监视、监测；若灾害性天气已经出现并在继续，或者有把握判断灾害性天气即将影响本市(县)而发布的临近灾害性天气预报，则称为气象警报。

预警信号由名称、图标、标准和防御指南组成。气象灾害预警信号的发布标准，总体上按照灾害的严重程度和紧急程度分为四级，颜色依次为蓝色、黄色、橙色和红色，同时以中、英文标识，分别代表一般、较重、严重、和特别严重。根据不同的灾种特征、预警能力等，确定不同灾种的预警分级及标准。当同时出现或者预报可能出现多种气象灾害时，按照相应的标准同时发布多种预警信号。

为提高气象灾害预警和预警信号发布的时效性、针对性，发挥气象防灾减灾第一道防线作用，根据中国气象局《气象灾害预警信号发布与传播办法》修订说明，结合山西省天气气候特征和预警服务需求，进一步规范山西省预警及预警信号发布工作，提高省、市、县三级气象灾害预警、防范和应对能力，山西省气象局对《山西省气象局气象灾害预警及预警信号制作发布业务规定》（晋气发［2021］30号）进行了修订。修订后的气象灾害预警信号的发布种类和标准，山西省气象局有严格限定，只有暴雨、暴雪、寒潮、大风、沙尘（暴）、高温、干旱、霜冻、大雾、霾、道路结冰、雷暴大风、冰雹、电线积冰、持续低温等15种气象灾害将要出现或已经出现并将会持续时，才可以发布。

4.4.4 森林火险、泥石流及生活指数预报

电台和电视台每次播送完天气预报之后，接着会播送生活指数预报，有时还伴有森林火险指数或泥石流指数预报等。这是临汾市气象台提供天气预报服务的延伸，是临汾气象部门为加速临汾公共气象保障体系建设，本着气象服务“以人为本、无微不至、无所不在”的宗旨，进一步丰富临汾气象服务产品，进一步拓宽临汾公共气象服务领域而于2002—2003年研制成功，经鉴定实现业务准入于2004年投入社会公共服务的新“产品”。

4.4.4.1 森林火险指数预报

森林火险易燃程度，与当时空气中水汽条件、温度高低及风力大小关系极为密切，水汽含量多，相对湿度大（或有较大降水），气温低、无风力，则不利于森林燃火；若空气干燥，无降水，气温高，风力大，极利于森林燃火和火势蔓延。临汾市气象台根据实时气象资料和天气预报时效内气象要素的变化，制订了森林火险指数预报，共分

五级。火险①级表示极难燃烧；火险②级表示难燃烧；火险③级表示可能燃烧；火险④级表示容易燃烧；火险⑤级表示极易燃烧。森林火险指数说明见表4.4。

表4.4 森林火险指数说明

火险等级	易燃程度	14时相对湿度（f）	综合指数	建议林业部门应采取的措施
1	极难燃烧，不能蔓延	70%<f≤100%	≤30	正常值班监视，不需采取措施
2	难以燃烧，难以蔓延	55%<f≤70%	31~40	正常值班，采取一般预防措施
3	不能燃烧，较易蔓延	40%<f≤55%	41~60	严格控制非生产野外用火；生产性野外用火采取严格预防措施，注意火源管理
4	容易燃烧，容易蔓延	25%<f≤40%	61~89	严格控制野外各种火源，各种扑火力量应处于戒备状况，禁止野外用火
5	极易燃烧，极易蔓延	F≤25%	≥90	严禁一切野外火源，动员一切扑火力量处于战备状态，严禁野外用火

注：若当日降水量<2.0毫米，风速>5米/秒；或者当日14时温度>33℃时，森林火险加1级（直至5级）对外发布预报。

4.4.4.2 泥石流指数预报

泥石流属地质灾害，但它往往是由于连续较大降水或者局地短时暴雨而引发。临汾市东、西山区地质状况复杂，长时间的较大连续降水或者局地暴雨、大暴雨均可引发山体滑坡、泥石流和崩塌灾害；若较大暴雨发生在矿区、平川或者城市，则容易引发塌陷灾害和城市渍涝灾害。虽然这些属地质灾害或者城市渍涝灾害，但它们都是因为自然降水量过大、过急而引发的，故称之为衍生或者次生气象灾害。为确保人民生命财产安全，给防范此类灾害赢得时间，市气象台在制作和发布全市分县天气预报的同时，对全市县境内因降水原因可能引发的地质灾害（含山体滑坡、崩塌、塌陷）均按泥石流指数进行预测预报，并向社会公开发布；对于全市境内中、小城市因自然降水过多过急而造成城市渍涝灾害，市气象台在制作发布天气预报的同时，也进行城市渍涝指数预测预报，其指数划分标准详见表4.5。

表4.5 降水引发泥石流、城市渍涝灾害指数分级标准

山区泥石流、城市渍涝灾害指数	危险程度	日降水量/毫米	12小时降水量/毫米	注
1	难发生	≤10	≤5	
2	不易发生	11~24	6~14	
3	较易发生	25~49	15~29	
4	容易发生	50~99	30~69	
5	极易发生	≥100	≥70	若前期雨水过多，更易发生灾情

4.4.5 生活指数预报

人们在日常生活中对气象环境感觉是否舒适？室外活动如何着装更适宜？环境气象条件是否适合晨练？空气污染潜势和紫外线强度如何？以及是否适宜衣物晾晒？粮食物品能否霉变等等，这些都是群众生活中十分关心的，而且大部分人都具有想事先知道的愿望。由于这些问题与各项气象要素值及其变化情况息息相关，据此，市气象台从“公共气象、服务气象”的理念出发，为适应人们日常生活活动更加科学保健、更加舒适的需求，开辟了气象为人们生活服务的新项目，称之“生活指数预报”，其产品随天气预报每天在电台、电视台公开发布，帮助指导人们根据天气和气象要素值的变化妥善安排好各项生活，颇受群众欢迎。

当前，临汾市气象台天气预报发布的生活指数预报内容有以下几种。

4.4.5.1 人体舒适度指数预报

人体对自身生活的环境气象要素值有一定要求，需要空气新鲜清洁，气温、湿度适宜。一旦环境气象条件发生变化，其幅度超过人体可耐程度时，人们就应该采取措施，用改变自身环境小气候的方式来满足人体对环境气象条件的需求。例如天气突然变冷了，就该增添衣物保暖或者室内实行采暖，来适应人体对环境温度的要求。临汾市气象台从2002年开始就人体对环境温度、湿度、风力等气象要素的感觉，对大量不同人群进行长时间调查咨询，并参考大量相关实验资料，统计总结出人体感觉与环境气象要素间的多种关系，最后合理归并出11个级别的人体舒适度指数。此项研究成果于2004年开始应用于日常预报服务，在电台和电视台播送的每日分县天气预报之后，增加了人体舒适度指数预报，对外公开发布，为群众服务。表4.6 为人体舒适度指数与各气象要素之间的关系，以及相应的生活建议。

表4.6 人体舒适度指数与各相关气象要素值

气温/℃		相对湿度/%	风速/（米/秒）	舒适度	人体舒适度指数	生活建议
最高气温	≥38	≥60		酷热	11	采取降温、防暑措施
		<60		炎热	10	
	35~37	≥70		闷热	10	
		<70		炎热	9	
	32~34	≥80	<4	闷热	9	
			≥4	热	8	适当减少衣着
		<80		热	8	
	27~31	≥70	<4	稍热	7	冷暖适度，适宜休闲度假、旅游等户外活动
			≥4	舒适	6	
		<70		舒适	6	

续表

<table>
<tr><th colspan="2">气温/℃</th><th>相对湿度/%</th><th>风速/（米/秒）</th><th>舒适度</th><th>人体舒适度指数</th><th>生活建议</th></tr>
<tr><td colspan="2">15~26</td><td></td><td></td><td>舒适</td><td>6</td><td rowspan="2"></td></tr>
<tr><td rowspan="9">最低气温</td><td rowspan="2">13~14</td><td></td><td><6</td><td>稍凉</td><td>7</td></tr>
<tr><td></td><td>≥6</td><td>凉</td><td>5</td><td rowspan="2">适当增添衣着</td></tr>
<tr><td>8~12</td><td></td><td></td><td>凉</td><td>4</td></tr>
<tr><td rowspan="2">3~7</td><td></td><td><4</td><td>稍冷</td><td>4</td><td rowspan="2">年老体弱者注意增添衣服</td></tr>
<tr><td></td><td>≥4</td><td>冷</td><td>4</td></tr>
<tr><td>−3~2</td><td></td><td></td><td>冷</td><td>3</td><td>注意保暖</td></tr>
<tr><td rowspan="2">−5~−4</td><td></td><td><8</td><td>冷</td><td>2</td><td rowspan="3">采取保暖措施，以防感冒、冻伤</td></tr>
<tr><td></td><td>≥8</td><td>寒冷</td><td>1</td></tr>
<tr><td>≤−5</td><td></td><td></td><td>寒冷</td><td>0</td></tr>
</table>

4.4.5.2 着装指数预报

主要依据气温、湿度和风力的大小及其变化的预测，制定出穿衣厚度指数等级和增减衣服指数等级两类建议。穿衣厚度指数等级的划分详见表4.7。

表4.7 穿衣厚度指数说明

级别	建议
1	短袖为主的炎夏装
2	短袖或长袖衬衣
3	长袖衬衣、长袖T恤为主
4	衬衣加马夹或夹克等薄外套
5	衬衣加西装或毛衣类
6	毛衣加西装等外套
7	1—2件毛衣加薄棉衣或呢外套
8	厚毛衣加棉外套
9	羽绒服、裘皮等隆冬装

增减衣服指数等级及建议，详见表4.8。

表4.8 增减衣服指数等级说明

级别	建　　议
1	气温明显下降，请加穿衣服
2	气温有所下降，请考虑加穿衣服
3	气温变化不大，穿着厚度可以保持不变
4	气温有所上升，请考虑减少穿衣
5	气温明显上升，请减少穿衣

4.4.5.3 晾晒指数预报

根据预测的天空状况、气温、相对湿度和风力情况，制作衣物、粮食等晾晒指数预报，其指数、级别和建议的说明，详见表4.9。

表4.9 晾晒指数说明

指数	级别	建　　议
1	1	有降水，不宜室外晾晒
2	2	可晾晒，效果不很好
3	3	适宜晾晒
4	4	最佳晾晒

4.4.5.4 霉变指数预报

根据空气中相对湿度的大小、气温的高低及其未来变化的预测，制作物品（主要是粮食）霉变程度预报，其指数含义见表4.10。

表4.10 霉变指数及级别说明

霉变指数	级别	建　　议
<23	1	霉变指数小，空气干燥，大部分物品不易发生霉变
23~28	2	霉变指数偏小，空气较干燥，大部分物品难易发生霉变

续表

霉变指数	级别	建　　议
29~35	3	霉变指数正常，大部分物品不会发生霉变
36~41	4	霉变指数偏大，空气较潮湿，大部分物品较易发生霉变
>41	5	霉变指数较大，空气潮湿，大部分物品易发生霉变，请妥善保存，注意防霉变

4.4.5.5 空气污染气象潜势指数预报

每日的空气质量报告，是由环保部门布设的空气质量自动监测系统从布点中检测到的数据、传输到中心控制室，经处理后向社会公布的。至于公众和政府十分关心的下一时段当地空气污染情况如何，是加重还是趋缓？则由市气象台根据实时空气质量报告级别，结合对预报时效内天气形势发展和地面气象要素变化的判断（即空气污染气象潜势指数的预测），才能知晓。空气污染气象潜势指数共分6级，详细说明列于表4.11。

表4.11 空气污染气象潜势指数级别及建议说明

级别	建　　议
1	非常有利于空气污染物稀释、扩散和清除
2	较有利于空气污染物稀释、扩散和清除
3	对空气污染物稀释、扩散和清除无明显影响
4	不利于空气污染物稀释、扩散和清除
5	很不利于空气污染物稀释、扩散和清除
6	既不利于空气污染物稀释、扩散和清除

4.4.5.6 晨练指数预报

根据对天空状况、风力、气温、相对湿度及空气质量的预测，制作相应的晨练适宜指数预报。晨练指数的含义说明详见表4.12。

表4.12 晨练指数说明

级别	适宜程度	气 象 条 件
1	非常适宜	各种条件都好
2	适宜	一种条件不好
3	较适宜	两种条件不好
4	不太适宜	三种条件不好
5	不适宜	主要的气象条件都不好

不适宜晨练的主要气象条件注释：天空状况有雨、雪、大雾、雷暴；风力>4级；最低气温<−4℃，或最高气温>35℃；相对湿度<20%或>80%；空气污染级别大于3级。

4.4.5.7 紫外线指数预报

紫外线是波长比可见光短的电磁波，在光谱上位于紫色光的外侧。这里所指的是来自太阳直接辐射的紫外线，能透过大气，但不易穿过云层，有杀菌能力，对人们的眼睛和皮肤有伤害作用。市气象台发布的紫外线指数预报分5等11级，是指一天内紫外线达到最强时的等级，一般出现在午后的14—15时。紫外线指数及其相应的照射强度和对人体的可能影响，列于表4.13。

4.13 紫外线指数说明

紫外线指数	紫外线照射强度	对人体影响	应 采 取 措 施
0、1、2	最弱	安全	对人体无大影响，外出时戴太阳帽即可
3、4	弱	影响不大	外出时除戴太阳帽，还需戴太阳镜，并在外露的皮肤上涂上防晒霜，以免皮肤受太阳紫外线伤害
5、6	中等	要注意	外出时最好在阴凉处行走，或者撑太阳伞行走
7、8、9	强	有影响	上午10时至下午4时最好不要到沙滩场上行走或晒太阳
≥10	极强	有伤害	应尽量避免外出，特别是中午前后，紫外线辐射极具伤害力

4.4.5.8 公路施工指数预报

公路施工气象指数是针对公路施工的一项专业气象服务指数。它是从公路各项施工实践中遇到有利和不利气象条件时，分类综合出来的。指数级别的划分和意义如表4.14所列。

表4.14 公路施工气象指数级别说明

级别	气象条件	防护措施
1	气温＜－5℃ 或者有降水	施工不能进行
2	气温在－5~0℃	水泥路面施工必须采取防护措施；其他施工应增添防冻剂，或者停工
3	气温在0~5℃	路基挖方可施工，其他施工应停止
4	气温在5~10℃	不适应高等级沥青路面施工；其他路面不宜进行沥青路面处理和灌入式施工；不得浇洒透层、粘层、封层沥青，可进行其他施工
5	气温在10~15℃ 有5级以上大风	不宜进行沥青表面施工和灌入式施工，应停止浇洒透层沥青和封层；可进行其他施工
6	气温在10~15℃ 无5级以上大风	不宜进行沥青表面施工和灌入式施工；可进行其他施工
7	气温＞35℃	可进行公路底基施工，水泥路面应加强养护，进行浇水、覆盖等；不宜浇洒沥青；工人注意防暑
8	气温在15~35℃ 有5级以上大风	应停止浇洒透层沥青和封层，可进行其他施工
9	气温在15~35℃ 无5级以上大风	是公路建设各项施工的最佳气象条件，适合各类公路的各项施工

公路施工气象指数级别的预报服务工作，由市专业气象台负责制作提供。

4.5 气象服务

气象工作是科技型、基础性、先导性的社会公益事业，做好气象服务工作是气象部门一切工作的出发点和归宿，是全体气象工作者的共同职责。临汾市、县两级气象部门一贯坚持“公共气象、安全气象、资源气象”的发展理念，服务于临汾经济建设、工农业生产和社会发展；服务于临汾防灾、抗灾中保护人民生命财产安全和国家财产安全；同时为合理开发利用临汾气候资源积极提供依据和献计献策，努力使潜在的气候资源，转变为能源、资源，转变为现实生产力，实现其经济价值。半个多世纪以来，临汾气象服务领域不断拓宽，服务方式不断改进，服务手段不断革新，服务质量不断提高，为发展临汾经济和国防、航空建设做出了贡献，取得了显著的经济效益和社会效益。

4.5.1 天气预报服务

天气预报服务是临汾市气象台基本的工作内容和业务范围，根据被服务对象的不同，当前市气象台承担着公益天气预报服务、领导决策天气预报服务和专业、专项天气预报服务三项任务。

4.5.1.1 公益天气预报服务

为了便于广大人民群众安排生活和生产活动，保障人民生命财产安全，临汾市气象台每日定时公开发布的天气预报、警报等信息，就是公益天气预报服务。此类服务媒体最早由有线广播播出，后来逐步发展到由广播电台、电视台、报纸、“12121”自动咨询电话、手机短信息、网站等多种媒体发布。1957年9月，侯马气象台（临汾市气象台前身）建成，开通了有线广播播送12小时、24小时晋南专区天气预报，主要内容有天空状况、天气现象、风向、风力、最高温度、最低温度等预报。1958年9月以后，又陆续增加未来2~3天以及旬、月、季、年的中、长期天气预报。内容主要包括气温、降水的具体预报数值，及其与往年平均情况的比较；初、终霜冻日期；小麦干热风情况，春、夏季节旱涝趋势，秋收秋种季节有无连阴雨天气及冬季冷暖趋势等。未来2~3天的中期天气预报，每日滚动制作，在有线广播中滚动播出；旬、月、季、年的长期天气预报，定期制作并按时用信函交付邮政部门对外发送。天气预报的这些项目和内容一直沿用至今，只是当前天气预报发布时次增加了，内容增多了，传播方式先进了。当前，由临汾市气象台制作的48小时以内的短期分县天气预报，每日05时和16时分别制作一次，以12小时为预报时段，在市广播电台和市电视台每天播出两次；16时发布的尧都区未来24小时天气预报除在以上媒体播报外，第二天在《临汾日报》上刊出。未来3~5天的中期天气预报，每日16时滚动制作，逐日发布；节假日天气预报，每日16时制作发布；各项生活指数预报每日16时制作并发布；旬、月、季、年天气预报，在每旬（月、季、年）末制作，旬（月、季、年）初公开发布。

1995年3月，曲沃县气象局在全区率先开通“121”天气预报电话自动咨询服务系统，极大方便了公众对天气预报进行咨询。临汾地区气象局及时抓住这个气象为公众服务的好典型，在全区进行推广。同年8月，地区气象台“121”电话自动咨询系统正式运行，随后，吉县、洪洞、隰县、侯马等县（市）气象局相继开通，咨询天气预报、情报和其他相关气象知识的电话拨打率快速增长，收到很好的社会效益。2005年3月，接国家气象局通知，“121”气象自动咨询电话号码从2005年5月1日开始，全国统一改称“12121”。为此，临汾市各气象台站，从2005年3月开始对“121”电话进行改造，增加设备，在5月1日以前完成了改造任务。目前，“12121”咨询天气预报电话共有150路1号信令的数字线路，移动、联通等各大通信设施均能顺利接通，并设计了适宜的信箱结构和形式内容，增加了全国各大省（市）会城市天气预报、市内各县（市、区）地面气象要素定时观测记录和一个附加气象娱乐信箱，实现了许多环节的自动化。从4月26日00时开始，全市17个县（市、区）通信设施和市气象台“12121”电话联网，实现了市、县“12121”咨询电话项目的集约化管理。不论你身在何处，只要拨打“12121”咨询电话，都能获得满意的最新气象信息自动咨询，而且当你拨通“12121”电话之后，按照电话语音提示按键，能分别知晓周边城市天气预报、人体各项生活指数预报、旅游景点天气预报、专家热线咨询、当地实时气象资料等。

4.5.1.2 **决策天气预报服务**

决策天气预报服务是临汾市气象部门为市县两级政府领导组织指挥生产，部署防灾、抗灾、救灾而提供的各种时效、各种形式的天气预报服务。它主要是用来增强政府的减灾功能和宏观指挥、协调生产的功能。这项服务工作质量的优劣，不仅关乎气象部门的声誉和形象，而且直接关乎政府的声望。地、县两级气象部门，为切实做好此项服务工作，从1957年9月侯马气象台建成开展工作时起，就制定了一项十分严格的服务制度，一直沿用至今：当预测预报有重大灾害性天气或者有突发性天气出现时，都必须在第一时间用电话向地委、专署领导汇报。并且为了确保天气预报、警报传送及时、准确、实现优质服务，地、县两级气象台站都制定了《灾害性天气预报服务一览表》，并与党政领导及相关部门商定，遇有重大灾害性天气预报时，除通过有线广播播送外，通过行政系统用电话层层传送，点面结合，在传达天气预报、警报的同时要及时动员群众防灾抗灾，使气象灾害带来的损失减小到最少。

1958年9月，侯马气象台先后增加旬、月、季、年的长期天气预报，供地、县领导在安排指挥农业生产中参考使用，同时刊印《气象服务》《气象简报》等专页，提供中、长期天气预报外，还提供近期全区各县气象要素实况演变值及对农业生产趋利避害的建议等，供有关领导部门和地、县农业管理部门决策部署农业生产时参考。

每年汛期（6—8月），提供防汛、抗洪决策天气预报服务，是市、县两级气象部门一年中最重要的工作之一，在雨汛期间，临汾市、县两级气象台站每天1～2次向市（县）防汛指挥部提供24小时具体天气预报和2～3天天气趋势预报；遇有降水时，通报全市（县）雨情分布情况；遇到重大或突发性灾害天气出现时，由市（县）气象局局长直接向市（县）党、政领导汇报。为切实做好一年一度汛期气象服务工作，给党政领导指挥防汛当好参谋，每年汛前市气象局都要组建汛期气象服务领导组，组长一般由局长兼任，局内各相关科室主要领导参加。领导组每年都召开专门会议，除对当年汛前气候特征和对当年汛期汛情预测进行通报外，着重对如何做好当年汛期气象服务、防灾减灾保障人民生命财产安全和国家财产安全进行动员和部署；公布切实可行的当年汛期气象服务制度、措施和防汛抗灾气象服务紧急预案，做好思想、制度、组织、技术、措施、责任“六落实”，全力以赴做好各项汛期服务工作，确保安全度汛。

1988年，年总降水量虽然不是有气象观测记录以来最大的，但是属累年中第三个丰水年，出现暴雨次数多，因暴雨、大暴雨引发的险情灾情严重。7月19日凌晨至上午，翼城县普降大暴雨，测站雨量108.5毫米，农田被淹、房屋倒塌，灾情严重。地（县）气象台站18日预报当天夜间有暴雨，及时向地（县）政府、防汛指挥部做了汇报，并经地（县）领导批准，暴雨天气预报以地（县）防汛指挥部名义在地（县）电视、广播媒体中（飘字）播出，一些单位、乡镇收看到防汛指挥部紧急通知后采取了应急措施，减少了很多损失。8月15日凌晨，安泽县府城河水位在下雨中突然猛涨，最大流量达到每秒800多立方米，严重威胁安泽县城安全。县委、县政府动员城内干部、群众1500多人，汽车80多辆，奋力防汛抗洪，采取一切措施加高加宽加固府城河西侧堤岸一米多高，全力以赴确保县城安全，同时迅速组织群众撤离。行署领导亲临第一线指挥防汛抗灾，地（县）气象部门派出主要领导及时赶赴现场进行气象服务。根据临汾市气象台711型天气雷达跟踪探测，造成此次沁河河水猛涨的大暴雨云团原在沁源县上空，15日08时此云团已明显减弱东移，安泽县境内再次出现暴雨天气的可能性不大。行署领导听取汇报后，对地（县）气象部门在防汛工作中及时提供天气预报情报为领导决策服务，给予了充分肯定。

1995年，临汾地区气象局在总结多年决策气象服务经验的基础上，给决策气象服务建立了相应的制度，明确了服务对象和服务方式，使决策气象服务进一步规范化、制度化。近年来，随着电子计算机技术的发展，为领导决策服务已进一步实现了现代化，特别是1996年，地区气象台结合气象卫星综合应用业务传输系统的建成，在市委、市政府开通了微机远程服务终端，在为市委、市政府领导部门提供决策服务的天气预报、警报和各项气象综合信息的服务中，内容丰富、图文并茂、传输快速、服务优质，初步实现了决策气象服务的现代化。

4.5.1.3 专业、专项及公共天气预报服务

专业、专项天气预报服务是临汾市（县）气象台站根据用户专业（生产）需要或者某项临时性工作的需要而进行不同时效的天气预报服务，目的在于减少损失，提高效益，节省能源，为企事业或个人企业增添财富，它要求服务的针对性强、准确性高。1957年9月，侯马气象台建成开展工作，当年就与23个被服务单位（包括农林、水利、交通运输、粮食仓储、商业、电信等部门）签订了天气预报服务合同，规定了双方的权利和义务，其中绝大多数单位只要求预报预测有寒潮、大风、暴雨、霜冻等灾害性天气时，打电话事先告知他们，以便采取防范措施；少数单位要求只要预报有降水就得通知他们；个别

单位在某时段需要气象台提供24小时天气预报，内容包括天空状况、天气现象、最高气温、最低气温、风向风速等。这一年，侯马气象台提供专业专项天气预报服务达210次之多。之后，服务单位有增有减，服务项目有多有少，每年都坚持此项工作，取得较好服务效益。

1975年8月，临汾地区气象台从侯马市迁来临汾市，专业、专项天气预报服务业务迅速增加，临汾纺织厂和临汾化工企业等，需要为他们制作日最大相对湿度、最小相对湿度和月干燥时段和湿润时段天气预报；临汾钢铁公司和临汾造纸厂需要为他们提供大风、高温等灾害性天气预报；临汾地区电业局需要提供雷暴、电线结冰等专项天气预报；临汾铁路分局需要提供南同蒲线、介（休）曲（阳曲）线暴雨、山洪、山体滑坡、泥石流等灾害性天气预报；在农业方面，要求气象台对临汾地区小麦、棉花实现产前、产中、产后全过程跟踪服务，对有利或不利生产的气象条件和气象情报都需要及时提供服务。从此临汾地县两级气象台站专业、专项天气预报服务的门路更宽了，要求服务的内容也更多更具体了。

1983年春季，临汾地区气象台为配合地区“飞播”任务的完成，专门成立服务小组，每天提供临汾地区上空航空飞行气象条件的专项天气预报服务，历时近两个月，顺利完成了安泽、古县、浮山、永和、隰县、汾西、蒲县、大宁、吉县、乡宁等10个山区县飞机播种草木的专项服务任务。

随着临汾工、农业生产的发展和人民生活水平不断提高，需要获得专业、专项天气预报服务的行业和单位越来越多，截至1985年，市气象台专业专项天气预报服务已深入到农业、林业、水利、工矿、电力、商业、公路、铁路、运输、建筑、环保、文化、体育等多个行业和单位。同时，从1985年后半年开始，地区气象台遵照国务院1985第25号文件通知精神，对专业专项天气预报实行有偿服务，各项收费标准按行署物价局核定价格收取，实现低廉收费。

为了进一步做好做细专业专项天气预报服务，适应社会对此项气象服务的需求，市气象局于2003年专门成立了临汾市专业气象服务台，承接专业专项天气预报服务及其他气象专业服务业务，并严格按用户需要进行高质量的针对性服务。例如对市电力公司的服务，原来只限于雷暴、暴雨、电线结冰等灾害性天气预报服务，经市气象台业务人员和市电力部门科技人员协调配合，又研制开发了空调开机指数预报（分冬季和夏季），和用电负荷量指数分级预报，直接为电力调度服务，在气象条件瞬息万变的情况下让电力部门赢得时间实行电力科学合理调配，使生产、生活少受影响。又如对铁路、公路服务方面，过去只限于对暴雨、大暴雨、山洪、泥石流等灾害性天气预报进行服务，现在在灾害性天气预报服务基础上，又增加了铁路桥涵巡检中天气预报服务和公路施工适宜程度指数分级预报，这对提高铁路桥涵和公路施工质量确保交通安全具有十分重要意义。在农业方面，开展了对烤烟叶生产全过程跟踪天气预报专项服务和菜园春季防冻单项天气预报服务。在提高人们生活质量、关注人体健康方面，市气象台在制作发布尧都区天气预报之后，每天都提供生活环境指数预报，内容包括人体舒适度、着装、晨练、紫外线、空气污染潜势及中暑、感冒、心血管、呼吸道、胃肠道等发病指数预报，提示人们注意要根据气象环境要素变化情况，及时采取相应保护措施，增强自我保护意识，提高生活质量。如今，市气象台的天气预报，已经不仅仅是天气预报，百姓对气象的关注，也不仅仅是天气，气象服务为了适应社会需求，已经向深度、广度、细微、鲜活方向发展，迈出了一大步。

4.5.2 气候资料服务

气候资料服务包含资料服务、气候分析和气候评价服务三方面。

4.5.2.1 资料服务

气象是公益事业，各气象台站成年累月观（探）测到的气象记录，年代久了成了气候资料，十分珍贵。它向社会提供服务，其服务方式在20世纪70年代及以前，本着“气象工作既要为国防建设服务，同时，又要为经济建设服务”的原则，地方经济建设部门索取气候资料只需出具单位证明或者持介绍信函，便可按照需要登记抄取。但是抄取的气候资料，均应遵守气象部门的有关使用和保密规定，妥善保管，不得随便转让。随着国民经济的发展，要求提供气候资料的单位越来越多，登门抄录气候资料的次数逐年增加。为增强气候资料服务能力，方便用户，满足国民经济建设的需求，1960—1965年，晋南专区气象台和各县气象站建立了气候资料累加簿，晋南气象台还整编了《晋南气象资料集》。这样既改进了服务方式，又扩大了服务领域，不仅“门市供应”及时、方便，而且为今后整编气象资料奠定了基础。

1980年8月，山西省气象部门开始实行索取气候资料服务收费办法，这是在保证气候资料公益服务（当地党政和生产指挥部门）的前提下开展的，收取费用非常低廉，每组数据只按1分钱计费。1985年，国务院办公厅25号文件下达后，气象部门积极开展了有偿专业服务，气候资料服务列入收费项目，收费标准按当地物价部门认定的价格执行，价位依然低廉。

4.5.2.2 气候分析服务

为适应经济建设的需求，晋南专区气象台气候分析服务逐步开展起来。20世纪50年代后期，最先开展的是雨情通报和农业气象旬报，后来改称气象简报、气象情况等，此类专页主要内容除天气预报外，对前期气候资料进行了分析，同时点评了前期气象条件与往年同期的比较及对当前主要农业生产的利弊影响等。

1975年，由于军事部门编制地方军事气候志急需，全区各气象台站抽调专人，集中在军分区招待所参与《山西军事气候志》的编写工作，统计整编各县历史气象资料，并针对军事特点和要求，对临汾地区气候的利弊条件进行了比较详细的分析。

1978—1980年，临汾地区气象部门气候分析服务加大力度，把为农业服务放在突出位置，组织地、县两级气象台站进行县级农业气候资源普查。每县增设3～5个具有代表性的气象观测点，培训观测人员，选择场地安装气象观测仪器，1月、4月、7月、10月这4个月每日08时、14时、20时3次和当地气象站进行同步地面气象观测记录。根据所测资料，分析本县农业气候资源状况，结合当地主产农业进行农业区划。为当地农业生产的合理规划、作物布局、引种改制、趋利避害、科学种田、稳产高产提供依据，受到各县（市）政府好评。

1985年，临汾行署农业区划委员会办公室，在通过调查、基本摸清全区农业资源底细的基础上，试图将有形的土、水、生物结合无形的气候四大资源，以及地下矿产资源的数量、质量、分布和利用现状，采取标注在地图上的形式汇集到《临汾地区农业资源地图集》中，使临汾地区农业资源，完整、系统而又非常直观地反映在地域分布上，以便更有效地为地、县两级领导决策、指挥、管理科学化服务。地区气象局为配合完成好此项工作，选派4名专业技术人员，组成小组，历时一年余，统计分析出全区17县（市）年平均气温等18项气象要素值和18篇气候资料分析专题材料，并随文辅以18幅全地区气候资源分布图，深受欢迎和好评。《临汾地区农业资源地图集》于1986年内部刊出，供地、县两级领导阅读参考。1988年，获全国农业区划委员会和农业部联合颁布的科技成果三等奖。

4.5.2.3 气候评价服务

气候对国民经济各部门都有重要影响。气候影响，包括有利的和不利的两方面，有利的气候条件将带来更大的经济效益，不利的气候条件则可能给人类带来重大的损失和灾害。20世纪80年代初，国家气象局提出要求各气象台站建立气候影响情报和气候影响评价服务。1983年起，山西省地、县两级气象台站按此要求开始了这项服务，直接延续至今。《气候影响情报》每半年制作报送一次，在报送当地地、县政府领导的同时，也报送省气象资料室。《气候影响评价》由地、县两级气象部门在每年年初对上一年当地气候情况及其对国民经济、特别是对农业生产的利弊影响，进行全面评价分析，提供给当地政府领导和有关部门总结生产经验作依据。每年的气候评价至少包含以下三个方面的内容：第一，全面分析扼要介绍过去一年本市（县）气候状况、特点，主要气象要素值，气候变化的时空分布，及其与往年的比较情况；第二，扼要介绍年内重大气候事件，介绍本市（县）发生的关键性、转折性、灾害性天气气候及其对国民经济造成的影响；第三，综合分析评价年度气候利弊，以总结经验、吸取教训，充分利用气候资源为发展当地经济服务。

4.5.3 气象情报服务

气象情报通常包括：气象实况情报、气象预报和气候资料分析这三项内容。这里的气象情报服务，只指专门为当地党政领导机关、国民经济建设和生产部门、企事业单位等提供的用于以指导安排生产或组织防灾、抗灾、减灾服务的气象情报，包含雨情情报服务和多项气象要素的综合气象情报服务。

4.5.3.1 雨情情报服务

年降水量不足已经成为进一步发展临汾经济的重要障碍，干旱是临汾诸自然灾害中出现频率最多、危害最重、影响面最广的气象灾害。及时掌握各农业生产环节雨情情报成为市、县党政领导和国民经济建设及生产部门的必须。市、县两级气象台站自建立至今，还把及时提供雨情服务视为已任，始终做到只要有降水，除每日及时向当地党政领导机关及有关部门报告外，都必须编发6小时、24小时的降水量报，传送给中央气象台转发国内外，供有关部门参考使用；每年重要的农事季节、汛期都必须把每次重要降水过程的逐日降水量、过程总降水量、全市平均降水量，以及每旬、月、季的重要降水日期、降水总量进行统计、分析，编制成报表，报送市（县）党政领导机关、防汛指挥部和其他有关部门，多年来深受有关方面的关注和欢迎。

4.5.3.2 **综合气象情报服务**

市、县两级气象台站除了雨情单项服务外，还定期、不定期的编制《气象服务》《农业气象服务》《气象简报》《临汾气象》等专页，进行综合气象服务，其内容主要是提供天气、气候实况，雨情、墒情、温度情况，气象灾害和农作物生长发育情况，农业病虫害及中、长期天气预报，有时还将当年气象情况与往年做些比较。在为市、县两级党政领导、政府主管和生产部门安排部署农业生产中起到重要的参谋作用，常得到有关领导的好评。

综合气象情报服务包含以下五个方面内容。

重要天气报告 在向党政领导汇报将有灾害性、关键性、转折性天气出现时，还必须请示领导对上述“三性”天气的安排措施，要按照领导的有关指示积极开展服务，将相关措施落到实处。

中长期天气预报 3～5天的天气预报逐日滚动播出；旬、月、季、年的中长期天气预报除以文字形式印发服务外，还在临汾广播电台、电视台、《临汾日报》、《临汾晚报》公开发布。

雨情情报服务 只要临汾市范围内出现降水，市气象台都及时收集、汇总、分析，将结果向有关单位报告。重要降水过程出现后，将滚动续发重要降水过程雨量报告。

墒情情报服务 市（县）两级气象台站每年4—10月时，每5天就按时测量、综合分析报道一次全市各县（或本县）2～3个代表不同类型地段的5厘米、10厘米、15厘米、20厘米、30厘米、40厘米、50厘米深度的土壤墒情，结合农业生产实际提出分析报告和相应的措施建议，报送市（县）领导和政府农业管理部门，供领导采取措施时参考。

分析报告 对某段（旬、月、季）天气气候特点进行整理统计、分析、评价，或者是根据情况需要或者是根据上级领导要求对某一时段的天气气候、雨情、墒情、灾害性天气进行综合分析，写出报告进行服务。

当前，市、县两级气象台站进行综合气象情报服务的手段、形式多种多样：电话、电话传真、手机短信，也有写成专题材料报送的。一般在预测有灾害性、关键性、转折性天气发生时，或者有重要雨情时，首先用电话或电话传真、手机短信向党政领导汇报请示，随后用文字作比较详细的报告。

4.5.4 气象专业、专项有偿服务

气象事业是一项公益事业，气象服务产品大多属公益性的，但有些产品具有商品性。例如，一些企事业单位为了增加生产、节约成本，或者为了避免气象灾害，减少损失，提高经济效益，需要气象部门提供专门性的特种服务产品。由于这种产品一般需要气象科技人员花费更多的劳动进行再加工，或者需要增加设备，索取更多的气象资料，进行精分析，所以，这种产品在对外服务时需实行有偿服务，按服务项目所投入工作量的多少及其科学技术的难易程度收取适当费用。

临汾市（县）气象台站提供专业、专项有偿服务工作始于1985年后半年传达贯彻国务院办公厅转发国家气象局《关于气象部门开展有偿专业服务和综合经营的报告》之后。刚开始时，只提供一般的天气预报、专业气象预报、气象情报资料等服务，收费十分低廉。后来，随着服务领域不断拓宽，服务内容、手段、项目不断发展，到1995年已初具规模，气象专业专项服务的项目有天气预报、警报，专题、专项、专业气象预报，系列化气象情报、资料，农业气象情报，大气环境影响，气象科技成果辐射，人工影响天气等。其服务费用按地区物价局审批核准的标准收取，合理规范，但仍低廉。

另外，随着临汾经济的发展和市场的需求，市、县两级气象部门，充分利用部门设施先进、科技含量高的优势，又推出了一些与气象相关的有偿服务项目。

4.5.4.1 庆典气球施放服务

20世纪80年代以来，临汾地、县两级中、小城市各种各样的展览会、展销会、庆典会、体育赛事、文艺演出、开业剪彩等活动越来越多，在活动中利用氢气球悬挂标语来宣传促销、活跃气氛的情况也越来越多。为适应社会需求，临汾地县两级气象部门按照国务院1985年第25号文件精神，从20世纪90年代初开始，开展了庆典施放彩球、搭建拱门的服务，填补了当地当时服务行业的一项空缺，给社会活动增添了喜庆热闹气氛。为了规范庆典氢气球施放服务市场，加强安全管理，1993年5月，山西省公安厅消防局和山西省气象局联合下发《关于加强民用氢气球灌充、施放消防安全管理的通知》和《山西省民用氢气球灌充、施放安全管理办法》。目前，临汾市、县两级气象部门在施放彩球、搭建彩门的服务中采取组成专门小组责成专人负责的形式，加强技术培训，规范操作程序。同时要求在服务中讲究服务公德，信守服务质量。在管理上，严格执行民用氢气球施放许可证制度，加强技术资格审查和消防安全监督检查。

4.5.4.2 防雷监测服务

此项服务包括两个方面的工作内容：第一，对新设计的建（构）筑物防雷图纸进行审查核批；对在建设施工中的建（构）筑物防雷装置进行跟踪检测；对竣工了的建（构）筑物进行测试验收。第二，维护防雷法制环境的完善。临汾市随着经济迅速发展，电力业、电信业、焦化业、化工业，城市高层建筑（设施）等发展很快，特别是电子设备的广泛应用，微型电脑和通信网络已深入各行各业、千家万户。为避免雷电袭击和静电事故危害，减少事故发生，确保人们生命财产安全和国家财产安全，临汾市、县两级气象部门利用气象科技优势，经临汾市机构编制委员会批准，于2002年5月成立防雷减灾管理中心，配备具有《资格证》的防雷、防静电专业技术人员，开展对新设计建（构）筑物防雷图纸的审查；对在建的建（构）筑物防雷装置进行跟踪检测；对已竣工建（构）筑物的防雷设施进行检测验收，使新建筑物的防雷工作逐步走向规范化，法制化；同时，强化防雷工作的行政管理，配合当地政府、公安、安监部门每年组织的安全大检查，对危险化学品企业（主要是加油站、煤矿、弹药库房等易燃易爆企业、场所）、通信设施、高层建筑等，在雷电季节到来前都要对其防雷设施进行一次安全检测，及时排除故障、隐患，确保防雷设施的完好；同时，建立起各单位防雷设施检测档案，以备日后查阅。

临汾市政府及有关职能部门对全市气象部门开展防雷监测服务给予很大支持，2004年，临汾市政府办公厅下发《关于在全市范围内开展防雷安全大检查的通知》（临汾市政发［2004］13号）；随后，临汾市公安局、临汾市文物局等单位，都和市气象局联合下达了《关于在全市范围内开展网络设施、文物保护单位等防雷大检查的通知》（临汾市气发［2004］7号），使全市一年一度的防雷检查步入制度化；网络、计算机、文物保护等防雷实现了规范化。临汾市的防雷工作越来越受到各方关注，市、县两级防雷工作正步入依法发展的轨道。

4.5.4.3 电视天气预报广告服务

临汾地区气象台制作的天气预报在临汾电视台播出始于1984年。临汾市（今尧都区）1984年建成临汾市电视台，并开始播送自办新闻节目。由临汾地区气象台制作的临汾市和临汾地区未来24小时天气预报，每天用电话按时传送给市电视台，电视台接抄后安排在当晚的临汾新闻之后播出，内容包括天空状况、天气现象、最高温度、最低温度、风向、风速，没有天气图画面，没有文字，主持人口语直播。这在当时很受党政部门、社会各界和广大群众的关注、欢迎。1987年12月，临汾地区电视台建成，全区新闻节目和自办文艺节目开播，临汾地区和临汾市的未来24小时天气预报，分成西部山区、东部山区、平川地区和临汾市4个板块，由临汾地区电视台制作静态电视画面，从1988年元旦起在每天晚间新闻节目之后播出。1992年，中国气象局提出各省、市气象部门要引进计算机和视频技术，对电视气象预报节目的制作方式要进行改革，努力提高艺术性，保证内容直观、形象，易于群众接受，为减灾防灾服务。临汾地区气象局十分重视这项工作，于1995年成立临汾地区气象局影视中心，选派技术人员专门从事天气预报制作工作，划拨专门经费，添置各类影视制作设备，调配影视工作室，进行改造装修，报请地委行署领导出面，与地区电视台共同协商划拨天气预报节目播放时段和时间，并在当年完成了制作系统设备的选型、购置、安装、调试等。各项准备工作基本就绪之后，1996年初参照山西省气象台（还有其他气象台）自制的天气预报节目进行反复试制、修改，1996年3月，由临汾地区气象局影视中心自制（含配音）的临汾地区分县天气预报在临汾地区电视台和临汾市电视台分别播出，既有天气图画面，也有文字和天空状况、天气现象等符号，配有动听的背景音乐，群众喜闻乐见，受到广大好评，扩大了气象工作在党政部门和人民群众中的影响。

随着电视天气预报节目的改进，在天气预报音像背景中配以广告制作播出，既丰富版面信息量，也促成了电视天气预报音像背景广告业务的开展，为气象部门开展有偿专业服务又增添了重要一项。当前，临汾市气象局影视中心拥有先进的影视制作设备、雄厚的技术力量，担负着临汾市电视台LF-1、LF-2、LF-3三个频道的电视天气预报节目制作任务，节目播出处于“黄金时段”，播出时间常年稳定，收视率高，是良好的广告载体，深受商（厂）家、经销商青睐。临汾市气象局影视中心成立10年来，曾为数百家企业、商家、经销商等作过广告，为他们的产（商）品拓宽销售市场做宣传，起到沟通供需的传媒作用，使商（厂）家收到很好的经济效益，也使部分社会需求得以满足。

4.5.4.4 气象警报定制推送服务

1981年，经全国无线电委员会批准，同意气象部门建立超短波气象警报系统。1986—1990年，临汾地（县）气象台站陆续建立了气象警报系统发射台，给用户配备专用的天气预报接收机，当遇有灾害性天气时，由发射台发出一个单音报警信号，接收机常接电源，处于待警状态，接收机接到单音报警信号时，警灯闪亮，发出声音，以示报警，引起用户注意，随即由发射机广播灾害性天气预报。截至1990年底，临汾地、县两级气象台站，共建有城市天气预报、警报发射系统5套，发展预报警报接收机用户近200个。1991年12月12日，山西省人民政府办公厅转发省气象局关于建设全省农村气象科技信息网意见的通知（晋政办［1991］94号），要求建设全省农村气象科技信息服务网，把与农村生产关系密切的气象信息及时迅速传递到农村千家万户，田间地头，真正发挥气象信息在农业生产和防灾抗灾中的作用。此项工作曲沃县做得很好，该县气象局于1986年安装了天气预报警报发射台，并陆续给23家城市用户配备了天气预报警报接收机。至1988年，又为全县11个乡镇及一些重点自然村配备了天气预报警报接收机，基本上做到了将天气预报送到千家万户。省气象局为表彰曲沃县气象局做出的成绩，同时为了在全省进一步推动此项工作的迅速发展，于1992年5月在曲沃县召开全省农村气象科技信息服务网建设现场会和气象服务经验交流会议。曲沃县气象局局长杨玉银同志作了大会发言，着重介绍了广大农民利用气象预报警报接收机，收听气象信息安排农业生产和防御气象灾害中的作用和效益，受到参会人员的肯定。1994年12月12日，山西省人民政府对在建设农村气象科技信息网中做出突出成绩的曲沃县人民政府给予了通报表彰，并颁发了铜匾。

4.5.4.5 气象寻呼和气象短信服务

随着通信设施的快速发展，1994—1995年BP机（无线寻呼接收机）在临汾风行一时，天气预报应用警报发射、接收设备的传递方式已不太适应社会发展的需要。1996年，临汾地区气象局开始组建防灾减灾气象寻呼台，用寻呼机来代替原来警报发射机，BP机代替接收机。由于BP机小巧玲珑，接收、查看、携带都非常方便，除了接收天气预报、警报外，还可以兼用其他通信，深受用户欢迎。1998—1999年，临汾气象寻呼台业务发展至顶峰，拥有气象BP机用户15000余，为临汾地区传送气象信息服务于社会做出了重大贡献。2000年以后，由于手机用户普及率不断提高，气象预报警报和其他气象信息的寻呼传送服务，又渐渐被手机短信服务所取代。截至2005年，气象寻呼用户尚存300多户，气象寻呼发射中心为用户所提供的服务内容，除了天气预报、警报、情报外，还为用户提供铁路、公路货运信息服务，受到部分运输专业户的青睐。

4.5.4.6 电话“12121”天气预报自动咨询服务

为适应各行各业气象用户对及时了解气象信息的需求，1995年3月，曲沃县气象局在全地区率先开通电话“121”（现已改成“12121”）天气预报自动答询服务系统，对包括天气预报在内的各项气象服务产品，以电话自动答询的方式进行服务。同年，全地区各县（市）气象局，先后开通了“121”电话自动答询服务。此项服务除需缴纳相应的通话费用外，其他是免费的。但是，此项服务的子系统，即接通“121”电话后，按下按键1，了解周边城市天气预报；按键2，了解生活指数预报；按键3，了解旅游景点天气预报；按键4，气象专家现场为您解答相关咨询；按键5，提供实时气象资料；按键6，提供气象与农业相关知识；按键7，提供自然科普知识；按键8，气象与娱乐。提供这些子系统的服务是有偿的，但价格十分低廉，与市话费基本持平。

4.5.5 城市气象服务

改革开放以前，临汾地区气象台始终遵循“气象工作以服务为目的，以农业服务为重点”的宗旨开展各项气象服务工作。1979年以后，随着我国改革开放和社会主义市场经济的迅速发展，临汾城市建设日新月异。随着城市工业、交通运输业，城市人口和城市消费等迅速增长，城市经济在整个国民经济中的比例不断上升；同时城市建设发展中需气象部门提供的气象预报、情报、资料服务的项目也渐渐增多，气象为发展城市建设、城市经济服务的必要性和重要性渐渐显露。临汾地区气象台审时度势，适时开展了多项城市气象服务工作，配合临汾城市建设做贡献。

4.5.5.1 城市气象服务内容

20世纪70年代，临汾地区只有一个县级市，随着临汾经济的发展，到90年代发展成3个县级市；城市经济和城市人口也随之成倍增长。为适应这些发展，城市需要改造、需要扩建；同时，和城市工业生产、居民生活息息相关的水资源供应、能源供应、城市空气污染治理、菜篮子工程建设、城市防灾减灾等问题也都随之衍生。而这些问题的解决，大都和气象有关，所以，及时提供各项城市气象服务是城市建设和城市发展的需要，也是城市发展的必然。城市气象服务主要包含三个方面内容：第一，为城市建设的规划布局服务。气象部门根据当地气候特点和对气候的评价，从节约能源消耗和减少环境污染有利居民身体健康出发，对城市建设规划提出建议和依据，供领导决策参考，使整个城市的规划、建设更趋科学合理。第二，对城市防灾减灾（诸如城市渍涝、火灾、城市热岛效应、高温危害及大气污染潜势等）及时提供准确的天气预报情报和防御建议。第三，为城市建设合理开发利用太阳能、光能、大气降水等气候资源提供依据、数据。

4.5.5.2 城市气象服务效益

尧都区是临汾最大的城市，它的工业总产值，占全市17个县（市）总产值的1/4，它的社会商品零售总额是全市的1/3，可谓是全市经济“大户”，在发展全市经济中起着“中心”地位和“龙头”作用。气象科技产品积极去为“大户”“龙头”服务，能呈现出经济效益的“权重效应”。这是因为，中心城市的各行各业具有资金厚、规模大、门类多、现代化程度高、技术设施先进等优势，因而通过气象服务所产生的经济效益（无论是避免损失或者是增加生产）也就大；同时由于城市领导集中、人口密集、交通方面、设施完善、通信传播媒介先进稠密，一旦有灾害性天气降临，即使预报时效短了点，也能将预测信息迅速传达到工矿企业千家万户，可充分发挥城市优势，采取果断措施，使气象灾害减小、损失减轻。

4.5.5.3 城市气象灾害特点

城市具有人口多、楼房多、设施多的特点。对于气象灾害，城市比农村更具“敏感性”和“易显性”。一场对农村农业生产有利的好雨，在城市可能由于排水不畅而酿成局部渍涝灾害，带来损失。1986年8月18日22时至次日上午，临汾市（今尧都区）降雨39.6毫米，雨量、雨强都不大，却造成临汾市南城墙壕一带30~40户居民的计百余间住房进水被淹，最深处达1.5米，损失严重。1989年6月3日，一阵狂风把临汾造纸厂一台价值38万元的龙门吊（门式起重机）刮倒被毁。1993年5月12日，当日只有14.5毫米降雨，却造成市内2处立交桥桥洞积水，交通受阻。1994年7月15日，狂风暴雨、雷电交加，全市总共10条输电线路，9条被风刮断，1人死于雷击，1人触及被刮断的带电电线身亡，全市停电10个小时，局部停电延续5天，直接经济损失300余万元。另外，城市高楼多，密度大，其楼房外表大都贴有白（浅）色瓷砖或者配以浅色涂料；街道硬化面积（特别是水泥地面）不断扩大，每年盛夏为城市增添了“热岛效应”（高温危害）和强光反射“两大”气象公害，有碍城市工业中的高温作业和有损城市居民身心健康。

4.5.5.4 城市气象服务方式

城市的各行各业对各类天气和气象条件都有各自不同的利弊标准和要求，如何为他们服务好，使用户在应用气象服务产品中收到经济效益，就必须要求气象服务产品具有鲜明的针对性。为此，临汾地区气象台的工作人员从20世纪80年代初开始，就分年分批深入企业、工厂、城建、交通运输等多个行业调查研究，在访问用户、签订服务合同的同时，认真填写气象服务登记卡，详细记录被服务单位的勘察记录，内容包括：服务要点、服务方式、利弊气象条件、灾害性天气量化指标及其防范措施、建议等。然后，分门别类编制出系列服务指标，付诸日常服务。这样，城市气象服务产品的针对性强了，服务的经济效益明显了，用户就满意。此种服务方式，一直沿用至今。

4.5.6 气象服务效益事例选摘

临汾市的气象灾害是临汾市诸自然灾害中出现频次最多、危害最重的，特别是临汾农业，对天气气候的依赖性比较大，“靠天吃饭”的局面还没有从根本上得到改变，对气象灾害的承受能力还很低。所以，临汾市、县两级气象部门在坚持“服务理念”中始终坚持以农业服务为重点，同时不断拓宽气象服务的其他领域，扩大服务范围，广泛开展天气预报警报、气候资料、气象情报、气候分析及各种专业专项气象服务，几十年来各项服务都取得了显著的经济效益和社会效益。现将近年各部门在应用气象服务产品中，趋利避害取得较好效益的个例，选摘如下。

4.5.6.1 气象为防旱服务

临汾市农业生产的劲敌是干旱，严重的问题是缺水。气象服务为配合全市人民防旱抗旱，提高抗旱效益，几乎年年是市、县两级气象部门的工作重点。1990年夏初，地区气象台提出天气预报与水利设施合作防旱抗旱的建议，得到地区水利局的支持与配合。这一年，自开春至夏初临汾市雨水不少，1—6月降水量237毫米，比历年同期的148毫米，偏多60%。但是，地区气象台在中、长期天气预报中预测当年有伏旱，建议水库利用初夏降水较多的机会适当多蓄水，以弥补出现夏旱时灌溉使用。截至7月12日，临汾市洰河水库已蓄水1575万立方米，库水位达到542.96米，超汛水位1.96米，超蓄水320万立方米。7月中旬，已进入主汛期，按防汛要求，这320万立方米水应“超限预泄”。但是气象台坚持预报有伏旱，让水库领导非常犯难。为了不让已蓄的水轻易白白放掉，更是为了水库安全度汛，地区气象台科技人员按照“下雨—产生泾流—入库”需3~5小时间隔时间的测算，参照水库设计最大泄流速为31万立方米每小时的标准，认为只要10小时内若库区无特大暴雨，水库是安全的，建议水库暂不放水；并给水库送去一台气象警报接收机，让他们每天2次定时收听气象台天气预报；同时气象台向他们承诺，若预测有大—暴雨天气，一定立刻用电话在第一时间通知他们。渠河水库采纳了气象台天气预报和暂缓放水的建议。结果，1990年属“干汛”年，整个汛期气象台未预测过大暴雨，实际上也未曾出现过暴雨，出现的是严重伏旱。从7月7日至8月14日，属小暑、立秋节气，是一年中最炎热的三伏天，大秋作物在此段时期孕穗抽穗，雨水对作物生长非常重要、非常关键。但临汾市此时段只降水58.9毫米，是历年同期降水158.7毫米的37%，伏旱相当严重。渠河水库接受地区气象台天气预报和建议，前期多蓄水320万立方米，在伏旱出现后多浇了2万亩大秋作物，增产100万千克秋粮，农民多收入50多万元，农民、水库、气象“三满意”。

4.5.6.2 气象为抗旱服务

2002年8月下旬至9月上旬，全市各地降水稀少，尤其是东、西两山地区，平均降水量只有16.2毫米和17.3毫米，是历年同期平均值79.8毫米的20%；而且从8月17日—9月10日未曾出现过10毫米左右的有效降水，有时有点降水也都是零零星星的无效降水；同时，这一期间各地气温居高不下，东、西山区的平均气温都是23.5℃，比历年同期平均值20.2℃和18.5℃，分别高出3.3℃和5.0℃。地面蒸发加剧，土壤墒情极差，干土层达10~20厘米。对山区小麦适时下种构成严重威胁。面对高温干旱，市、县、乡党政领导十分焦虑，市、县两级气象部门把抗旱作为首要任务来抓，把工作重点放在密切监视天气形势变化上，把注意力集中在抓准有利天气过程进行人工增雨作业上。9月9日市气象台提供天气预报称，预计9月10日至9月中旬前期有一次稳定性降雨过程，虽然自然降水“量”不会太大，但对于人工增雨作业非常有利。市、县两级气象部门领导得到汇报后，立即向当地政府领导汇报，并请示进行人工增雨作业。得到批准后，市、县气象台站动员一切力量，组织所有人员使用全部人工增雨作业设施装备，从9日夜间到12日夜间，全力投入人工增雨作业；同时向山西省人工降水办公室提出申请，要求飞机前来临汾市上空增援人工增雨作业。其间，气象火箭炮、三七高炮和飞机，轮番在临汾市境内进行人工增雨作业。结果大获成功，9月10日夜间至13日白天，全市普降喜雨，平均降水量77.8毫米，其中隰县最大88毫米，襄汾最小45毫米。随着降雨到来气温普遍下降，东西山区由雨前的平均气温23.5℃，降至雨后16.1℃，使全市21万公顷冬小麦适时足墒下种，为2003年小麦获得丰收奠定良好基础。为此，市、县两级气象部门得到了市、县两级党政领导的表扬，市政府常富顺副市长还代表临汾市政府赴太原向省人工降水办公室和人工增雨作业飞机机组全体进行慰问。事后从统计部门获悉，2003年全市小麦播种面积21万公顷，比2002年减少1.41千公顷，但是2003年小麦总产量却比2002年增加5.674万吨，亩平均单产提高31千克。这一年的小麦生产获得如此巨大丰收，与前一年9月中旬初实施人工增雨作业，普降好雨，使全市小麦按时足墒下种，小麦苗全、苗齐、苗壮，冬前春后分蘖好是分不开的。

4.5.6.3 气象为农业服务

1977—1980年，全地区17个县（市）进行了农业气候资源调查和农业气象区划工作。每个县（市）选择3~5个具有地方性气候代表的点，布设气象观测场和安装简易的气象仪器，培训地面气象观测人员，按照当地气象站沿用的《地面气象观测记录规范》要求，在

"1月、4月、7月、10月这4个月中，每日进行3次（08时、14时、20时）地面气象观测记录。整年的气象观测记录完成之后，进行气象资料的统计整理；同时，对当地的气候、农业生产进行深入调查、研究。最后，结合当地农业生产实际情况及以往的经验教训等，编写成《气候资源及区划》小册子，呈送县（市）领导和农业管理部门，深受当地领导欢迎和好评。另外，临汾地区气象局于1986年提供大量气候资料、图表，大力协助临汾地区农业区划委员会办公室编印出版了《临汾地区农业资源地图集》，为合理利用当地农业气候资源、引种改制、调整作物布局和农业生产种植计划、发展多种经营等，提供了科学依据。

为了使临汾气象为当地农业服务进一步规范、系列，临汾市气象台，于2004年完成了临汾气象为临汾农业生产跟踪服务一览表，并于当年开始按此表要求实施服务。该表对被服务单位名称、地域、时间、主要农作物名称及需服务内容都做了具体标注。服务地域分东部山区、西部山区和中部平川；服务时间从每年1月开始，12月结束；每月有一张服务项目提示表，内容包括该月天气气候基本情况，气温月平均值、极值，降水量月平均值、极值，主要生产活动，主要农作物所处生长期及其最佳农业气象条件，容易出现的灾害性天气及其对农业生产的影响等。表内所述的气象服务对策，内容包括气象服务的重点，服务的主要内容、对象、措施、传送媒体及服务管理措施等。此表可操作性强，将天气预报、气象情报、气象资料融为一体，服务于临汾农业生产的产前、产中和产后，经2005年全年操作应用，深受市、县领导和农业生产管理部门的欢迎，收到很好的经济效益和社会效益。

洪洞、曲沃、侯马、翼城等县（市）气象局，从20世纪90年代中期开始，先后制定了小麦（有的县是小麦加棉花，下同）生产气象服务流程图，从小麦（棉花）备种期开始，分播种期、孕穗期、抽穗期、腊熟期、收获期5个主要生育期，制订出每个生育期经历的平均时段，气候状况，容易出现的灾害性天气，小麦在不同时期生长需要什么样的天气，不利天气，趋利避害的具体措施等，将它绘制成流程图，每年按图实施服务。在实施服务中，要点评小麦在本生育期内的生长状况，它与气象条件的关系；同时，将小麦下一个生育期对气象条件的要求、天气预报、应注意事项，防范措施等，都作一一介绍，为天气预报为小麦（棉花）生产服务进一步达到系统化、流程化，加强了服务力度，很受领导和广大农民欢迎。

4.5.6.4 气象为城市防汛服务

2005年6月8日，洪洞县出现了多年不遇的大暴雨，6小时降水量近80毫米。由于县气象局提前一天预报出这次暴雨天气，并及时向县党政领导和县防汛指挥部做了汇报，建议对城市渍涝等采取防范措施。洪洞县城市防汛办公室接到通知后，立即做了防汛具体部署：在县城低洼易形成渍涝灾害处，安排了10台抽水泵，并安排30人轮流值班。第二天暴雨出现后，降水84.8毫米，由于防范措施得力，排水及时，有渍涝无灾情。县药材公司、县财政局家属院等，有的原本可能进水的库房、民房没有进水，或者进了少量水，由于排水及时迅速，没有造成重大损失。

4.5.6.5 气象为防雹灾服务

临汾市境内地形复杂，每年夏初至秋初的强对流天气中，常常伴有短时冰雹，对小麦、秋苗、棉花、秋庄稼及烟叶、瓜果等经济作物造成损失，严重的时候，个别地段的冰雹灾害是毁灭性的。为防止或者减轻雹灾造成的损失，1976年春初，由地委、行署领导出面，向驻临汾高炮部队申请，要求在小麦腊熟、玉米成熟时段派出少量高炮协助农民防御冰雹灾害。经上级部队批准后，1976—1978连续三年驻临汾高炮部队派出三七高炮小分队，动用三七高炮28门，从小麦腊熟至玉米抽雄（即6月初至7月底，两个月时间）进驻霍州、洪洞、临汾、襄汾、曲沃、浮山等每个县的两个公社，为当地农业防雹蹲点守候，待命作业。作业所需特制炮弹、作业地点部署及作业时机的选择和作业指令的下达，均由临汾地区人工降水指挥部办公室提供。三年时间，6县12个炮点28门高炮共进行防雹、增雨作业162炮次，打去炮弹1872枚，其中有连片增雨效果的5次天气过程。这3年中炮点及其附近未曾出现冰雹。但是，1977年在炮点以外的霍州市闫家庄、上乐坪、曹李和冯村等公社，襄汾县大邓公社的吉柴、西张、范村等村都遭有冰雹灾害。1978年，曲沃县城关，襄汾县邓庄公社的小王、东风、新民户等村，及临汾县贺家庄、大苏、魏村等三个公社也都有雹灾出现。可见三七高炮防御冰雹灾害的效果是明显的，只是防御范围较小，离炮点稍远的地方，防御能力就小了。

到了20世纪90年代初，政府加大了对农业的投入，加大了农业生产中的科技含量。为了防雹、消雹，也为了防旱、抗旱，增加农业生产，增添农民收入，临汾市（今尧都区）、隰县、吉县、蒲县等，相继由当地政府出资，购置数量不等的三七高炮，其他13县（市）也都陆续购置了大型（12管）或小型（6或3管）气象火箭炮，和一定数量的防雹、增雨炮弹，全市培训了43名正式炮手，建立了技术上岗制度，还配置了8辆汽车及一定数量的通信器材。每年在春末至秋末时节密切关注天气变化，严阵以待。天旱时，只要出现有利增雨作业机会，就实施增雨作业；当观测有冰雹云出现（或者移来）就开炮防雹、消雹。这些年，在炮点所在地周围雹灾不见了。

4.5.6.6 气象为森林灭火服务

2002春季干旱少雨，4月17日霍州市山区发生大面积森林火灾，市气象局闻讯后随即指示霍州市气象局做好人工增雨灭火准备，并向霍州市气象局立即划拨100枚人工增雨气象火箭弹，指示市、县两级气象台站，密切关注天气形势演变，加强天气会商，抓住一切可作业机会，适时作业。5月5日，天气形势勉强可以增雨作业，但云层较薄不太理想。后来，经过对实地实时小气候进行认真分析，当地当时几乎没有风力，说明大气比较稳定，对增雨有利。霍州市气象局业务人员就大胆进行人工增雨作业，发射增雨炮弹86枚，森林火灾现场降雨5~10毫米，极大地提高了灭火效益，在霍州山区燃烧了19个昼夜的森林大火，终于在人工增雨作业成功当天（5月5日）被彻底扑灭。这场雨不仅有力支持了森林火灾的迅速扑灭，而且还使霍州市三教、冯村、老张湾三个乡镇的旱情得以缓解，为大面积种植红薯提供了墒情，使在场目睹降雨过程的干部群众，交口称好。

无独有偶，2004年2月18日，古县北平镇后河村西北方向山区发生森林火灾，这是由省气象卫星遥感减灾服务中心首先在卫星发回的图片中监测到的。古县气象局在接到市气象局“立即组织人员赴现场灭火服务”的电话紧急通知后，随即启动应急预案，成立古县气象局森林灭火服务临时小分队，由局长史京安同志带队，携带气象仪器连夜赶赴现场，测量实地风向风速、相对湿度等气象要素值，进行现场服务；同时，加强与市气象台业务联系，关注天气变化和天气预报。当得到市气象台预测19日夜间至20日有小雨天气过程时，临汾市气象局随即派出一名副局长带领市气象局人工增雨流动服务队员，携带人工增雨作业车和增雨炮弹赴现场，和古县气象局派出的服务小分队一起进行人工增雨作业。经19日傍晚至20日凌晨增雨作业，降雨10.2毫米，彻底扑灭了刚燃起一天多的森林火灾，受到了临汾市委市政府的赞扬，称气象部门在此次扑灭森林火灾中“情报准确及时，行动果断迅速，优质服务，效果很好”。

4.5.6.7 气象为烟叶生产服务

1986年，吉县气象局向县政府提出了“关于本县气候特点适宜引种烟叶生产的论证”报告，称吉县的气候特点是气温适宜，降水偏少，约有50%年份出现伏旱。由于吉县大部是丘陵、坡塬地，种植大秋作物因缺水受伏旱威胁甚大。若改成种植烟叶，只要春季将烟苗抓住，它生长快，成熟早，到了三伏天，烟叶已进入收获期，即使出现伏旱，对烟叶生产已经威胁不大了。县政府领导接受了县气象局的气象论证，1987年全县设6个试种点，共种植600亩烟叶。从烟叶播种开始至收获，县气象局都进行全程跟踪服务，根据烟叶生长的不同环节，提供每个环节的气象预报、情报和资料服务。试种获得成功，烟叶质量达到各类指标要求，每亩经济收入达到种植大秋作物的2~4倍，说明吉县气候特点适宜种植烟叶。第二年，全县发展种植烤烟900亩，到1998年扩种至6000亩，收入达几十万元，成了全县脱贫致富的主要项目之一。

吉县种植烤烟获得成功，其他一些山区县在农业生产结构调整中也试探种植烤烟。目前，安泽县、蒲县等种植烤烟面积都不少。2002年盛夏，蒲县出现一场雹灾，大面积烟叶被打，损失严重。从2003年起，蒲县政府出资为烟叶生产防雹专门购买三七高炮3门，培训炮手，添置必要配置，与市气象台签订冰雹天气预报服务合同，从烟叶生产苗期开始，直至收获期结束，当预测有冰雹天气，都必须事先通知烟农进行防雹消雹。这两年效果都比较好，烟叶生产安全顺利，获得较好的经济效益。

4.5.6.8 气象为果业生产服务

乡宁县是临汾市西部山区的贫困县，20世纪90年代时，这里农民人均年收入不足800元。退耕还林的政策得到落实后，山区发生了巨大变化，漫山遍野的苹果树、梨树、核桃树给山区人民带来了希望，带来了效益。但是，对果树如何进行科学管理，如何应用气象预报情报趋利避害增加果树效益，却给果农带来困惑。乡宁县气象局想果农之想，急果农之急，把气象服务定位在为果农增加果树生产效益的服务上。2005年春节刚过，乡宁县气象局就认真研究了乡宁气象为苹果生产服务的具体内容和方法，并制订出具体的“服务方案”。根据苹果生产须经历开花、结果、套袋、摘袋等不同环节，结合每个环节

（时段）乡宁县的气候特点，应注意哪些气象灾害，采取什么样的管理措施等，都被列入该服务方案。在春季，把气象服务的内容重点放在果树花期的冻害预报和防御上。2005年4月13日一次中等强度的冷空气侵入，最低气温降至–3℃。由于县气象局提前给果农送去降温预报，并提供防寒措施，建议果农提前给苹果树喷洒防冻液，或者采用集中连片熏烟灌水等方法进行防御。冷空气过后，凡采取过防冻措施的果树，几乎没有受到损害，而种种原因没采取防冻措施的苹果树，冻害相对重些。在夏季，乡宁县气象局根据降水情况，对果树区不同深度土壤层墒情进行定时测量和分析，及时为果农是否应该为果树灌溉浇水提供重要依据。大雾，是乡宁县每年经常出现的天气现象，从20世纪80年代开始并有增多和加重的趋势。大雾对果树开花坐果都有严重影响，如果连续的严重的大雾出现在果树开花期，则因大雾减弱了光照强度，减少了受光时间，使果树光合作用变弱，导致果树抗病虫能力下降，从而影响果树花蕾开放，也降低了果树坐果率。因此，每次大雾出现前，县气象局都要将大雾天气预报通过各种渠道送到果农手中，并告诉他们一些简易的防范措施，比如对于苹果生产，摘袋的早晚对苹果质量起着至关重要的作用，摘袋时凡双层纸袋应先摘外袋，还必须经过3个晴天才能摘里袋；如遇连阴雨天气，摘去里袋时间就得依次后延；摘去单层袋时，先将纸袋撕成伞形，保持在果实上2~3天，以防太阳曝晒产生日灼。2005年，乡宁县的果业生产在果树生长关键时期都根据天气预报和气象资料分析意见采取了相应措施，基本上没有受到不利气象因素影响，果质好、产量高，优质苹果每千克卖到3元，果农平均每亩增收1500元。

乡宁县气象局科技人员还认真查阅国外苹果生产管理资料，将好的经验及时介绍给本县果农。有资料介绍，在苹果园中种植小麦，作为一种倒茬或者是果园的覆盖物，有利于果园减轻重茬病的发生，可以用来替代在果园中使用土壤杀菌剂。这样，既能保护树根不受真菌危害，也能为果农节省开支，增加小麦收入，降低成本。县气象局将此信息及时转告果农，建议来年谨慎试种，取得效果后推广。

4.5.6.9 气象为重点工程建设服务

翼城县2×60万千瓦隆化煤电工程项目和安泽县2×600兆瓦冀氏煤电工程项目，都是临汾市2005年进入建厂设计论证的重点工程项目，规模大投资大，建成后对发展当地工、农业生产及改善人民生活都将起着重要作用。对于这二项重点工程厂址的选择，需考虑的气象要素很多：为减少该项目投产后所排放烟尘、粉尘及二氧化硫等有害气体对城市的影响，必须考虑当地的地方性风向、风力，建议将厂址选择在城镇最多风向的下风方向；对于厂房的建设，需考虑温度、湿度、辐射和气流；对原材料的运输需考虑降水量、降水日数和降水性质；若新选厂址与县气象局距离较远，且地面气象观测环境（海拔高度及四周空旷程度）差异较大，则需在新选厂址处建立临时气象观测哨，与县气象局地面气象观测记录进行同步观测对比，时间至少1年，在获取新选厂址处气象资料与原县气象局资料进行同步技术处理后，方可应用由原县气象局提供的其他气象资料。翼城县气象局坚持公共气象的服务理念，全体人员精诚团结，齐心协力，夜以继日的工作，用3个月时间先后给设计院提供近30年的翼城县气象极值资料和最近10年的风向、风速、降水、温度、湿度等每日逐时资料，累计达16.8万组气象数据；同时，由县政府出资购买（或租赁）了电接风、温度计、湿度计、干湿球温度表、自动雨量计等气象仪器，派出技术人员，在新选的隆化煤电厂址建起临时气象观测场，并负责气象仪器的安装、调试和气象要素值的同步观测，记录气象资料。此项工作任务，翼城县气象局从2005年7月1日起开始实施，至2006年6月30日结束。

安泽县气象局在接到同样性质的工作任务后，全体人员加班加点日夜工作，至2005年底，已将安泽县1999—2004年逐日温度、湿度、日照时数、风向、风速等气象资料，作为工程前期论证所必需的原始资料，按时交付设计院，受到县政府“优质服务”的表彰。

4.5.6.10 气象为文化活动服务

由山西省旅游局和临汾市政府共同组织的天下华人共唱一首歌活动，定于2005年6月11日在尧都区尧庙旅游景点的华门举行首场大型演唱会，12日在吉县壶口景点继续举行第二场演唱会。参加此次歌唱演出活动的有省内、外著名演唱团体和个人，还有来自澳大利亚、新加坡、马来西亚等国外华人演唱团体，到时来现场观看演出的领导、群众也很多，加之两场演出都在露天进行，事先了解演出时当地天气状况非常重要。合唱节组委会提出需要临汾市气象台提供演出期间天气预报服务，市气象台十分重视此次天气预报服务工作，提前10天于6月1日便第一次将6月9—14日尧都区和吉县壶口地区的逐日天气预报传送给合唱节组委会，以后每天按时滚动传送。从6月6日开始，市气象台预报8—9日尧都区和吉县壶口都将有小到中雨，但10—13日晴天转多云，无降水，对11—12日露天演出无大碍。当组委会咨询是否需要搭建室内舞台作备用时，经市气象台专业人员再三认真研究，认为11—12日天气晴好，下雨的可能性极小，不必耗资耗费人力搭建备用舞台。结果天气预报十分准确，天下华人同唱一首歌活动于6月11日20时在华门首场开演，演出非常成功安全，6月12日在吉县壶口继续露天演出，同样十分精彩成功，每场观众都在万人以上，收到很好的社会效益。为表彰临汾市气象台天气预报准确，服务及时周到，中国黄河国际合唱节组委会事后将写有“优质服务奖”的奖匾一块，赠送市气象台。

《美丽中国唱起来》节目于2017年12月22—23日在吉县壶口和滨河公园进行录制。按照山西省气象局要求，从12月1日起，临汾市气象台开始制作水平分辨率为5千米、逐3小时格点气象预报产品，开展了环境气象和《美丽中国唱起来》节目录制精细化气象预报服务。受到市政府领导和有关部门高度肯定，迈开了精细化气象预报服务第一步。

2018山西省旅游发展大会（简称“旅发会”）以“华夏古文明，山西好风光”为主题，采取“1+3+N”模式，于9月19—21日在临汾市召开，并于19日20时举行盛大开幕式及大型灯光秀文艺晚会。旅发会前期的9月14—19日，临汾市有一次持续性降水天气过程。开幕式举行时雨能否停下，成为对预报员一次重大考验。从14日开始，市气象台运用智能网格预报业务平台，每天制作旅发会期间临汾市区天气预报及日精细化天气预报。由于预报准确、指导到位、服务及时，受到了市政府有关部门的高度肯定和表扬。

2019年中华人民共和国第二届青年运动会（简称青运会）射击飞碟、花样滑冰、空手道三项赛事于4—8月在临汾市举行。临汾市气象台主持组建了青运会气象台，开发了青运会精细化预报制作平台为青运会临汾赛事活动气象服务提供技术支撑和业务平台；与市文体局有关部门合作，于2019年3月底编写了《第二届全国青年运动会临汾赛区气象服务手册》；加强与执委会沟通，为赛事活动提供精细化专题气象服务125期，环境气象专报128期，预警信号63期，受到了青运会临汾执委会高度的肯定和表扬。

2021年10月12日至17日，中国网球巡回赛在临汾市尧都区隆重举行。根据临汾市政府《中国网球巡回赛CTA800临汾站比赛工作方案的通知》，针对比赛在室外举行等特点，制定其气象保障方案和气象服务指南，共制作发布逐3天、逐3小时、逐小时天气预报37期，并进行赛场现场气象服务，受到组委会的高度肯定和表扬。

4.6 人工影响天气

人工影响天气是指为避免或者减轻气象灾害，合理利用气候资源，在适当条件下通过科技手段对局部大气的物理、化学过程进行人工影响，实现增雨雪、防雹、消雨、消雾、防霜等目的的活动。临汾市气象局在人工影响天气方面开展了四项具体工作：一是人工增雨（雪）作业；二是人工防雹消雹作业；三是人工防御霜冻；四是人工防御小麦干热风的试验研究。

4.6.1 机构设置

1975年及其以前，在临汾市范围内开展人工影响天气工作，包括人工防霜冻、人工增雨试验等，都是以省气象局工作队为主，临汾地区气象部门协助，地区本身没有成立专门的工作机构。1976—1979年，经临汾行署批准，每年3—10月组织成立临时性的临汾地区人工降水指挥部，由分管农业的副专员任总指挥，参加指挥部的单位和领导有地区水利局、农业局、科技局、邮电局、电业局、公安局、供销社、驻临空军部队、驻临高炮部队、临汾军分区等，下设办公室。办公室设在地区气象局，有5~6名工作人员，是从指挥部成员单位临时抽调来的。办公室的主要工作职责：负责每年夏季开展人工增雨作业的请示汇报、通信联络、后勤保障；和改为省降水办协调增雨作业计划方案，监视、跟踪有利增雨天气过程，下达作业指令和作业效果的收集汇报等。

1993年，在临汾行署支持下，成立了临汾地区人工增雨防雹办公室（地区气象局兼），并购置了地面增雨防雹气象火箭发射架（炮），增雨防雹炮弹（气象火箭弹），客货两用汽车及部分通信器材，开展了地面人工增雨防雹作业。

1994年，原临汾市（即尧都区）政府成立临汾市人工增雨防雹领导组，下设办公室，由市气象站（即地区气象局观测站）兼，动用地方财政购买5门三七高炮及其防雹炮弹若干。同年5月，将购置的三七高炮布设在一平垣、土门、刘村、贺家庄、大苏等乡镇，指挥人员和作业人员日夜监视守候择机开展人工防雹增雨作业。

1997年，经临汾行署批准，行署编制委员会行文，确认临汾地区人工增雨防雹办公室为县科级常设事业单位，托付临汾地区气象局管理。

1999年，经临汾行署编制委员会审定批准，临汾地区人工增雨防雹办公室编制工作人员5名，具体人员由地区气象局选派，人员工资由地区财政划拨。

2002年，临汾市、县（市、区）两级政府，全部成立了人工增雨防雹指挥部（领导组），由分管农业的副市（县）长任总指挥（组长），下设办公室（或办事组）托付市（县）气象局管理，承办一切相关事宜，开展地面人工增雨防雹工作。

2011年，根据临汾市委办公厅、临汾市人民政府办公厅《关于〈临汾市直使用单位清理规范和分类改革方案〉的通知》（临办发［2009］27号）精神，临汾市人工增雨防雹办公室更名为临汾市人工影响天气办公室。正科级建制，核定财政拨款事业编制5名，其中科级领导职数1名，管理人员编制1名，专业技术人员编制4名。主要职责任务：落实临汾市人民政府和省气象局有关人工影响天气工作计划、部署；负责本地区的人工增雨防雹防霜的组织管理和协调工作；制定临汾市人工影响天气工作规划和计划，并组织实施。

2019年9月，中共临汾市委机构编制委员会办公室下发了《关于临汾市气象局所属事业单位机构编制调整的通知》（临编办发[2019]153号），临汾市人工影响天气办公室更名为临汾市人工影响天气服务中心。

2020年10月，中共临汾市委机构编制委员会办公室下发了《关于临汾市气象局所属事业单位机构编制调整的通知》（临编办发[2020]160号），规定了临汾市人工影响天气服务中心，为正科级建制，公益一类，核定财政拨款事业编制10名，其中：管理人员编制2名，专业技术人员编制8名；科级领导职数1正1副。主要职责：落实市委、市政府和省、市气象局有关人工影响天气工作的计划、部署；

承担全市人工影响天气工作的组织、协调和实施工作；承担全市人工影响天气技术工作的指导、学习和服务工作；承担全市人工影响天气效益的科学研究和作业试验工作；制定全市人工影响天气工作计划并组织实施；开展全市人工影响天气的现代化建设；承担临汾市人工影响天气领导组办公室的日常工作。

4.6.2 人工增雨（雪）

人工增雨（雪）就是对具有人工增雨（雪）催化条件的云，采用科学的方法，在适当的时机，将适当的催化剂引入云的有效部位，达到人工增加雨（雪）目的的科学技术措施。目前临汾市所采取的人工增雨（雪）方法有飞机和炮械两种。

4.6.2.1 飞机人工增雨（雪）

飞机人工增雨（雪）也称空中人工增雨（雪）。冬春秋季节需要人工增雨（雪）时，飞机携带干冰、碘化银等在冷云层中直接播撒，使这些催化剂在云层中诱发冰晶效应，增加云层厚度，达到延长降雪（雨）时间，增加降水的目的；夏季，一般采用飞机携带大量食盐等强吸湿剂，在暖云层中直接反复播撒，利用作业剂的强吸湿效应，增大增多大小水滴，同时增加云层内部水滴重力碰撞，使云层加厚增加降水。飞机作业由山西省人工降雨防雹办公室(以下简称省人降办)在全省范围内统一部署安排。若临汾市辖区内需要进行飞机人工增雨作业，并且已经（或者即将）出现有利飞机人工增雨作业天气条件时，经市政府同意，市人工增雨防雹办公室可直接向省人降办提出申请，要求飞机前来作业，必要的时候，还可以邀来飞机停留临汾机场，等候有利天气条件，择机作业。

2017年根据临汾市地方服务需要，经临汾市人民政府协调，省降雨办在临汾民航机场建立飞机增雨基地。2017年11月29日，省降雨办租用山西成功通用航空股份有限公司编号为B-3829的Y-12飞机降落在临汾民航机场，这意味着临汾市形成了地面空中立体化的增雨作业系统，通过充分利用上空水资源，将对生态恢复、抗旱、森林防火起到积极作用。在临汾市政府的统筹协调下，临汾市民航机场建设了临汾市人工增雨飞机专用机库，以后这架飞机将长驻临汾增雨基地，只要有合适的天气情况，这架飞机将及时进行人工增雨，确保飞机增雨作业在临汾市逐渐成熟，并全年常态化飞行。近三年，飞机增雨工作稳中有进，2019年飞机增雨55架次，2020年49架次，2021年50架次。为抗旱增雨，保障空气质量，打赢蓝天保卫战做出了巨大的贡献。

4.6.2.2 **炮械人工增雨（雪）**

炮械人工增雨（雪）也称地面人工增雨（雪），是利用三七高炮、气象火箭炮（架）或者地面播撒系统（俗称烟炉）将装有碘化银的炮弹（或烟条顺风燃烧），从地面发射到云层内爆炸，碘化银随着炮弹爆炸撒发，在云层中产生大量具有强吸湿能力的冰核，成了云层水汽的凝结核，产生凝结—碰并—增加增大雨滴的连锁循环反应，增厚云层，增多降水，达到人工增雨目的。

地面炮械人工增雨作业，是在市、县两级政府直接领导安排指挥下，在各县（市、区）县境内实施作业，在确保空域安全的前提下，只要需要、条件有利，经当地领导批准随时可以作业。三七高炮的射程高度6000～7000米，适宜夏季对强雷雨云天气作业；气象火箭炮（架）的射程高度一般在3000～4000米，适宜于中等高度以下稳定性云层降水作业。这两种炮械作业所使用的炮弹，是一样的，都是装有碘化银的特制人工增雨防雹炮弹，碘化银是强催化剂，是性能良好的人工冰核，燃烧碘化银的成冰阈为-4℃，在-15℃时的成核率为10个/克。用来增雨防雹效果很好。

随着临汾市气象部门现代化程度迅速提高，市人工增雨防雹办公室“内场”——即市人工影响天气协调指挥中心，目前装备设施和应用技术，都得到很大的改善，拥有气象卫星综合应用业务系统和配套的CAPS工作平台；拥有新一代数字化多普勒天气雷达和每半小时1张的卫星云图地面实时接收系统。这些设备对捕获人工增雨作业时机，适时下达作业指令，提高作业效益，都起到至关重要的作用。在人工增雨作业装备方面，截至2021年，全市购置增雨防雹火箭架51部，高炮36门（其中五七高炮2门），烟炉19部；培训了159名人影作业人员。

对于人工增雨作业效果的评估，经对2001—2021年期间的作业次数、降雨量、增雨量进行统计比较，年增雨量平均5000万至1亿吨，投入和产出比为1：50至1：100，为临汾市农业防旱、抗旱，净化空气，改善生态环境等，做出了积极贡献。

4.6.3 人工防雹消雹

临汾市采取的人工防雹消雹，是用特制的炮弹采取炮击的方法，使雹云不降大雹，或者变雹为雨落地，达到人工防雹消雹的目的。市人工防雹消雹工作开始于1976年，经地委、行署领导出面申请和上级部队批准，1976—1978年连续3年在驻临某高炮部队支持下，派出三七高炮小分队，动用三七高炮28门，每年从6月初至7月底分别驻守霍州等6县（市、区）12个公社，蹲点守候，待命进行人工防雹消雹（或人工增雨）作业。三年共进行防雹（增雨）作业162次，消耗炮弹1872枚，在设炮点附近三年没有遭遇过冰雹。

1980年，省气象局下发《关于气象工作三年调整意见》的通知，指出关于人工影响天气局部试验研究工作，有许多争论，要积极进行试验研究，但面不宜过宽，点不宜过多。按此通知精神，临汾地区人工防雹消雹工作暂缓进行。

1993年，临汾地区人工增雨防雹办公室成立，当年购置了增雨防雹气象火箭发射架（炮）及防雹、增雨炮弹，开展防雹增雨作业。

1994年，临汾市（今尧都区）人工增雨防雹领导组成立，并购置了5门三七高炮，于5月下旬将5门高炮部署在一平垣等5个公社待命开展人工防雹作业。1995年及以后，其他县（市）也陆续购置了三七高炮，或者气象火箭炮和增雨防雹炮弹，学习防雹业务，培训专业炮手。目前，全市17县（市、区）都配备有人工增雨、防雹作业装备和人员。全市共有增雨防雹高炮36门、火箭架51部、增雨烟炉19部。全市共建成并投入使用的人工增雨防雹标准化炮点26个，流动作业点25个。初步形成了平川东山增雨为主、西山增雨防雹为主的人工影响天气体系。一旦发现有冰雹云发展（或移来），都可进行防雹消雹作业。但是，炮点仅仅是一个点，与一个县的范围比较，显然相距太大；同时冰雹云系发展演变非常快，顷刻万变，捕捉难度大。所以，对于整个县范围炮械防雹效果还有待进一步实验观测，但对于为保护某片庄稼（或者果园、苗圃等）不受冰雹灾害，利用炮械进行防雹，效果是肯定的。因为三七高炮和气象火箭炮所用炮弹成分是一致的，炮弹内部都装有大量无机化合物——碘化银的粉末。实验发现，这种碘化银具有较高成冰阈温，是能起冰核作用的细小微粒。用炮弹将他送入冰雹云中，爆炸后，它撒落在冰雹云内部过冷水滴积存区，将形成大量冰晶，增加大量雹胚，吸收大量雹云内部水汽，使冰雹的数目大量增加，但单一雹体的体积显著减小，以便在降落过程中溶化为雨，以达到化雹为雨的人工消雹防雹效果；同时，因炮击爆炸产生声波和冲击波，能改变云中气流运动规律，使云内外空气交流，加速云中处于0℃以下的过冷水滴提早冻结，使大的雹块不易形成；还由于炮击爆炸造成空气气流振动，能使大小云滴加速碰并，形成降水，避免产生冰雹，这些都是炮械人工消雹防雹所能获得的效果。

4.6.4 人工防霜

每年终、初霜时期，采取浇水、熏烟、覆盖以及制造人工烟雾或者喷洒防冻液等方法，使被保护小麦、烟草、棉秋苗、果树等减轻（或者免受）冻害，就是人工防霜。临汾市最早的群众防御霜冻行动，是在1954年春季临汾县，该年4月18日夜间至19日白天，一股强劲冷空气入侵，20日清晨出现强霜冻。临汾县气象站根据预测21日还有霜冻，在向县分管农业的领导汇报的同时，通过广播站有线广播，通知动员农村农民进行防霜，并简单介绍熏烟、浇水防御小麦被冻害的方法。

1959年，中共山西省委指示，为了确保全省1400万亩冬小麦丰收，470万亩棉花和其他早熟作物不受霜冻侵害，各县、市领导和全省人民一定要提高警惕战胜冻害。晋南专区是全省麦、棉主产区，号称棉麦之乡，响应省委号召，积极行动起来防御霜冻，责无旁贷。这一年，市、县两级气象人员，积极配合省气象局派往晋南专区的春季防霜冻工作分队，做了以下三个方面的工作：一是要求市、县气象台站作好作准当地霜冻预报，力求做到时间、强度准确无误；二是协同各级党政领导发动群众，召开现场会议，进行有关防霜技术示范指导；三是组织整顿气象服务网。经过广泛深入宣传动员，全专区（含今运城全市和石楼县的范围）组织有350～400万人的防霜大军，在600多万亩（含运城市范围）麦田里浇水、熏烟、覆盖等方法进行大面积防霜，使当年冻害大大减轻或者完全避免。

通过1959年的防霜试验，在防霜技术上，得出一些初步结论：一是在霜前3～6天给麦田浇水，可保持或者提高麦田地面温度2～3℃；二是熏烟法防霜，要掌握好点火时间和保持好烟浓度，可提高气温1～3℃，点火时间以掌握在气温降至-1～-2℃时开始为宜；三是覆盖防霜效果最好，但只适用于小面积防霜。

1960年春季，晋南专区又组织了大规模群众防霜活动，并确定临汾、侯马、翼城（以及今运城市的运城、万荣、闻喜、稷山）等县为群众防霜重点县。

1961年春，晋南专区市、县两级气象台站在人工造烟防霜方法方面做了一些试验。

1962年以后，大规模群众性防御霜冻活动停止了。但是，截至目前，对一些小块农田栽种的经济作物（如烟叶、瓜果秧苗、连翘、棉秋苗等）和一些果园（隰县玉露香梨、吉县苹果）等，为避免霜冻灾害，在春季晚霜冻出没时期，照样采取这些措施（如浇水、烟熏、地膜覆盖等）进行防御霜冻灾害，有的甚至在果树上喷洒防冻液，对花蕊进行保护，效果都很好。

4.6.5 人工防御干热风

1975年5月12日，山西省气象局和山西省农科院下发《关于开展干热风对小麦危害规律和防御措施研究的联合通知》指出，根据中央气象台（75）中气业字第062号《关于防御小麦干热风气象服务工作的意见》，今后宜在受干热风危害小麦的主要地区，即运城、侯马气象台，临汾、万荣气象站，农科院在永济县王村基点开展干热风对小麦危害规律和防御措施的研究工作。1976年秋，临汾地区气象局将此项科研任务下达给临汾地区气象科学研究所，由该所牵头，翼城、曲沃、侯马、襄汾、霍州、临汾等县（市）气象站协助，进行选点、开展试验研究工作。

1977—1979年，临汾气象科学研究所开展了干热风形成原因，时空分布、预报方法以及干热风防御措施等进行了分析、试验、研究。1977年初春，临汾地区气象科学研究所引进购买的石油助长剂按每县5个试验点的配置分发到临汾县等7个承担搞试验任务的县气象站，再由各气象站分发到各自选定试验的5家农户。要求他们在小麦扬花、灌浆、乳熟期间分别兑水500倍、800倍、1000倍的浓度比例给选作试验的麦田进行喷洒，同时划定出和被喷洒面积相同的对比麦田。在小麦成熟后，将试验田和对比田的小麦进行单收单打，产量向县气象站报告汇总。三年的试验结果，证明喷洒石油助长剂，确有防御干热风增加小麦产量的效果，平均增产率达10.7％。

石油助长剂是一种新型的植物生长刺激素，它取源于石油碱渣，主要化学成分是环烷酸钠，红棕色液体，溶水后呈乳白色，弱碱性，不燃烧，不腐蚀，性质稳定，对人畜无害。它对干热风的防御主要作用和功能：第一，加强了小麦光合强度，比对照地小麦平均增加

18.3%；第二，加强了小麦的灌浆速度，提高了千粒重；第三，提高了小麦叶面含水率，减弱了蒸腾强度，使叶面功能期延长1～3天；第四，增强了小麦根系的吸水能力；第五，减少小花败育，增加有效粒数。因此，喷洒石油助长剂能获得防御小麦干热风效益。

第5章

台站变迁

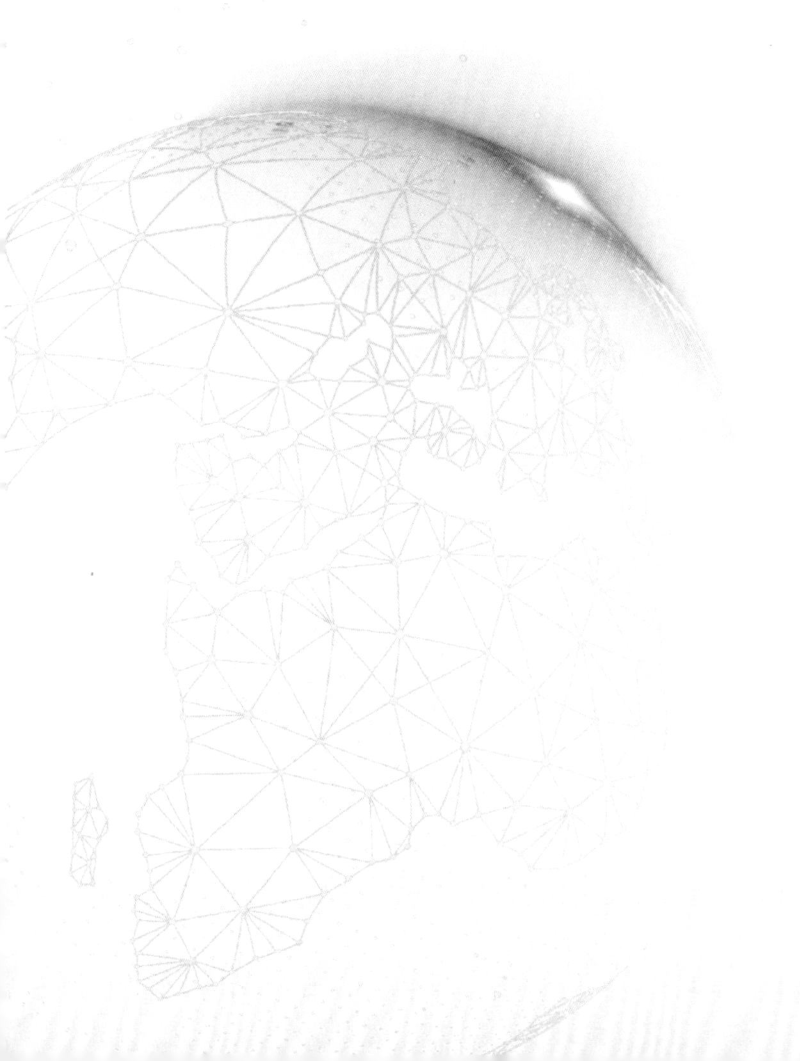

随着时代前进的步伐，气象事业也日新月异，为服务地方经济社会发展、改善民生、促进生态文明建设等做出了巨大贡献。基层台站是气象事业快速发展的重要体现，基层台站的变迁，体现了气象事业的变迁，是整个气象变迁的主脉络。

新中国成立之前，临汾地区无专门的气象管理机构，各地设立的测候所、雨量哨等均归各部门自行管理。新中国成立以后，1953—1978年，为适应国家国防和经济建设的需要，临汾地区气象部门经历了军事系统、地方政府系统和气象部门等多次建制和体制的转变。

临汾位于山西省西南部，因地处汾水之滨而得名，古称平阳。面积20302平方千米，总人口397.6万人，临汾市现辖1区2市14县，11个省级开发区。4000多年前古帝尧王在这里建立了“华夏第一都”，第一首诗歌《击壤歌》在临汾吟诵；第一首乐曲“阳春”“白雪”在临汾弹奏；第一口井在临汾掘开；第一个观象授时的“观象台”在临汾建成；第一个“龙盘图”发掘于4000年前的陶寺遗址。临汾有世界上最大的黄色瀑布——吉县黄河壶口瀑布；我国著名的明代移民遗址——山西洪洞大槐树；有代表10万年文化的丁村遗址；有全国现存唯一古代州级署衙——霍州署大堂；有我国四大名塔之一——广胜寺；有中外闻名的晋国遗址；有拥有“华北绿肺”之称的七里峪国家森林公园；有文字始祖仓颉、儒家宗师荀子、外交家蔺相如、名将卫青、霍去病、元曲大家郑光祖、石君宝等世人景仰。临汾煤铁资源丰富，是山西省典型的资源型工业大市、人口大市、文化大市和经济大市。

5.1 台站历史沿革

1920—1925年，国民政府在临汾县设有测候所，1926年在蒲县小林区建测候所。1937年日军入侵山西导致太原沦陷后，测候所停顿。1939—1943年，日伪政权在临汾南机场建有测候所。

1953年12月，新中国第一个国家气象站——临汾县气象站在临汾城东关南营户建立；1956年2月建立隰县气候站；1957年1月建立蒲县、安泽、吉县、翼城气候站，侯马气象台；1958年1月建立洪赵气候站；1961年9月建立霍县气候站；1962年2月建立乡宁县、浮山县气候站；1972年1月建立汾西县气象站；1973年1月建立大宁县气象站；1974年1月建立永和县、襄汾县气象站；1977年1月建立曲沃县、古县气象站，至此，临汾16个县均建成了气象站。1988年机构改革后全部县气象站更名为县气象局，1990年1月霍县气象局更名为霍州市气象局。1991年1月按照气象站设置的目的、密度、观测项目、观测时次和发报任务的不同，侯马气象局由国家一般气象观测站扩建为国家基准气象观测站，属一级气象站；临汾市气象局观测站、隰县气象局为国家基本气象站，属二级气象站；其他县（市）均为国家一般气象站，属三级气象站。2007年1月，侯马气象站被调整为国家气候观象台，隰县、临汾市气象局观测站、安泽、吉县气象站被调整为国家一级气象观测站，其余为12个气象站为国家二级气象观测站。2009年1月原国家一级气象观测站更名为国家基本气象观测站，原国家二级气象站更名为国家一般气象观测站，侯马由国家气候观象台调整为国家基准气候站。2018年原国家一般气象站更名为国家气象观测站，原国家地面天气站更名为国家气象观测站。

5.2 台站建制

临汾市气象局前身是侯马气象台（科级），始建于1957年。1973年7月晋南专区“分家”，更名为临汾地区气象局。1975年临汾地区气象局由侯马迁至临汾。2000年8月撤地设市更名为临汾市气象局。2002年临汾市气象局机关完成了依照国家公务员制度管理的过渡，初步形成了气象行政管理、基本气象业务、气象科技服务三部分组成的新型气象事业结构。

5.2.1 军事系统建制

1953年临汾气象站由中国人民解放军山西省军区司令部气象科建设，建制归军事系统。

5.2.2 地方政府系统建制

1953年10月1日，临汾气象站移交山西省人民政府财政经济委员会领导，山西省人民政府建制。

1955年4月，受山西省气象局及临汾专署双重领导，临汾政府建制。

1964年1月1日起，临汾地区气象台站划归省气象局建制。

1970年10月，实行各级革命委员会和军事部门的双重领导，以军事部门为主，属各级革命委员会建制。

1973年，实行省气象局与同级地方政府双重领导，以地方政府领导为主，归临汾地区革命委员会农工部领导。

5.2.3 气象部门建制

1981年开始，临汾地区气象局改为现行管理体制，改由山西省气象局和临汾地区行署双重管理，以山西省气象局为主的管理体制。同时临汾地区气象局负责管理县境内的县级气象站。

1983年，气象部门实行第二步调整改革的方案，地（市）、县气象部门实行上级气象部门与同级人民政府双重领导，以气象部门为主的体制。该体制一直延续至今。

5.3 机构沿革

1957年，为了加强对基层气象台站的管理，山西省气象局在侯马设立中心气象站，作为省气象局的派出机构，负责管理晋南专署所辖气象台站。

1959年3月，侯马气象台改为晋南专区气象台；5月，侯马中心气象站改为晋南专区农业建设局气象科，驻临汾办公；1962年因精简机构，气象科迁往侯马，与侯马气象台合署办公，一机构挂两个牌子。

1964年1月1日起，临汾专区气象科撤销，设立晋南专区气象管理局，下设政工科、业务科、气象台，负责对县气象站的管理。

1966年“文化大革命”开始后，晋南专区气象管理局陷入瘫痪状态。1973年9月，临汾地区革命委员会气象局成立，下设办公室、业务科、气象台，负责全地区的气象业务管理和技术指导。

1975年7月，气象局办公地点由侯马迁至临汾，并更名为“临汾地区行政公署气象局”。

1981年10月，临汾地区行政公署气象局更名为临汾地区气象局，内设办公室、人事科、计财科、业务科、气象台5个科室。1983年气象局与气象台合并，一个机构，两块牌子。

1984年，临汾地区气象局内部机构进行调整，增设服务科和观测站，气象台更名为天气科。

1993年，内设科室再次进行调整，设办公室、人事科、政工科、计财科、天气科、业务科、装备科、观测站8个科室。1994年，政工科和装备科工作分解，内部科室精简为6个。

1996年根据山西省气象局关于机构改革实施意见，对临汾市气象局现有机构设置进行改革，内设办公室、人教科、计财科、业务科、产业科、气象台、观测站七个科室。

1997年临汾地区机构编制委员会批准临汾市气象局成立临汾地区人工增雨防雹办公室。

2000年，临汾撤地设市，临汾地区气象局3月更名为临汾市气象局。

2002年，临汾市气象局内设“防雷减灾管理中心”；2003年，经临汾市事业单位编制委员会核准成立“临汾市防雷减灾管理中心”，归临汾市气象局管理。

2002年1月，临汾市气象局按照国家气象系统改革目标要求，机关管理岗位的干部完成了公务员过渡工作，形成了由行政管理、基本业务、科技服务与产业三部分组成的临汾气象事业结构新格局。

2006年，根据中国气象局批准印发的《山西省国家气象系统机构编制调整方案》和山西省气象局印发的《山西省气象局业务技术体制改革实施方案》及《山西省国家气象系统机构编制调整实施方案》要求，临汾市气象系统机构再次进行调整。临汾市气象局为正处级单位，内设办公室（政策法规科和应急管理办公室挂靠），科技业务科、计划财务科（审计室挂靠），人事教育科（精神文明建设办公室挂靠）4个职能科室。局内设4个直属科级事业单位，包括气象台（气象决策服务中心）、气象科技服务中心（专业气象台、气象影视中心）、临汾市防雷中心（临汾市防雷减灾管理中心）和后勤服务中心。县境内17个县（市、区）气象局均为正科级机构，由临汾市气象局统一管理，实行局（台、站）合一。17个县（市、区）气象局包括侯马市气象局（侯马国家气候观象台）、尧都区气象局（临汾市气象局观测站）和曲沃、翼城、襄汾、洪洞、古县、安泽、浮山、吉县、乡宁、大宁、隰县、永和、蒲县、汾西、霍州等气象局。

2015年，山西省气象局对全省县级气象机构编制进行了调整。调整后的县级气象机构国家气象事业编制最低控制标准为：承担一般站观测业务的县级气象机构编制7名，承担基本站观测业务的县级气象机构编制10名，承担基准站观测业务的县级气象机构编制13名；其中，有农气观测任务的县级气象机构在最低控制标准的编制数上增加1名。从加强社会管理职能的需要，按照每个县级气象管理机构参照公务员法管理的事业编制“不少于3名，不多于5名”的原则，确定本县境各县级气象管理机构参照公务员法管理事业编制数。临汾市县级气象机构总编制确定为141名，其中事业编制78名、参公编制63名。

2016年，山西省气象局批复对临汾市气象局部分直属事业单位进行更名。调整后，临汾市气象局直属正科级事业单位5个，分别为临汾市气象台、临汾市气象服务中心、临汾市气象信息与技术保障中心、临汾市气象灾害防御中心和临汾市气象局财务核算中心。同年，山西省气象局批复临汾市气象局部分内设机构编制调整的请示，总编制20人不变，科级领导职数核定为7名，其中正科级4名、副科级3名。

2019年，根据《中共临汾市委办公厅临汾市人民政府办公厅关于印发〈临汾市机构改革实施方案〉的通知》，经临汾市委机构编制委员会办公室（简称“临汾市委编办”）事务会研究，临汾市防雷减灾管理中心更名为临汾市防雷减灾中心；临汾市人工影响天气办公室更名为临汾市人工影响天气服务中心。

2020年，根据临汾市委编办会议精神，临汾市防雷减灾中心更名为临汾市气象防灾减灾中心。

5.4 人员情况

临汾市气象局下辖17个县（市、区）气象局，国家级观测站网布局为：国家基准气象站1个、国家基本气象站4个，国家气象观测站36个（包括原国家地面天气站）。其中艰苦台站11个（3类2个、4类1个、5类4个、6类4个）。全市气象部门编制199人。另外还代管两个地方编制的事业单位，其中临汾市人工影响天气服务中心属全额财政单位，编制10人，在职4人；临汾市气象防灾减灾中心属自收自支单位，编制10人，在职6人。

5.5 基层台站

5.5.1 尧都区气象局

临汾市尧都区地处临汾盆地中央，汾河由北向南穿境而过。区域面积1316平方千米，辖10个街道，10个镇和6个乡，354个村，44个居委会。人口98.8万人。尧都区传为文明始祖商尧陶唐氏诞生、建都之地。古称平阳，战国时韩国都，汉时西魏王都，十六国汉刘渊都，自唐至今为晋南、临汾首府。周敬王六年（公元前514年）为晋国平阳县；隋开皇三年（583年）县称临汾；1970年8月，分设临汾县、临汾市；1983年7月，市、县合并为临汾市；2000年11月1日，撤销县级临汾市，设立临汾尧都区。

5.5.1.1 始建情况

尧都区气象局成立于1993年4月19日，前身是临汾地区气象局观测站。临汾地区气象局观测站初建于1953年12月1日，地址为临汾县东关外南营房“郊外”（今尧都区解放东路中段小麦研究所二队旧址），1954年1月1日正式开始观测，观测场25米×25米，海拔高度462.1米。1962年11月1日，迁至临汾县尧庙公社郭村以东（现为尧都区尧庙镇西赵村以南），海拔高度449.5米，区站号53868。

5.5.1.2 建制情况

1953年12月1日，建立山西省军区临汾军区气象站；1954年1月1日改称山西省临汾气象站。1961年，改为山西省临汾气象服务站。1969年5月27日—1969年8月6日，因故工作全部停止，这时期的气象资料抄自距本站1500米处的临汾机场气象台作为统计记录，其他资料缺测。1970年，改称为山西省临汾县气象站。1975年8月，临汾地区气象台（从侯马迁来）与扩建后的临汾县气象站合署办公，改临汾市气象站为临汾地区气象台地面气象观测组，隶属山西省临汾地区气象台领导。1980年10月更名为山西省临汾地区气象台；1984年，据（84）临汾地区气象台字第8号文件，更名为临汾地区气象局气象观测站。1993年4月19日，成立临汾市气象局（科级）。2000年6月30日，更名为尧都区气象局。

5.5.1.3 人员状况

1953年建站初期有7人，高中学历2人，初中5人。1978年有8人，中专学历1人，学徒5人，短训2人。目前在编职工9人、编外人员1人、公益岗位1个，其中，大学本科学历10人、中专1人。有党员5人。参公人员4人，其中40岁以下1人，40～50岁2人，50岁以上1人；事业编制人员5人，30岁以下1人，40～50岁3人，50岁以上2人。高级职称4人，中级职称（工程师）1人。

图5.1 尧都区气象局旧新面貌图

5.5.2 侯马市气象局

侯马市位于临汾、运城、晋城三市及晋、陕、豫三省的三角中心位置，汾河由北向南，浍河自东而西，在辖区内三角交汇，常年流水不断。面积274平方千米，人口23万，辖3个乡、5个街道办事处、81个村。古称新田，春秋战国时为晋国国都，北魏时设置曲沃县，后发展为晋南的一个交通重镇和商埠。1959年起设市，后几经起落，1971年8月经国务院批准又重新恢复市的建制。著名的“侯马盟书”（现存于中国历史博物馆）、晋国铸铜作坊、战国奴隶殉葬墓、战国车马坑、金代砖雕戏台模型等。县境内紫金山脚下有质地优良的花岗岩石料和优质河谷砂资源。

5.5.2.1 始建情况

侯马市气象局始建于1956年10月，1957年1月1日正式开始观测，观测场，海拔高度433.7米，区站号53963。原名为山西省侯马气象台，1959年3月改为山西省晋南气象台；1960年2月更名为山西晋南专区气象服务台；1970年10月改为山西省临汾地区气象台。1975年月10月14日，临汾地区气象台迁至临汾，改为一般气象站，站名为山西省侯马市气象站。1989年1月5日侯马市气象站更名为侯马市气象局。1990年11月观测场向北、向东平移10米，海拔高度433.8米。1991年1月侯马市气象局扩建为国家基准气象观测站。

5.5.2.2 建制情况

1957年1月1日—1963年9月由山西省气象局和地方政府双重领导，以山西省气象局领导为主；1960年5月1日更名为山西省晋南气象服务台；1964年1月成立山西省气象局晋南专区气象管理局；1963年10月—1966年由山西省气象局领导；1967年晋南地区气象台改由临汾市革命委员会领导；1972年3月—1973年11月由临汾军分区领导；1973年12月改由山西省气象局和地方政府双重领导，以部门领导为主；1975年10月15日改由侯马市革命委员会领导，业务由临汾地区行政公署气象局管理；1981年改为气象部门和地方政府双重管理，以部门管理为主的管理体制。

5.5.2.3 人员状况

1957年建站时有11人，改为晋南地区气象台后增至20余人；1975年改为侯马市气象站又减为6人，后增为11人；1991年增为16人。现有在编职工14人，合同制职工1人，退休7人，其中，参公人员3人，事业人员10人；研究生学历1人，大学学历11人，大专学历2人；高级专业技术人员2人，中级专业技术人员11人，初级专业技术人员1人；正式党员7人，预备党员1人；50岁以上3人，40~50岁6人，30~40岁4人，30岁以下1人。

5.5.2.4 台站建设

台站综合改造 1956年建站时侯马市气象局总占地面积为12500平方米，有职工宿舍两幢18间，办公室一排16间，东侧有职工食堂6间，总建筑面积为598平方米，为砖木结构的平房。1964年，在办公室后、职工宿舍前右侧盖一幢8间办公活动用房，面积为160平方米，为砖木结构的平房。1989年，东侧食堂拆除，建家属院，两间半一家，共四家，总面积为280平方米，为砖木结构的平房，原办公活动用房改为两间一家，分为四家。1991年台站改造，对办公室和家属院进行了修缮办公室改建为砖混结构的平房，面积为350平方米。2000年，再次综合改造，建起了锅炉，解决了冬季采暖问题，同时建有卫生间、车库附属用房6间120平方米。2007年9月9日，新建总面积为671平方米办公室，综合业务室119平方米，基本能满足现代业务需求。原办公室改为职工宿舍、食堂及库房使用。2014年进行了暖气改造，将原锅炉采暖改为地热源热泵清洁供暖。2018年进行了基础设施建设，接入自来水，新建化粪池，更换院内周边围栏，对业务用房和附属用房进行了内外墙粉刷和房顶防水处理改造。

园区建设 2000年对侯马市气象局环境进行了绿化，硬化了道路，建起了凉亭长廊，绿化面积达7000余平方米，站容站貌有了较大改观。

图5.2 侯马市气象局旧新面貌图

5.5.3 霍州市气象局

霍州市位于山西中南部，扼山西南北交通之要冲。四周群山环绕，汾河从西北切割韩信岭入境。面积768平方千米，人口27万。周初为霍国，后为彘邑，西汉置彘县，东汉称永安县，三国属魏平阳郡，隋置霍邑县，金增设霍州，明初并县入州，民国始称霍县，1958年6月，汾西县与霍县合并为霍汾县，1961年5月恢复霍县，1990年改为霍州市。霍州市素有“物华天宝数霍州”之誉，辖区内有全国现存唯一古代州级署衙——霍州署大堂。

5.5.3.1 始建情况

1961年建立霍县气候站，地址位于霍县大张公社西张大队（今大张乡西张村），1962年精简机构时撤销。1972年1月1日，山西省霍县革命委员会气象站成立，地址位于霍县城关公社北关大队“垣上”，观测场海拔高度559.1米。1977年7月1日，观测场西移，海拔566.9米。1982年1月更名为霍县气象站。1990年1月更名为霍州市气象局。2007年1月1日，霍州市气象局迁址至霍州市白龙镇白龙村北，观测场海拔高度550.0米，为国家一般气象站，属于国家六类艰苦台站，区站号53869。

5.5.3.2 建制情况

1972年1月—1973年10月归霍县革命委员会人武部领导；1973年11月—1981年8月归霍县革命委员会农牧局领导；1981年9月—1982年4月归霍县农工部领导；1982年4月改为气象部门和地方政府双重管理，以部门管理为主的管理体制。

5.5.3.3 人员状况

1972年建站时只有2人。1978年有职工6人，其中中专学历2人，高中学历2人，初中学历2人；先后有32人在霍州气象局工作学习。现有在编职工8人，合同制职工2人，其中，参公人员3人，事业人员3人；正式党员6人；50岁以上3人、40~50岁2人、30岁以下1人。

5.5.3.4 台站建设

霍州市气象局1971年建站时，有房屋2幢8间，建筑面积178平方米，房屋结构为砖窑建筑，县境总面积4500平方米。1986年6—10月，将原有8间砖窑改为平房，并在西侧新建平房8间，面积120平方米。建筑总面积达到298平方米。2003年，霍州市气象局开始新址建设，占地总面积4667平方米。2006年10月，建成2层办公楼1座，为砖混结构，建筑总面积518平方米。总投资124万元，2007—2008年，投资7万余元装修办公室、对地面进行了绿化平整、基础设施得以改

图5.3 霍州市气象局旧新面貌图

善。现占地面积4999平方米，业务用房建筑面积508平方米。

5.5.4 曲沃县气象局

曲沃县位于临汾市南部，曲沃之名，始见于西周初期，春秋时晋国曾定都于此，战国属魏地。秦、汉为绛县，东汉改为绛邑县，北魏太和十一年置曲沃县，县名历代无更动。1958年，曲沃、新绛、汾城组建侯马市，1962年恢复曲沃县，县址驻侯马市，1971年市县分治。县境内河流以浍河为著，常年流水，另有滏河、为季节性河流，有著名的太子滩温泉、沸泉等。

5.5.4.1 始建情况

曲沃县气象站始建于1975年10月，1977年1月1日开始正式投入运行，为国家一般气象站，站址位于曲沃县乐昌镇东北街村“郊外”，占地面积3866平方米，观测场海拔高度472.6米。

5.5.4 .2 建制情况

1977年1月1日起，曲沃县气象站隶属曲沃县革命委员会农牧局领导。1978年4月—1981年3月，曲沃气象站由曲沃县农工部领导，实行以地方政府领导为主，气象部门管理为辅的管理体制。1982年4月体制改革，曲沃县气象站改为气象部门和地方政府双重管理，以部门管理为主的管理体制。1989年5月更名为曲沃县气象局。

5.5.4 .3 人员状况

1975年9月，曲沃县气象站建站时只有3人，由田生璋同志负责。1975—1978年人员变动频繁，1978年时有职工8人，历年来工作过的人员有22人。1979—1980年工作人员最多，达10人。现曲沃县气象局有在编职工7人，合同制职工2人，其中参公人员3人，事业人员4人；正式党员5人；40~60岁6人，40岁以下3人。

5.5.4 .4 台站建设

1977年1月，曲沃县气象站所辖地区内土地总面积3300平方米。房屋有2幢14间，建筑面积260平方米，为砖木结构平房。其中，工作室4间，使用面积80平方米；生活用房10间，使用面积156平方米；观测场320平方米，测雪场地150平方米，其他为空地。1994年，新建8间砖混结构平房，建筑面积120平方米，办公条件得到改善。2001年，进行台站综合改造，硬化了地面，修建了围墙，绿化了庭院。2009年，台站再次进行综合改造，建成两层综合业务用房，建筑面积757平方米，附属用房124平方米。职工生活、办公条件得到了进一步的改善。

图5.4 曲沃县气象局旧新面貌图

5.5.5 翼城县气象局

翼城县位于山西省西南，中条、太岳两山之间。总面积为1163平方千米，辖7镇、2乡，人口31万。古唐国，周成王封叔虞于此，后改称晋，春秋时为晋都故绛，北魏太和十二年置北绛县，隋开皇十八年（598年）改为翼城县，唐天祐三年（906年）改为浍川县，宋复名翼城县，金升为翼州，元复称翼城县。

5.5.5.1 始建情况

1957年1月1日建立山西省翼城气候站，属国家一般气象观测站，地理位置为翼城县西关村北（郊外），观测场中心海拔高度584.5米，区站号53962。

5.5.5.2 建制情况

1957—1960年为翼城气候站，1960—1965年更名为翼城气候服务站，1966—1970年更名为翼城气象服务站，1971—1989年更名为翼城县气象站，1989年至今更名为翼城县气象局。

1958年12月起，翼城气候站归山西省气象局和翼城县农建局领导；1964年1月1日起，翼城气候服务站归山西省气象局领导；1969年12月起，翼城气象服务站业务管理属山西省气象局；1970年5月起，翼城气象服务站属翼城县革命委员会领导；1970年10月起，翼城气象服务站属翼城县武装部领导；1973年8月起，翼城县气象站归翼城县革命委员会领导；1976年1月24日起，翼城县气象站归县革命委员会农业工作委员会领导，业务属山西省临汾地区气象局领导；1981年3月18日起，改为气象部门和地方政府双重管理，以部门管理为主的管理体制。

5.5.5.3 人员状况

翼城县气象局始建时，只有2人，都为短期培训后上岗；1978年有职工8人，其中中专7人，高中1人；现有在编职工6人，合同制职工2人，退休人员2人，其中，参公人员3人，事业人员3人；正式党员5人；50岁以上3人，30~50岁5人。

5.5.5.4 台站建设

翼城县气象局1957年建站时仅有3间土房，总面积为60平方米。1999年，建成北房11间，总面积220平方米。建成平房一排，二层楼房一排，作为8家职工的私人住宅。2005年，翼城县气象局改造了观测场和办公环境。2008年7月，在气象观测场外围修建了草坪和花坛，机关大院栽有8棵塔柏，竖有2个灯塔，做到了春有花、夏有荫、秋有绿、冬有景。同时建起了户外健身广场，绿化面积达500平方米，硬化道路面积达700平方米，机关成为花园式单位。现在，占地4345平方米，其中办公用地2833平方米，家属住宅用地1512平方米，办公建筑面积236平方米。

2021年，翼城县气象局进行台站整体搬迁，实行局站分离。翼城国家气象观测站位于翼城县南梁镇浍吉村，占地18.65亩，已于2022年1月1日正式投入运行。业务用房位于翼城县翔翼西街法院东侧，占地2.5亩，办公面积1108.23平方米，目前正在加紧建设中。

图5.5 翼城县气象局旧新面貌图

5.5.6 浮山县气象局

浮山县因山似漂浮而得名。相传临汾东南有山，尧舜时，洪水横流，其山随水高低，其形若浮，故名浮山。县域古属冀州地，春秋属晋，战国属魏，秦属河东郡，汉为嘉陵地，北魏置葛城，北齐入擒昌，北周设郭城，隋归襄陵县，唐武德二年置浮山县。浮山县位于太岳山南麓，临汾盆地东缘，西傍临汾、襄汾，南临翼城，东连安泽，东南毗沁水，北接古县。总人口13万人，其中农业人口10.7万人，总面积940.6平方千米。盛产红枣、核桃、苹果、酥梨等干鲜果，有“拉不完的东山”之称。山区野生动植物资源极为丰富，有珍贵的药材、山杏、山桃、沙棘、酸枣等野生植物，还有山猪、山羊、豹、狼等珍奇的野生动物。

5.5.6.1 始建情况

1962年成立浮山县气候站，挂靠浮山县小邢农场（后更名为浮山县原种场），由该场职工运广花、陈从春兼职气象观测。1971年筹建浮山县气象站，1972年1月1日正式开展观测,位于浮山县西门外（郊外），观测场海拔高度806.8米。1989年1月迁至浮山县西门外（郊外）杜老凹，观测场海拔高度817.2米，区站号53966，属国家一般气象站。

5.5.6.2 建制情况

1962年为浮山县气候站，1972年1月更名为浮山县气象站，1989年4月更名为浮山县气象局。

1970年10月起，属浮山县武装部领导。1973年8月起，属浮山县革命委员会、农业局领导，业务属山西省临汾地区气象局领导。1981年8月，改为气象部门和地方政府双重管理，以部门管理为主的管理体制。

5.5.6.3 人员状况

浮山县气象局建站时，只有2名兼职人员，1978年在编职工5人，历年工作过的人员有18人。现有在编职工9人，合同制职工1人。其中参公人员4人，事业人员4人；正式党员7人；40岁以上4人，30~40岁4人，30岁以下1人。

图5.6 浮山县气象局旧新面貌图

5.5.6.3 台站建设

浮山县气象局原址位于浮山县西门外聚粮村。1989年1月迁至浮山县西门外（郊外）杜老凹，占地5400平方米，建11间砖木结构平房，观测场25米×25米。2004年3月投资15万元，对浮山气象局进行综合改造，新建围墙270米，路面硬化400平方米，对办公设施进行了更新改造。2008年投资49万重建398平方米的12间房砖混结构办公室，绿化面积40%。现在，土地面积共5333.6平方米，其中业务用地面积4383.6平方米，生活用地面积为950平方米。

5.5.7 襄汾县气象局

襄汾县位于山西省南部，汾河中下游，临汾盆地中心。面积约1304平方千米，辖7镇、14乡、349个村，总人口47.6万。西汉建襄陵县，取晋襄公陵墓所在而得名，北齐废县，置禽昌县，隋大业二年复名襄陵。原汾城县，汉为河东郡临汾县地，北魏置太平县，北周更名太平，1914年改称汾城，1954年由襄陵、汾城二县合并而成，历史上曾有“金襄陵、银太平”的美称。

5.5.7.1 始建情况

1972年5月，襄汾县气象站筹建。1974年1月1日，开始气象业务观测，站址位于襄汾县新城镇（原城关镇）湖李村“坡顶”。1989年1月5日改为襄汾县气象局，观测场海拔高度426.9米，区站号53861，为国家一般气象站。

2012年1月搬迁至新站址，站址位于景毛乡西郭村，距县城约5千米，观测场位于北纬35° 53′，东经111° 23′，海拔高度463.5米。

5.5.7.2 建制情况

自1972年5月至1976年1月，实行由山西省襄汾县革命委员会和山西省气象局双重领导，以襄汾县革命委员会领导为主，其中1972年5月至1973年9月，由襄汾县人武部领导；1973年9月–1981年2月由襄汾县农工部管理；1981年3月起，改为气象部门和地方政府双重管理，以部门管理为主的管理体制。

5.5.7.3 人员状况

1972年建站初期只有4人；1978年有8人，其中大专学历2人，中专3人，高中1人，初中1人，高小1人。从建站到2008年底，有31多名同志在此工作过。现有在编职工6人，合同制职工1人，退休人员3人，其中，参公人员2人，事业人员4人；大学本科4人，大专1人，中专1人；正式党员4人；50岁以上2人，30~50岁3人，30岁以下1人。

5.5.7.4 台站建设

襄汾县气象站1972年5月建站，征地0.3公顷，新建两排窑洞及观测场；1983年征地0.3公顷用于办公设施的建设；1998年襄汾县气象局台站综合改造，新建了1栋467平方米二层办公楼及车库、厕所。1999—2000年，襄汾县气象局对机关院内的环境进行了绿化硬化改造，在庭院内修建了花坛。

襄汾县气象局现址占地面积20亩，有两层双面业务用房990平方米，建于2012年；附属用房有锅炉房车库100平方米、人工影响天气库房120平方米、职工食堂29平方米，建于2013年。建成标准化观测场625平方米，硬化地面1200平方米。

图5.7 襄汾县气象局旧新面貌图

5.5.8 洪洞县气象局

洪洞县处临汾盆地北端，北依霍州市，南接临汾市，东靠古县、安泽县，西与蒲县、汾西县接壤，全境东、西、北三面环山。总面积1494平方千米，总人口76.46万人。洪洞，西周为杨候国，汉置杨县，隋义宁二年改称洪洞县。1954年与赵城县合并为洪赵县，1958年复改洪洞县。县境内有始建于东汉的广胜寺位于县城东北17千米的霍山南麓，寺内有金版藏经和唐、宋、明石碑百余幢，有著名的飞虹琉璃宝塔和我国现存唯一的一幅元代戏剧壁画，寺旁霍泉为三晋名泉之一；城北1千米的贾村西侧古大槐树，是明洪武永乐年间由山西向河北、河南、山东等省移民遗址。这里还有我国观存最早的明代监狱苏三监狱，有法律之祖皋陶、著名乐师道家师氏始祖师旷、赵氏始祖造父、中国象棋理论奠基人贾题韬、中国当代书画大师董寿平、苏光等名人。

5.5.8.1 始建情况

1957年筹建山西省洪赵气候站，1958年1月1日洪赵气候站正式成立，站址位于洪赵县赵城镇东门外宝严寺“郊外”，观测场海拔高度465.0米。1979年1月1日迁至洪洞县冯张公社王村东，观测场海拔高度462.8米，距原址17千米（2001年4月撤乡并镇，站址更名为洪洞县大槐树镇王村东），为国家一般气象站，区站号53866。

1959年5月3日更名为洪洞县气候站。1960年5月1日更名为洪洞县气候服务站。1966年3月1日更名为洪洞县气象服务站。1981年11月1日更名为山西洪洞县气象站。1989年1月1日更名为洪洞县气象局。

5.5.8.2 建制情况

洪洞县气象局1957年9月—1963年12月由山西省气象局和洪洞县农建局双重领导，以洪洞县农建局领导为主。1964年1月—1970年12月由山西省气象局领导。1971年1月—1972年12月由洪洞县武装部领导。1973年1月—1975年12月由洪洞县农业局领导。1976年1月—1981年3月17日由洪洞县农工部领导。1981年3月18日改为气象部门和地方政府双重管理，以部门管理为主的管理体制。

5.5.8.3 **人员状况**

1957年建站初期有2人，赵艮楼为站长。到1978年，有职工6人，在洪洞县气象局工作过的人员有41人。现有在编职工7人，合同制职工1人，退休人员3人。其中，参公人员4人，事业人员3人；研究生3人，本科4人；正式党员5人；年龄30～50岁6人，30岁以下1人。

5.5.8.4 **台站建设**

1957年建立山西省洪赵气候站，占地2668平方米。1976年9月16日在冯张乡王村征地5002.5平方米，建房屋2幢17间，前排房子为砖混结构，后排房子为砖木结构，建筑面积509.3平方米。1997年5月，台站改造，在站址周围征地1133.9平方米。新建砖混结构临街房一排，建筑面积213.75平方米，硬化了气象局院内路面并建立绿化带。

1996年购买旧工具车达契亚一辆。2001年3月购买桑塔纳一辆。2007年5月配备增雨消雹专用尼桑皮卡车一辆。

2008年，投资110万元再次对洪洞县气象局进行了综合改造，新建了砖混结构的业务用房，建筑面积670平方米，台站面貌焕然一

图5.8 洪洞县气象局旧新面貌图

新。洪洞县气象局占地面积6133.64平方米，建筑面积899.75平方米。

2019年6月建成洪洞县综合气象信息中心，占地6666平方米，六层框架结构，建筑面积3459平方米，总投资1560万元，2019年底投入运行，实现局站分离。

5.5.9 安泽县气象局

安泽县位于山西省南部，临汾市东部。汉为猗氏、谷远县地，属上党郡。北魏置冀氏、义宁二县，同时于西部安吉、泽泉之间置县，取两地首字，定名安泽。隋改义宁为和川，改安泽为岳县。元并和川、冀氏入岳阳县。1913年复称安泽。早在公元前313年，这里就诞生了中华民族的伟大先哲、集诸子百家之大成者的“后圣”荀子。安泽既是荀子的故里，又是山西省首家申报成功的“千年古县”，也是中国天然氧吧、国家级生态示范区、省级森林公园、全国连翘生产第一县。

5.5.9.1 始建情况

安泽县气象局于1956年10月17日由周建文同志筹建安泽县气候站，站址在县城北府城公社(府城镇)高壁村。1957年1月1日正式开始观测，观测场海拔高度856.0米，区站号53877。1994年1月，由于观测环境不符合要求，站址向南平移500米。重建于安泽县城北府城镇，经纬度、区站号不变，海拔高度860.1米。2020年1月，由于国家重点工程长临高速引线占地，站址向东南平移3943米。重建于安泽县府城镇府城村浪家岭，观测场海拔高度860.1米。建站到2006年12月31日为国家一般气象站，2007年1月1日扩建为国家基本气象站。

1956年10月建站名称为山西省安泽县气候站；1960年5月更名为山西省安泽县气候服务站；1965年12月更名为山西省安泽县气象服务站；1971年1月更名为安泽县气象站；1989年1月更名为安泽县气象局。

5.5.9.2 建制情况

安泽县气象局自建站至1958年11月，由山西省气象局领导；1958年12月—1963年12月由安泽县农建局领导，业务属于山西省气象局领导；1964年1月—1970年11月由山西省气象局领导；1970年12月—1973年9月24日由安泽县人民武装部领导，业务属于山西省气象局领导；1973年9月25日—1976年1月23日由安泽县农牧局领导，业务属于临汾地区气象局领导；1976年1月24日—1981年9月由安泽县革命委员会农工委领导，业务属于临汾地区气象局领导；1981年5月机构改革后，改为气象部门和地方政府双重管理，以部门管理为主的管理体制。

图5.9 安泽县气象局旧新面貌图

5.5.9.3 人员状况

1956年建站时只有2人，到1978年有在编职工9人，历年在安泽县气象局工作过的同志有41人。安泽县气象局现有在职人员8人，退休3人，其中参公人员4人，事业人员4人；正式党员5人；40岁以上3人，30～40岁4人，30岁以下1人。

5.5.9.4 台站建设

安泽县气象局于1956年建站，建站初，房屋为草房，缺水、缺电，生活条件极为艰苦。1993年站址向南平移500米，重建于安泽县府城镇二里半，投资10万元，修建240平方米砖混结构平房作为业务用房。2002年投资18万余元修建砖混结构平房新业务用房216平方米，并在院落里铺设了地板砖、修建了花园、大门、安装了锅炉暖气。2013年，在原址向北征地3.5亩，建成了业务用房面积995平方米，业务保障房面积111平方米，配套安装了取暖锅炉、电动伸缩门、10kv变压器等基础设施，接通乡村自来水，安泽气象事业发展进入了一个崭新的阶段。

2018年，由于国家重点工程长临高速安泽连接线修建，原址位于征地范围内，经国家局行政审批批准，2019年，安泽县气象局以局站分设形式启动迁站。现有观测站位于府城镇府城村浪家岭，占地面积8683平方米。业务用房面积199.43平方米，于2020年建成，包括综合业务区、配电室、库房、门房等；室外高压电网及宽带专线；供水由自建水井提供，供暖为空气能；自动伸缩门和视频监控系统；标准气象观测场625.0平方米，观测场四周围栏100米。现临时办公地点位于安泽县市场监督管理局一层，拟新建业务用房位于府城镇孔村，用地面积3033平方米，新建业务用房1499.3平方米，地上三层，局部五层，框架结构。现已开工建设，预计2023年投入使用。

5.5.10 古县气象局

古县位于临汾市东北，临汾盆地、汾河河谷的边缘，太岳山南麓。面积1206平方千米，辖4镇、3乡、111个村，有9万余人。上古时期，县境属冀州，春秋属晋，战国属赵，汉属谷远，魏晋属杨县，隋大业二年（606年）更名岳阳，1971年8月始建古县。古县石壁乡三合村的白牡丹已逾千年，经专家考证，为全国最大的野生木质化白牡丹。古县有四大树王：枞树王（岳阳镇）、酸枣王（南垣乡）、核桃王（古阳镇）、柳树王（北平镇），树龄几百年、千年不等。古县还是古帝尧活动的重要区域，战国名相蔺相如故里，是革命战争年代太岳革命根据地的中心区域，朱德、薄一波、陈赓等老一辈无产阶级革命家曾经生活和战斗的地方。

5.5.10.1 始建情况

古县气象局始建于1976年，1977年1月1日正式开始工作，名称为古县气象站；1989年1月更名为古县气象局。原站位于古县城关公社湾里村，观测场海拔高度661.8米，区站号53874，承担国家一般观测站任务。2001年4月，站址更名为古县岳阳镇湾里村。2006年1月1日迁站，位于山西省古县岳阳镇张庄村，距原址2千米处，占地面积5500平方米，海拔高度648.7米。

图5.10 古县气象局旧新面貌图

5.5.10.2 建制情况

1976年至1981年10月由古县革命委员会、农业局管理，业务由山西省气象局管理。1981年10月改为气象部门和地方政府双重管理，以部门管理为主的管理体制。

5.5.10.3 人员状况

古县气象局成立时有8人，站长1名、观测员7名。工作人员实行轮换制，先后工作过的人员有15人。现有在编职工5人，其中参公人员3人，事业人员2人；正式党员3人；50岁以上1人，30~50岁3人，30岁以下1人。

5.5.10.4 台站建设

古县气象站始建于1976年，坐落在古县城最南边原岳阳镇湾里村（现古县城涧河南路和岳阳镇湾里村金湾街的交汇处），占地总面积2374.8平方米，建筑面积486平方米。台站整个布局系1976年建站时的规划。北房9间304平方米，东房5间102平方米，西房3间66平方米，南房1间14平方米。观测场为16米×20米，观测场周围为不规则的梯形。

5.5.11 汾西县气象局

汾西县位于黄河中游山西省中南部西侧，吕梁山中南部东翼，吕梁山支脉姑射山北段东侧，汾河中下游西岸，故名汾西。总面积880平方千米。北齐划永安县地置临汾县（今汾西县），此为汾西置县之始，同时置汾西郡，治古郡村。隋开皇十八年（598年）改临汾县为汾西县。1958年6月与霍县合并设霍汾县，1958年10月撤销霍汾县，并入洪洞县。1959年9月与洪洞分县，复为霍汾县。1961年5月与霍县分县，恢复汾西县建置，现隶属山西省临汾市。

5.5.11.1 始建情况

汾西县气象局始建于1971年9月，原名为汾西县气象站，1972年1月1日正式开始观测。观测场海拔高度1011.9米，区站号53865。

1989年1月更名为山西省汾西县气象局。2021年12月31日观测站迁至永安镇贯里村，观测场海拔高度1126.1米。

5.5.11.2 建制情况

1972年1月—1982年4月，由山西省汾西县政府和山西省气象局双重管理，以汾西县政府领导为主。其间，1972年1月—1973年10月归汾西县革命委员会人民武装部领导；1973年10月—1981年9月归汾西县革命委员会农工部领导，1981年11月改为气象部门和地方政府双重管理，以部门管理为主的管理体制。

5.5.11.3 人员状况

1971年建站时只有4人，负责人为雷大振。1978年有职工5人；先后工作过的人员有20人。现有在编职工6人，其中参公人员3人，事业人员3人；正式党员4人；30岁以下1人，30~40岁2人，40~50岁3人。

5.5.11.4 台站建设

汾西县气象局于1971年9月建站，占地总面积2530.2平方米，办公室9间，建筑面积126平方米，房屋结构为砖结构。2000年7月，进行了基层台站综合改造，拆除原有8间办公室，新建水泥砖混结构平房275平方米；2016年，实施了基础设施综合改善项目，主要新建了大门、道路以及水冲式厕所，更换了窗户与暖气管道，修缮了房顶防水。2017年，对气象台进行了升级改造。2018年，实施了暖气改造项目，对办公楼进行全面改造提升，新增了走廊、职工餐厅，改造了职工宿舍，接通了城市集中供热，随着一系列改造工作的完成，单位整体工作环境有了很大的改善，面貌焕然一新。2018年12月26日，山西省气象局观测与网络处同意汾西国家气象观测站开展现址与新址的对比观测，2019年1月1日正式开始对比观测。2019年4月12日，山西省气象局批复了汾西国家气象观测站迁建项目及配套基础设施建设项目。2020年，新建了汾西国家气象观测站，占地总面积5366.17平方米，建筑面积195.43平方米，12月31日观测站迁至新址，2021年1月

1日起正式运行。2021年，完成了汾西国家气象观测站预警业务用房的建设，占地总面积2119平方米，建筑面积1135.41平方米，争取2022年完成预警业务用房的全部建设，早日搬入新址。

图5.11 汾西县气象局旧新面貌图

5.5.12 蒲县气象局

蒲县位于黄河中游山西省西南部吕梁山南麓，总面积1510平方千米，人口约10万人。相传唐尧时期，尧的老师蒲伊子曾隐居于此，县名由此而来，古有蒲国、蒲阳、蒲子之称。位于蒲县城东2千米柏山之巅的东岳庙内庞大完整的“地狱”造型，是我国现存寺庙中稀有的明代泥塑。是研究我国古代塑造艺术的宝贵资料，受到国内外专家及游客的赞赏。

5.5.12.1 **始建情况**

蒲县气象局始建于1957年1月，站址在蒲县西坪垣乡堡子村西“山顶”，距县城5000米，海拔高度1149.0米。1977年1月迁至蒲县城关镇荆坡村“山顶”在原址西南方3457米处，距县城1500米，海拔高度1039.8米。2006年1月迁至蒲县城关镇荆坡村“柏山路”，在原址东南方602.7米处，海拔高度1030.6米，区站号53864。

1957年1月建立蒲县气候站；1960年5月更名为蒲县气候服务站；1966年1月更名为蒲县气象服务站；1971年1月更名为蒲县气象站；1989年1月更名为蒲县气象局，属国家一般站。

5.5.12.2 **建制情况**

1957年1月—1958年2月隶属山西省气象局；1959年3月—1962年5月隶属蒲县人民政府；1962年6月收归山西省气象局统一领导；1970年10月，由蒲县人民武装部和蒲县革命委员会领导，以武装部领导为主；1982年4月，改为气象部门和地方政府双重管理，以部门管理为主的管理体制。

5.5.12.3 **人员状况**

蒲县气候站建站时有职工3名，都为高中毕业；1978年，蒲县气象站有职工10名。合同制职工4人。其中，参公人员3人，事业人员3人。正式党员3人。50岁以上3人，30~50岁5人，30岁以下2人。

5.5.12.4 **台站建设**

1957年1月建站，初期站址离城较远，条件艰苦。1977年1月迁移至蒲县城关镇荆坡村“山顶”，生活条件得到改善，随着城市工业的发展，站址交通受到很大破坏，用水不能保障，吃水雇人担，工作人员调动频繁。2004年迁至蒲县城关镇荆坡村“柏山路”，占地面积5亩，总投资近80万元，新建二层办公楼，建筑面积超过600平方米。台站周围新栽柏树150多株，观测场附近种草约300平方米，并建设了相应配套设施，对台站进行了绿化、硬化，台站面貌焕然一新。经过多年建设，蒲县气象局逐步成为文化底蕴深厚、工作氛围积极、内部管理规范、外部环境优雅的和谐单位。

图5.12 蒲县气象局旧新面貌图

5.5.13 乡宁县气象局

乡宁县位于山西省西南部，黄河中游，吕梁山南侧，西隔黄河与陕西省韩城市为邻。早在旧石器时期，乡宁即有先民在此劳动、生息和繁衍。春秋时期因晋鄂侯居此，称鄂，战国时期先属韩后属赵，均为屈邑境地，称为“鄂邑”。北魏时置昌宁县，后相继改称平昌、吕香，五代时期因避唐庄宗李存勖祖父国昌讳，改昌宁为乡宁。

5.5.13.1 始建情况

乡宁县气象局始建于1971年9月15日，初名为乡宁县气象站，1981年1月更名为乡宁县气象局，为国家一般气象站。始建站址位于乡宁县城关镇南山腰，观测场海拔高度1085.3米。1980年10月25日，站址迁至乡宁县城关镇幸福湾村口，观测场海拔高度965.3米。1989年1月，乡宁县气象站更名为乡宁县气象局。

由于《乡宁县县城总体规划（2013—2030）》的实施，气象探测

图5.13 乡宁县气象局旧新面貌图

环境受影响严重，2015年实施了观测站迁站工作，新址位于乡宁县尉庄乡吉家原村，观测场海拔高度1290.0米。

5.5.13.2 建制情况

自建站至1976年1月，由乡宁县人民武装部和乡宁县革命委员会双重领导，以武装部领导为主。1976年2月—1982年4月由乡宁县革命委员会农业委员会办公室领导。1982年4月，改为气象部门和地方政府双重管理，以部门管理为主的管理体制。

5.5.13.3 人员状况

乡宁气象局建站时有职工4人，1978年为8人，建站至今共有24人在此工作过。现有职工5人，合同制职工1人，其中参公人员2人，事业人员2人；正式党员2人；40岁以上1人，30~40岁2人，30岁以下2人。

5.5.13.4 台站建设

1971年9月，乡宁县建站时，站址离乡宁县城较远，条件艰苦。1980年10月25日，站址迁至乡宁县城关镇崔家条生产队。办公用房为8间砖窑，且地势低凹，由于站址离河道较近，易遭遇洪水袭击。2000年1月，将原有房屋全部拆除，在原址上将地基抬高5米，采用水泥钢筋框架结构修建平房10间，面积400 平方米，共投资30万元。

2005年4月，投资15万元对办公房进行了装修。2006年春，投资20万元进行了绿化、硬化，硬化面积135平方米，绿化面积480平方米；植树54株，草坪332平方米，花园148平方米，台站面貌焕然一新。2017年实行局站分离管理，观测站迁至乡宁县尉庄乡吉家原村，占地面积为10358.36平方米。2018年投资50余万元进行绿化、硬化、屋顶处理。硬化面积800平方米、绿化面积1200平方米；植树120棵，花园800平方米，草坪400平方米，成为全市最美的花园式气象观测站之一。

5.5.14 吉县气象局

吉县位于山西西南边隅，总面积1779平方千米。现辖3镇、8乡，人口11.1万。吉县地居军事要冲，故有“兵家必争”之说。春秋时在此置采桑津，西晋时建姚襄城，北周置总管府，唐朝置慈乌戍辖乌仁关，金朝筑牛心寨，元朝置吉乡军，明、清时均在此设巡检司。县城西侧的黄河，流经晋陕峡谷，在河床突然下跌数十米．流水直泻，景色壮观，这就是闻名遐迩的壶口瀑布。

5.5.14.1 始建情况

1956年始建吉县气候站，是国家一般气象站，站址在吉县城关公社水洞沟山顶。1957年1月16日正式开始观测，观测场海拔高度953.1米，区站号53859。1989年改站为局。1991年迁至吉县吉昌镇西关村“号子垣”乡村，观测场海拔高度851.3米。2007年扩建为国家基本气象站。2014年始建吉县气象灾害预警中心，地址位于吉县新城区。2018年10月起实行局站分离，吉县气象局迁入吉县气象灾害预警中心。

5.5.14.2 建制情况

1960年—1970年，由山西省气象局领导；1970年1月—1970年11月，由吉县农业局领导。1970年12月—1973年5月，由吉县武装部领导。1973年6月—1975年12月，由吉县革命委员会农业局领导。

图5.14 吉县气象局旧新面貌图

1976年1月—1981年9月，由吉县革命委员会农业办公室领导。1981年10月，改为气象部门和地方政府双重管理，以部门管理为主的管理体制。

5.5.14.3 人员情况

1956年建站时只有3人，1978年时有工作人员6人；从1957年建站到2008年底，先后有32人次在本站工作过。吉县气象局现有在职人员13人，合同制职工3人，退休3人，其中，参公人员4人，事业人员6人；正式党员11人，退休党员1人；硕士及在读研究生2人，大学本科8人，专科及以下3人；40岁以上4人，30~40岁8人，30岁以下1人。

5.5.14.4 台站建设

吉县气象局始建于1956年，站址在城南的山头上，仅有土坯房3间，逐渐发展到土坯砖瓦房12间，无电无水，只有一条崎岖小路通往县城，吃水要到1.5千米的山沟里去挑。1990—1991年迁至吉县吉昌镇西关村“号子垣”，征地3400平方米，投资18万元，修建砖混结构办公用房12间269平方米。2006年再征地1000平方米，投资15.3万元，修建了道路、护坡。2007年征地1600平方米，投资86万元，修建砖混结构办公房20间602平方米，安装独立变压器，锅炉暖气，修建化粪池、厕所，台站面貌焕然一新。其中，综合业务用房面积

366.4平方米，基本能满足现代业务需求；附属用房面积237.85平方米。2012年投资38万元，进行了办公用房前端封闭改造建设84平方米；修建了砌观测场南面护坡墙；硬化了院子；更换观测场围栏，进行了观测场小路标准化建设及观测场四周防护处理。

吉县气象灾害预警中心（吉县气象局）地点位于山西省吉县车城乡兰家河村，立项时间是2013年9月27日。其占地面积2147平方米，建设总面积为2115.3平方米，主体为框架结构五层业务用房。2014年1月17日按规定启动了招投标程序，2014年5月12日依照规定进行了招标，2014年9月19日开工建设，2017年6月18日竣工，2017年10月24日完成了工程竣工验收并备案，2018年10月开始开始业务运行。目前该中心的运行模式是部门与县政府统筹管理（县政府和市局签订了合作备忘录），与县林业中心合署办公。

5.5.15 大宁县气象局

大宁县位于山西省吕梁山南端，总面积967平方千米。辖2镇、4乡、84个村，总人口6.67万人。汉时属北屈县地，北周置大宁县。大宁县是国家级贫困县，财政收入以农业为主，农业产值约占财政收入的50%以上，为典型的农业县之一，粮食作物以谷物、玉米为主，经济作物以棉花、油料为主。森林面积为29万亩。

图5.15 大宁县气象局旧新面貌图

5.5.15.1 **始建情况**

1972年10月1日，建立大宁县气象站。1973年1月1日正式开始观测。站址在大宁县城关南门外翠微山“山顶”，距县城2.5千米。观测场海拔高度1085.3米，区站号53856。1990年12月站址迁至大宁县城关南门外翠微山“山梁”。观测场海拔高度765.9米。

5.5.15.2 **建制情况**

1972年由大宁县人民武装部主管在城南翠微山建站。1973年8月起，由大宁县革命委员会领导。1976年1月24日起，由大宁县革命委员农办领导。1982年4月，改为气象部门和地方政府双重管理，以部门领导为主的管理体制并延续至今。1989年1月23日起，大宁县气象站更名为大宁县气象局。

5.5.15.3 **人员状况**

1972年建站时有5人，其中中专学历2人，高中学历3人；1978年有职工7人，均为高中毕业；现有在编职工7人。其中参公人员3人，事业人员4人。正式党员4人。50岁以上1人，30~50岁5人，30岁以下的1人。

5.5.15.4 **台站建设**

台站综合改善 1972年10月大宁县气象站建在城关南门外翠微山“山顶”，有六孔窑洞，条件非常艰苦，吃水困难，交通不便，人员调动频繁。1990年12月迁站到了“山梁”，交通不便，吃水困难仍然存在。2000—2008年投资42万元，修建了500平方米二层办公楼，225平方米职工宿舍6间，40平方米车库2间，现占地面积2000平方米。对道路、观测场护坡等进行了修缮，基本上解决了职工吃水难，交通不便的问题。

园区建设 2015年到2018年，大宁县气象局实施了综合设施改善、供暖改造、院落综合改造等项目，站容站貌得到了极大的改观。2017年至2018年，大宁县气象局购置档案馆综合大楼651平方米业务用房进行预警中心建设，并于2018年12月投入运行。目前采取局站分设的工作模式。

5.5.16 隰县气象局

隰县位于山西省西南部，晋西吕梁山大背中轴部，面积1408平方千米，现辖3镇10乡，人口8.63万。隰县，春秋称蒲邑，战国谓蒲阳，汉置蒲子县，北魏置汾州，北齐置长寿县，隋改隰川县，为隰州治，明废县入隰州。1912年（民国元年）改称隰县，1958年与大宁县合并为隰宁县，同年又并入蒲县、永和、石楼改称吕梁县，1961年复称隰县。

5.5.16.1 始建情况

隰县气象局始建于1957年1月，为国家基本站，1957年10月正式开始观测。站址在隰县南唐户村“山顶”，观测场海拔高度1205.0米，区站号53853。1980年1月，站址迁至隰县古城村蛇家疙梁“山顶”，距原址15千米处，占地面积约3533.5平方米。观测场海拔高度1052.7米。2013年开始新建的预警中心，与观测站直线距离0.9千米，海拔高度999.4米。

1957年1月为隰县气候站。1958年隰县与大宁县合并，更名为隰

图5.16 隰县气象局旧新面貌图

宁县气象站。1959年3月因与石楼县、永和县、交口县合并，更名为吕梁县气象站。1960年12月更名为吕梁县气象服务站。1961年1月隰县与石楼县、永和县、交口县分县，更名为隰县气象服务站。1971年1月更名为隰县气象站。1989年5月更名为隰县气象局。

5.5.16.2 **建制情况**

隰县气象局建站至1958年11月，由山西省气象局领导。1958年12月—1959年6月，由隰宁县农建局领导。959年7月—1961年8月，由吕梁县农建局领导。1961年9月—1963年11月，由隰县农建局、山西省气象局领导。1963年12月—1970年4月由山西省气象局领导。1970年5月—1970年9月，由隰县革命委员会农业局领导。1970年10月—1973年4月，由隰县人民武装部领导。1973年5月—1975年12月，由隰县革命委员会农业局领导。1976年1月—1981年12月，由隰县农工部领导；1982年4月，改为气象部门和地方政府双重管理，以部门管理为主的管理体制。

5.5.16.3 **人员状况**

隰县气象局建站时6人；1978年隰县气象局在职人员15人，其中临时工6人，中专学历8人，高中毕业1人。现有在编职工13人，合同制职工3人，其中参公人员5人，事业人员5人；正式党员8人，预备党员1人；50岁以上2人，30~40岁2人，30岁以下4人。

5.5.16.4 **台站建设**

1957年1月建立隰县气象站，站址离县城15千米的山顶，仅有土坯房5间，利用蜡烛照明，经常有野兽出没。1969年建瓦房9间，1972年建窑洞5孔，设有观测值班室、办公室、宿舍、厨房、库房等，房屋墙单顶薄，冬天没有好的取暖设施。购置生活、办公用品靠手扶拖拉机运输。1978年配有柴油、汽油发电机各一台供照明用电，1979年6月配解放牌汽车一辆，同时手扶拖拉机报废。1980年1月，站址迁至龙泉镇古城村蛇家疙梁“山顶”，距县城5千米，有2千米较陡土坡路，建砖结构窑洞470平方米、砖混结构平房110平方米，300立方储水窖一个，安装了农用照明线路，配三联泵一台供抽取地下水。1984年9月，由农用电线路改为市用电线路；1987年3月停用三联泵，改为潜水泵。2000年11月，台站综合改造，将原砖结构窑洞式二层办公楼改建成砖混结构二层办公楼，修建锅炉采暖。2003年10月—2008年9月，修筑上山水泥路、观测场护堤、围栏、绿化了环境。2008年11月，配备北京现代越野车一辆，职工工作生活条件得到改善。2013年新建的隰县气象预警信息中心占地1067平方米，建筑面积1560平方米。

5.5.17 永和县气象局

永和，西汉时置狐溵县，北齐为永和镇，北周置临河郡及临河县，隋开皇十八年（公元598年）改为永和县。永和县地处山西省西南部，吕梁山脉南端西翼，黄河中游东岸，属半干旱湿润大陆季风气候，四季分明，干旱频繁。

5.5.17.1 始建情况

1972年5月，建立永和县气象站，为国家气象观测一般站。站址在永和县城关公社补只垣山顶，观测场海拔高度1075.7米。1974年1月1日正式开始观测。1986年1月1日迁至距县城1.4千米的城关镇响水湾东坪，并开始正式业务运行。观测场海拔高度916.6米，区站号53852。1989年5月更名为永和县气象局。2001年7月1日，撤乡并镇，站址所在地更名为永和县芝河镇响水湾东坪。

5.5.17.2 建制情况

自建站至1973年7月，由永和县人武部与永和县革命委员会双 整修了道路，在庭院内修建了草坪和花坛，修建装饰了机关大门。

永和县气象局现有土地约4亩多，分为观测场、绿化带、运动场和行业标志四大部分。观测场为16米×20米小观测场，现有房屋面积为400平方米，其中：业务房面积65平方米，管理用房235平方米，附属房面积100平方米。草坪面积1100平方米，花坛160平方米，风景花木90株，院内风景秀丽。

图5.17 永和县气象局旧新面貌图

第6章 领导视察及关怀

2011年2月14日，中共中央政治局委员、国务院副总理回良玉到临汾市洪洞县秦壁村考察指导农业生产和抗旱工作，在气象为农服务点前了解情况。

2010年7月23日，中国扶贫协会副会长、中国气象局原局长温克刚（右二）到临汾市气象局检查指导工作

2011年2月14日，中国气象局党组书记、局长郑国光（右三）到临汾市气象局检查指导工作

2008年7月，中国气象局副局长许小峰（左二）到临汾市气象局调研指导

2010年2月4日，中国气象局副局长沈晓农（中）到临汾市气象局检查慰问

2013年5月23日，中国气象局副局长宇如聪（二排左二）到侯马市气象局调研

2014年5月5日，国家防汛抗旱总指挥部副秘书长、中国气象局副局长矫梅燕（左四）到临汾市气象局调研

2019年10月31日，中国气象局副局长余勇（左三）到临汾市气象局检查慰问

2012年5月5日，山西省气象局党组书记、局长杜顺义（左一）对临汾市气象局的汛前准备工作进行检查指导

2017年7月14—15日，山西省气象局党组书记、局长柯怡明（左三）到临汾市气象局调研指导

2021年11月，山西省气象局党组书记、局长梁亚春（一排右三）到临汾市气象局调研指导雷达搬迁工作

2017年10月23日，山西省气象局党组成员、副局长秦爱民（中）对临汾市气象局的综合工作进行检查指导

2019年7月10—12日，山西省气象局党组成员、副局长胡博（右三）到临汾市气象局调研指导

2021年4月10日，山西省气象局党组成员、纪检组长刘凌河（中）到临汾市气象局调研指导

2020年4月14日，山西省气象局党组成员、副局长王文义（右二）到临汾市气象局进行汛前准备工作检查

2010年8月19日，临汾市委书记谢海（左一）到临汾市气象局检查指导汛期气象服务工作

2013年7月18日，临汾市委书记罗清宇（一排右三）冒雨到市气象局察看汛情，并现场办公安排部署防汛工作

2015年1月7日，临汾市委副书记、市长岳普煜（一排右）和山西省气象局党组书记、局长柯怡明（一排左）在临汾市气象局签署《临汾市政府与山西省气象局共同推进气象现代化建设合作协议》

2016年11月30日，临汾市委副书记、市长刘予强（一排中）到市气象局调研

2020年4月20日，临汾市委书记董一兵（一排中）到临汾市气象局调研

2021年7月15日，临汾市委常委、宣传部部长李朝旗（右四）为临汾市气象局“全国文明单位”揭牌

2021年8月10日，临汾市委常委、副市长闫建国（一排中）到临汾市气象局亲自指挥气象灾害暴雨应急演练

附录

山西省气象灾害预警信号及防御指南

一、暴雨

暴雨预警信号分四级，分别以蓝色、黄色、橙色、红色表示。

（一）暴雨蓝色预警信号

图标：

标准：

（1）12小时内将出现雨强30毫米/小时以上的降雨；

（2）12小时内降雨量将达50毫米以上；或已达50毫米以上且降雨可能持续；

防御指南：

1. 政府及相关部门按照职责做好防暴雨准备工作；

2. 学校、幼儿园采取适当措施，保证学生和幼儿安全；人员应当留在室内，并关好门窗；

3. 驾驶人员应当注意道路积水和交通阻塞，确保安全；

4. 检查城市、农田、鱼塘等排水系统，做好排涝准备。

（二）暴雨黄色预警信号

图标：

标准：

（1）6小时内将出现雨强50毫米/小时以上的降雨；

（2）6小时内降雨量将达50毫米以上；或已达50毫米以上且降雨

可能持续。

防御指南：

1. 政府及相关部门按照职责做好防暴雨工作；

2. 交通管理部门应当根据路况在强降雨路段采取交通管理措施，在积水路段实行交通引导；

3. 切断低洼地带有危险的室外电源，暂停在空旷地方的户外作业，转移危险地带人员和危房居民到安全场所避雨；

4. 检查城市、农田、鱼塘排水系统，采取必要的排涝措施。

（三）暴雨橙色预警信号

图标：

标准：

（1）3小时内将出现雨强60毫米/小时以上的降雨；

（2）3小时内降雨量将达50毫米以上；或已达50毫米以上且降雨可能持续。

防御指南：

1. 政府及相关部门按照职责做好防暴雨应急工作；

2. 切断有危险的室外电源，暂停户外作业；

3. 处于危险地带的单位应当停课、停业，采取专门措施保护已到校学生、幼儿和其他上班人员的安全；

4. 做好城市、农田的排涝工作，注意防范可能引发的山洪、滑坡、泥石流等灾害。

（四）暴雨红色预警信号

图标：

标准：

（1）3小时内将出现雨强75毫米/小时以上的降雨；

（2）3小时内降雨量将达100毫米以上；或已达100毫米以上且降雨可能持续。

防御指南：

1. 政府及相关部门按照职责做好防暴雨应急和抢险工作；

2. 停止集体活动，停课、停业(除特殊行业外)；

3. 做好山洪、滑坡、泥石流等灾害的防御和抢险工作。

二、暴雪

暴雪预警信号分四级，分别以蓝色、黄色、橙色、红色表示。

（一）暴雪蓝色预警信号

图标：

标准：

12小时内降雪量将达4毫米以上；或已达4毫米以上且降雪将持续。

防御指南：

1. 政府及有关部门按照职责做好防雪灾和防冻害准备工作；

2. 交通、铁路、电力、通信等部门应当进行道路、铁路、线路巡查维护，做好道路清扫和积雪融化工作；

3. 行人注意防寒防滑，驾驶人员小心驾驶，车辆应当采取防滑措施；

4. 农牧区和种养殖业要储备饲料，做好冬季防雪灾和防冻害准备；

5. 加固棚架等易被雪压的临时搭建物。

（二）暴雪黄色预警信号

图标：

标准：

12小时内降雪量将达6毫米以上；或已达6毫米以上且降雪持续。

防御指南：

1. 政府及相关部门按照职责落实防雪灾和防冻害措施；

2. 交通、铁路、电力、通信等部门应当加强道路、铁路、线路巡查维护，做好道路清扫和积雪融化工作；

3. 行人注意防寒防滑，驾驶人员小心驾驶，车辆应当采取防滑措施；

4. 农牧区和种养殖业要备足饲料，做好防雪灾和防冻害准备；

5. 加固棚架等易被雪压的临时搭建物。

（三）暴雪橙色预警信号

图标：

标准：

6小时内降雪量将达10毫米以上；或已达10毫米以上且降雪持续。

防御指南：

1. 政府及相关部门按照职责做好防雪灾和防冻害的应急工作；

2. 交通、铁路、电力、通信等部门应当加强道路、铁路、线路巡查维护，做好道路清扫和积雪融化工作；

3. 减少不必要的户外活动；

4. 加固棚架等易被雪压的临时搭建物，将户外牲畜赶入棚圈喂养。

（四）暴雪红色预警信号

图标：

标准：

6小时内降雪量将达15毫米以上；或已达15毫米以上且降雪持续。

防御指南：

1. 政府及相关部门按照职责做好防雪灾和防冻害的应急和抢险工作；

2. 必要时停课、停业（除特殊行业外）；

3. 必要时飞机暂停起降，火车暂停运行，高速公路暂时封闭；

4. 做好牧区等救灾救济工作。

三、寒潮

寒潮预警信号分四级，分别蓝色、黄色、橙色、红色表示。

（一）寒潮蓝色预警信号

图标：

标准：48小时内最低气温将要下降8℃以上，最低气温小于等于4℃；或已经下降8℃以上，最低气温小于等于4℃，并可能持续。

防御指南：

1. 政府及有关部门按照职责做好防寒潮准备工作；

2. 注意添衣保暖。

（二）寒潮黄色预警信号

图标：

标准：48小时内最低气温将要下降10℃以上，最低气温小于等于4℃；或已经下降10℃以上，最低气温小于等于4℃，并可能持续。

防御指南：

1. 政府及有关部门按照职责做好防寒潮工作；

2. 注意添衣保暖，照顾好老、弱、病人；

3. 对牲畜、家禽、农作物等采取防寒措施。

（三）寒潮橙色预警信号

图标：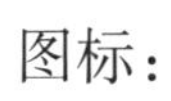

标准：48小时内最低气温将要下降12℃以上，最低气温小于等于0℃；或已经下降12℃以上，最低气温小于等于0℃，并可能持续。

防御指南：

1. 政府及有关部门按照职责做好防寒潮应急工作；

2. 注意防寒保暖；

3. 农业、水产业、畜牧业等要积极采取防霜冻、冰冻等防寒措施，尽量减少损失。

（四）寒潮红色预警信号

图标：

标准：48小时内最低气温将要下降16℃以上，最低气温小于等于0℃；或已经下降16℃以上，最低气温小于等于0℃，并可能持续。

防御指南：

1. 政府及相关部门按照职责做好防寒潮的应急和抢险工作；

2. 注意防寒保暖；

3. 农业、水产业、畜牧业等要积极采取防霜冻、冰冻等防寒措施，尽量减少损失。

四、大风

大风预警信号分四级，分别以蓝色、黄色、橙色、红色表示。

（一）大风蓝色预警信号

图标：

标准：24小时内可能受大风影响,平均风力可达6级以上，或者阵风7级以上；或已经受大风影响，平均风力为6～7级，或者阵风7～8级并可能持续。

防御指南：

1. 政府及相关部门按照职责做好防大风工作；

2. 关好门窗，加固围板、棚架、广告牌等易被风吹动的搭建物，妥善安置易受大风影响的室外物品，遮盖建筑物资；

3. 行人注意尽量少骑自行车，刮风时不要在广告牌、临时搭建物等下面逗留；

4. 有关部门和单位注意森林、草原等防火。

（二）大风黄色预警信号

图标：

标准：12小时内可能受大风影响,平均风力可达8级以上，或者阵风9级以上；或已经受大风影响，平均风力为8～9级，或者阵风9～10级并可能持续。

防御指南：

1. 政府及相关部门按照职责做好防大风工作；

2. 停止露天活动和高空等户外危险作业，危险地带人员和危房居民尽量转到避风场所避风；

3. 切断户外危险电源，妥善安置易受大风影响的室外物品，遮盖建筑物资；

4. 机场、高速公路等单位应当采取保障交通安全的措施，有关部门和单位注意森林、草原等防火。

（三）大风橙色预警信号

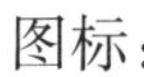图标：

标准：6小时内可能受大风影响,平均风力可达10级以上，或者阵风11级以上；或已经受大风影响,平均风力为10～11级，或者阵风11～12级并可能持续。

防御指南：

1. 政府及相关部门按照职责做好防大风应急工作；

2. 房屋抗风能力较弱的中小学校和单位应当停课、停业，人员减少外出；

3. 切断危险电源，妥善安置易受大风影响的室外物品，遮盖建筑物资；

4. 机场、铁路、高速公路等单位应当采取保障交通安全的措施，有关部门和单位注意森林、草原等防火。

（四）大风红色预警信号

图标：

标准：6小时内可能受大风影响，平均风力可达12级以上，或者阵风13级以上；或已经受大风影响，平均风力为12级以上，或者阵风13级以上并可能持续。

防御指南：

1. 政府及相关部门按照职责做好防大风应急和抢险工作；

2. 人员应当尽可能停留在防风安全的地方，不要随意外出；

3. 切断危险电源，妥善安置易受大风影响的室外物品，遮盖建筑物资；

4. 机场、铁路、高速公路等单位应当采取保障交通安全的措施，有关部门和单位注意森林、草原等防火。

五、沙尘（暴）

沙尘（暴）预警信号分四级，分别以蓝色、黄色、橙色、红色表示。

（一）沙尘蓝色预警信号

图标：S 沙尘 蓝 DUST

标准：12小时可能出现扬沙或浮尘天气，或者已经出现扬沙或浮尘天气并可能持续。

防御指南：

1. 政府及相关部门按照职责做好防沙尘工作；

2. 停止室外体育活动；

3. 关好门窗，加固围板、棚架、广告牌等易被风吹动的搭建物，妥善安置易受大风影响的室外物品，遮盖建筑物资；

4. 尽量减少外出，老人、儿童及患有呼吸道过敏性疾病的人群不要到室外活动；人员外出时可佩戴口罩、纱巾等防尘用品，外出归来应清洗面部和鼻腔。

（二）沙尘暴黄色预警信号

图标：

标准：12小时内可能出现沙尘暴天气（能见度小于1000米）；或已经出现沙尘暴天气并可能持续。

防御指南：

1. 政府及相关部门按照职责做好防沙尘暴工作；

2. 关好门窗，加固围板、棚架、广告牌等易被风吹动的搭建物，妥善安置易受大风影响的室外物品，遮盖建筑物资，做好精密仪器的密封工作；

3. 注意携带口罩、纱巾等防尘用品，以免沙尘对眼睛和呼吸道造成损伤；

4. 呼吸道疾病患者、对风沙较敏感人员不要到室外活动。

（三）沙尘暴橙色预警信号

图标：

标准：6小时内可能出现强沙尘暴天气（能见度小于500米）；或已经出现强沙尘暴天气并可能持续。

防御指南：

1. 政府及相关部门按照职责做好防沙尘暴应急工作；

2. 停止露天活动和高空、水上等户外危险作业；

3. 机场、铁路、高速公路等单位做好交通安全的防护措施，驾驶人员注意沙尘暴变化，小心驾驶；

4. 行人注意尽量少骑自行车，户外人员应当戴好口罩、纱巾等防尘用品，注意交通安全。

（四）沙尘暴红色预警信号

图标：

标准：6小时内可能出现特强沙尘暴天气（能见度小于50米）；或已经出现特强沙尘暴天气并可能持续。

防御指南：

1. 政府及相关部门按照职责做好防沙尘暴应急抢险工作；

2. 人员应当留在防风、防尘的地方，不要在户外活动；

3. 学校、幼儿园推迟上学或者放学，直至特强沙尘暴结束；

4. 飞机暂停起降，火车暂停运行，高速公路暂时封闭。

六、高温

高温预警信号分三级，分别以黄色、橙色、红色表示。

（一）高温黄色预警信号

图标：

标准：连续三天日最高气温将在35℃以上。

防御指南：

1. 有关部门和单位按照职责做好防暑降温准备工作；

2. 午后尽量减少户外活动；

3. 对老、弱、病、幼人群提供防暑降温指导；

4. 高温条件下作业和白天需要长时间进行户外露天作业的人员应当采取必要的防护措施。

（二）高温橙色预警信号

图标：

标准：24小时内最高气温将升至37℃以上。

防御指南：

1. 有关部门和单位按照职责落实防暑降温保障措施；

2. 尽量避免在高温时段进行户外活动，高温条件下作业的人员应当缩短连续工作时间；

3. 对老、弱、病、幼人群提供防暑降温指导，并采取必要的防护措施；

4. 有关部门和单位应当注意防范因用电量过高，以及电线、变压器等电力负载过大而引发的火灾。

（三）高温红色预警信号

图标：

标准：24小时内最高气温将升至40℃以上。

防御指南：

1. 有关部门和单位按照职责采取防暑降温应急措施；

2. 停止户外露天作业（除特殊行业外）；

3. 对老、弱、病、幼人群采取保护措施；

4. 有关部门和单位要特别注意防火。

七、干旱

干旱预警信号分二级，分别以橙色、红色表示。干旱指标等级划分，以国家标准《气象干旱等级》（GB/T20481-2017）中的气象干旱综合指数为标准。

（一）干旱橙色预警信号

图标：

标准：预计未来一周综合气象干旱指数达到重旱（气象干旱为25～50年一遇）；或某一县（区）有40%以上的农作物受旱。

防御指南：

1. 有关部门和单位按照职责做好防御干旱的应急工作；

2. 有关部门启用应急备用水源，调度县境内一切可用水源，优先保障城乡居民生活用水和牲畜饮水；

3. 压减城镇供水指标，优先经济作物灌溉用水，限制大量农业灌溉用水；

4. 限制非生产性高耗水及服务业用水，限制排放工业污水；

5. 气象部门适时进行人工增雨作业。

（二）干旱红色预警

图标：

标准：预计未来一周综合气象干旱指数达到特旱（气象干旱为50年以上一遇）；或某一县（区）有60%以上的农作物受旱。

防御指南：

1. 有关部门和单位按照职责做好防御干旱的应急和救灾工作；

2. 各级政府和有关部门启动远距离调水等应急供水方案，采取提外水、打深井、车载送水等多种手段，确保城乡居民生活和牲畜饮水；

3. 限时或者限量供应城镇居民生活用水，缩小或者阶段性停止农业灌溉供水；

4. 严禁非生产性高耗水及服务业用水，暂停排放工业污水；

5. 气象部门适时加大人工增雨作业力度。

八、霜冻

霜冻预警信号分三级，分别以蓝色、黄色、橙色表示。

（一）霜冻蓝色预警信号

图标：

标准：48小时内地面最低温度将要下降到0℃以下，对农业将产生影响；或已经降到0℃以下，对农业已经产生影响，并可能持续。

防御指南：

1. 政府及农业、林业主管部门按照职责做好防霜冻准备工作；

2. 对农作物、蔬菜、花卉、瓜果、林业育种要采取一定的防护措施；

3. 农村基层组织和农户要关注当地霜冻预警信息，以便采取措施加强防护。

（二）霜冻黄色预警信号

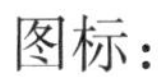图标：

标准：24小时内地面最低温度将要下降到–3℃以下，对农业将产生严重影响；或已经降到–3℃以下，对农业已经产生严重影响，并可能持续。

防御指南：

1. 政府及农业、林业主管部门按照职责做好防霜冻应急工作；

2. 农村基层组织要广泛发动群众，防灾抗灾；

3. 对农作物、林业育种要积极采取田间灌溉等防霜冻、冰冻措施，尽量减少损失；

4. 对蔬菜、花卉、瓜果要采取覆盖、喷洒防冻液等措施,减轻冻害。

（三）霜冻橙色预警信号

图标：

标准：24小时内地面最低温度将要下降到–5℃以下，对农业将产生严重影响；或已经降到-5℃以下，对农业已经产生严重影响，并将持续。

防御指南：

1. 政府及农业、林业主管部门按照职责做好防霜冻应急工作；

2. 农村基层组织要广泛发动群众，防灾抗灾；

3. 对农作物、蔬菜、花卉、瓜果、林业育种要采取积极的应对措施，尽量减少损失。

九、大雾

大雾预警信号分三级，分别以黄色、橙色、红色表示。

（一）大雾黄色预警信号

图标：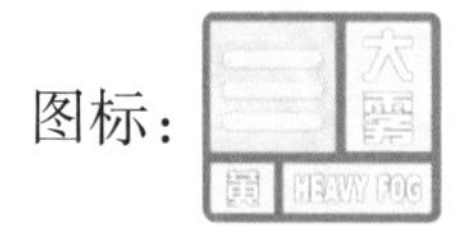

标准：24小时内可能出现能见度小于500米的雾；或已经出现能见度小于500米、大于等于200米的雾并将持续。

防御指南：

1. 有关部门和单位按照职责做好防雾准备工作；

2. 机场、高速公路等单位加强交通管理，保障安全；

3. 驾驶人员注意雾的变化，小心驾驶；

4. 户外活动注意安全。

（二）大雾橙色预警信号

图标：

标准：6小时内可能出现能见度小于200米的雾；或已经出现能见度小于200米、大于等于50米的雾并将持续。

防御指南：

1. 有关部门和单位按照职责做好防雾工作；

2. 机场、高速公路等单位加强调度指挥；

3. 驾驶人员必须严格控制车行进速度；

4. 减少户外活动。

（三）大雾红色预警信号

图标：

标准：2小时内可能出现能见度小于50米的雾；或已经出现能见度小于50米的雾并将持续。

防御指南：

1. 有关部门和单位按照职责做好防雾应急工作；

2. 有关单位按照行业规定适时采取交通安全管制措施，如机场暂停飞机起降，高速公路暂时封闭等；

3. 驾驶人员根据雾天行驶规定，采取雾天预防措施，根据环境条件采取合理行驶方式，并尽快寻找安全停放区域停靠；

4. 不要进行户外活动。

十、霾

霾预警信号分三级，分别以黄色、橙色、红色表示。

（一）霾黄色预警信号

图标：

标准：预计未来24小时内将出现中度霾；或实况已出现中度霾并将持续。（（1）能见度小于3000米且相对湿度小于80%的霾。（2）能见度小于3000米且相对湿度大于等于80%，$PM_{2.5}$浓度大于115微克/米^{3}且小于等于150微克/米^3。（3）能见度小于5000米，$PM_{2.5}$浓度大于150微克/米^{3}且小于等于250微克/米^3。）

防御指南：

1. 驾驶人员小心驾驶；

2. 因空气质量明显降低，人员需适当防护；

3. 呼吸道疾病患者尽量减少外出，外出时可带上口罩。

（二）霾橙色预警信号

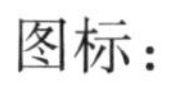

标准：预计未来24小时内将出现重度霾；或实况已出现重度霾并将持续。（（1）能见度小于2000米且相对湿度小于80%的霾。（2）能见度小于2000米且相对湿度大于等于80%，$PM_{2.5}$浓度大于150微克/米^{3}且小于等于250微克/米^3。（3）能见度小于5000米，$PM_{2.5}$浓度大于250微克/米^{3}且小于等于500微克/米^3。）

防御指南：

1. 机场、高速公路、轮渡码头等单位加强交通管理，保障安全；

2. 驾驶人员谨慎驾驶；

3. 空气质量差，人员需适当防护；

4. 人员减少户外活动，呼吸道疾病患者尽量避免外出，外出时可戴上口罩。

（三）霾红色预警信号

图标：

标准：预计未来24小时内将出现严重霾；或实况已出现严重霾并将持续。（（1）能见度小于1000米且相对湿度小于80%的霾。（2）能见度小于1000米且相对湿度大于等于80%，$PM_{2.5}$浓度大于250微克/米^{3}且小于等于500微克/米^3。（3）能见度小于5000米，

$PM_{2.5}$浓度大于500微克/米^3。）

防御指南：

1. 排污单位采取措施，控制污染工序生产，减少污染物排放；

2. 停止室外体育赛事；幼儿园和中小学停止户外活动；

3. 停止户外活动，关闭室内门窗，等到预警解除后再开窗换气；儿童、老年人和易感人群留在室内；

4. 尽量减少空调等能源消耗，驾驶人员减少机动车日间加油，停车时及时熄火，减少车辆原地怠速运行；

5. 外出时戴上口罩，尽量乘坐公共交通工具出行，减少小汽车上路行驶；外出归来，立即清洗唇、鼻、面部及裸露的肌肤。

十一、道路结冰

道路结冰预警信号三级，分别以黄色、橙色、红色表示。

（一）道路结冰黄色预警信号

图标：

标准：当路表温度低于0℃，出现降水，24小时内可能出现对交通有影响的道路结冰。

防御指南：

1. 交通、公安等部门要按照职责做好道路结冰应对准备工作；

2. 驾驶人员应当注意路况，安全行驶；

3. 行人外出尽量少骑自行车，注意防滑。

（二）道路结冰橙色预警信号

图标：

标准：当路表温度低于0℃，出现降水，24小时内可能出现对交通有较大影响的道路结冰。

防御指南：

1. 交通、公安等部门要按照职责做好道路结冰应急工作；

2. 驾驶人员必须采取防滑措施，听从指挥，慢速行驶；

3. 行人出门注意防滑。

（三）道路结冰红色预警信号

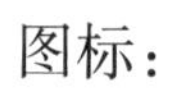
图标：

标准：当路表温度低于0℃，出现降水，12小时内可能出现或者已经出现对交通有很大影响的道路结冰。

防御指南：

1. 交通、公安等部门做好道路结冰应急和抢险工作；

2. 交通、公安等部门注意指挥和疏导行驶车辆，必要时关闭结冰道路交通；

3. 人员尽量减少外出。

十二、雷暴大风

雷暴大风预警信号分四级：分别以蓝色、黄色、橙色、红色表示。

（一）雷暴大风蓝色预警信号

图标：

标准：未来6小时内将出现雷暴大风天气，阵风风力达7级以上或有较强雷电；或者已经出现雷暴大风天气，阵风风力已达7级或已出现较强雷电，且可能持续。

防御指南：

1. 政府及相关部门按照职责做好防风防雷工作；

2. 注意有关媒体报道的雷雨大风最新消息和有关防风通知，学生停留在安全地方；

3. 关好门窗，加固围板、棚架、广告牌等易被风吹动的搭建物，妥善安置易受大风影响的室外物品，遮盖建筑物资；

4. 户外人员应当躲入有防雷设施的建筑物或者汽车内；不要在树下、电杆下、塔吊下避雨；在空旷场地不要打伞，不要把农具等扛在肩上。

（二）雷暴大风黄色预警信号

图标：

标准：未来6小时内将出现雷暴大风天气，阵风风力达8级以上或有强雷电；或者已经出现雷暴大风天气，阵风风力已达8~9级或已出现强雷电，且可能持续。

防御指南：

1. 政府及相关部门按照职责做好防风防雷工作；

2. 停止露天活动和高空等户外危险作业；

3. 关好门窗，加固围板、棚架、广告牌等易被风吹动的搭建物，妥善安置易受大风影响的室外物品，遮盖建筑物资。

4. 户外人员应当躲入有防雷设施的建筑物内；不要在树下、电杆下、塔吊下避雨；在空旷场地不要打伞，不要把农具等扛在肩上。

（三）雷暴大风橙色预警信号

图标：

标准：未来3小时内将出现雷暴大风或龙卷天气，阵风风力达10级以上并可能伴有强雷电；或者已经出现雷暴大风天气或龙卷天气，阵风风力已达10~11级，且可能持续。

防御指南：

1. 政府及相关部门按照职责做好防风防雷应急工作；

2. 房屋抗风能力较弱的中小学校和单位应当停课、停业；人员应当留在室内，并关好门窗；

3. 妥善安置易受大风影响的室外物品，遮盖建筑物资；

4. 机场、高速公路等单位应当采取保障交通安全的措施。

（四）雷暴大风红色预警信号

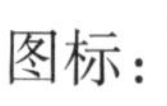
图标：

标准：未来3小时内将出现雷暴大风或龙卷天气，阵风风力达12级以上并可能伴有强雷电；或者已经出现雷暴大风或龙卷天气，阵风风力已达12级以上，且可能持续。

防御指南：

1. 政府及相关部门按照职责做好防风防雷应急和抢险工作；

2. 停止室内外大型集体活动、停课、停业（特殊行业除外）；

3. 人员应当尽可能停留在防风安全和有防雷设施的地方，不要随意外出，并关好门窗；

4. 切断危险电源，妥善安置易受大风影响的室外物品，遮盖建筑物资；

5. 机场、铁路、高速公路、水上交通等单位应当采取保障交通安全的措施，妥善安排人员留守或者转移到安全地带。

十三、冰雹

冰雹预警信号分二级，分别以橙色、红色表示。

（一）冰雹橙色预警信号

图标：

标准：6小时内可能出现冰雹天气，并可能造成雹灾。

防御指南：

1. 政府及相关部门按照职责做好防冰雹的应急和抢险工作；

2. 气象部门适时开展人工防雹作业；

3. 户外行人立即到安全的地方暂避；

4. 驱赶家禽、牲畜进入有顶棚的场所，妥善保护易受冰雹袭击的汽车等室外物品或者设备；

5. 注意防御冰雹天气伴随的雷电灾害。

（二）冰雹红色预警信号

图标：

标准：未来2小时内出现大冰雹，可能性极大，并可能造成重雹灾。

防御指南：

1. 政府及相关部门按照职责做好防冰雹的应急和抢险工作，气象部门适时开展人工防雹作业；

2. 停止所有户外活动，疏导人员到安全场所；中小学、幼儿园采取防护措施，确保学生、幼儿上下学及在校安全；

3.行车途中如遇降雹，应在安全处停车，坐在车内静候降雹停止；

4. 人员切勿外出，确保老人、小孩待在家中；户外行人立即到安全的地方躲避；

5. 室内要紧闭门窗，保护并安置好易受冰雹、雷电、大风影响的室外物品；车辆停放在车库等安全位置；及时驱赶家禽、牲畜进入有顶棚的场所；

6. 雷电常伴随冰雹同时发生，户外人员不要进入孤立的建筑物，或在高楼、烟囱、电线杆与大树下停留，应到坚固又防雷处躲避。

十四、电线积冰

电线积冰预警信号分两级，分别以黄色、橙色表示。

（一）电线积冰黄色预警信号

图标：

标准：出现降雪、雾凇、雨凇等天气后遇低温出现电线积冰，预计未来24小时仍将持续。

防御指南：

1. 电力及有关部门按职责做好电线积冰的防御工作；

2. 车辆和人员不宜在有积冰的电线与铁塔下停留或走动、驾驶，以免冰凌砸落。

（二）电线积冰橙色预警信号

图标：

标准：出现降雪、雾凇、雨凇等天气后遇低温出现严重电线积冰，预计未来24小时仍将持续，可能对电网有影响。

防御指南：

1. 电力及有关部门按职责做好电线积冰的防御工作；

2. 加强对输电线路等重点设备、设施的检查和检修，确保正常，加强对应急物资、装备的检查。

3. 车辆和人员不宜在有积冰的电线与铁塔下停留或走动、驾驶，以免冰凌砸落。

十五、持续低温

持续低温预警信号分两级，分别以蓝色、黄色表示。

（一）持续低温蓝色预警信号

图标：

标准：过去24小时出现平均气温或最低气温较常年同期（最新气候平均值）偏低5℃以上的持续低温天气，预计未来48小时上述地区平均气温或最低气温持续偏低5℃以上。

防御指南：

1. 地方各级人民政府、有关部门和单位按照职责做好防御低温准备工作；

2. 农、林、养殖业做好作物、树木防冻害与牲畜防寒准备；设施农业生产企业和农户注意温室内温度的调控，防止蔬菜和花卉等经济植物遭受冻害；

3. 有关部门视情况调节居民供暖，燃煤取暖用户注意防范一氧化碳中毒；

4. 户外长时间作业人员应采取必要的防护措施；

5. 个人外出应注意做好防寒保暖措施。

（二）持续低温黄色预警信号

图标：

标准：过去72小时出现平均气温或最低气温较常年同期（最新气候平均值）偏低5℃以上的持续低温天气，预计未来48小时上述地区平均气温或最低气温持续偏低5℃以上。

防御指南：

1. 地方各级人民政府、有关部门和单位按照职责做好防御低温准备工作；

2. 农、林、养殖业做好作物、树木防冻害与牲畜防寒准备；设施农业生产企业和农户注意温室内温度的调控，防止蔬菜和花卉等经济植物遭受冻害；

3. 有关部门视情况调节居民供暖，燃煤取暖用户注意防范一氧化碳中毒；

4. 户外长时间作业和活动人员应采取必要的防护措施；

5. 个人外出注意戴帽子、围巾和手套，早晚期间要特别注意防寒保暖。